普通高等教育“十三五”规划教材

大学物理实验

饶益花　编著

西安电子科技大学出版社

内 容 简 介

本书主要包括9章内容，不仅介绍了基本物理实验、综合性物理实验、设计性和研究性物理实验、近代物理实验，还将现代信息技术应用到物理实验中，介绍了实验数据的计算机处理方法、仿真物理实验等。全书结构紧凑，内容丰富，实验内容与“物理实验”课程采用的分层次教学方法和开放式教学模式相配套，并且有不少反映新的实验技术和实验仪器的知识，具有较好的可读性和实用性。

本书可作为高等院校大学物理实验用书或参考书，也可作为函大、电大、职大等大学物理实验教学用书或参考书。

图书在版编目(CIP)数据

大学物理实验/饶益花编著. 一西安：西安电子科技大学出版社，2018.1(2019.2重印)

ISBN 978-7-5606-4760-9

Ⅰ. ① 大…　Ⅱ. ① 饶…　Ⅲ. ① 物理学一实验一高等学校一教材

Ⅳ. ① O4-33

中国版本图书馆 CIP 数据核字(2017)第 301907 号

策　　划　杨丕勇

责任编辑　曹　锦　杨丕勇

出版发行　西安电子科技大学出版社(西安市太白南路2号)

电　　话　(029)88242885　88201467　　邮　　编　710071

网　　址　www.xduph.com　　电子邮箱　xdupfxb001@163.com

经　　销　新华书店

印刷单位　陕西日报社

版　　次　2018年1月第1版　2019年2月第2次印刷

开　　本　787毫米×1092毫米　1/16　印张　22

字　　数　523千字

印　　数　4001～8100册

定　　价　44.80元

ISBN 978-7-5606-4760-9/O

XDUP　5062001-2

＊＊＊如有印装问题可调换＊＊＊

前　　言

本书是在南华大学“物理实验”课程教学改革和实践的基础上，根据教育部高等学校物理基础课程教学指导分委会2010年发布的《理工科类大学物理实验课程教学基本要求》编写的。

本书注重物理实验基础知识的介绍。例如，第一章至第五章介绍了误差基础知识及不确定度的测量、数据处理方法、基本实验方法与操作技术、常用物理量的测量、基本仪器的操作等，可供不同层次的学生自学；基本实验部分主要对学生进行实验基础知识、基本方法、基本技能的训练，而综合性、设计性和研究性实验及近代物理实验中的每个实验基本独立。考虑到南华大学“核”的特色，本书在近代物理实验中介绍了“核衰变统计规律”、“验证快速电子的动量与动能的相对论关系”等实验；同时南华大学也有部分医学专业要学习物理实验，故本书在基本物理实验中介绍了“液体黏滞系数的测量”、“电偶极子电场的描述及描绘模拟心电图”等实验。总之，本书可以用于层次化的开放性物理实验教学。本书还注重将成熟的教研与教改成果和现代技术应用在物理实验中，如第二章和第七章就引进了计算机技术在数据处理过程与仿真实验中的应用。本书在一些传统的实验中也介绍了新的实验技术和方法，加强了传感器技术和数字化测量技术在物理实验中的运用，如介绍了应用CCD传感器将等厚干涉实验在读数显微镜中观察的牛顿环直接显示在监视器上，并使用数字标尺对干涉暗环进行直接测量等，给传统的学科实验增添了新鲜血液，彰显物理实验课程的与时俱进。

本书主要由南华大学的饶益花编写，南华大学物理实验室的管亮、李寰、郝军、肖利军、刘应传、唐益群、邓湘元、钟翊君、杜丹等老师参与了部分编写工作。实验课程的教材和教学是离不开实验室建设和发展的，在此，对南华大学多年来从事物理实验教学的教师和实验技术人员表示衷心的感谢，感谢南华大学物理实验室全体教师和实验技术人员对本书编写工作的支持。

在本书的编写过程中，编者参考了本校曾使用过的相关教材，也参考了大量我国物理实验教学工作者编写的教材、著作和已发表的最新研究成果，有些已在参考文献中列出，而有些未能列出，在此向各位作者一并表示衷心的感谢！

由于编者水平有限，书中难免存在不妥之处，敬请读者批评指正。

编　者

2017年9月

目　录

绪　论

第一节　“物理实验”课程的地位、作用与任务

物理学是研究物质基本结构、基本运动形式、相互作用及其转化规律的自然科学。它的基本理论渗透在自然科学的各个领域，应用于生产技术的许多部门，是其他自然科学和工程技术的基础。

在人类追求真理、探索未知世界的过程中，物理学展现了一系列科学的世界观和方法论，深刻影响着人类对物质世界的基本认识以及人类的思维方式和社会生活，是人类文明的基石，在人才的科学素质培养中具有重要的地位。

物理学本质上是一门实验科学。物理实验是科学实验的先驱，体现了大多数科学实验的共性，在实验思想、实验方法及实验手段等方面是各学科科学实验的基础。

一、本课程的地位、作用和任务

“物理实验”是高等理工科院校对学生进行科学实验基本训练的必修基础课程，是本科生接受系统实验方法和实验技能训练的开端。

“物理实验”课程覆盖面广，具有丰富的实验思想、方法、手段，同时能提供综合性很强的基本实验技能训练，是培养学生科学实验能力、提高科学素养的重要基础。它在培养学生严谨的治学态度、活跃的创新意识、理论联系实际和适应科技发展的综合应用能力等方面具有其他实践类课程不可替代的作用。

本课程的具体任务如下：

(1) 培养学生的基本科学实验技能，提高学生的科学实验基本素养，使学生初步掌握实验科学的思想和方法；培养学生的科学思维和创新意识，使学生掌握实验研究的基本方法，提高学生的分析能力和创新能力。

(2) 提高学生的科学素养，培养学生理论联系实际和实事求是的科学作风，认真、严谨的科学态度，积极主动的探索精神，以及遵守纪律、团结协作、爱护公共财产的优良品德。

二、本课程对学生能力培养的基本要求

(1) 独立实验的能力——能够通过阅读实验教材、查询有关资料和思考问题，掌握实验原理及方法，做好实验前的准备工作；正确使用仪器及辅助设备，独立完成实验内容，撰写合格的实验报告；培养独立实验的能力，逐步形成自主实验的基本能力。

(2) 分析与研究的能力——能够融合实验原理、设计思想、实验方法及相关的理论知识对实验结果进行分析、判断、归纳与综合；掌握通过实验进行物理现象和物理规律研究的基本方法，具有初步的分析与研究的能力。

（3）理论联系实际的能力——能够在实验中发现问题、分析问题并学习解决问题的科学方法，逐步提高综合运用所学知识和技能解决实际问题的能力。

（4）创新能力——能够完成符合规范要求的设计性、综合性内容的实验，进行初步的具有研究性或创意性内容的实验，激发学习主动性，逐步培养创新能力。

第二节 “物理实验”课程教学内容基本要求

大学物理实验包括普通物理实验（力学、热学、电磁学、光学实验）和近代物理实验，教学内容的基本要求如下：

（1）掌握测量误差的基本知识，具有正确处理实验数据的基本能力。

① 掌握测量误差与不确定度的基本概念，能逐步学会用不确定度对直接测量和间接测量的结果进行评估。

② 掌握处理实验数据的一些常用方法，包括列表法、作图法和最小二乘法等；随着计算机及其应用技术的普及，还应包括用计算机通用软件处理实验数据的基本方法。

（2）掌握基本物理量的测量方法。掌握长度、质量、时间、热量、温度、湿度、压强、压力、电流、电压、电阻、磁感应强度、光强度、折射率、电子电荷、普朗克常量、里德堡常量等常用物理量及物性参数的测量，注意加强数字化测量技术和计算技术在物理实验教学中的应用。

（3）了解常用的物理实验方法，并逐步学会使用。了解比较法、转换法、放大法、模拟法、补偿法、平衡法和干涉、衍射法，以及在近代科学研究和工程技术中广泛应用的其他方法。

（4）掌握实验室常用仪器的性能，并能够正确使用。掌握长度测量仪器、计时仪器、测温仪器、变阻器、电表、交/直流电桥、通用示波器、低频信号发生器、分光仪、光谱仪、常用电源和光源等常用仪器的使用方法。

各校应根据条件，在“物理实验”课程中逐步引进在当代科学研究与工程技术中广泛应用的现代物理技术，如激光技术、传感器技术、微弱信号检测技术、光电子技术、结构分析波谱技术等。

（5）掌握常用的实验操作技术。掌握零位调整、水平/铅直调整、光路的共轴调整、消视差调整、逐次逼近调整，根据给定的电路图正确接线，对简单的电路进行故障检查与排除，并掌握在近代科学研究与工程技术中广泛使用的仪器的正确调节。

（6）适当介绍物理实验史料和物理实验在现代科学技术中的应用知识。通过适当介绍一些物理实验史料和物理实验应用知识，对学生进行辩证唯物主义世界观和方法论的教育，使学生了解科学实验的重要性，明确“物理实验”课程的地位、作用和任务。

第三节 “物理实验”课程的基本程序

物理实验的教学方式以实践训练为主，学生应在教师的指导下，充分发挥主观能动性，加强实践能力的训练。物理实验通常按照以下几个环节进行。

一、实验前的预习

学生在课前要仔细阅读实验教材及有关资料，弄清实验目的、实验原理、实验方法、实验仪器、实验内容和主要步骤、实验注意事项等。在此基础上写出预习报告，预习报告应简明、扼要地写出实验名称、实验目的、实验原理、实验内容和步骤以及原始实验数据记录表。在做设计性实验前要查阅有关资料，写出实验设计方案。实验前预习的好坏是能否做好实验并取得主动的关键。

实验开始前由任课教师检查预习报告或提问。对于无预习报告或准备不够充分的学生，教师可以停止其本次实验。

二、实验操作

学生进入实验室要遵守实验室规则，在老师的讲解和指导下熟悉实验原理、实验器材、实验的操作程序；实验仪器的布置要有条理，且要安全操作；细心观察实验现象，认真分析实验中碰到的问题，并视为学习良机。做实验不是简单地测量几个数据，不能把实验过程看成“只动手、不动脑”的机械操作。通过仔细操作，有意识地培养自己使用和调节仪器的本领，精密、正确的测量技能，善于观察和分析实验现象的科学素养，整洁、清楚地做实验记录的良好习惯，并逐步培养自己设计实验的能力。记录实验数据时不能使用铅笔。实验完毕，应将实验数据交给老师审查和签字，将仪器、凳子归整好以后，才能离开实验室。

三、实验报告

实验报告书写是实验工作的最后环节，也是整个实验工作的重要组成部分。通过撰写实验报告，可以锻炼科学技术报告的写作能力和总结工作能力，这是未来从事任何工作所需要的能力。实验报告要用统一的实验报告纸书写。下面给出实验报告的一种参考格式：

大学物理实验报告

实验名称：

姓名：　　　　　　班级：　　　　　　专业：　　　　　　学号：

同组人姓名：　　　　　　　　　　　实验日期：　　　年　　月　　日

实验目的：总结本实验项目要达到的目的。

实验仪器：写出主要仪器的名称、规格及编号。

实验原理：用自己的语言写出实验原理(实验的理论依据)和测量方法要点，说明实验中必须满足的实验条件；写出数据处理时必须用到的一些主要公式，标明公式中物理量的意义，画出必要的实验原理示意图、测量电路图或光路图。

实验内容和步骤：简明扼要地写出实验步骤。

实验原始数据记录：实验中测量出来的数据必须记录在预习时拟好的原始数据记录表格里，实验结束时原始数据必须由老师签字认可。若交上来的实验报告中原始数据记录无老师签字，则该份实验报告老师不批阅(或记为0分)。

实验数据处理：每个实验按数据处理的要求进行实验数据的处理，有时数据处理要按被测量最佳估计值的计算、被测量的不确定度(或标准偏差)计算和被测量的结果表示的顺序等，正确计算和表示测量结果。一般按先写公式、再代入数据、最后得出结果的程序进行每一步的运算。有时要求按数据处理的一些方法如列表法、作图法、逐差法等进行数据处理，这时要遵守这些数据处理的规则，另外要求作图的，应按作图规则用坐标纸画出，并写上图名。

结论：要将最终的实验结果写清楚，不要将其湮没在处理数据的过程中。

问题分析与讨论：要善于对实验结果进行总结和分析，并试着提出一些改进的意见(创新能力往往是在平时一点一滴的思考中逐渐形成的)或者回答老师就本次实验提出的问题。

第四节　物理实验室规则

实验课和理论课的重要区别之一就是它不能在宿舍或自习室通过自习完成。学生要在实验室和各种实验仪器打交道。为了保护公共财产，防止出现安全事故，南华大学物理实验室制定了相应的规则，希望学生能理解并自觉遵守。物理实验室规则如下：

“物理实验”是理工科大学生必学的一门独立课程，物理实验成绩的好坏，不但影响奖学金评定，而且影响升、留级及退学，故请学生认真学好这门课程。物理实验是一切物理理论的基础。物理实验方法、物理实验技能、物理实验仪器几乎被所有学科、所有专业的科学实验广泛采用，任何高、精、尖的科学实验仪器，若把它拆成零部件，则其基本上都在物理实验中使用过或见过，可见物理实验在自然科学中的重要地位。因此希望学生们花费一定的时间来学好物理实验，并且相信在将来的实际工作中会发现这门课真的有用。

(1) 每次实验前必须针对本次实验的内容和目的进行充分、认真的学习，清楚本实验采用的方法、原理、使用的仪器、测量的内容等，并且会推导有关计算公式，掌握和弄清所用主要仪器的工作原理、各仪器的使用方法、实验的调节测量步骤及有关注意事项等，在此基础上，写好预习报告。

(2) 认真实验。每次实验必须在规定的时间内(开放式实验按自己选课时间)按时到实验室完成规定的内容，不得迟到、早退和缺席，原则上不补做。凡因公(见教务处证明)或因病(见医务室证明)不能按时实验的，须持有效的证明先到实验室请假，所缺的实验在和任课老师协商后另行补做。

(3) 每次实验必带物理实验课本，补充资料，实验报告和记录用的笔、纸及绘图工具和计算器等。

(4) 进入实验室后，按老师安排的座位找好自己的实验台(桌)。实验时，一般由老师讲解主要实验原理，主要仪器的工作原理、操作步骤及注意事项，每个学生都要认真听讲。绝不允许在老师讲解时不听，动手实验时盲目实验，甚至损坏仪器。

(5) 动手实验前，首先清点仪器，检查仪器有无问题，发现仪器数量不够或有问题时，找老师解决，不允许学生自己随意更换仪器；有的易损或易丢失的仪器或材料找老师借领，实验结束后归还。凡损坏或丢失仪器者，均按学校有关规定赔偿一定的经济损失。

(6) 实验中要认真对照物理实验课本和有关资料及仪器，做到心中完全有数后，才开始动手操作或调试仪器。即本实验要测量什么量，各量分别用什么仪器去测量，各仪器的测量条件是什么，怎样调节才能满足这些条件，怎样判断这些条件是否已经满足。测量到数据后要验算是否合乎要求，不合要求要查出原因或找老师帮助，不能盲目实验，不许违反仪器的操作规程。凡违反规程损坏仪器者，均按学校有关规定处理。

(7) 实验中要如实记录实验数据，严格养成实事求是的科学作风，不许假造数据。物理实验教学的主要目的，不偏重于使学生得到最好的实验结果，而在于通过实验获得物理实验知识，掌握实验方法，培养实验技能，提高动手能力和独立解决问题、排除实验故障的能力。当所得实验结果较差时，只要能找到原因，同样可得到较好的成绩。

(8) 实验时，不准大声喧哗、吵闹，不得随地吐痰、乱丢纸屑，不准在实验室内抽烟、吃东西等，且每学期每个学生应打扫一次实验室卫生。

(9) 当实验数据全部测量完毕后，不要急于收拾仪器，应先经自己验收基本合格后，再请老师验收，合格后老师签字，再清理仪器，并把仪器摆放整齐，交还临时借用的器件后，方可离开实验室。

(10) 实验结束后，要及时、严格、认真地完成实验报告。写实验报告时，不许马虎了事，字迹要整齐清晰，并按时交老师批改，且由老师签字的原始数据要粘贴在实验报告中一起交给老师。报告上必须写清专业名称、班号、学号和姓名。

第一章　测量、误差及数据处理

物理实验离不开对物理量的测量。因为受到测量仪器、测量方法、测量条件以及测量人员的测量水平等因素的限制，测量结果不可能都是绝对准确的，所以需要对测量结果的可靠性做出评价，对其误差范围做出估计，以正确地表达实验结果。

本章主要介绍误差和不确定度的基本概念、测量结果不确定度的计算、实验数据处理和实验结果表达等方面的基本知识。这些知识不仅在每个实验中都要用到，而且是今后从事科学实验工作所必须了解和掌握的。

第一节　测量与误差

一、测量

1. 测量的定义

在进行科学实验时，不仅要定性地观察实验现象，还要找出有关物理量之间的定量关系，因此需要进行定量的测量。测量就是借助仪器用某一计量单位把被测量的大小表示出来的过程。

2. 测量的分类

根据获得测量结果方法的不同，测量可分为直接测量和间接测量。由仪器或量具可以直接读出测量值的测量称为直接测量，如用米尺测量长度，用天平称质量等。依据被测量和某几个直接测量值的函数关系通过数学运算获得测量结果的测量称为间接测量，例如，用伏安法测量电阻，已知电阻两端的电压和流过电阻的电流，依据欧姆定律求出被测电阻的大小。一个物理量能否直接测量不是绝对的。随着科学技术的发展、测量仪器的改进，很多原来只能间接测量的量，现在可以直接测量了，比如车速的测量，可以直接用测速仪进行直接测量。物理量的测量大多数是间接测量的，但直接测量是一切测量的基础。

根据测量条件的不同，测量又可分为等精度测量和非等精度测量。在相同条件下(如测量方法、测量仪器、环境条件、实验者等)对同一被测量进行多次测量的过程称为等精度测量；在不同条件下(如测量方法、测量仪器、环境条件、实验者等只要有一个或几个发生改变)对同一被测量进行多次测量的过程称为非等精度测量。等精度测量的数据处理比较容易，非等精度测量的数据处理非常复杂，故绝大部分实验都用等精度测量，只有在无法采用等精度测量的条件下才用非等精度测量。本书只介绍等精度测量的数据处理方法。

二、误差

1. 真值、误差

在一定条件下，某被测量所具有的客观大小称为真值。真值是个理想概念，测量的目的就是力图得到真值。但由于受测量方法、测量仪器、测量条件及观测者水平等多种因素的影响，测量结果与真值之间总有一定的差异。

误差就是测量结果与真值之差。误差存在于一切测量之中，测量与误差形影不离，分析测量过程中产生的误差，将误差影响降低到最低程度，并对测量结果中未能消除的误差做出估计，是实验测量中不可缺少的一项重要工作。

2. 测量误差的主要来源

任何实验和测量都依据一定的方法和原理，选用一定的仪器和设备，在某特定的环境条件下由一定的测量人员完成。由于测量中依据的方法和原理可能不尽完善而有近似性，所用仪器设备的精度不可能绝对高，所处的环境条件不可能绝对稳定，测量人员的测量技术等因素的影响，测量结果不可能无限精确，即测量总会有误差，测量误差主要由以下 5 个方面产生。

1）仪器误差

在正确使用仪器条件下，仪器本身所允许产生的最大误差称为仪器误差。它是由于仪器本身结构的不完善所引起的误差。仪器误差主要由以下 3 个方面产生。

（1）读数误差。

这里所指的读数误差与在相同条件下测同一被测量时（我测得和他测得的读数可能不同，我这次测得和下次测得的读数可能不同）所测得的读数误差具有不同的性质和内容。它主要是由仪器结构不完善产生的，主要包括以下几种情况：

① 刻度误差。一般仪器的刻度盘均是按严格的等分格（线性关系）或其他标准（非线性关系）刻度的。但每条刻线的位置与其标准位置会有或多或少的差异，故读数时依据刻线读出的值与其标准值就必有误差，再加上刻线总要有一定的宽度才能引起人们的视觉，而标准位置只是一个无穷小量，尽管读数时用刻度宽度的中线去读，但在判断中也总会有误差。

② 标准误差。仪器的校准误差是指仪器经校准后，按某标准规定所允许产生的误差。

厂家对成批生产的仪器除特殊情况外均采用统一刻度，仪器各零部件虽在生产的每道工序中均有严格的质量检查，但各鉴定值都允许有一定的误差范围，特别是在总装后出厂前都要进行校准。一般每批产品中按有关规定只任意抽校一定比例的产品，且被抽校的产品中也只对某些量程中的某些刻度进行校准，同时对被校点也允许它与标准仪器有一定的误差，即使被校点与标准仪器完全相同，而标准仪器也是有误差的，至于那些未被抽校的刻度、量程和仪器亦同样有误差，所以校准误差是仪器经校准后所允许产生的误差。

③ 仪器读数分辨率所引起的误差。仪器读数分辨率可用其分度值来定义，即它能精确读准的最小计量单位，如米尺分度值为 1 mm，10 分游标卡尺、千分尺的分度值分别为 0.1 和 0.01 mm。显然它们的分辨率越来越高，其测量的误差越来越小。

④ 仪器读数调节装置不完善所引起的误差，如用丝扣或齿轮等读数装置的回程差。由于其齿合间必有一定的间隙（无此间隙则转不动），故正向或反向旋转调节装置测量同一位置时的读数不同，二者之差称为回程差。此时对各点位置测量时，只能按同一方向旋转调节装置并严格对正各被测点去测量；或对各被测点按正、反向各测一次，取其平均值，即可消除回程差。

（2）稳定误差。

仪器的稳定误差实际是指仪器在未达稳定状态所产生的额外误差。如电子仪器的稳定误差是由于元件的老化、电气性能对温度的敏感、机械元件的磨损、弹性疲劳的产生等产生的；又如仪器度数调节机构的松动，某些接线或旋钮接触不良，电路工作不稳定、零点漂移，电气性能受到内部或外部的干扰，寄生阻抗的产生等都能引起稳定性误差，特别是当被测参数很小或工作频率很高时，可能会产生显著的误差。

(3) 动态误差。

有些被测量的大小随实验时间的不同而变化，若要测量出某些特定时刻被测量的大小，则这种测量称为动态测量。在快速测量中，由于电路中的过渡过程，电表的阻尼时间及有限的调节速度等导致所测量结果产生的误差叫动态误差。

2) 使用误差

因测量人员对仪器使用不当而使测量值产生的额外误差称为使用误差。如许多测量仪器在测量前都必须认真、严格地调节读数装置的零点，或读出零点的示值，若未做此工作而其零点不准，则每个测量值中均含有此零点误差；又如使用电子仪器时，一般均要求预热一定时间后才可以调节和测量，但未经预热、仪器还未达稳定的工作状态就测量也可能产生误差；再如要求严格调整到水平或垂直状态的仪器，未调整到规定的状态就测量也可能产生误差。凡不按仪器的操作规程，没有精心把各仪器、设备调定到规定状态所测量的所有的数据中都含有使用误差，实验一定要消除使用误差，所以测量人员一定要正确使用仪器，严格按各仪器的规程进行实验，把各仪器都严格调整到它们的最佳工作状态时再进行测量。

3) 人身误差(又称为个人误差)

测量人员本人因感觉器官或运动器官的某些缺陷或心理上的某些特点和不良习惯使测量结果中产生的额外误差，称为人身误差。特别是靠人眼、耳来判断，或靠手、脚的动作来测得结果时尤为突出。如有的测量人员在测量时，头习惯性地偏向一边或斜视去读取数据会有视差；又如用停表测量时间时，有的测量人员习惯性地超前或滞后，这也会有误差。同时人身误差还与测量人员当时的精神状态密切相关，这就是要求测量人员全神贯注的理由。

4) 环境条件误差(又称为影响误差)

实验时环境的温度、湿度、气压、电磁场、机械振动、声音、光照等因素中的一种或几种发生改变时，测量值的大小改变而引起的测量误差称为环境误差。有时其中某些因素甚至会造成仪器的损坏，所以做实验时一定要满足实验对环境所提出的条件，或根据环境条件的变化对测量值进行修正。如水的密度随其温度不同而变化、标准电池的标准电动势随温度不同而变化等需要对测量值进行修正；环境温度要随时查表修正它们的值，否则会对结果产生误差。

5) 理论方法误差

由于实验中所采用的理论方法不完善，或测量所依据的理论不严密，或理论计算公式的近似性，或理论方法所提出的条件在实验中无法达到等原因使测定值产生的误差称为理论方法误差。

如用伏安法测量电阻，不管电流表是内接还是外接，由于电流表、电压表内阻的存在，均无法在单独测出加在被测电阻两端电压 U 的同时，又单独测出流过被测电阻中的电流 I。若由 $R=U/I$ 去求 R，则总存在理论方法误差，故必进行系统误差的修正。

又如在用混合量热法测量物体比热容的实验中，用一已知热容量的系统与一未知热容量的系统（两者温度不同）在同一绝热系统中混合，达热平衡后，高温系统所放出的热量全部被低温系统所吸收，故可建一等式来求出被测物的比热容。但在实际中绝对的绝热系统并不存在，不管绝热条件有多好，只要系统与环境有温度差，系统与环境就不可避免地产生热交换，此时若不对等式进行散热或吸收修正，必然会使测量结果产生误差。

再如在用拉伸法测量金属丝的杨氏弹性模量实验中，在推导光杠杆放大法测量长度的微小改变量时，假定光杠杆的摆角 θ 很小，即有 $\tan\theta\approx\theta$、$\tan2\theta\approx2\theta$ 时才导出了计算公式。实际上不管 θ 怎么小，用 θ 代替 $\tan\theta$、2θ 代替 $\tan2\theta$ 总是有误差的，故用它们代替计算出来的结果必有误差，这就是理论计算公式的近似性结果带来的理论方法误差。

还有在用单摆法测量重力加速度实验中，推导计算公式时，假定摆角 $\theta\to0$，摆球半径 $r\to0$。但实验时，若 $\theta\to0$，单摆不摆动，则周期无法测定，即 θ 总要有一定的角度（$\leqslant5°$）；当 $r\to0$时，即摆球没有摆动，故理论方法所规定的条件在实验中无法达到而带来理论方法误差。

3. 误差的表示

测量误差既可用绝对误差表示，也可用相对误差来表示。

设测量值为 x，相应的真值为 x_0，测量值与真值之差 $\Delta x'$ 为

$$\Delta x'=x-x_0$$

称为测量误差，又称为绝对误差，简称误差。

绝对误差与真值之比的百分数叫做相对误差，用 E 表示为

$$E=\frac{\Delta x'}{x_0}\times100\%$$

由于真值无法知道，在实验的数据处理中，用按某种规定所求的 $\bar{x}$ 值来代替真值 x_0（$\bar{x}$ 为代真值或近真值），故测量结果与近真值的差叫做近真误差，用 Δx 表示为

$$\Delta x=x-\bar{x}$$

习惯上把近真误差 Δx 称为测量误差。

相对误差用百分数表示，有时它更能表示测量的准确程度。例如测量两个物体的长度，一个是 10.0 mm，另一个是 100.0 mm，若绝对误差都是 0.1 mm，相对误差分别为 1%和 0.01%，显然后者的测量准确程度要大些。

三、误差的分类

根据误差的性质和产生的原因，误差可分为 3 类：系统误差、随机误差和粗大误差。

1. 系统误差

在同一条件（指方法、仪器、环境、人员）下多次测量同一物理量时，测量结果总是向一个方向偏离，其数值一定或按一定规律变化。系统误差的特征是测量结果与真值之间发生的固定偏离，不服从统计规律，不能通过增加测量次数来减小误差。

系统误差的来源有以下几个方面：

（1）仪器原因。由于量具、仪器本身的缺陷或没有按规定条件使用而造成的误差，如螺旋测微器的零点不准、天平不等臂等。造成测量结果相对于真值的固定偏离，这种误差要通过修理仪器以提高仪器准确度来消减。

（2）理论原因。由于测量所依据的理论公式本身的近似性，或实验条件不能达到理论公式所规定的要求，或测量方法不当等所引起的误差。如实验中忽略了摩擦、散热、电表的

内阻不可能无穷大、单摆的周期公式 $T=2\pi\sqrt{l/g}$ 的成立条件(摆角小于 5°)等。

(3) 个人原因。由于测量人员本人生理或心理特点造成的误差。如有人用秒表测量时间时，总是使之过快，计时短；有的人总反应迟钝，计时长。又如有的人看仪表时头总偏向一方等。

(4) 环境原因。外界环境性质(如光照、温度、湿度、电磁场等)的影响而产生的误差。如环境温度升高或降低，使测量值按固定规律变化。

产生系统误差的原因通常是可以被发现的，原则上可以通过修正、改进加以排除或减小。分析、排除和修正系统误差要求测量人员有丰富的实践经验，有关这方面的知识和技能在以后的实验中会逐步地学习，并要很好地掌握。

2. 随机误差(偶然误差)

在相同测量条件下多次测量同一物理量时，大小与符号以不可预定方式变化着的误差称为随机误差，有时也叫做偶然误差。

引起随机误差的原因很多，主要是测量过程中一系列随机因素或不可预知的无规则变化因素引起的，也与仪器精密度和测量人员的感官灵敏度有关。如无规则的温度变化、气压的起伏、电磁场的干扰、电源电压的波动等引起测量值的变化。这些因素不可控制又无法预测和消除。单次测量随机误差不可知，当测量次数很多时，随机误差就显示出明显的规律性。对于随机误差服从的规律，本书将在下一节详细介绍。

3. 粗大误差

由于测量人员的过失(如实验方法不合理、用错仪器、操作不当、读错数值或记错数据等)引起的误差称为粗大误差。它是一种人为的过失误差，不属于测量误差，只要测量人员采用严肃、认真的态度，过失误差是可以避免的。在数据处理中要把含有粗大误差的异常数据加以剔除。剔除的准则一般为 3σ 准则或肖维纳准则。

四、测量的精密度、准确度和精确度

测量的精密度、准确度和精确度都是定性评价测量结果的术语，但目前使用时其涵义并不尽一致，以下介绍较为普遍采用的说法。

精密度表示的是在同样测量条件下，对同一物理量进行多次测量，所得测量结果彼此间相互接近的程度，即测量结果的重复性、测量数据的弥散程度，因而测量精密度是测量偶然误差的反映。测量精密度高，偶然误差小，但系统误差的大小不明确。

准确度表示的是测量结果与真值接近的程度，因而它是系统误差的反映。测量准确度高，则测量数据的算术平均值偏离真值较小，测量的系统误差小，但数据较分散，偶然误差的大小不确定。

精确度表示的则是对测量的偶然误差及系统误差的综合评定。精确度高，测量数据较集中在真值附近，测量的偶然误差及系统误差都比较小。

精密度、准确度和精确度 3 个术语可以用打靶弹着点的分布来形象地理解，如图 1-1-1 所示。在图 1-1-1 中，甲的弹着点明显偏离靶心，说明准确度低，系统误差大，但弹着点集中，说明精密度高，随机误差小；乙的弹着点分散，精密度低，随机误差大，但固定偏差小，准确度高，系统误差小；丙的弹着点既集中又无固定偏差，两类误差均小，即精确度高(既精密又准确)。

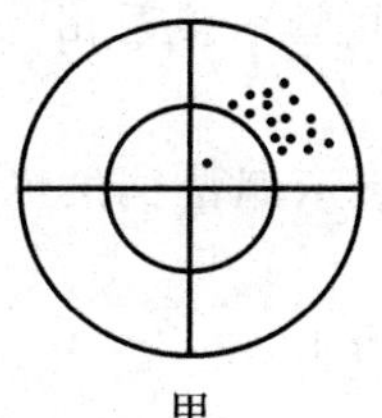

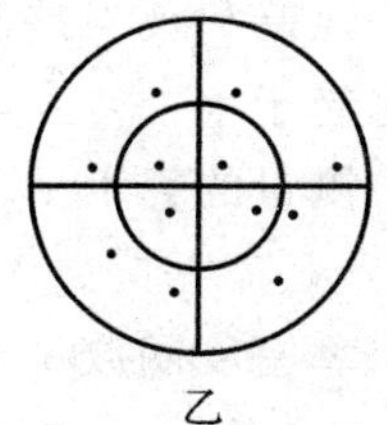

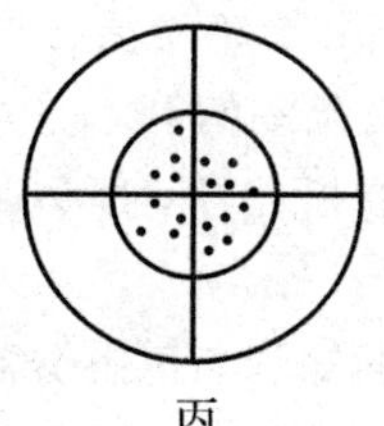

图 1-1-1　精密度、准确度、精确度示意图

通常把精确度简称为精度，但其含义比较笼统。本书中的精度对实验结果来说，主要是指其相对误差的数量级，若 $E=1.0\%$，则可笼统地说精度为 10^{-2}。对仪器来说，精度是指仪器的最小分度值和等级，如游标卡尺最小分度值为 0.02 mm，就说其精度为 0.02 mm。精度的含义有时还要看测量结果的具体情况，当测量结果的误差以随机误差为主时，它表示精密度；以系统误差为主时，它又表示准确度；当两种误差同时存在且两者的大小相差不大时，它又表示精确度。

第二节　随机误差的估计与仪器误差

一、随机误差的统计规律

为了单纯地研究随机误差，假设系统误差已经消除或者减小到可忽略不计的状态。在同样条件下，某一物理量进行了多次重复测量，由于随机误差的存在，其结果彼此互有差异。当测量次数足够多时会出现某种规律性。大量事实证明，在大量、独立的随机因素影响下，随机误差服从一定的统计规律，也就是正态分布(或高斯分布)，如图 1-2-1 所示。设在一组测量值中，n 次测量的值分别为 x_1、x_2、…、x_n。

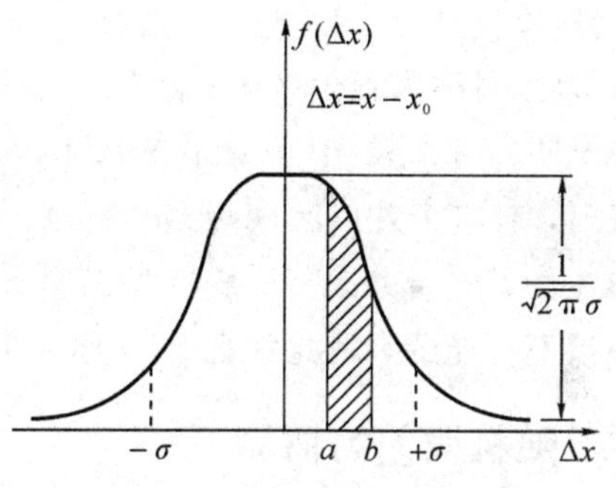

图 1-2-1　随机误差的正态分布

各次测量误差为

$$\Delta x_i = x_i - x_0 \quad (i=1,2,\cdots,n;\ x_0\ 为真值)$$

在图 1-2-1 中，$f(\Delta x)$称为概率密度函数；阴影部分面积表示误差 Δx 落在区间(a, b)的概率，计算公式为

$$P = \int_a^b f(\Delta x) d(\Delta x) \tag{1-2-1}$$

显然，误差落在$(-\infty, +\infty)$的概率为 100%，即

$$\int_{-\infty}^{+\infty} f(\Delta x)\mathrm{d}(\Delta x) = 1$$

由图 1-2-1 可知，随机误差具有下述性质：

(1) 有界性：绝对值很大的误差出现的概率趋于零，即误差的绝对值不会超过一定的界限。

(2) 单峰性：绝对值小的误差出现的概率比绝对值大的误差出现的概率大。

(3) 对称性：绝对值相等的正误差和负误差出现的概率接近相等。

(4) 抵偿性：由于绝对值相等的正误差和负误差出现的概率接近相等，因而随着测量次数的增加，随机误差的算术平均值将趋于零。

正是因为具有抵偿性，所以用多次测量的算术平均值表示测量结果可以减小随机误差的影响。

由统计理论的知识，正态分布的概率密度函数 $f(\Delta x)$应为

$$f(\Delta x)=\frac{1}{\sqrt{2\pi}\sigma}e^{-\frac{(\Delta x)^2}{2\sigma^2}}d(\Delta x) \qquad (1-2-2)$$

其中，σ 称为标准误差，其大小取决于具体测量条件。将式(1-2-2)式代入式(1-2-1)，测量误差落在(a, b)区间的概率为

$$P=\frac{1}{\sqrt{2\pi}\sigma}\int_a^b e^{-\frac{(\Delta x)^2}{2\sigma^2}}d(\Delta x) \qquad (1-2-3)$$

正态分布曲线峰值 $f(0)=\frac{1}{\sqrt{2\pi}\sigma}$。$\sigma$ 是曲线由向下变为向上的拐点，拐点坐标 $\Delta x=\pm\sigma$，若 σ 小，则 $f(0)$大，曲线中部上升，变得尖锐，表明测量离散性小，测量精密度高。相反，若 σ 大，则曲线变得平坦，测量误差分布范围大，测量离散性大，测量精密度低(参见图 1-2-2)。一般把$(-k\sigma, +k\sigma)(k=1, 2, 3)$区间称为置信区间；随机误差落在置信区间的概率叫做置信概率(或置信度)。由式(1-2-3)不难得出，对应于置信区间$(-\sigma, +\sigma)$、$(-2\sigma, +2\sigma)$、$(-3\sigma, +3\sigma)$的置信概率分别为 $P_1=68.3\%$、$P_2=95.4\%$、$P_3=99.7\%$。对于一般有限次的测量，误差超出$(-3\sigma, +3\sigma)$区间几乎是不可能的，因此常把$\pm3\sigma$ 称为极限误差。

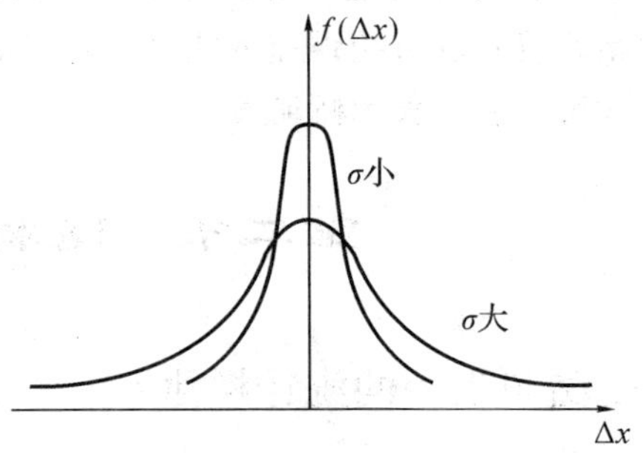

图 1-2-2 测量离散性和 σ 的关系

二、随机误差的估算

1. 算术平均值

根据最小二乘法原理可以证明(证明过程略)，测量列$(x_1, x_2, \cdots, x_n)$的算术平均值为

$$\bar{x}=\frac{1}{n}\sum_{i=1}^{n}x_i \qquad (1-2-4)$$

$\bar{x}$ 是被测量真值 x_0 的最佳估计值，也将其称为近似真实值，简称近真值或最佳值。

2. 测量列的标准误差和标准偏差

根据统计理论，标准误差 σ 由下式给出：

$$\sigma=\lim_{n\to\infty}\sqrt{\frac{\sum_{i=1}^{n}(x_i-x_0)^2}{n}}$$

由于真值 x_0 未知，实际上 σ 是不能求得的，故上式只有理论上的价值。实际处理中，可用标准偏差作为标准误差的估计值。根据随机误差的高斯理论可以证明，在有限次测量的情况下，每次测量值的标准偏差为

$$S_x = \sigma_x = \sqrt{\frac{\sum_{i=1}^{n}(x_i - \bar{x})^2}{n-1}} \quad \text{(贝塞尔公式)} \tag{1-2-5}$$

通常，$v_i = x_i - \bar{x}$ 称为偏差或残差。S_x 表示测量列的标准偏差，它表征对同一被测量在同一条件下做 n 次(在大学物理实验中，通常取 $5 \leqslant n \leqslant 10$)有限测量时，其结果的分散程度。其意义是 n 次测量中任一次测量值的误差(或偏差)落在($-\sigma_x$，$+\sigma_x$)区间的可能性约为68.3%。当 $n \to \infty$ 时，有 $\bar{x} \to x_0$，$S_x \to \sigma$，所以我们常常不去区分偏差和误差，把标准偏差也称为标准误差。

3. 算术平均值的标准偏差

按统计理论，在测量次数 n 有限的情况下，其算术平均值的标准偏差 $\sigma_{\bar{x}}$ 和 σ_x 的关系为

$$\sigma_{\bar{x}} = \frac{\sigma_x}{\sqrt{n}} = \sqrt{\frac{\sum_{i=1}^{n}(x_i - \bar{x})^2}{n(n-1)}} \tag{1-2-6}$$

其意义是测量平均值的随机误差在 $-\sigma_{\bar{x}} \sim +\sigma_{\bar{x}}$ 之间的概率为68.3%。或者说，被测量的真值在($\bar{x} - \sigma_{\bar{x}}$)～($\bar{x} + \sigma_{\bar{x}}$)范围内的概率为68.3%。因此 $\sigma_{\bar{x}}$ 反映了平均值接近真值的程度。

需要指出的是，在 n 次测量中某一次测量的随机误差落在($-\sigma_x$，$+\sigma_x$)内的概率为68.3%，而平均值 $\bar{x}$ 随机误差落在 $-\sigma_{\bar{x}} \sim +\sigma_{\bar{x}}$ 内的概率也是68.3%，由于 $\sigma_{\bar{x}} < \sigma_x$，故 $\bar{x}$ 的随机误差落在($-\sigma_x$，$+\sigma_x$)内的概率要大于68.3%。σ_x 反映的是某次测量值接近真值的程度，而 $\sigma_{\bar{x}}$ 反映的是测量平均值接近真值的程度，显然 $\sigma_{\bar{x}}$ 更接近真值。

当测量次数无穷多或足够多时，测量值的误差分布才接近正态分布。但是当测量次数较少时(例如，测量次数少于10次，物理实验教学中一般取 n=6～10次)，测量值的误差分布将明显偏离正态分布而遵从 t 分布，其又称为学生分布。t 分布曲线与正态分布曲线的形态类似，但是 t 分布曲线的峰值低于正态分布，而且 t 分布曲线上部较窄、下部较宽，如图1-2-3所示。t 分布时，置信区间[($\bar{x} - \sigma_{\bar{x}}$)，($\bar{x} + \sigma_{\bar{x}}$)]对应置信概率达不到68.3%，若保持置信概率不变，则应当扩大置信区间。在这种情况下，如果置信概率是 P，那么其对应的置信区间一般为[($\bar{x} - t_P\sigma_{\bar{x}}$)，($\bar{x} + t_P\sigma_{\bar{x}}$)]。其中的系数 t_P 称为 t 因子，其数值既与测量次数 n 有关，又与置信概率 P 有关。在物理实验中，为了方便起见，可统一取置信概率为0.95。表1-2-1给出了 $t_{0.95}$ 和 $t_{0.95}/\sqrt{n}$ 的值。

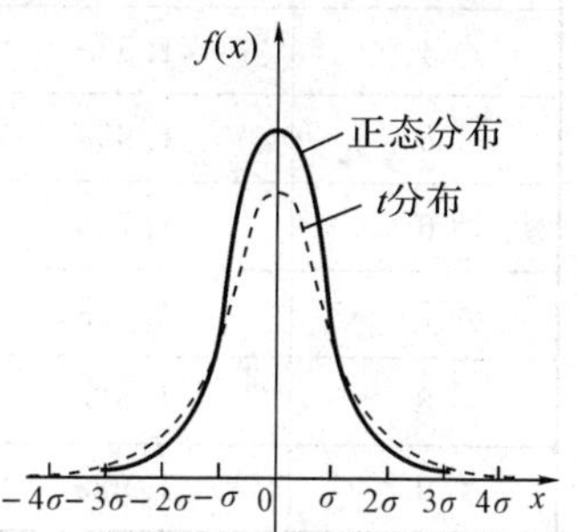

图1-2-3　t 分布与正态分布曲线

表1-2-1　t　参　数

n	3	4	5	6	7	8	9	10	15	20	≥100
$t_{0.95}$	4.30	3.18	2.78	2.57	2.45	2.36	2.31	2.26	2.14	2.09	≤1.97
$t_{0.95}/\sqrt{n}$	2.48	1.59	1.204	1.05	0.923	0.834	0.770	0.715	0.553	0.467	≤0.139

三、异常数据的剔除

剔除测量列中异常数据的标准有 $3\sigma_x$ 准则、肖维纳准则、格拉布斯准则等。下面介绍 $3\sigma_x$ 准则和肖维纳准则。

1. $3\sigma_x$ 准则

统计理论表明，测量值的偏差超过 $3\sigma_x$ 的概率已小于 1%。因此，可以认为偏差超过 $3\sigma_x$ 的测量值是其他因素或过失造成的，为异常数据，应当剔除。剔除的方法是将多次测量所得的一系列数据，算出各测量值的偏差 Δx_i 和标准偏差 σ_x，把其中最大的 Δx_j 与 $3\sigma_x$ 比较，若 $\Delta x_j > 3\sigma_x$，则认为第 j 个测量值是异常数据，舍去。剔除 x_j 后，对余下的各测量值重新计算偏差和标准偏差，并继续审查，直到各个偏差均小于 $3\sigma_x$ 为止。

2. 肖维纳准则

假定对一物理量重复测量了 n 次，其中某一数据在这 n 次测量中出现的概率不到半次，即小于 $1/(2n)$，则可以肯定这个数据的出现是不合理的，应当予以剔除。

根据肖维纳准则，应用随机误差的统计理论可以证明，在标准误差为 σ 的测量列中，若某一个测量值的偏差等于或大于误差的极限值 K_σ，则此值应当剔除。不同测量次数的误差极限值 K_σ 列于表 1-2-2 中。

表 1-2-2　肖维纳系数表

n	K_σ	n	K_σ	n	K_σ
4	1.53σ	10	1.96σ	16	2.16σ
5	1.65σ	11	2.00σ	17	2.18σ
6	1.73σ	12	2.04σ	18	2.20σ
7	1.79σ	13	2.07σ	19	2.22σ
8	1.86σ	14	2.10σ	20	2.24σ
9	1.92σ	15	2.13σ	30	2.39σ

四、仪器误差

1. 仪器误差 $\Delta_{仪}$

测量必须使用仪器或量具进行。有的仪器较粗糙，有的仪器较精密，但任何仪器都有误差。把在正确使用仪器的条件下，仪器的示值和被测量之间可能出现的最大误差称为仪器误差，用 $\Delta_{仪}$ 表示。在大学物理实验中，通常取 $\Delta_{仪}$ 等于仪表的示值误差限或基本误差限。仪器误差一般由厂家在说明书上或标牌上给出，也可由厂家给出的仪器准确度等级算出。对于误差无明确规定的仪器可这样规定：用刻度指示的仪表的仪器误差取最小分度值的一半，用数字显示的仪表的仪器误差可取显示数字的最后一个位数的一个单位。如数字毫秒计最后位数的一个单位是 1 ms，$\Delta_{仪}$ 可取为 0.001 s。

下面给出常用仪器的仪器误差限：

米尺　　　　　　　　　　$\Delta_{仪}=0.5$ mm

游标卡尺(20、50 分度)	$\Delta_{仪}$＝最小分度值(0.05 或 0.02 mm)
千分尺	$\Delta_{仪}$＝0.004 mm 或 0.005 mm
分光计	$\Delta_{仪}$＝最小分度值(1′或 30″)
读数显微镜	$\Delta_{仪}$＝0.005 mm
各类数字式仪表	$\Delta_{仪}$＝仪器最小读数
计时器(1、0.1、0.01 s)	$\Delta_{仪}$＝仪器最小分度(1、0.1、0.01 s)
物理天平(0.1 g)	$\Delta_{仪}$＝感量(0.05 或 0.02 g)
电桥(QJ23 型)	$\Delta_{仪}=K\%\cdot R$(K 为准确度或级别，R 为示值)
电位差计(UJ33 型)	$\Delta_{仪}=K\%\cdot v$(K 为准确度或级别，v 为示值)
转柄电阻箱	$\Delta_{仪}=K\%\cdot R$(K 为准确度或级别，R 为示值)
电表	$\Delta_{仪}=K\%\cdot M$(K 为准确度或级别，M 为量程)
其他仪器、量具	$\Delta_{仪}$ 是根据实验际情况由实验室给出示值误差限的

仪器误差取值不能一概而论，在具体到某一实验中时，还应根据具体情况对 $\Delta_{仪}$ 约定一个合适的数值。

2. 仪器的标准偏差 $\sigma_{仪}$

仪器误差的概率分布函数最常见的是服从均匀分布和正态分布。正态分布和本节前面所述的相同。均匀分布是指在 $-\Delta_{仪}\sim+\Delta_{仪}$ 范围内，各种误差出现的概率相同；在 $-\Delta_{仪}\sim+\Delta_{仪}$ 范围以外出现的概率为零，如图 1-2-4 所示。例如，游标卡尺的量具误差、仪表度盘或其他传动齿轮的空回误差、级别较高仪器/仪表误差、电子计数器和数字仪表的量化误差、示波器调节中李萨如图不稳定引起的频率测量误差、指零仪表判断平衡的误差、机械秒表在分度值内不能分辨的误差等，显然有

$$\int_{-\Delta_{仪}}^{+\Delta_{仪}} f(\Delta)\mathrm{d}\Delta = 1,\ f(\Delta) = \frac{1}{2\Delta_{仪}}$$

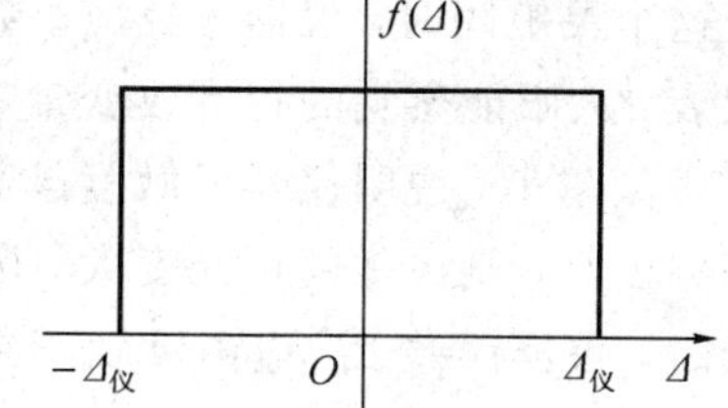

图 1-2-4　仪器误差均匀分布的概率函数

按标准误差计算可得均匀分布的仪器标准误差(即仪器的标准偏差)为

$$\sigma_{仪}=\frac{\Delta_{仪}}{\sqrt{3}}\quad 或\quad \Delta_{仪}=\sqrt{3}\sigma_{仪}$$

在$(-\sigma_{仪}，+\sigma_{仪})$区间内的置信概率为 $P=\int_{-\sigma_{仪}}^{+\sigma_{仪}} f(\Delta)\mathrm{d}\Delta = 57.7\%$。

对应于置信概率为 95%、99%的置信区间分别为$(-1.65\sigma_{仪}，+1.65\sigma_{仪})$和$(-1.71\sigma_{仪}，+1.71\sigma_{仪})$(或分别为$(-0.95\Delta_{仪}，+0.95\Delta_{仪})$和$(-0.99\Delta_{仪}，+0.99\Delta_{仪})$)。显然，置信概率为 100%的置信区间为$(-\sqrt{3}\sigma_{仪}，+\sqrt{3}\sigma_{仪})$，即$(-\Delta_{仪}，+\Delta_{仪})$。

对呈正态分布的仪器误差(如伏特表、电流表、摆动式天平)，与置信概率 68.3%、95.4%、99.7%对应的置信区间分别为$(-\sigma_{仪}，+\sigma_{仪})$、$(-2\sigma_{仪}，+2\sigma_{仪})$、$(-3\sigma_{仪}，+3\sigma_{仪})$(即$(-\Delta_{仪}，+\Delta_{仪})$)。在$(-\Delta_{仪}，+\Delta_{仪})$范围外，仪器误差出现的概率几乎为零。$\pm\Delta_{仪}$ 即为误差限。

$$\sigma_{仪}=\frac{\Delta_{仪}}{3}\quad 或\quad \Delta_{仪}=3\sigma_{仪}$$

本书对物理实验室所用主要仪器的仪器误差规定如下：

（1）所有电表仪器误差的计算公式为

$$\sigma_{仪}=\frac{\Delta_{仪}}{\sqrt{3}}=\frac{X_m S_m\%}{\sqrt{3}} \quad (单位)$$

其中 X_m 为电表的量程；S_m 为电表的精确度等级。

（2）UJ24 型电位差计的仪器误差的计算公式为

$$\sigma_{仪}=\frac{\Delta_{仪}}{\sqrt{3}}=\frac{U_{示}\ S_m\%+0.5\delta_U}{\sqrt{3}} \quad (V)$$

式中，$U_{示}$ 是指用此电位差计测量电压时的电压测量指示值；δ_U 为电位差计的分度值，UJ24 型电位差计的 $\delta_U=0.000\ 01$ V；S_m 为电位差计的精确度等级，$S_m=0.02$ 级。

（3）ZX21 型电阻箱的仪器误差的公式计算为

$$\sigma_{仪}=\frac{\Delta_{仪}}{\sqrt{3}}=\frac{R_{示}\ S_m\%+0.002m}{\sqrt{3}} \quad (\Omega)$$

式中，$R_{示}$ 是指用此电阻箱调节好后的测量指示值；S_m 为 ZX21 型电阻箱的精确度等级，$S_m=0.1$ 级；0.002 是说明 ZX21 型电阻箱每一个旋臂盘的接线电阻和接触电阻的大小均小于等于 0.002 Ω；m 是电阻箱所指示的电阻 $R_{示}$ 通过的旋臂盘的个数。

3. 仪器灵敏阈

仪器灵敏阈是指足以引起仪器示值可察觉变化的被测量的最小变化值，即当被测量小于这个灵敏阈时，仪器无反应。数字式仪表最末一位数代表的值就是其灵敏阈；对指针式仪表，人眼能察觉的指针改变量一般为 0.2 分度值，0.2 分度值代表的量可作为其灵敏阈。灵敏阈越小，说明仪器灵敏度越高。一般来说，仪器灵敏阈应小于示值误差限。但若仪器使用频度高，则灵敏阈可能变大，因此在使用前要检查仪器灵敏阈，当灵敏阈超过示值误差限时，仪器误差 $\Delta_{仪}$ 应由灵敏阈来代替。

第三节　有效数字及其运算法则

物理实验中经常要记录很多测量数据，并对这些数据进行数据处理，得到最终的测量结果。但是在实验观测、读数、运算与最后得出的结果中，哪些是能反映被测量实际大小的数字应予以保留，哪些不应当保留，这就与有效数字及其运算法则有关。有效数字是对测量结果的一种准确表示，它应当是有意义的数字，而不允许无意义的数字存在。本节主要讨论各数值的取位原则，总的原则是：实验时读/记的数据和数据处理、误差计算、结果表示中的数据，应能反映被测量实际大小的全部信息。

一、有效数字的概念

任何一个物理量，其测量结果必然存在误差。因此，表示一个物理量测量结果的数字取值是有限的。我们把测量结果中可靠的几位数字，加上可疑的一位数字(中间结果取两位可疑数字)，统称为测量结果的有效数字。有效数字的个数叫做有效数字的位数，如用米尺测量某物的长度为 5.65 cm，称为三位有效数字。

二、直接测量的有效数字记录

通常仪器上显示的数字均为有效数字(包括最后一位估计读数)，都应读出并记录下来。在记录直接测量的有效数字时，常用一种称为标准式的写法，就是任何数值都只写出有效数字，而数量级则用 10 的 n 次幂的形式表示。

(1) 根据有效数字的规定，测量值的最末一位一定是可疑数字，这一位应与仪器误差的位数对齐，仪器误差在哪一位发生，测量数据的估读位就记录到哪一位，不能多记，也不能少记，即使估计数字是 0，也必须写上，否则与有效数字的规定不相符。例如，用两种仪器测量物体长度分别为 52.4、52.40 mm，它们是不同的两个测量值，前者所用仪器误差在 0.1 mm 位，后者所用仪器误差在 0.01 mm 位，从这两个值可以看出测量前者的仪器精度低，测量后者的仪器精度高出一个数量级。

对于分度式仪表或量具，一般估读到最小分度值的 1/10，如米尺估读到 0.1 mm，千分尺估读到 0.001 mm；对某些指针较宽的仪表，估读到 1/10 有困难，也可估读到分度值的 1/5 甚至 1/2。

如果仪表已标明精度或等级，那么可先算出 $\Delta_{仪}$。有效数字记录到 $\Delta_{仪}$ 所在位。例如，量程 1 A 的 0.5 级电流表，仪器误差 $\Delta_{仪}=1\times0.5\%=0.005$ A，电流表读数末位记录到小数点后三位(以 A 为单位)。

有些仪表，如数字仪表、游标卡尺和步进读数仪表(如电阻箱、箱式电桥)，若不能估读到最小分度值以下的数字就不要估读，但仍把最后一位视为可疑数字。因为这些仪表显示的数字最后一位总有±1 的误差。游标卡尺读到分度值的整数倍，如 0.02 mm 分度值游标，读到毫米的小数点后 2 位，尾数必为偶数；0.05 mm 分度值游标，尾数必为 0 和 5；对 0.1 mm 分度值的游标，也可估读到游标分度值的一半(相邻游标刻线似乎与主刻线对齐程度差不多)，尾数也是 0 和 5。数字显示仪表数值总在小范围内波动时应读其平均值。

对于分度值为“2”和“5”的仪表，读数的观点有两种。第一种观点认为最小分度值就是估读位，如分度值为 0.5，则 0.1、0.2、0.3、0.4 及 0.6、0.7、0.8、0.9 都是估读数，不必再估读到下一位；又如分度值为 0.2，则 0.1、0.3、0.5、0.7、0.9 都是估读值，此时分度位就是估读位。第二种观点认为最小分度值的下一位是估读位，如分度值为 2 mA 的电表，当指针位于 24～26 mA 之间的 8 等分处时，则估读成 25.6 mA(即 24 mA＋0.8×2 mA)；又如具有两个量程分别为 10 mA 和 5 mA 的电表，表盘上有 100 个分度，若用 5 mA 挡，则每个分度为 0.05 mA，当指针在第 22 和 23 两刻线之间的 7 等分处，此时准确数值为 0.05×22＝1.1 mA，估读值为 0.005×7＝0.035 mA，测量值为 1.135 mA。以上两例读数出现了两位可疑数字。

如果测量结果中不确定度(详见本章第四节)只取一位，那么采用第一种读数方法；如果不确定度取两位，则可采用第二种读数方法。

(2) 根据有效数字的规定，凡是仪器上读出的数值，位于有效数字中间与末尾的 0，均应算作有效位数。用来表示小数点位置的 0 不是有效数字。显然，在有效数字的位数确定时，第一个不为零的数字左面的零不能算有效数字的位数，而第一个不为零的数字右面的零一定要算作有效数字的位数。如 0.0135 m 是三位有效数字，0.0135 m 和 1.35 cm 及 13.5 mm三者是等效的，只不过是分别采用了米、厘米和毫米作为长度的表示单位；

1.030 m是四位有效数字。从有效数字的另一面也可以看出测量用具的最小刻度值，如0.0135 m是用最小刻度为毫米的尺子测量的，而1.030 m是用最小刻度为厘米的尺子测量的。因此，正确掌握有效数字的概念对物理实验来说是十分必要的。例如，6.003 cm和4.100 cm均是四位有效数字。在记录数据中，有时因定位需要而在小数点前添加0，这不应算作有效位数。如0.0486 m是三位有效数字而不是四位有效数字，有效数字中的0有时算作有效数字，有时不能算作有效数字，这对初学者也是一个难点，要正确理解有效数字的规定。

(3) 根据有效数字的规定，在十进制单位换算中，其测量数据的有效位数不变。如4.51 cm若以米或毫米为单位，可以表示成0.0451 m或45.1 mm，这两个数仍然是三位有效数字。为了避免单位换算中位数很多时书写一长串数字，或计数时出现错位，常采用科学表达式，通常是在小数点前保留一位整数，用 10^n 表示，如 4.51×10^2 m、4.51×10^4 cm等，这样既简单、明了，又便于计算和确定有效数字的位数。

(4) 根据有效数字的规定对有效数字进行记录时，直接测量结果的有效位数的多少取决于被测物本身的大小和所使用的仪器精度，对同一个被测物，用高精度的仪器测量的有效位数多，用低精度的仪器测量的有效位数少。例如，长度约为3.7 cm的物体，若用最小分度值为1 mm的米尺测量，其测量值为3.70 cm；若用螺旋测微器测量(最小分度值为0.01 mm)，其测量值为3.7000 cm，显然螺旋测微器的精度较米尺高很多，所以测量结果的位数也多。被测物是较小的物体，测量结果的有效位数也少。对一个实际测量值，正确应用有效数字的规定进行记录，就可以从测量值的有效数字记录中看出测量仪器的精度。因此，有效数字的记录位数和测量仪器有关。

三、有效数字的修约

在实验数据的运算与处理中，必然遇到数据的截取、尾数舍入问题。在不影响最后测量结果应保留有效数字的位数(或可疑数字的位置)的前提下，可以在运算前、后分别对数据进行修约。

1. 修约目的

(1) 既能使实验的数据处理、误差计算、结果表示能够进行，又能使计算尽量简单，避免因对某些数的修约影响测量结果及误差的大小。

(2) 既能使测量结果简单、明了，又能反映被测结果的全部信息。

2. 修约原则

我国标准总局在1981年对四舍五入法所作的规定中指出了数值尾数的修约原则，即对数值进行修约后不要因修约而使结果带来修约误差。本书推荐取位的总原则：一切直接测量值和最后结果只取且要取一位可疑数，所有中间结果都取两位可疑数。中间结果是指夹在直接测量值和最后结果之间的所有结果；所有误差每位有效数都看成是可疑数。中间结果多取一位可疑数的目的是使计算结果准确一些，但并非依次类推，取位更多、计算结果更准确，这样不但使计算变得更繁杂，且对结果准确度的提高并无多大帮助。

3. 修约方法

(1) 四舍五入法：只看尾数，当尾数小于5时舍，大于或等于5时则入。

(2) 凑偶法：只看尾数，当尾数小于5时舍，大于5时入，等于5时再看前一位数的奇偶性，为奇数则舍，为偶数则入，即把前一位数凑成偶数，故也称“四舍六入五凑偶”法。当然，若用凑奇法亦可达同样的效果。但是凑偶法有其优势，一方面凑偶后可简化运算，另一方面人们喜欢偶数故用凑偶而不用凑奇。

(3) 综合法：先看尾数，当尾数小于5时舍，大于5时入，等于5时再看5后面有无非零数，有则入，无则还要看5前面一位数的奇偶性，为偶数则舍，为奇数则入。

在物理实验室和一般的科学实验中采用四舍五入法修约即可，只有在重要的科学实验中才采用凑偶法和综合法修约。

【例1-3-1】 应用四舍五入法、凑偶法和综合法对下列各数进行修约，保留三位小数。

3.523 26　　　　3.523 62　　　　3.523 51

解 (1) 四舍五入法：

3.523 26→3.523（被截取的尾数“26”中“2”<5，故舍去“26”）

3.523 62→3.524（被截取的尾数“62”中“6”>5，故舍去“62”并在前一位进1）

3.523 51→3.524（被截取的尾数“51”中“5”=5，故舍去“51”并在前一位进1）

(2) 凑偶法：

3.523 26→3.523（被截取的尾数“26”中“2”<5，故舍去“26”）

3.523 62→3.524（被截取的尾数“62”中“6”>5，故舍去“62”并在前一位进1）

3.523 51→3.524（被截取的尾数“51”中“5”=5，且前一位为奇数“3”故舍去“51”并在前一位进1凑成偶数“4”）

(3) 综合法：

3.523 26→3.523（被截取的尾数“26”中“2”<5，故舍去“26”）

3.523 62→3.524（被截取的尾数“62”中“6”>5，故舍去“62”并在前一位进1）

3.523 51→3.524（被截取的尾数“51”中“5”=5，且“5”后一位有非零数“1”，故舍去“51”并在前一位进1）

四、有效数字的运算法则

一般来讲，当两个或两个以上有效数字进行运算时，一般应遵守以下规则：

(1) 可靠数字之间运算的结果为可靠数字。

(2) 可靠数字与可疑数字、可疑数字与可疑数字之间运算的结果为可疑数字。

(3) 测量数据一般只保留一位可疑数字，多余的可疑数字按规则修约取舍。

(4) 运算结果的有效数字位数不由数学或物理常数来确定，数学与物理常数的有效数字位数可任意选取，一般选取的位数应比测量数据中位数最少者多取一位。例如，可取π=3.14或3.142或3.1416…；在公式$E_k=\frac{1}{2}mv^2$中计算结果不能由于“2”的存在而只取一位可疑数字，还要根据m和v来具体决定。

1. 加、减运算

在进行加法或减法运算时，运算结果的末位数字所在的位置应由各量中可疑数字所在位置最前的一个数字来决定。例如：

$$\begin{array}{r} 30.\underline{4} \\ +\ 4.32\underline{5} \\ \hline 34.\underline{725} \end{array} \qquad \begin{array}{r} 26.6\underline{5} \\ -\ 3.90\underline{5} \\ \hline 22.7\underline{45} \end{array}$$

取 $30.\underline{4}+4.32\underline{5}=34.\underline{7}$，$26.6\underline{5}-3.90\underline{5}=22.7\underline{4}$。（“_”上方表示可疑数字）

推论 2－3－1 若干个直接测量值进行加法或减法计算时，选用精度相同的仪器最为合理。

2. 乘、除运算

用有效数字进行乘法或除法运算时，乘积或商的结果的有效数字的位数与参与运算的各个量中有效数字的位数最少者相同。例如：

$$834.\underline{5}\times 23.\underline{9}=19\underline{944}.\underline{55}=1.9\underline{9}\times 10^{4}$$

$$2\,569.\underline{4}\div 19.\underline{5}=13\underline{1}.\underline{764}\,\underline{1}\cdots=13\underline{2}$$

推论 2－3－2 测量的若干个量，若是进行乘法或除法运算，应按照有效位数相同的原则来选择不同精度的仪器。

3. 乘方和开方运算

乘方、开方后的有效数字位数与被乘方和被开方之数即底数的有效数字的位数相同。例如：

$$(7.32\underline{5})^{2}=53.6\underline{6}$$

$$\sqrt{32.\underline{8}}=5.7\underline{3}$$

4. 指数、对数、三角函数运算

运算结果的有效数字位数由其改变量对应的数位决定。例如，35.58°中可疑数字为0.08，那么 sin35.58°＝？我们将 35.58°的末位数改变 1 后比较，找出 sin35.58°发生改变的位置就能得知。因为 sin35.58°＝$0.581\underline{8}3911$，而 sin35.59°＝$0.581\underline{9}8105$，则 sin35.58°＝0.5818。

以上所介绍的有效数字运算规则只是一个基本原则，使中间运算不过于繁琐也是其目的之一。在计数器和微机已普遍使用的今天，中间运算过程多取几位有效数字并不会带来多大麻烦。不妨将中间计算的有效数字适当多保留几位，以免因过多的取舍带来附加误差。只是最后表达测量结果时，有效位数按误差或不确定度所在位数截取即可。

第四节 测量结果的标准偏差评定

测量的目的是不但要测量被测物理量的近真值，而且要对近真值的可靠性做出评定(即指出误差范围)，评定的方法有 3 种：算术平均误差表示形式、标准偏差(标准误差)表示形式和不确定度表示形式。中学物理实验中因学生没有数量统计知识的基础，一般采用算术平均误差表达形式，这种表示形式计算简单，只能作为粗略估计时使用。本书沿用标准偏差来对测量结果作出评价，这种表示形式在过去甚至现在在工程上的应用仍较为广泛。然而在国际上，多年来已普遍采用不确定度来表示测量结果，为了加强国际间的交流与合作，1996 年，中国计量科学研究院在国际权威文件《测量不确定度表达指南》的基础上，制定了我国的《测量不确定度规范》。从发展的眼光来看，大学物理实验教学应与国际接轨，执行国家计量技术规范。这就要求我们必须掌握不确定度的有关概念。测量不确定度评定是以标准偏差评定为基础的，作为一种过渡，本节先介绍测量结果的标准偏差表示形式，下一节再介绍测量结果的不确定度表示形式。

一、直接测量结果的标准偏差表达形式

1. 单次直接测量结果表达

在做物理实验时，可能会遇到两种情况下的单次直接测量，即有时无法对被测量进行多次测量，有时没有必要对被测量进行多次测量。例如，有些实验对某个量测量精度要求不高，或所用仪器反映不出测量的随机误差，测量一次即可。这种情况下如何表示测量的结果呢？

假设对物理量 x 进行了单次测量，单次测量值为 $x_{测}$，可以用下面归纳的方法对测量结果进行计算。

(1) 计算代真值 $\bar{x}$。它可用测量值 $x_{测}$ 代替，即 $\bar{x}=x_{测}$(单位)。

(2) 计算绝对误差。它可由所用仪器的仪器误差(仪器标准偏差)代替，即

$$\sigma_{\bar{x}}=\sigma_{仪}$$

其中，$\sigma_{仪}=\dfrac{\Delta_{仪}}{3}$(正态分布)，或 $\sigma_{仪}=\dfrac{\Delta_{仪}}{\sqrt{3}}$(均匀分布)。仪器误差概率正态分布、均匀分布的知识参阅本章第二节(一般粗糙地认为仪器误差概率均匀分布)相关内容。

(3) 计算相对误差：

$$E=\frac{\sigma_{\bar{x}}}{\bar{x}}=y\%\ (E\text{ 的值写成百分数形式})$$

(4) 最后结果表示为

$$x=\bar{x}\pm\sigma_{\bar{x}}(\text{单位}),\quad E=y\%$$

表明测量真值落在 $\bar{x}-\sigma_{\bar{x}}\sim\bar{x}+\sigma_{\bar{x}}$ 范围内的置信概率为 68.3%(正态分布)或 57.7%(均匀分布)。

2. 多次等精度直接测量结果表达

如果不考虑系统误差，对某物理量 x 进行了 n 次等精度直接测量，测量值为 x_1、x_2、…、x_n，测量结果可以用下面归纳的方法进行计算。

(1) 计算代真值 $\bar{x}$。它可用所有测量值的算术平均值代替，即

$$\bar{x}=\frac{1}{n}\sum_{i=1}^{n}x_i\quad(\text{单位})$$

(2) 计算绝对误差。它可由所有测量值的算术平均值的标准偏差代替，即

$$\sigma_{\bar{x}}=\sqrt{\frac{\sum_{i=1}^{n}(x_i-\bar{x})^2}{n(n-1)}}\quad(\text{单位})$$

(3) 计算相对误差：

$$E=\frac{\sigma_{\bar{x}}}{\bar{x}}=y\%\quad(E\text{ 的值写成百分数形式})$$

(4) 最后结果表示为

$$x=\bar{x}\pm\sigma_{\bar{x}}\quad（单位），E=y\%$$

表明测量真值落在 $\bar{x}-\sigma_{\bar{x}}\sim\bar{x}+\sigma_{\bar{x}}$ 范围内的置信概率为 68.3%。

对于多次等精度直接测量每次结果都相同的情况，可参考单次直接测量结果表达。

【例 1-4-1】 用 3 V 量程 0.5 级的电压表测量某电路两点间电压的读数为 136.7 格（刻度盘有 150 个最小等分格），求出电压的测量结果。

解 该电表的分度值为

$$\delta_u=\frac{3}{150}=0.02\ \text{V}$$

测量电压的示值为

$$U_{示}=0.02\times136.7=2.734\ \text{V}$$

仪器误差为

$$\Delta_{仪}=U_m\times S_m\%=3\times0.5\%=0.015\ \text{V}$$

$$\sigma_{仪}=\frac{\Delta_{仪}}{\sqrt{3}}=\frac{3\times0.5\%}{\sqrt{3}}=0.0087\ \text{V}$$

相对误差为

$$E=\frac{\sigma_{仪}}{U_{示}}=\frac{0.0087}{2.7}=0.32\%$$

测量结果为

$$U_{测}=(2.734\pm0.009)\ \text{V},\ E=0.32\%$$

【例 1-4-2】 等精度对某物的长度测量 5 次，各次测定值 L_i 依次为 222.33、222.25、222.22、222.18、222.13 mm。试求长度的测量结果。

解 (1) 列表求出 5 次测量长度的代真值 $\bar{L}$ 及标准偏差表达式中 $\sum_{i=1}^{5}(\Delta L_i)$ 值，参见表 1-4-1。

表 1-4-1 L_i 的数据及其数据处理表

i	L_i/mm	ΔL_i/mm	$(\Delta L_i)^2/(\times10^{-6}\ \text{mm}^2)$
1	222.33	0.108	11 664
2	222.25	0.028	784
3	222.22	0.002	4
4	222.18	0.042	1764
5	222.13	0.092	8464
	$\bar{L}=222.222$	$\Delta L=0.054$	$\sum(\Delta L_i)^2=22\ 680$

(2)
$$\sigma=\frac{\sqrt{\sum_{i=1}^{n}(\Delta L)^2}}{n(n-1)}=\frac{\sqrt{0.022\ 68}}{5(5-1)}=0.034\ \text{mm}$$

(3)
$$E=\frac{\sigma}{\bar{L}}=\frac{0.034}{222}=0.015\%$$

(4) 测量结果为

$$L=(222.22\pm0.03)\ \text{mm},\ E=0.015\%$$

二、间接测量结果的标准偏差表达形式

若间接测量量 N 为直接测量量 x、y、z、…的函数，即

$$N=F(x、y、z、\cdots) \tag{1-4-1}$$

间接测量的近真值是由直接测量结果通过函数式计算出来的，既然直接测量有误差，那么间接测量也必有误差，这就是误差的传递(或合成)。由直接测量值及其直接测量量的平均值的标准偏差来计算间接测量值的标准偏差之间的关系式称为误差的传递公式。由于函数关系式的表现形式不同，因此计算间接测量量的标准偏差有所区别，下面分情况讨论。

1. 函数关系以和、差形式为主的间接测量结果表示

设 N 为间接测量的量，它和 n 个直接测量互相独立的物理量 x、y、z、…有函数关系，各直接观测量的测量结果分别为

$$x=\bar{x}\pm\sigma_x,\ y=\bar{y}\pm\sigma_y,\ z=\bar{z}\pm\sigma_z,\ \cdots$$

(1) 计算代真值 $\overline{N}$。将各个直接测量量的代真值 $\bar{x}$、$\bar{y}$、$\bar{z}$、…代入函数表达式中，即可得到间接测量的代真值：

$$\overline{N}=F(\bar{x},\ \bar{y},\ \bar{z},\ \cdots)$$

(2) 计算间接测量 $\overline{N}$ 的标准偏差。对函数式 $N=F(x,\ y,\ z,\ \cdots)$求全微分，即得

$$\mathrm{d}N=\frac{\partial F}{\partial x}\mathrm{d}x+\frac{\partial F}{\partial y}\mathrm{d}y+\frac{\partial F}{\partial z}\mathrm{d}z+\cdots$$

式中，$\mathrm{d}N$、$\mathrm{d}x$、$\mathrm{d}y$、$\mathrm{d}z$ 微分是高等数学中的微小改变量，而在物理实验中，任何被测量的绝对误差相对被测量的代真值来说也是一个很小的量，所以可以将上面全微分式中的微分符号 d 改写为标准偏差 σ，$\frac{\partial F}{\partial x}$、$\frac{\partial F}{\partial y}$、$\frac{\partial F}{\partial z}$为函数对自变量的偏导数，并将微分式中的各项求“方和根”，即为间接测量的合成不确定度：

$$\sigma_{\overline{N}}=\sqrt{\left(\frac{\partial F}{\partial x}\sigma_x\right)^2+\left(\frac{\partial F}{\partial y}\sigma_y\right)^2+\left(\frac{\partial F}{\partial z}\sigma_z\right)^2+\cdots} \tag{1-4-2}$$

(3) 计算相对误差：

$$E=\frac{\sigma_{\overline{N}}}{\overline{N}}=y\%\quad (E\ \text{的值写成百分数形式})$$

(4) 最后结果表示为

$$N=\overline{N}\pm\sigma_{\overline{N}}(\text{单位}),\ E=y\%$$

2. 函数关系以积、商形式为主的间接测量结果表示

(1) 计算代真值 $\overline{N}$。将各个直接测量量的代真值 $\bar{x}$、$\bar{y}$、$\bar{z}$、…代入函数表达式中，即可得到间接测量的代真值：

$$\overline{N}=F(\bar{x},\ \bar{y},\ \bar{z},\ \cdots)$$

(2) 计算间接测量 $\overline{N}$ 的相对误差。

当间接测量的函数表达式为积和商(或含和、差的积商)的形式时，为了使运算简便，可以先将函数式两边同时取自然对数，然后求全微分，即

$$\frac{\mathrm{d}N}{N}=\frac{\partial \ln F}{\partial x}\mathrm{d}x+\frac{\partial \ln F}{\partial y}\mathrm{d}y+\frac{\partial \ln F}{\partial z}\mathrm{d}z+\cdots \tag{1-4-3}$$

同样改写微分符号为绝对误差(标准偏差)符号，并根据各项分误差按照“方和根”原则传递和合成总误差，即为间接测量的相对误差 E_N，且

$$E_N=\frac{\sigma_{\overline{N}}}{\overline{N}}=\sqrt{\left(\frac{\partial \ln F}{\partial x}\sigma_x\right)^2+\left(\frac{\partial \ln F}{\partial y}\sigma_y\right)^2+\left(\frac{\partial \ln F}{\partial z}\sigma_z\right)^2+\cdots} \tag{1-4-4}$$

(3) 计算间接测量 $\overline{N}$ 的标准偏差。

已知 E_N、$\overline{N}$，由式(1-4-4)可以求出合成标准偏差为

$$\sigma_{\overline{N}}=\overline{N}\cdot E_N$$

(4) 最后结果表示为

$$N=\overline{N}\pm\sigma_{\overline{N}}(\text{单位}),\ E=y\%$$

表 1-4-2 对常用函数的误差传递与合成做了总结。

表 1-4-2 常用函数的误差传递与合成

测量函数关系式 $N=F(x, y, z, \cdots)$	误差传递与合成
$N=x+y$	$\sigma_{\overline{N}}=\sqrt{\sigma_x^2+\sigma_y^2}$
$N=x-y$	$\sigma_{\overline{N}}=\sqrt{\sigma_x^2+\sigma_y^2}$
$N=kx$	$\sigma_{\overline{N}}=\lvert k\rvert\sigma_x$, $E_N=\frac{\sigma_x}{\overline{x}}$
$N=\sqrt[n]{x}$	$E_{\overline{N}}=\frac{1}{n}\frac{\sigma_x}{\overline{x}}$, $\sigma_{\overline{N}}=\overline{N}E_N$
$N=xy$	$E_{\overline{N}}=\sqrt{\left(\frac{\sigma_x}{\overline{x}}\right)^2+\left(\frac{\sigma_y}{\overline{y}}\right)^2}$, $\sigma_{\overline{N}}=\overline{N}E_N$
$N=\frac{x}{y}$	$E_{\overline{N}}=\sqrt{\left(\frac{\sigma_x}{\overline{x}}\right)^2+\left(\frac{\sigma_y}{\overline{y}}\right)^2}$, $\sigma_{\overline{N}}=\overline{N}E_N$
$N=\frac{x^p y^q}{z^\gamma}$	$E_{\overline{N}}=\sqrt{p^2\left(\frac{\sigma_x}{\overline{x}}\right)^2+q^2\left(\frac{\sigma_y}{\overline{y}}\right)^2+\gamma^2\left(\frac{\sigma_z}{\overline{z}}\right)^2}$, $\sigma_{\overline{N}}=\overline{N}E_N$
$N=\sin x$	$\sigma_{\overline{N}}=\lvert\cos\overline{x}\rvert\sigma_x$
$N=\ln x$	$\sigma_{\overline{N}}=\frac{\sigma_x}{\overline{x}}$

【例 1-4-3】 已知 $N=\pi A+2B-C+D$，且已求得各直接测量量的中间结果 $\overline{A}=71.35$，$\overline{B}=6.2624$，$\overline{C}=0.7536$，$\overline{D}=271.2$；$\sigma_A=0.16$，$\sigma_B=0.0010$，$\sigma_C=0.0011$，$\sigma_D=1.0$，单位都为 mm，求 N 的测量结果。

解 (1) 求代真值：

$$\overline{N}=\pi\overline{A}+2\overline{B}-\overline{C}+\overline{D}=3.14\times71.4+2\times6.3-0.8+271.2=507.3\ \text{mm}$$

(2) 函数为和差关系，$\overline{N}$ 的标准偏差为

$$\sigma_N=\sqrt{\left(\frac{\partial N}{\partial A}\right)^2\sigma_A^2+\left(\frac{\partial N}{\partial B}\right)^2\sigma_B^2+\left(\frac{\partial N}{\partial C}\right)^2\sigma_C^2+\left(\frac{\partial N}{\partial D}\right)^2\sigma_D^2}$$
$$=\sqrt{\pi^2\sigma_A^2+2^2\sigma_B^2+\sigma_C^2+\sigma_D^2}$$
$$=\sqrt{3.14^2\times0.16^2+2^2\times0.0010^2+0.0011^2+1.0^2}$$
$$=1.2\ \text{mm}$$

为简化计算，可找出各分误差中的最大者，凡小于它的1/10的分误差可略去，不参与计算，比如：

$$\sigma_N=\sqrt{\pi^2\sigma_A^2+\sigma_D^2}=\sqrt{3.14^2\times0.16^2+1.0^2}=1.2\ \text{mm}$$

(3) 测量的相对误差为

$$E=\frac{\sigma_N}{N}=\frac{1.2}{507}=0.24\%$$

(4) 最后结果表示为

$$N=(507\pm1)\text{mm},\ E=0.24\%$$

【例1-4-4】 用铜卷尺单次测得长方体的长度A为150.00 cm；5次等精度测量其宽度，测定值分别如表1-4-3中的B_i所示；用千分尺测量10次其高度，每次测定值均为5.000 mm。求长方体的总棱长L、总表面积S、体积V。

解 (1) 计算各直接测量量的数据处理误差。

表1-4-3 B_i的数据及其数据处理表

i	B_i/mm	ΔB_i/mm	$(\Delta B_i)^2/(\times10^{-6}\ \text{mm}^2)$
1	250.29	0.028	784
2	250.25	0.012	144
3	250.28	0.018	324
4	250.26	0.002	4
5	250.23	0.032	1024
	$\overline{B}=250.262$	$\Delta B=0.018$	$\sum=2280$

长度测量的数据处理为

$$\overline{A}=A_{测}=1500.0\ \text{mm},\ \Delta_{仪}=0.5\times1=0.50\ \text{mm}$$
$$\sigma_A=\frac{\Delta_{仪}}{\sqrt{3}}=\frac{0.50}{\sqrt{3}}=0.29\ \text{mm}$$
$$A=(1500.0\pm0.3)\text{mm}$$

宽度测量的数据处理为

$$\sigma_{\overline{B}}=\frac{\sqrt{\sum(\Delta B_i)^2}}{n(n-1)}=\frac{\sqrt{2280\times10^{-6}}}{5(5-1)}=0.011\ \text{mm}$$
$$B=(250.26\pm0.01)\text{mm}$$

高度测量的数据处理为

$$\bar{C}=C_{测}=5.000\ \text{mm},\ \Delta_{仪}=0.5\delta_C=0.5\times0.01=0.0050\ \text{mm}$$

$$\sigma_C=\frac{\Delta_{仪}}{\sqrt{3}}=0.0029\ \text{mm}$$

$$C=(5.000\pm0.003)\ \text{mm}$$

(2) 求总棱长 L。关系式为 $L=4(A+B+C)$，函数以和、差形式为主。

$$\bar{L}=4(\bar{A}+\bar{B}+\bar{C})=4\times(1500.0+250.3+5.0)=7021.2\ \text{mm}$$

$$\sigma_{\bar{L}}=\sqrt{4^2(\sigma_A^2+\sigma_B^2+\sigma_C^2)}=\sqrt{16(0.29^2+0.011^2+0.0029^2)}=1.2\ \text{mm}$$

$$E=\frac{\sigma_{\bar{L}}}{\bar{L}}=\frac{1.2}{7021}=0.017\%$$

总棱长测量结果为

$$L=(7021\pm1)\ \text{mm},\ E=0.017\%$$

(3) 求总表面积 S。关系式为 $S=2(AB+AC+BC)$，以和、差形式为主，先求绝对误差。

$$\begin{aligned}\bar{S}&=2(\bar{A}\bar{B}+\bar{A}\bar{C}+\bar{B}\bar{C})\\&=2\times(1500.0\times250.26+1500.0\times5.000+250.26\times5.000)\\&=7682.8\times10^2\ \text{mm}^2=7682.8\ \text{cm}^2\end{aligned}$$

$$\begin{aligned}\sigma_{\bar{S}}&=\sqrt{2^2[(\bar{B}+\bar{C})^2\sigma_A^2+(\bar{A}+\bar{C})^2\sigma_B^2+(\bar{A}+\bar{B})^2\sigma_C^2]}\\&=\sqrt{4[(250+5.0)^2\times0.29^2+(1500+5.0)^2\times0.011^2+(1500+250)^2\times0.0029^2]}\\&=1.5\times10^2\ \text{mm}^2=1.5\ \text{cm}^2\end{aligned}$$

$$E=\frac{\sigma_{\bar{S}}}{\bar{S}}=1.5/7683=0.020\%$$

总表面积的测量结果为

$$S=(7683\pm2)\ \text{cm}^2,\ E=0.020\%$$

(4) 求体积 V。关系式为 $V=A\cdot B\cdot C$，以积、商形式为主，故

$$\bar{V}=\bar{A}\cdot\bar{B}\cdot\bar{C}=1500.0\times250.26\times5.000=1877.0\times10^3\ \text{mm}^3=1877.0\ \text{cm}^3$$

$$\begin{aligned}E_V&=\sqrt{\left(\frac{\sigma_A}{\bar{A}}\right)^2+\left(\frac{\sigma_B}{\bar{B}}\right)^2+\left(\frac{\sigma_C}{\bar{C}}\right)^2}\\&=\sqrt{\left(\frac{0.29}{1500}\right)^2+\left(\frac{0.011}{250}\right)^2+\left(\frac{0.0029}{5.0}\right)^2}=0.061\%\end{aligned}$$

$$\sigma_V=\bar{V}\cdot E=1877\times0.061\%=1.1\ \text{cm}^3$$

体积测量结果为

$$V=(1877\pm1)\ \text{cm}^3,\ E=0.06\%$$

第五节　测量结果的不确定度评定

1980 年国际计量局提出了关于“实验不确定度”的建议书，1981 年国际计量大会通过了采纳该建议书的决议。1986 年我国计量科学院发出了用不确定度作为误差指标的通知。

国家技术监督局于1991年正式下发文件《JJF1027—1991 测量误差及数据处理》，决定1992年10月开始正式采用不确定度评定误差；1999年1月发布并于1999年5月正式实施中华人民共和国计量技术规范《JJF1059—1999 测量不确定度评定与表示》。因此，采用不确定度评价实验结果已势在必行。下面将结合测量结果的评定对不确定度的概念、分类、合成等问题进行讨论。

1. 不确定度的概念

什么叫不确定度？按国家计量技术规范《JJF1059—1999 测量不确定度评定与表示》中的定义，测量不确定度(Uncertainty of a Measurement)是表征合理地赋予被测量之值的分散性与测量结果相关的参数。它是因测量误差存在而对被测量不能肯定的程度，是表达测量结果具有分散性的一个参数，因而是测量质量的表征。

对一个物理实验的具体数据来说，不确定度是指测量值(近真值)附近的一个范围，测量值与真值之差(误差)可能落于其中，不确定度小，测量结果可信赖程度高；不确定度大，测量结果可信赖程度低。在实验和测量工作中，不确定度一词近似于不确知、不明确、不可靠、有质疑，是作为估计而言的。因为误差是未知的，不可能是用指出误差的方法去说明可信赖程度，而只能用误差的某种可能的数值去说明可信赖程度，所以不确定度更能表示测量结果的性质和测量的质量。用不确定度评定实验结果的误差，其中既包含了统计性误差，又包含了非统计性误差，这样更准确、全面地表述了测量结果的可靠程度；而用标准偏差评定测量结果具有一定的片面性，因而有必要采用不确定度的概念。

2. 测量结果的表示和合成不确定度

在做物理实验时，要求表示出测量的最终结果。在这个结果中既要包含被测量的近似真实值 $\bar{x}$，又要包含测量结果的不确定度 σ，还要反映出物理量的单位。因此，要写成物理含意深刻的标准表达形式，即

$$x=\bar{x}\pm\sigma \quad (\text{单位}) \tag{1-5-1}$$

式中，x 为被测量；$\bar{x}$ 是测量的近真值；σ 是合成不确定度，一般保留一位有效数字。这种表达形式反映了3个基本要素：测量值、合成不确定度和单位。

在物理实验中，直接测量时若不需要对被测量进行系统误差的修正，一般就取多次测量的算术平均值 $\bar{x}$ 作为近真值；若在实验中有时只需测量一次或只能测量一次，该次测量值就为被测量的近似真实值。如果要求对被测量进行一定系统误差的修正，通常是将一定系统误差(即绝对值和符号都确定的可估计出的误差分量)从算术平均值 $\bar{x}$ 或一次测量值中减去，从而求得被修正后的直接测量结果的近真值。

在上述标准式中，近真值、合成不确定度、单位3个要素缺一不可，否则就不能全面表达测量结果。同时，近真值 $\bar{x}$ 的末尾数应该与不确定度的所在位数对齐，近真值 $\bar{x}$ 与不确定度 σ 的数量级、单位要相同。在开始做物理实验时，测量结果的正确表示是一个难点，要培养良好的实验习惯，才能逐步克服难点，正确书写测量结果的标准形式。

由于误差的来源很多，测量结果的不确定度一般包含几个分量。在修正了可定系统误差之后，把余下的全部误差归为A、B两类不确定度分量。

(1) A类分量(A类不确定度)S_A——在同一条件下，多次重复测量时，用统计分析方法评定的不确定度。

(2) B类分量(B类不确定度)σ_B——用其他方法(非统计分析方法)评定的不确定度。

测量结果的总不确定度由A类分量、B类分量经"方和根"方法合成，即

$$\sigma=\sqrt{S_A^2+\sigma_B^2} \tag{1-5-2}$$

3. 直接测量结果的不确定度的估算

物理实验教学中，S_A 一般用多次测量平均值的标准偏差 $\sigma_{\bar{x}}$ 与 t 因子 t_P 的乘积来估算，即

$$S_A=t_P\sigma_{\bar{x}}$$

其中，t 因子 t_P 与测量次数 n 和对应的置信概率 P 有关，当置信概率为 $P=0.95$、测量次数 $n=6$ 时，从表1-2-1中可以查到 $t_{0.95}/\sqrt{n}\approx 1$，则有

$$S_A=\sqrt{n}\sigma_{\bar{x}}=\sigma_x=\sqrt{\frac{\sum_{i=1}^{n}(x_i-\bar{x})^2}{n-1}}$$

即在置信概率为0.95的前提下，测量次数 $n=6$，可用贝塞尔公式即式(1-2-5)计算A类不确定度。为方便起见，本书在未加说明时，取置信概率为0.95。

对B类不确定度，主要讨论仪器误差，故 $\sigma_B=\Delta_{仪}$。则

$$\sigma=\sqrt{S_A^2+\Delta_{仪}^2} \tag{1-5-3}$$

最后将测量(包括后面介绍的间接测量)结果写成标准形式，为

$$X=\bar{X}\pm\sigma \quad (单位)$$

$$E_x=\frac{\sigma}{\bar{x}}\times 100\%$$

E_x 为相对不确定度。用上式表达的测量结果置信概率大于95%，但没有确切的置信概率(故无须注明 P 值)。上式中：$\bar{x}$ 可以是单次测量值，也可以是多次测量的算术平均值；σ 为绝对不确定度，亦即总不确定度，如果是单次测量，那么它为仪器误差 $\Delta_{仪}$，如果是多次测量，那么它是合成不确定度。

应该指出，单次测量的不确定度估算是一个近似或粗略的估算方法。这是因为测量的随机分布特征是客观存在的，不随测量次数的不同而变化，也不能由此得出"单次测量的不确定度小于多次测量的不确定度"的结论。

【例1-5-1】 采用感量为0.1 g的物理天平称量某物体的质量，其读数值为35.41 g，求物体质量的测量结果。

解 采用物理天平称物体的质量，重复测量读数值往往相同，故一般只需进行单次测量即可。单次测量的读数即为近似真实值，$m=35.41$ g。

物理天平的"示值误差"通常取感量的一半，并且作为仪器误差，即

$$\sigma_B=\Delta_{仪}=0.05\ \text{g},\ E=\frac{\sigma}{m}=\frac{\Delta_{仪}}{m}=\frac{0.05}{35.41}=0.14\%$$

测量结果为

$$m=(35.41\pm 0.05)\ \text{g},\ E=0.14\%$$

【例1-5-2】 用螺旋测微器测量小钢球的直径，8次的测量值分别为

$$d(\text{mm})=2.125,\ 2.131,\ 2.121,\ 2.127,\ 2.124,\ 2.126,\ 2.123,\ 2.129$$

螺旋测微器的零点读数 d_0 为 0.008 mm，最小分度数值为 0.01 mm，试写出测量结果的标准式。

解　(1) 求直径 d 的算术平均值。

$$\overline{d}' = \frac{1}{n}\sum_{1}^{8} d_i = \frac{1}{8}(2.125 + 2.131 + 2.121 + 2.127 + 2.124 + 2.126 + 2.123 + 2.129)$$
$$= 2.126 \text{ mm}$$

(2) 求修正螺旋测微器的零点误差。

$$\overline{d} = \overline{d}' - d_0 = 2.126 - 0.008 = 2.118 \text{ mm}$$

(3) 计算 B 类不确定度。螺旋测微器的仪器误差为 $\Delta_{仪} = 0.005$ mm，则

$$\sigma_{\mathrm{B}} = \Delta_{仪} = 0.005 \text{ mm}$$

(4) 计算 A 类不确定度。

$$S_{\mathrm{A}} = \sqrt{\frac{\sum_{1}^{8}(d_i - \overline{d}')^2}{n-1}}$$
$$= \sqrt{\frac{(2.125 - 2.126)^2 + (2.131 - 2.126)^2 + \cdots}{8-1}}$$
$$= 0.003 \text{ mm}$$

(5) 合成不确定度为

$$\sigma = \sqrt{S_{\mathrm{A}}^2 + \sigma_{\mathrm{B}}^2} = \sqrt{0.003^2 + 0.005^2} = 0.006 \text{ mm}$$

(6) 相对不确定度为

$$E_d = \frac{\sigma}{\overline{d}} \times 100\% = \frac{0.006}{2.118} \times 100\% = 0.3\%$$

(7) 测量结果为

$$d = \overline{d} \pm \sigma = (2.118 \pm 0.006) \text{ mm}, \ E_d = 0.3\%$$

当有些不确定度分量的数值很小时，相对而言可以将其略去不计。在计算合成不确定度中求“方和根”时，若某一平方值小于另一平方值的 1/9，则这一项就可以略去不计。这一结论叫做微小误差准则。在进行数据处理时，利用微小误差准则可减少不必要的计算。不确定度的计算结果，一般应保留一位有效数字，多余的位数按有效数字的修约原则进行取舍。

评价测量结果，除了需要引入相对不确定度 E 的概念之外，有时还需要将测量结果的近似真实值 $\overline{x}$ 与公认值 $x_{公}$ 进行比较，得到测量结果的百分偏差 B。百分偏差定义为

$$B = \frac{|\overline{x} - x_{公}|}{x_{公}} \times 100\%$$

百分偏差的结果一般应取 2 位有效数字。

4. 间接测量结果不确定度的估算

间接测量的近真值和合成不确定度是由直接测量结果通过函数式计算出来的，既然直接测量有误差，那么间接测量也必有误差，这就是误差的传递(或合成)。由直接测量值及其不确定度来计算间接测量值的不确定度之间的关系式称为误差的传递公式。

设间接测量的函数式为

$$N = F(x, y, z, \cdots)$$

式中，N 为间接测量的量，它有 K 个直接测量的物理量 x、y 、z、…，各直接观测量的测量结果分别为

$$x=\bar{x}\pm\sigma_x$$
$$y=\bar{y}\pm\sigma_y$$
$$z=\bar{z}\pm\sigma_z$$
$$\cdots$$

其中，σ_x、σ_y、σ_z 是各直接测量经式(1-5-3)计算出来的测量不确定度。

(1) 将各个直接测量的近真值 $\bar{x}$、$\bar{y}$、$\bar{z}$、…代入函数表达式中，即可得到间接测量的近真值为

$$\overline{N}=F(\bar{x},\ \bar{y},\ \bar{z},\ \cdots)$$

(2) 求间接测量的合成不确定度。由于不确定度均为微小量，相似于高等数学中的微小增量，若间接测量的函数表达为和、差的形式，可对函数式 $N=F(x,\ y,\ z,\ \cdots)$求全微分，即得

$$\mathrm{d}N=\frac{\partial F}{\partial x}\mathrm{d}x+\frac{\partial F}{\partial y}\mathrm{d}y+\frac{\partial F}{\partial z}\mathrm{d}z+\cdots$$

式中，$\mathrm{d}N$、$\mathrm{d}x$、$\mathrm{d}y$、$\mathrm{d}z$ 均为微小量，分别代表各变量的微小变化，$\mathrm{d}N$ 的变化由各自变量的变化决定，$\frac{\partial F}{\partial x}$、$\frac{\partial F}{\partial y}$、$\frac{\partial F}{\partial z}$为函数对自变量的偏导数。将上面全微分式中的微分符号 d 改写为不确定度符号 σ，并将微分式中的各分误差项求“方和根”，即为间接测量的合成不确定度，即

$$\sigma_N=\sqrt{\left(\frac{\partial F}{\partial x}\sigma_x\right)^2+\left(\frac{\partial F}{\partial y}\sigma_y\right)^2+\left(\frac{\partial F}{\partial z}\sigma_z\right)^2+\cdots} \tag{1-5-4}$$

则相对不确定度为

$$E_N=\frac{\sigma_N}{\overline{N}}\times 100\%$$

当间接测量的函数表达式为积和商(或含和、差的积、商)的形式时，为了使运算简便，可以先将函数式两边同时取自然对数，然后求全微分，即

$$\frac{\mathrm{d}N}{N}=\frac{\partial \ln F}{\partial x}\mathrm{d}x+\frac{\partial \ln F}{\partial y}\mathrm{d}y+\frac{\partial \ln F}{\partial z}\mathrm{d}z+\cdots$$

同样改写微分符号为不确定度符号，再求其“方和根”，即为间接测量的相对不确定度 E_N，即

$$E_N=\frac{\sigma_N}{\overline{N}}=\sqrt{\left(\frac{\partial \ln F}{\partial x}\sigma_x\right)^2+\left(\frac{\partial \ln F}{\partial y}\sigma_y\right)^2+\left(\frac{\partial \ln F}{\partial z}\sigma_z\right)^2+\cdots} \tag{1-5-5}$$

已知 E_N、$\overline{N}$，由式(1-5-4)可以求出合成不确定度，即

$$\sigma_N=\overline{N}\cdot E_N \tag{1-5-6}$$

这样计算间接测量的统计不确定度时，特别是对函数表达式很复杂的情况，尤其显示出它的优越性。今后在计算间接测量的不确定度时，对函数表达式仅为“和、差”形式，可以直接利用式(1-5-4)，求出间接测量的合成不确定度 σ_N；若函数表达式为积和商(或积、商、和、差混合)等较为复杂的形式，可直接采用式(1-5-5)，先求出相对不确定度，再求出合成不确定度 σ_N。

(3) 最后将测量结果写成标准形式为

$$N=\overline{N}\pm\sigma_N\text{(单位)}$$

$$E_N=\frac{\sigma_N}{\overline{N}}\times 100\%$$

测量不确定度表达涉及深广的知识领域和误差理论问题，大大超出了本书的讨论范围。同时，有关它的概念、理论和应用规范还在不断地发展和完善。因此，在保证科学性的前提下，尽量把方法简化，以使初学者易于接受。以后在工作需要时，可以参考有关文献和资料进一步学习。

【例 1-5-3】 已知电阻 $R_1=(50.2\pm0.5)\ \Omega$，$R_2=(149.8\pm0.5)\ \Omega$，求它们串联的电阻 R 和合成不确定度 σ_R。

解 串联电阻的阻值为

$$R=R_1+R_2=50.2+149.8=200.0\ \Omega$$

合成不确定度为

$$\sigma_R=\sqrt{\left(\frac{\partial R}{\partial R_1}\sigma_1\right)^2+\left(\frac{\partial R}{\partial R_2}\sigma_2\right)^2}=\sqrt{\sigma_1^2+\sigma_2^2}=\sqrt{0.5^2+0.5^2}=0.7\ \Omega$$

相对不确定度为

$$E_R=\frac{\sigma_R}{R}=\frac{0.7}{200.0}\times 100\%=0.35\%$$

测量结果为

$$R=(200.0\pm0.7)\ \Omega,\ E_R=0.35\%$$

间接测量的不确定度计算结果一般应保留 1 位有效数字，相对不确定度一般应保留 2 位有效数字。

【例 1-5-4】 测量金属环的内径 $D_1=(2.880\pm0.004)$ cm，外径 $D_2=(3.600\pm0.004)$ cm，厚度 $h=(2.575\pm0.004)$ cm。试求环的体积 V 和测量结果。

解 环体积公式为

$$V=\frac{\pi}{4}h(D_2^2-D_1^2)$$

(1) 环体积的近真值为

$$V=\frac{\pi}{4}\overline{h}(\overline{D}_2^2-\overline{D}_1^2)=\frac{3.1416}{4}\times 2.575\times(3.600^2-2.880^2)=9.436\ \text{cm}^3$$

(2) 首先将环体积公式两边同时取自然对数后，再求全微分，即

$$\ln V=\text{lh}\left(\frac{\pi}{4}\right)+\ln h+\ln(D_2^2-D_1^2)$$

$$\frac{\text{d}V}{V}=0+\frac{\text{d}h}{h}+\frac{2D_2\,\text{d}D_2-2D_1\,\text{d}D_1}{D_2^2-D_1^2}$$

则相对不确定度为

$$E_V=\frac{\sigma_V}{V}=\sqrt{\left(\frac{\sigma_h}{h}\right)^2+\left(\frac{2D_2\sigma_{D_2}}{D_2^2-D_1^2}\right)^2+\left(\frac{-2D_1\sigma_{D_1}}{D_2^2-D_1^2}\right)^2}$$

$$=\left[\left(\frac{0.004}{2.575}\right)^2+\left(\frac{2\times3.600\times0.004}{3.600^2-2.880^2}\right)^2+\left(\frac{-2\times2.880\times0.004}{3.600^2-2.880^2}\right)^2\right]^{\frac{1}{2}}$$

$$=0.0081=0.81\%$$

(3) 总合成不确定度为

$$\sigma_V = V \cdot E_V = 9.436 \times 0.0081 = 0.08\ \text{cm}^3$$

(4) 环体积的测量结果为

$$V = (9.44 \pm 0.08)\ \text{cm}^3,\ E_V = 0.81\%$$

在 V 的标准式中，$V=9.436\ \text{cm}^3$ 应与不确定度的位数取齐，因此将小数点后的第三位数 6 按照数字修约原则进到百分位，故为 $V=9.44\ \text{cm}^3$。

第六节　实验数据处理的几种方法

物理实验中测量得到的许多数据需要处理后才能表示测量的最终结果。对实验数据进行记录、整理、计算、分析、拟合等，从中获得实验结果和寻找物理量变化规律或经验公式的过程就是数据处理。它是实验方法的一个重要组成部分。本章主要介绍 5 种数据处理方法：列表法、图示与图解法、逐差法、平均法和最小二乘法。

1. 列表法

列表法就是将一组实验数据和计算的中间数据依据一定的形式和顺序列成表格。列表法可以简单、明确地表示出物理量之间的对应关系，便于分析和发现数据的规律性，也有助于检查和发现实验中的问题。要想自己所列的表格充分发挥出所有的优点，则必须严格按以下要求精心设计。

1) 列表的要求

(1) 任何表格的各栏目(纵栏或横栏)均应标明所列各量的名称(或代号，若为自定代号则需另加注明)及单位。各量的单位切忌在每个数据的后面都写，而应标注在本量的栏目中，若整个表中各量的单位相同，则统一在表格的右上方注明单位。

(2) 多次等精度测量的数据和处理绝对误差的数据在表中不要成行排列，而要各排一列，甚至每个数值的每一位数字都排列整齐，以便一眼就能比较出它们的大小，判断其是否反常。

(3) 凡所有直接测量的量及其平均值和绝对误差、有关仪器误差等都要列入表中，以提高数据处理和误差计算的工作效率。原始数据表格中还应注明实验日期、环境条件(如温度、湿度、气压等)，多人一组的还应注明合作者姓名。

(4) 若是函数测量关系表，则应按自变量由小到大或由大到小的顺序排列。

(5) 栏目的顺序应充分注意数据间的联系和计算过程的先后顺序，力求简明、齐全，做到有条有理。

(6) 严格养成实事求是的科学作风，原始数据不允许随意改动。必要改动时应说明缘由，更不允许假造原始数据，编造假的结果。

(7) 有的数据要用数值科学表示法，并注明在栏目中，不要写在每个数据旁边。

(8) 表中所有的数值应按有关取位原则进行正确取位。

(9) 表格要加上必要的说明。实验室所给的数据或查得的单项数据应列在表格的上部，说明写在表格的下部。

2) 列表法的常见错误

(1) 数值斜记，破坏行、列整齐原则。

(2) 同一测量列的数据横排，不便于前、后比较其大小，难于找出规律和发现问题。

(3) 没有注明栏目名称，却写了一些数据，或列出处理完毕后才得到的中间结果和公式。

(4) 单位标注的位置不当，或不标注单位，或单位标注错误。

(5) 数据及中间结果的取位错误，或应该用数值科学表示法的没有用科学表示法。

(6) 表断裂成两截，达不到一目了然的目的。

2. 图示与图解法

1) 图示法

图示法是在坐标纸上用图线表示物理量之间的关系，揭示物理量之间的联系。图示法有简明、形象、直观、便于比较与研究实验结果等优点，它是一种最常用的数据处理方法。

图示法的基本规则如下：

(1) 根据函数关系选择适当的坐标纸(如直角坐标纸、单对数坐标纸、双对数坐标纸、极坐标纸等)和比例，画出坐标轴，标明物理量符号、单位和刻度值，并写明测试条件。

(2) 坐标的原点不一定是变量的零点，可根据测试范围加以选择。坐标分格最好使测量数值中最低可靠数字位的一个单位与坐标最小分度相当。纵横坐标比例要恰当，以使图线居中。

(3) 描点和连线。根据测量数据，用直尺和笔尖使其函数对应的实验点准确地落在相应的位置。在一张图纸上画上几条实验曲线时，每条图线应用不同的标记如"+"、"×"、"·"、"Δ"等符号标出，以免混淆。连线时要顾及数据点，使曲线呈光滑曲线(含直线)，并使数据点均匀分布在曲线(直线)的两侧，且尽量贴近曲线(直线)。个别偏离过大的点要重新审核，属过失误差的应剔去。

(4) 标明图名，即作好实验图线后，应在图纸下方或空白的明显位置处写上图的名称、作者和作图日期，有时还要附上简单的说明，如实验条件等，使读者一目了然。作图时，一般将纵轴代表的物理量写在前面，横轴代表的物理量写在后面，中间用"-"连接。

(5) 最后将图纸贴在实验报告的适当位置，便于教师批阅实验报告。

2) 图解法

在物理实验中，实验图线作出以后，可以由图线求出经验公式。图解法就是根据实验数据作好的图线，用解析法找出相应的函数形式。实验中经常遇到的图线是直线、抛物线、双曲线、指数曲线、对数曲线。特别是当图线是直线时，采用此方法更为方便。

(1) 由实验图线建立经验公式的一般步骤如下：

① 根据解析几何知识判断图线的类型。

② 由图线的类型判断公式的可能特点。

③ 利用半对数、对数或倒数坐标纸，把原曲线改为直线。

④ 确定常数，建立起经验公式的形式，并用实验数据来检验所得公式的准确程度。

(2) 用直线图解法求直线的方程。

如果作出的实验图线是一条直线，则经验公式应为直线方程

$$y=kx+b \tag{1-6-1}$$

要建立此方程，必须由实验直接求出 k 和 b。下面介绍用斜率截距法求 k 和 b。

在图线上选取两点 $A(x_1, y_1)$ 和 $B(x_2, y_2)$，如图 1-6-1 所示。注意：不得用原始数据

点，而应从图线上直接读取，其坐标值最好是整数值；所取的两点在实验范围内应尽量彼此分开一些，以减小误差。由解析几何知识可知，上述直线方程中，k 为直线的斜率，b 为直线的截距。k 可以根据两点的坐标求出，则斜率为

$$k=\frac{y_2-y_1}{x_2-x_1} \tag{1-6-2}$$

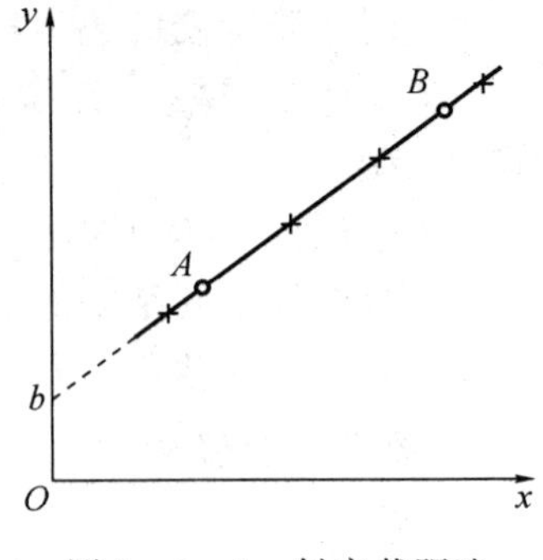

图 1-6-1　斜率截距法

截距 b 为 $x=0$ 时的 y 值。若原实验中所绘制的图形并未给出 $x=0$ 段直线，可将直线用虚线延长交于 y 轴，则可量出截距的大小。如果起点不为零，也可以由式

$$b=\frac{x_2y_1-x_1y_2}{x_2-x_1} \tag{1-6-3}$$

求出截距。将求出的斜率和截距数值代入方程中就可以得到经验公式。

3）曲线改直及曲线方程的建立

在许多情况下，函数关系是非线性的，但可通过适当的坐标变换化成线性关系，在作图法中用直线表示，这种方法叫做曲线改直。做这样的变换不仅是由于直线容易描绘，更重要的是直线的斜率和截距所包含的物理内涵是我们所需要的。例如：

(1) $y=ax^b$，式中 a、b 为常量，可变换成 $\lg y=b\lg x+\lg a$，$\lg y$ 为 $\lg x$ 的线性函数，斜率为 b，截距为 $\lg a$。

(2) $y=ab^x$，式中 a、b 为常量，可变换成 $\lg y=(\lg b)x+\lg a$，$\lg y$ 为 x 的线性函数，斜率为 $\lg b$，截距为 $\lg a$。

(3) $PV=C$，式中 C 为常量，要变换成 $P=C(1/V)$，P 是 $1/V$ 的线性函数，斜率为 C。

(4) $y^2=2px$，式中 p 为常量，$y=\pm\sqrt{2p}x^{1/2}$，y 是 $x^{1/2}$ 的线性函数，斜率为 $\pm\sqrt{2p}$。

(5) $y=x/(a+bx)$，式中 a、b 为常量，可变换成 $1/y=a(1/x)+b$，$1/y$ 为 $1/x$ 的线性函数，斜率为 a，截距为 b。

(6) $s=v_0t+at^2/2$，式中 v_0、a 为常量，可变换成 $s/t=(a/2)t+v_0$，s/t 为 t 的线性函数，斜率为 $a/2$，截距为 v_0。

【例 1-6-1】 在恒定温度下，一定质量的气体的压强 P 随容积 V 而变，画 $P-V$ 图，它为一双曲线形式，如图 1-6-2 所示。

若用坐标轴 $1/V$ 置换坐标轴 V，则 $P-1/V$ 图为一直线，如图 1-6-3 所示。直线的斜率为 $PV=C$，即玻-马定律。

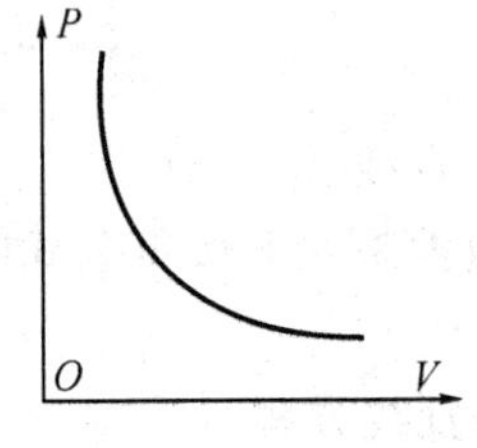

图 1-6-2　$P-V$ 曲线

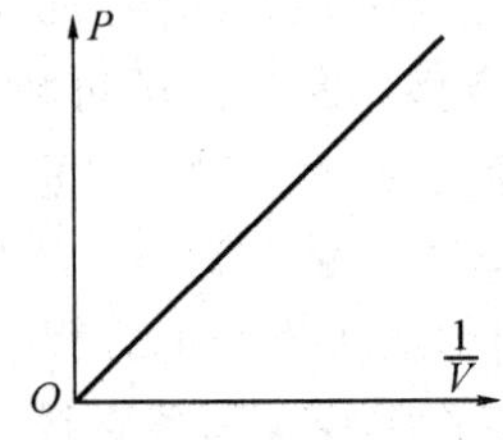

图 1-6-3　$P-1/V$ 曲线

【例 1-6-2】 单摆的周期 T 随摆长 L 而变，绘出 $T-L$ 实验曲线为抛物线，如图 1-6-4 所示。

若作 T^2-L 图则为一直线，如图 1－6－5 所示。直线斜率为 $k=\frac{T^2}{L}=\frac{4\pi^2}{g}$。

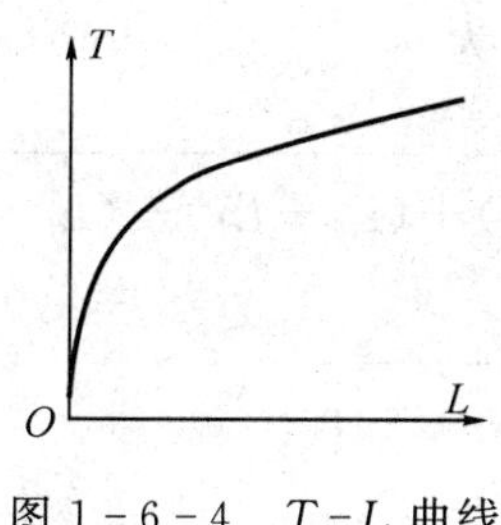

图 1－6－4　$T-L$ 曲线

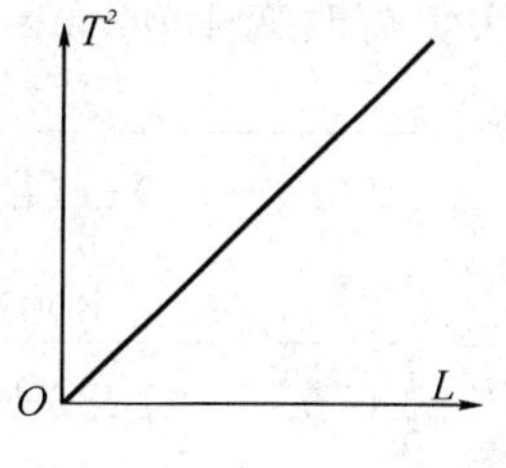

图 1－6－5　T^2-L 曲线

由此可写出单摆的周期公式为 $T=2\pi\sqrt{\frac{L}{g}}$。

3. 逐差法

逐差法常应用于处理自变量等间距变化的数据组。逐差法就是把实验测量数据进行逐项相减，或者分成高、低两组实行对应项相减。前者可以验证被测量之间的函数关系，随测随检，及时发现数据差错和数据规律；后者可以充分利用数据，具有对数据取平均和减少相对误差的效果。

例如，用受力拉伸法测定弹簧倔强系数(又称弹性系数)k，等间距地改变拉力(负荷)，将测得的一组数据列于表 1－6－1 中。

表 1－6－1　用受力拉伸法测得的数据

i		砝码质量 /g	标尺读数 /mm	逐次相减 $\delta_L=L_i-L_{i-1}$ /mm	弹簧伸长量 $\delta_{L_i}=L_i-L_0$ /mm	等间距相减 $\delta_L=L_m-L_n$ /mm
n	0	0	$L_0=59.7$	$\delta_L=0.0$		$L_5-L_0=130.4-59.7=70.7$
	1	200	$L_1=74.0$	$L_1-L_0=14.3$	$L_1-L_0=14.3$	
	2	400	$L_2=88.3$	$L_2-L_1=14.3$	$L_2-L_0=28.6$	$L_6-L_1=144.6-74.0=70.6$
	3	600	$L_3=102.4$	$L_3-L_2=14.1$	$L_3-L_0=42.7$	
	4	800	$L_4=116.4$	$L_4-L_3=14.0$	$L_4-L_0=56.7$	$L_7-L_2=159.0-88.3=70.7$
m	5	1000	$L_5=130.4$	$L_5-L_4=14.0$	$L_5-L_0=70.7$	
	6	1200	$L_6=144.6$	$L_6-L_5=14.2$	$L_6-L_0=84.9$	$L_8-L_3=173.1-102.4=70.7$
	7	1400	$L_7=159.0$	$L_7-L_0=14.4$	$L_7-L_0=99.3$	
	8	1600	$L_8=173.1$	$L_8-L_0=14.1$	$L_8-L_0=113.4$	$L_9-L_4=187.3-116.4=70.9$
	9	1800	$L_9=187.3$	$L_9-L_0=14.2$	$L_9-L_0=127.6$	

从表 1－6－1 中可看出，逐次相减的结果接近相等，说明弹簧伸长与所加的砝码重量成线性变化关系。同时，如果此列数据中有的显著偏大或显著偏小，这很可能是因为测量此数据时有某种系统误差产生。

在利用上述实验数据求弹簧的弹性系数 k 时，可采用多项间隔逐差法，将数据分成高组 $m(L_5、L_6、L_7、L_8、L_9)$和低组 $n(L_0、L_1、L_2、L_3、L_4)$，然后对应项相减，这相当于重复测量了 5 项，每次负荷改变 1000 mg，求得弹性系数 $\bar{k}$ 为

$$\bar{k}=\frac{F}{\frac{1}{5}((L_9-L_4)+(L_8-L_3)+(L_7-L_2)+(L_6-L_1)+(L_5-L_0))}$$

$$=\frac{600\times 9.81\times 10^{-6}}{\frac{1}{5}(70.7+470.6+70.7+70.7+70.9)\times 10^{-3}}$$

$$=1.387\times 10^{-1}\ \mathrm{N/m}$$

显然，利用逐次相减平均求 L'，相应负荷为 200 mg，求弹性系数 $\bar{k}$ 为

$$\bar{k}=\frac{F'}{\frac{1}{9}((L_1-L_0)+(L_2-L_1)+\cdots+(L_9-L_8))}=\frac{F'}{\frac{1}{9}(L_9-L_0)}$$

结果中间的数据都相互减去了，没有达到多次等精度测量减小随机误差的作用，所以不宜采用。故多项间隔逐差法可以充分利用测量数据，保持了多次测量的优点，减少了测量误差。

4. 平均法

平均法是处理方程组的数目多于变量个数的一种方法。它采取把几个数据归并，并求出其平均值，使方程的组数与变量的个数相同，然后解出代数方程组，以求得结果。平均法处理数据方法简便，特别是对一元线性问题，能得到较好的结果。

例如，伏安法测量电阻得到一列实验数据如表 1-6-2 所示。

表 1-6-2 伏安法测电阻实验数据

U/V	I/mA
0.00	0.00
2.00	3.85
4.00	8.15
6.00	12.05
8.00	15.8
10.00	19.90

由 $R=U/I$，若令 $I=a_1U+a_0$，求出 a_1、a_0，则有 $R=1/a_1$，且 $a_0=0$，若将 I、U 数据代入 $I=a_1U+a_0$ 中得方程组

$$\begin{cases}0.00=0.00a_1+a_0\\3.85=2.00a_1+a_0\\8.15=4.00a_1+a_0\\12.05=6.00a_1+a_0\\15.80=8.00a_1+a_0\\19.90=10.00a_1+a_0\end{cases}$$

依次将上面方程组的方程分成前、后两组，然后将每一大组各方程的两边相加，即

前组相加得 $12.00=6.00a_1+3a_0$

后组相加得 $47.75=24.00a_1+3a_0$

解联立方程组得

$$\begin{cases} a_1=\dfrac{47.75-12.00}{24.00-6.00}=1.986 \\ a_0=\dfrac{12.00-6.00\times1.986}{3}=0.02800 \end{cases}$$

故

$$\begin{cases} R=\dfrac{1}{a}=\dfrac{1}{1.986\times10^{-3}}=503.5\ \Omega \\ a_0=0.02800 \quad (\text{可视为 } a_0=0) \end{cases}$$

实验结果与欧姆定律一致。

5. 最小二乘法

把实验数据和结果绘成图表固然可以表现出各种物理规律。但用图表表示往往又不如用函数表示来得明确和方便。从实验的测量数据中求出被测物理量之间的经验方程，叫做方程的回归或拟合。

针对方程的回归问题，首先要确定函数的形式。而函数的形式一般是根据理论的推断或者从实验数据变化的趋势去推断。如 y 与 x 间呈线性关系时，函数形式为 $y=b_0+b_1x$；呈指数关系时，函数形式为 $y=c_1e^{c_2x}+c_3$ 等；当函数关系实在不清楚时，常用多项式 $y=b_0+b_1x+b_2x^2+\cdots+b_nx^n$ 表示。(式中，b_0、b_1、b_2、$\cdots b_n$，c_1、c_2、c_3 均为常数)。所以，回归问题就是用实验数据来确定以上各方程中的待定常数问题。

1805 年，Legendre 发现了最小二乘法，而后高斯从解决一系列等精度测量的最佳值问题中建立了最小二乘法的原理。最佳值乃是能使各次测量值的误差平方和为最小的那个值，即

$$S=\sum_{i=1}^{n}(y_i-\hat{y}_i)^2=\min \tag{1-6-4}$$

设某一实验中，可控制的物理量取 x_1、x_2、$\cdots$、x_n 值时，通过测量得到一组相互独立的测量值 y_1、y_2、$\cdots$、y_n 值。假设物理量 x、y 呈线性关系，而在理论上或函数关系上这些 x_i 对应的值为 $\hat{y}_1$、$\hat{y}_2$、$\cdots$、$\hat{y}_i$。假设诸 y_i 值存在有测量误差，而诸 x_i 值的测量是准确的，或认为 x_i 的测量误差相对于 y_i 的测量误差可忽略不计。这样，只要 $\hat{y}_1$ 和 y_i 之间的偏差平方和为最小，即表示最小二乘法所拟合的直线是最佳的。如果设法确定直线方法中的待定斜率 a 和待定截距 b，那么该直线也就确定了。所以，解决直线拟合的问题，也就成为如何由实验数据 (x_i, y_i) 来确定 a、b 的问题了。

将 $\hat{y}_i=ax_i+b$ 代入式(1-6-4)，得

$$S(a, b)=\sum_{i=1}^{n}(y_i-ax_i-b)^2\rightarrow\min \tag{1-6-5}$$

式中，y_i 和 x_i 是测量值，都是已知量；a 和 b 是待求量。因此 S 实际是 a 和 b 的函数。令 S 对 a 和 b 的一级偏导数为零，即可解出满足式(1-6-5)中的 a、b 值。

$$\begin{cases}\dfrac{\partial S}{\partial a}=-2\sum\limits_{i=1}^{n}(y_i-ax_i-b)x_i=0\\ \dfrac{\partial S}{\partial b}=-2\sum\limits_{i=1}^{n}(y_i-ax_i-b)=0\end{cases} \tag{1-6-6}$$

将式(1-6-6)展开，并令

$$\begin{cases}\overline{x}=\dfrac{1}{n}\sum\limits_{i=1}^{n}x_i\\ \overline{y}=\dfrac{1}{n}\sum\limits_{i=1}^{n}y_i\\ \overline{x^2}=\dfrac{1}{n}\sum\limits_{i=1}^{n}x_i^2\\ \overline{xy}=\dfrac{1}{n}\sum\limits_{i=1}^{n}x_iy_i\end{cases} \tag{1-6-7}$$

则

$$\begin{cases}\overline{x}a+b=\overline{y}\\ \overline{x^2}a+\overline{x}b=\overline{xy}\end{cases} \tag{1-6-8}$$

解式(1-6-8)，得

$$a=\frac{\overline{xy}-\overline{x}\cdot\overline{y}}{\overline{x^2}-\overline{x}^2} \tag{1-6-9}$$

$$b=\overline{y}-a\overline{x} \tag{1-6-10}$$

由式(1-6-10)可以看出，最佳拟合直线必然也通过($\overline{x}$，$\overline{y}$)这一点。所以，在用作图法进行直线拟合时，应将($\overline{x}$，$\overline{y}$)点在图上标出，以此点为轴心画一直线，使实验点均匀分布在直线的两侧。

在实验中，若两个物理量 x、y 之间不是直线关系而是某种曲线关系，则可将曲线改直后再进行最小二乘法直线拟合。

应当指出的是，当两个变量 x、y 之间不存在线性关系时，同样用最小二乘法也可以拟合出一直线，但这毫无实际意义。只有当两个变量密切存在线性关系时，才应进行直线拟合。为了检查实验数据的函数关系与得到的拟合直线符合的程度，数学上引进了线性相关系数 γ 来进行判断。γ 定义为

$$\gamma=\frac{\overline{xy}-\overline{x}\cdot\overline{y}}{\sqrt{(\overline{x^2}-\overline{x}^2)(\overline{y^2}-\overline{y}^2)}} \tag{1-6-11}$$

γ 值越接近 1，x 和 y 的线性关系越好；若 $\gamma=1$，则说明 x 和 y 完全线性相关，即(x_i，y_i)全部都在拟合直线上。γ 值越接近于 0，x 和 y 的线性关系越差；若 $\gamma=0$，则说明 x 与 y 间不存在线性关系。在物理实验中，一般 $\gamma\geqslant 0.9$ 时，则认为两个物理量间存在较密切的线性关系。

用最小二乘法计算的常数值 a 和 b 是“最佳的”，但并不是没有误差，它们的误差估算比较复杂。一般地说，一列测量值的 δ_{y_i} 大(即实验点对直线的偏离大)，那么由这列数据求出的 a、b 值的误差也大，由此定出的经验公式可靠程度就低；如果一列测量值的 δ_{y_i} 小(即实验点对直线的偏离小)，那么由这列数据求出的 a、b 值的误差就小，由此定出的经验公

式可靠程度就高。

可以证明，斜率和截距的标准偏差分别为

$$S_a = a\sqrt{\frac{\frac{1}{\gamma^2}-1}{n-2}},\ S_b = S_a\sqrt{\overline{x^2}}$$

习　题　1

1. 指出以下各值分别为几位有效数字。

(1) 0.050 10 m 为________位；　　(2) 0.500 00 为________位；

(3) 6.063 21 cm 为________位；　　(4) 6.280×10^3 cm^3 为________位；

(5) 5.30×10^{20} 为________位；　　(6) 0.0038×10^{-6} m 为________位。

2. 把下列各中间结果表示为最后结果(要求先列式求出 E 的中间结果)。

(1) $\overline{A}=4.365$ cm，$\sigma_{\overline{A}}=0.025$ cm；

(2) $\overline{B}=6.482$ cm，$\sigma_{\overline{B}}=0.024$ cm；

(3) $\overline{C}=82.35$ cm，$\sigma_{\overline{C}}=0.16$ cm。

3. 单位变换。

(1) (6.225 ± 0.004) kg=________t=________g=________mg；

(2) (3.29 ± 0.02) cm =________mm=________μm

=________nm=________m

=________km；

(3) $(2.3645+0.0004)$ s=________min。

4. 改正下列错误，写出正确答案。

(1) $L=0.010\ 40$ km 的有效数字是五位；

(2) $d=12.435\pm0.02$ cm；

(3) $h=27.3\times10^4\pm2000$ km；

(4) $R=6371$ km$=6371\ 000$ m$=637\ 100\ 000$ cm。

5. 计算 $\rho=\frac{4m}{\pi D^2 H}$ 的结果，其中 $m=(236.124\pm0.002)$ g，$D=(2.345\pm0.005)$ cm，$H=(8.21\pm0.01)$ cm，并且分析 m、D、H 对 σ_P 的合成不确定度的影响。

6. 利用单摆测重力加速度 g，当摆角很小时有 $T=2\pi\sqrt{\frac{l}{g}}$ 的关系。式中，l 为摆长，T 为周期，它们的测量结果分别为 $l=(97.69\pm0.02)$ cm，$T=(1.9842\pm0.0002)$ s，求重力加速度及其不确定度。

第二章　实验数据的计算机处理

在物理实验过程中，对实验数据进行处理与分析是必不可少的。传统的数据处理采用手工计算作图，或者使用简单的计算器。计算机技术的发展，为实验数据的采集和处理带来了极大的方便，特别是在较复杂的数据处理过程中，使用计算机数据处理软件这一现代化的手段，可以省去大量繁杂的人工计算工作，减少中间环节的计算错误，提高效率，节约宝贵时间。本章主要介绍如何应用中文版的 Excel、Matlab 及 Origin 等软件对实验数据进行处理。

第一节　Excel 处理实验数据及应用

Excel 是 Microsoft Office 的一个重要组件。它是一种高效的数据分析与制作图表的工具。用户可以使用 Excel 对输入的数据进行组织、分析，并将数据美观地展现在用户的面前。由于 Excel 内置了许多数值计算与数据分析的功能函数，因此它也是一种方便的实验数据处理软件。

一、Excel 软件的运行

要运行 Excel，首先要在计算机上启动该程序，只有进入其操作界面后才能进行各种操作。下面以 Excel 2003 为例，单击“开始”按钮，在“程序”选项右侧的子菜单中选择“Microsoft Office Excel 2003”项，屏幕会出现一张空白工作表，如图 2-1-1 所示。这表明用户已经进入了 Excel 的工作界面，可以在 Excel 中进行各种操作了。

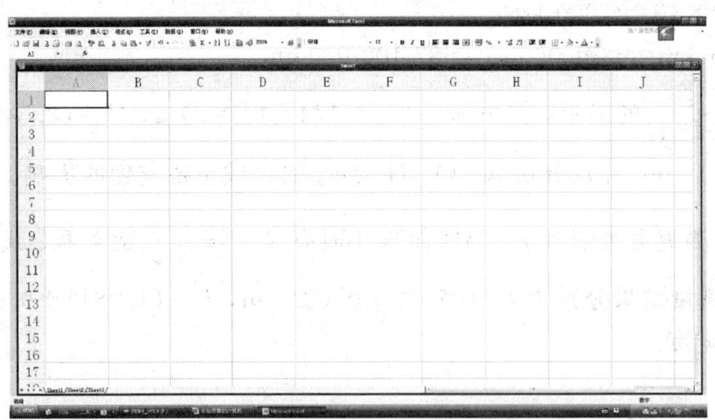

图 2-1-1　Excel 的工作界面

二、Excel 的工作界面

Excel 的工作界面主要由主菜单栏、工作栏和工作表组成，如图 2-1-1 所示。

菜单栏中包含“文件”、“编辑”、“视图”等 9 个选项，每个选项都有一个下拉菜单。“常用”工具栏由一组常用命令按钮组成，如“打开”、“保存”等。“格式”工具栏提供了对输入数据进行格式化的一组命令按钮，例如“字体”、“下划线”等。编辑栏显示了活动单元的内容。工作表用来输入数据，其右侧及底部各有一个滚动条，可利用它们来查看工作表中的内容。

三、Excel 的常用函数及计算工具

Excel 内置了很多数值计算与数据分析的功能函数，其常用函数可在“插入”菜单的“函数”子菜单中选取。针对实验数据处理，常用函数如表 2-1-1 所示。

表 2-1-1　常用函数

子菜单	功能	子菜单	功能
SQRT	开平方	POWER	求幂
AVERAGE	求平均值	STDEV	任一次测量的标准偏差
SLOPE	直线的斜率	INTERCEPT	直线的截距
COLLER	相关系数	DEVSQ	偏差的平方和

除此之外，Excel 还包含一些常用计算工具，可直接对实验数据进行处理，例如用“回归工具”可求解最小二乘法中相关系数 a 和 b 及其不确定度。常用的计算工具可在“工具”菜单的“数据分析”子菜单中选取。

四、用 Excel 求测量列数据平均值及不确定度

利用 Excel 的常用函数 SQRT、AVERAGE、STDEV 等可以求实验的多次测量值的平均值及不确定度。

【例 2-1-1】　用螺旋测微器测量小钢球的直径，8 次的测量值分别为

$$d(\text{mm})=2.125,\ 2.131,\ 2.121,\ 2.127,\ 2.124,\ 2.126,\ 2.123,\ 2.129$$

螺旋测微器的零点读数 d_0 为 0.008 mm，最小分度数值为 0.01 mm，试写出测量结果的标准式(此例参见第一章例 1-5-2)。

解　在 Excel 工作表中设定实验项目和数据输入项，然后将以上数据依次填入数据表格中，参见图 2-1-2～图 2-1-4。图 2-1-4 中所示 A3:A10 表示测量次数输入单元格区域；B3:B10 是原始数据在电子表格中的输入单元格区域；D3 是实验测量的数据的代真

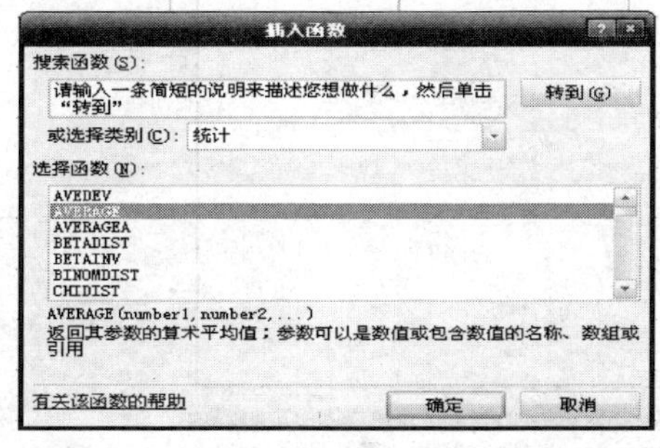

图 2-1-2　插入 AVERAGE 函数框图

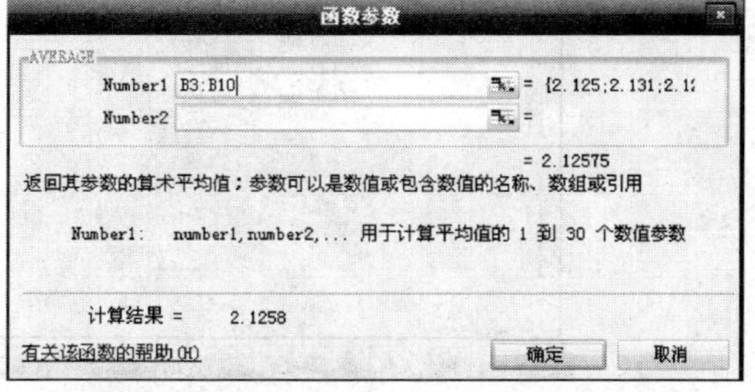

图 2-1-3　确定 AVERAGE 计算区域框图

值在工作表中的位置；E3 表示实验数据测量列标准差；F3 表示测量数据平均值标准(偏)差；G3 表示测量 B 类不确定度；H3 表示测量总不确定度。

在规划区域输入测量原始数据，单击“插入”菜单的下拉列表中“ 函数”命令，在“统计”中选择“AVERAGE”函数，如图 2-1-2 所示，单击“确定”按钮。弹出一个 AVERAGE 函数选择计算区间的对话框，如图 2-1-3 所示，输入“B3:B10”，单击“确定”按钮，在该数据格中即显示从 B3 到 B10 的数据的平均值，即代真值，如图 2-1-4 所示。或者在编辑栏直接输入公式“=AVERAGE(B3:B10)”，按回车键，同样可得到代真值。

$$\bar{L} = \text{AVERAGE(B3:B10)} = \frac{1}{8}\sum_{i=1}^{8} x_i = 2.1258\ \text{mm}$$

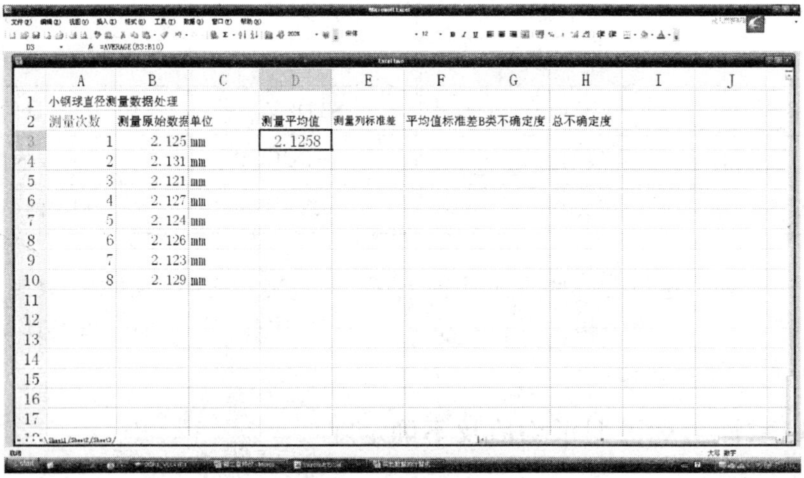

D3 fx =AVERAGE(B3:B10)

	A	B	C	D	E	F	G	H	I	J
1	小钢球直径测量数据处理									
2	测量次数	测量原始数据	单位	测量平均值	测量列标准差	平均值标准差	B类不确定度	总不确定度		
3	1	2.125	mm	2.1258						
4	2	2.131	mm							
5	3	2.121	mm							
6	4	2.127	mm							
7	5	2.124	mm							
8	6	2.126	mm							
9	7	2.123	mm							
10	8	2.129	mm							

图 2-1-4　求测量列数据平均值框图

同样道理可得测量列标准(偏)差，如图 2-1-5 所示。

$$\sigma_L = \text{STDEV(B3:B10)} = \sqrt{\sum_{i=1}^{8} \frac{(x_i - 2.1258)^2}{8-1}} = 0.0032\ \text{mm}$$

E3 fx =STDEV(B3:B10)

	A	B	C	D	E	F	G	H	I	J
1	小钢球直径测量数据处理									
2	测量次数	测量原始数据	单位	测量平均值	测量列标准差	平均值标准差	B类不确定度	总不确定度		
3	1	2.125	mm	2.1258	0.0032					
4	2	2.131	mm							
5	3	2.121	mm							
6	4	2.127	mm							
7	5	2.124	mm							
8	6	2.126	mm							
9	7	2.123	mm							
10	8	2.129	mm							

图 2-1-5　求测量列标准偏差框图

由 STDEV 函数计算的 σ_L 是测量列每次测量值的标准偏差，即贝塞尔公式(参见第一章第二节内容)。要求测量列平均值的标准偏差，只需将 σ_L 除以测量次数 n 的平方根即可。如图 2-1-6 所示。

$$\sigma_{\bar{L}}=\frac{\text{E3}}{\text{SQRT(8)}}=\frac{\sigma_L}{\sqrt{8}}=0.0011\ \text{mm}$$

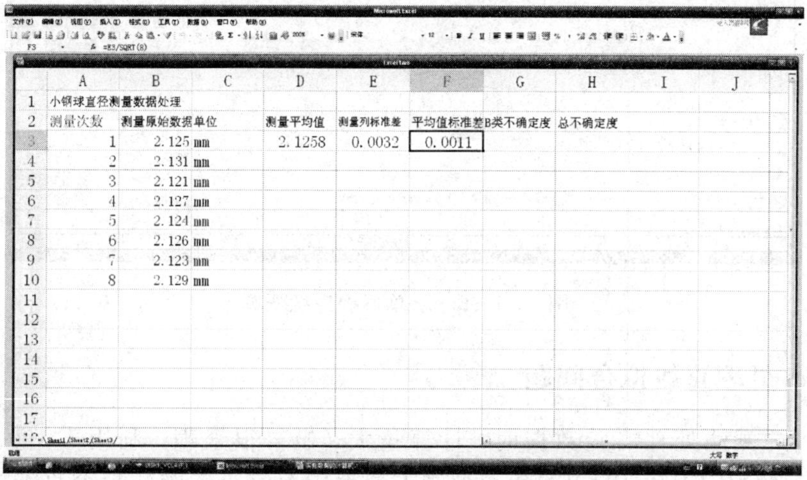

F3 =E3/SQRT(8)

	A	B	C	D	E	F	G	H	I	J
1	小钢球直径测量数据处理									
2	测量次数	测量原始数据单位		测量平均值	测量列标准差	平均值标准差	B类不确定度	总不确定度		
3	1	2.125 mm		2.1258	0.0032	0.0011				
4	2	2.131 mm								
5	3	2.121 mm								
6	4	2.127 mm								
7	5	2.124 mm								
8	6	2.126 mm								
9	7	2.123 mm								
10	8	2.129 mm								

图 2-1-6 求测量列平均值的标准偏差框图

根据误差理论，A 类标准不确定度即为 σ_L。

B 类标准不确定度 $\sigma_B=\Delta_{仪}$，如图 2-1-7 所示，可表示为

$$\sigma_B=0.01\div2=0.005\ \text{mm}$$

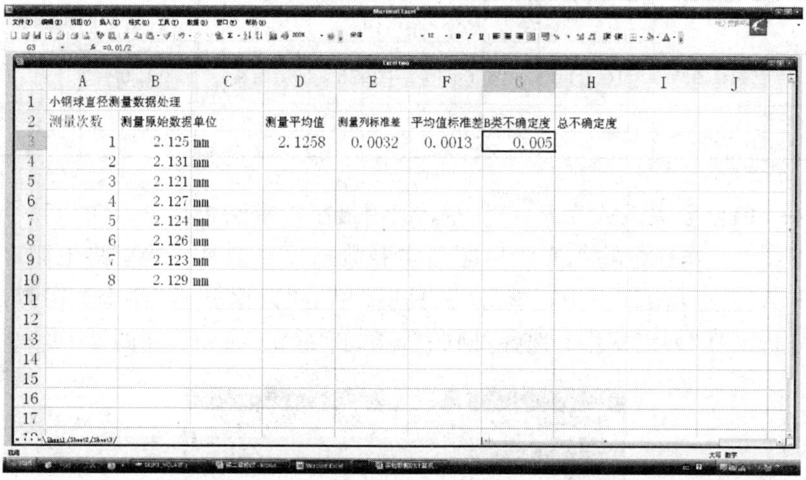

G3 =0.01/2

	A	B	C	D	E	F	G	H	I	J
1	小钢球直径测量数据处理									
2	测量次数	测量原始数据单位		测量平均值	测量列标准差	平均值标准差	B类不确定度	总不确定度		
3	1	2.125 mm		2.1258	0.0032	0.0013	0.005			
4	2	2.131 mm								
5	3	2.121 mm								
6	4	2.127 mm								
7	5	2.124 mm								
8	6	2.126 mm								
9	7	2.123 mm								
10	8	2.129 mm								

图 2-1-7 求 B 类不确定度框图

由直接测量值的合成不确定度的公式有

$$\sigma=\text{SQRT(E3\^{}2+G3\^{}2)}=\sqrt{(0.0032)^2+(0.005)^2}\approx0.0060\ \text{mm}$$

数据处理如图 2-1-8 所示。测量结果的表述省略。

H3 =SQRT(E3*E3+G3*G3)

	A	B	C	D	E	F	G	H
1	小钢球直径测量数据处理							
2	测量次数	测量原始数据	单位	测量平均值	测量列标准差	平均值标准差	B类不确定度	总不确定度
3	1	2.125	mm	2.1258	0.0032	0.0013	0.005	0.0060
4	2	2.131	mm					
5	3	2.121	mm					
6	4	2.127	mm					
7	5	2.124	mm					
8	6	2.126	mm					
9	7	2.123	mm					
10	8	2.129	mm					

图 2-1-8　求总不确定度框图

五、用 Excel 处理直线拟合问题

在用最小二乘法处理实验数据时，计算量大，显得很繁琐，利用 Excel 的常用函数 CORREL、INTERCEPT、SLOPE 等可以很方便地求解最小二乘法拟合直线的主要参数，即相关系数、斜率和截距等。

【例 2-1-2】 在金属导体电阻温度系数测定的实验中，测得的数据如表 2-1-2 所示。

表 2-1-2　电阻与温度值表

次数 n	1	2	3	4	5	6	7	8
电阻 R/Ω	10.35	10.51	10.64	10.76	10.94	11.08	11.22	11.36
温度 $t/℃$	5.0	10.0	15.0	20.0	25.0	30.0	35.0	40.0

已知 R 和 t 的函数关系式为 $R=a+bt$，试用最小二乘法求出 a、b 的值。

解　在 Excel 工作表中输入实验标题和实验数据项目名称，然后将电阻和温度的数据分别输入 A3:A11 及 B3:B11 中，单击“工具”菜单上“数据分析”命令，在弹出的“数据分析”窗口的“分析工具”列表框中，选择“回归”，单击“确定”按钮，如图 2-1-9 所示。

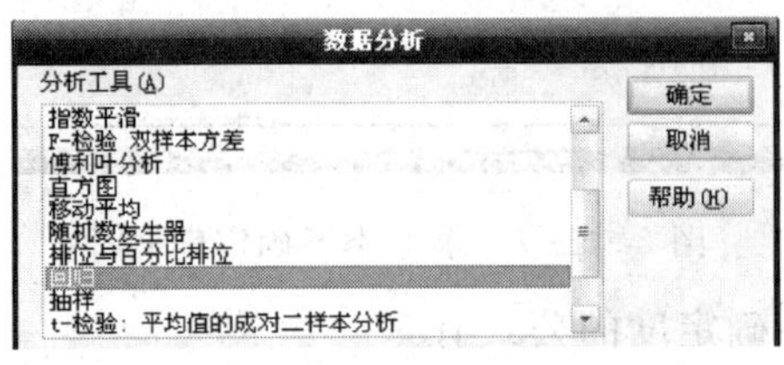

图 2-1-9　数据分析对话框

在弹出的“回归”对话框的“输入”域中，分别输入 Y 值和 X 值的数据所在的单元格区域，在“输出选项”域中选择“输出区域”单选按钮并输入要显示结果的单元格，单击“确定”

按钮，如图 2-1-10 所示。

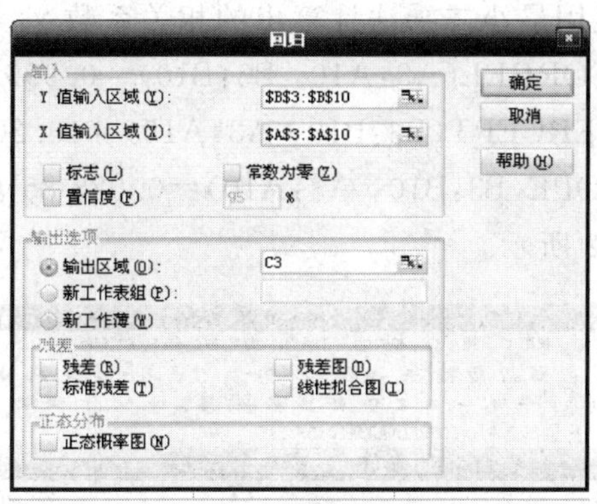

图 2-1-10　回归对话框

这样，线性回归分析的很多计算数值都显示出来了，其中有物理实验数据处理所要求的线性回归方程的常数、相关系数等，如图 2-1-11 所示。“Multiple”行中显示的是相关系数 $\gamma=0.999\,441$，“Coefficient”列中 D19 及 D20 单元格中显示的是线性回归方程的参数，截距 $a=10.208\,21$，斜率 $b=0.028\,857$；“标准误差”行中显示的是测量值 y_i 的标准偏差 $\sigma_y=0.012\,771$，“标准误差”列中两个单元格显示的是截距 a 和斜率 b 的标准偏差 $\sigma_a=0.009\,951$、$\sigma_b=0.000\,394$。

Microsoft Excel

文件(F)　编辑(E)　视图(V)　插入(I)　格式(O)　工具(T)　数据(D)　窗口(W)　帮助(H)

宋体　12　100%

C3　　fx　SUMMARY OUTPUT

Book1

	A	B	C	D	E	F	G	H	I	J	K
1	测量电阻与温度的关系的数据处理										
2	温度（c）	电阻									
3	5	10.35	SUMMARY OUTPUT								
4	10	10.51									
5	15	10.64	回归统计								
6	20	10.76	Multiple	0.999441							
7	25	10.94	R Square	0.998882							
8	30	11.08	Adjusted	0.998696							
9	35	11.22	标准误差	0.012771							
10	40	11.36	观测值	8							
11											
12			方差分析								
13				df	SS	MS	F	gnificance F			
14			回归分析	1	0.874371	0.874371	5361.109	4.37E-10			
15			残差	6	0.000979	0.000163					
16			总计	7	0.87535						
17											
18				Coefficien	标准误差	t Stat	P-value	Lower 95%	Upper 95%	下限 95.0	上限 95.0
19			Intercept	10.20821	0.009951	1025.85	5.79E-17	10.18387	10.23256	10.18387	10.23256
20			X Variabl	0.028857	0.000394	73.2196	4.37E-10	0.027893	0.029822	0.027893	0.029822
21											
22											
23											

图 2-1-11　回归分析结果

也可以用另一种形式计算线性回归方程的常数、相关系数等。将原始数据输入工作表后，选定活动单元格作为 γ、a、b 输出数据单元格，再分别在相关系数 γ 的数据格中输入“=CORREL(A3:A10,B3:B10)”，在截距 a 的数据格中输入“=INTERCEPT(B3:B10,

A3:A10)”，在斜率 b 的数据格中输入“=LOPE(B3:B10,A3:A10)”，按回车键后，在这些数据格中即可显示出计算机用最小二乘法计算出的相关系数 γ、截距 a 及斜率 b 的数值，即

$$\gamma = \mathrm{CORREL(A3:A10,\ B3:B10)} = 0.999\ 441$$

$$a = \mathrm{INTERCEPT(B3:B10,\ A3:A10)} = 10.208\ 21\ \Omega$$

$$b = \mathrm{LOPE(B3:B10,\ A3:A10)} = 0.028\ 85\ \Omega/℃$$

最终结果如图 2-1-12 所示。

文件(F) 编辑(E) 视图(V) 插入(I) 格式(O) 工具(T) 数据(D) 窗口(W) 帮助(H)

D5 =CORREL(A3:A10,B3:B10)

	A	B	C	D	E	F	G	H
1	测量电阻与温度的关系的数据处理							
2	温度（c）	电阻			注释			
3	5	10.35						
4	10	10.51						
5	15	10.64		0.999441	相关系数			
6	20	10.76		10.20821	截距			
7	25	10.94		0.02885	斜率			
8	30	11.08						
9	35	11.22						
10	40	11.36						
11								
12								

图 2-1-12　用函数计算直线拟合参数

六、用 Excel 图表工具作图

Excel 不仅具有很强的计算功能，而且还具有较强的图表功能，并且可以根据需要将数据与各类型的图表链接，使图表随着输入实验数据的改变而作动态的变化。

仍以例 2-1-2 为例来介绍实验图表的处理方法。在工作表中输入实验原始数据后，单击“插入”菜单中的“图表”命令，在弹出的“图表向导-4 步骤之 1-图表类型”对话框的“标准类型”标签下的“图表类型”窗口列表中选择“XY 散点图”，在“子图表类型”中选择“散点图”(作校准曲线时，应选折线图)，单击“下一步”按钮，如图 2-1-13 所示。

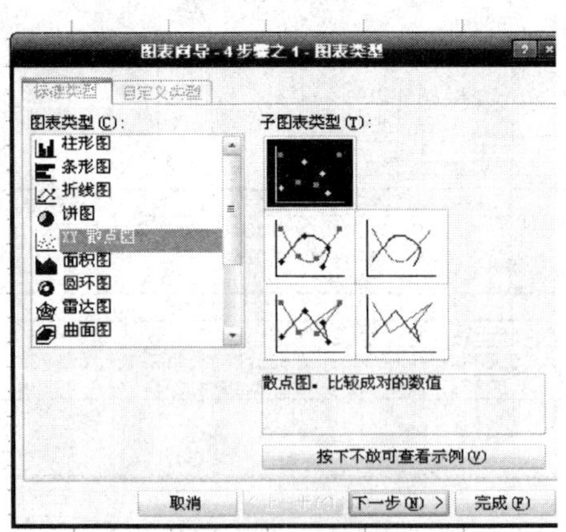

图 2-1-13　图表向导-图表类型对话框

在弹出的“图表向导-4 步骤之 2-图表源数据”对话框中单击“系列”标签，在“系列”列表框中删除原有内容后，单击“添加”按钮，按对话框要求，在“X 值”和“Y 值”编辑框中将

自变量 X、因变量 Y 所在的单元格区域输入，如图 2-1-14 所示，单击“下一步”按钮；在弹出的“图表向导-步骤之 3-图表选项”对话框的“标题”标签中(参见图 2-1-15)，填写图

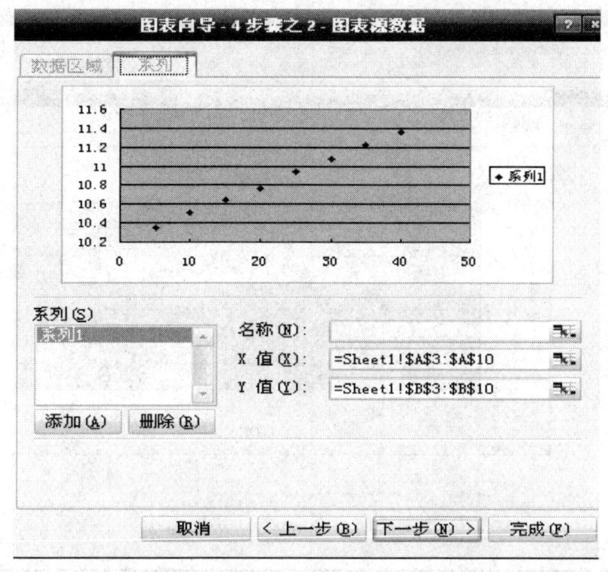

图 2-1-14　图表源数据输入

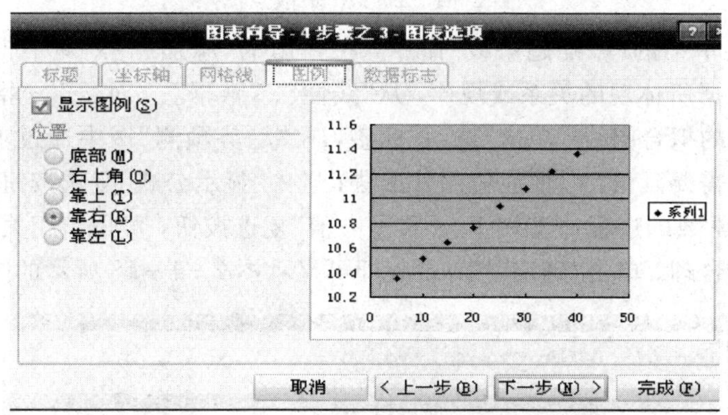

图 2-1-15　图表选项框

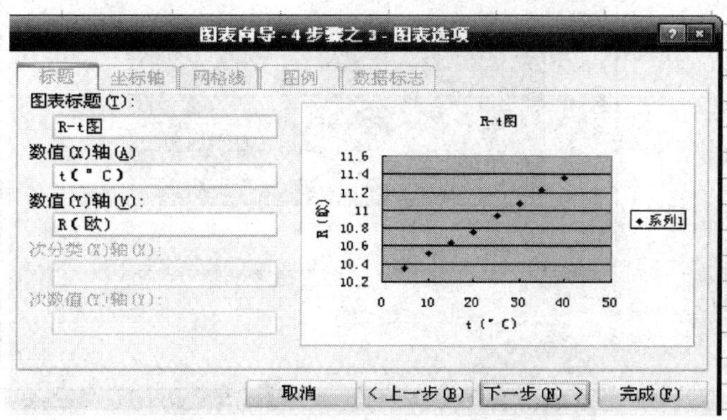

图 2-1-16　图表选项的标题标签

表的标题、X 轴和 Y 轴所代表的物理量的名称和单位(参见图 2-1-16)，单击“完成”按钮后，即可显示如图 2-1-17 所示的散点图。

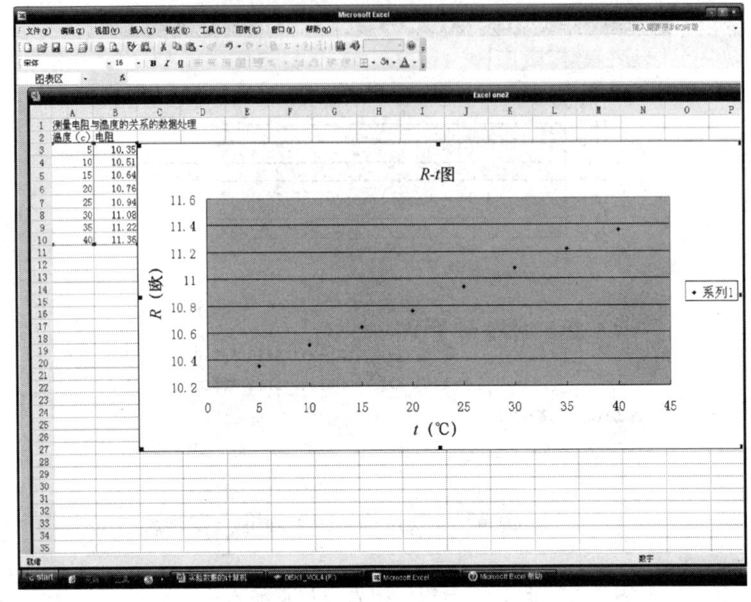

图 2-1-17　$R-t$ 散点图

单击“图表”菜单中的“添加趋势线”命令，在弹出的“添加趋势”对话框中单击“类型”标签后，根据实验数据所体现的关系或规律，从“线性”、“乘幂”、“对数”、“指数”、“多项式”等类型中选择一适当的拟合图线。单击“选项”标签，在“趋势预测”域中通过前推和倒推的数字增减框可将图线按需要延长，以便能应用外推法；选中“显示公式”复选按钮，可得出图线的经验公式，省去了求常数的过程；选中“显示 R 平方值”复选按钮，可得出相关系数的平方值，以判别拟合图线是否合理。单击“确定”按钮后，即可显示图 2-1-18 所示的图形。

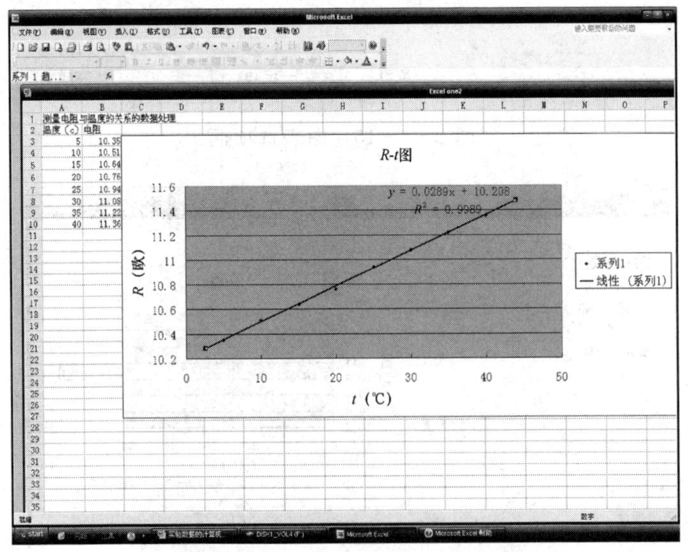

图 2-1-18　$R-t$ 线性趋势图

这时的图线并不符合实验作图的要求，还可通过“图表选项”中的“坐标轴”、“网格线”、“数据标志”等对话框，对标度、有效数字等方面进行编辑和处理，即可得出符合作图法要求的图形，如图 2－1－19 所示。

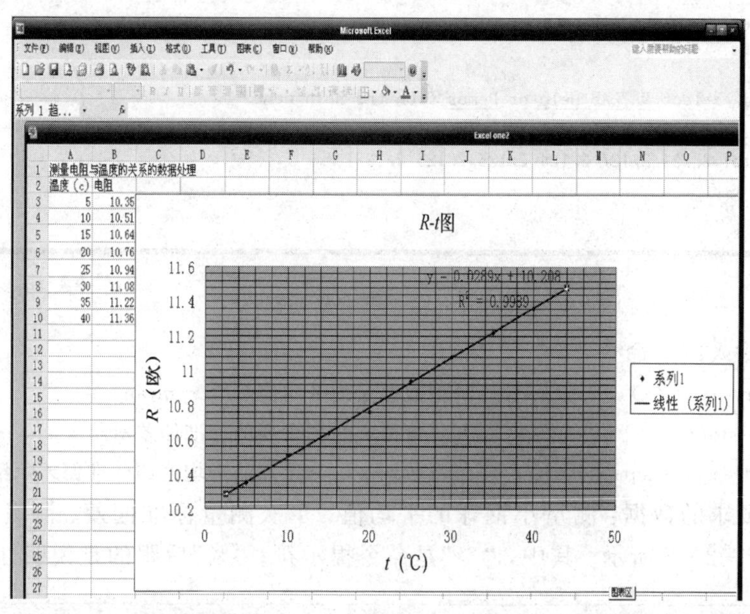

图 2－1－19　符合作图法要求的 $R-t$ 图

利用 Excel 不仅可以直接对物理实验数据进行处理，还可以用它开发专用于某一物理实验数据的处理软件。

第二节　Matlab 处理实验数据及应用

Matlab 是 Math Works 公司于 1984 年推出的一种科学计算软件，现已成为国际公认的最优秀的科技应用软件。Matlab 软件是集数值计算、符号运算及出色的图形处理、程序语言设计等强大功能于一体的科学技术语言。用 Matlab 处理实验数据仅需编写十几行几乎像通常笔算式的简练程序，运行后就可得到所需的结果。利用 Matlab 软件进行数值运算和作图都很方便，编写程序也不复杂，并且提供了多种库函数以备调用。可以说 Matlab 为物理实验教学提供了一个良好的工作平台，不仅使学生在轻松、和谐的教学氛围中快捷地完成了本来枯燥无味、复杂的数据处理，而且有利于快速地检验出实验数据的优劣程度。

物理实验数据处理过程中常用到的 Matlab 函数主要有绘图函数(plot、polar 等)、均值函数(mean)、极值函数(max、min)、标准偏差函数(std)、曲线拟合等，还可以通过简单编程实现一些基本数据处理方法，如逐差法、最小二乘法等。以上这些操作均可在 Matlab 命令窗口中实现。下面以几个例子简单介绍利用 Matlab 进行的数据处理。

一、测量误差的计算

以例 2－1－1 为例，首先输入数据，如图 2－2－1 所示。

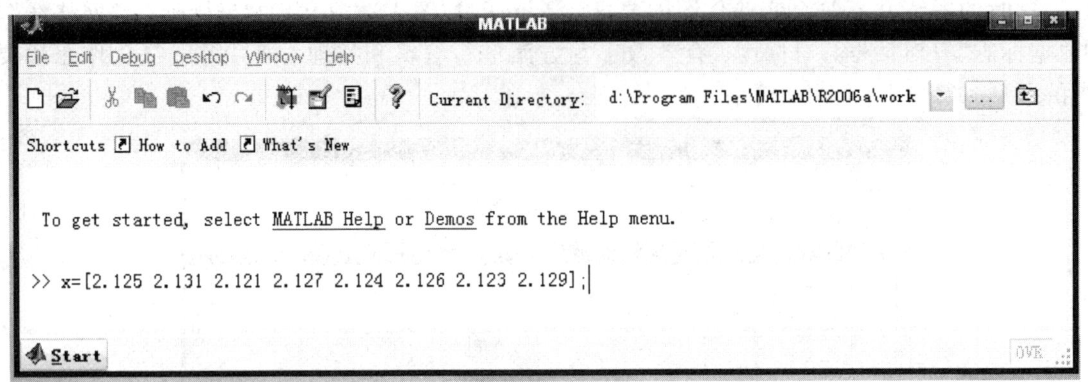

图 2-2-1　测量数据输入

之后分别输入以下命令：

```
>> x_mean=mean(x)                  %将数据 x 的平均值赋给 x_mean
>> x_std=std(x)                    %将数据 x 的测量列的标准偏差赋给 x_std
>> x_mstd=x_std/sqrt(length(x))    %将数据 x 的测量列的平均值的标准偏差赋给 x_mstd
```

即可得到所有要求的数据：测量小钢球的平均值、单次测量标准偏差、测量列平均值的标准偏差，如图 2-2-2 所示。其中，“≫”是命令提示符；“%”后跟的是说明性文字。

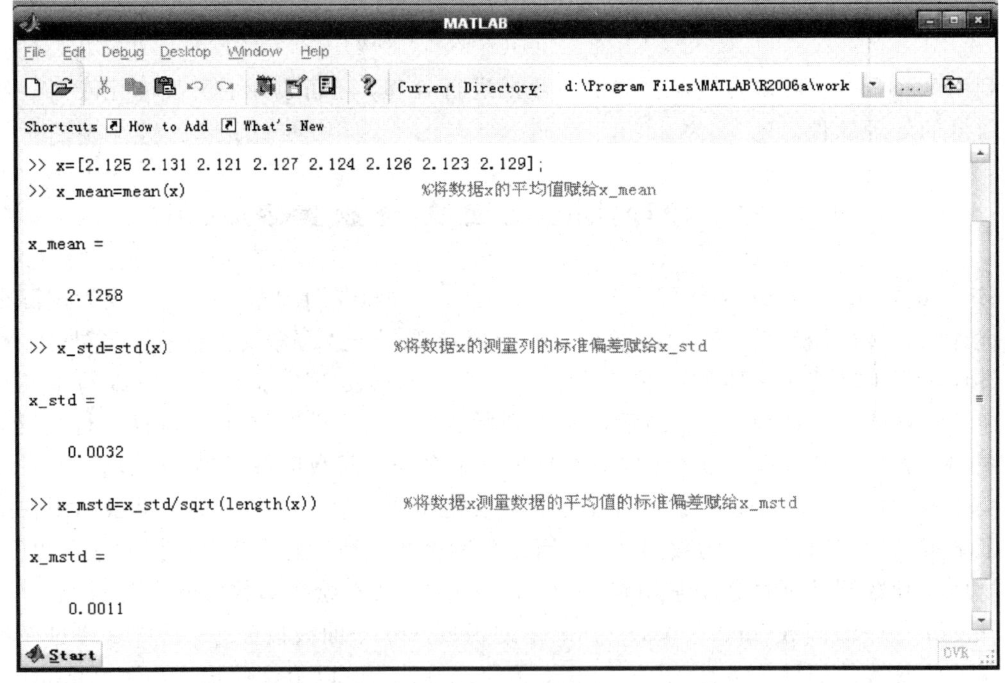

图 2-2-2　Matlab 数据处理

二、基本数据处理方法举例

【例 2-2-1】 在金属丝杨氏模量的测量实验中，现场测量了 8 组数据，实验的原始数据如表 2-2-1～表 2-2-3 所示。试采用作图法处理数据，并拟合图形。

表 2－2－1　测钢丝伸长量原始数据表

序　号	M/kg	N(加载)/cm	N(减载)/cm
1	0	72.5	74.9
2	1	49.5	50.1
3	2	29.2	32.2
4	3	7.4	8.4
5	4	−16.5	−4.5
6	5	−38.2	−36.2
7	6	−59.2	−58.2
8	7	−78.5	−78.5

表 2－2－2　测钢丝直径原始数据表

序　号	1	2	3	4	5
d_i/mm	0.410	0.395	0.392	0.411	0.395
序号	6	7	8	9	10
d_i/mm	0.400	0.394	0.395	0.394	0.405

表 2－2－3　钢丝两夹点之间长度、光杠杆长臂、光杠杆短臂原始数据

L/cm	A/cm	B/cm
96.85	189.56	7.09

在 Matlab 主菜单中新建一个 M 文件(M－file)，在 M 编辑器中输入要在命令窗口执行的命令，如图 2－2－3 所示。

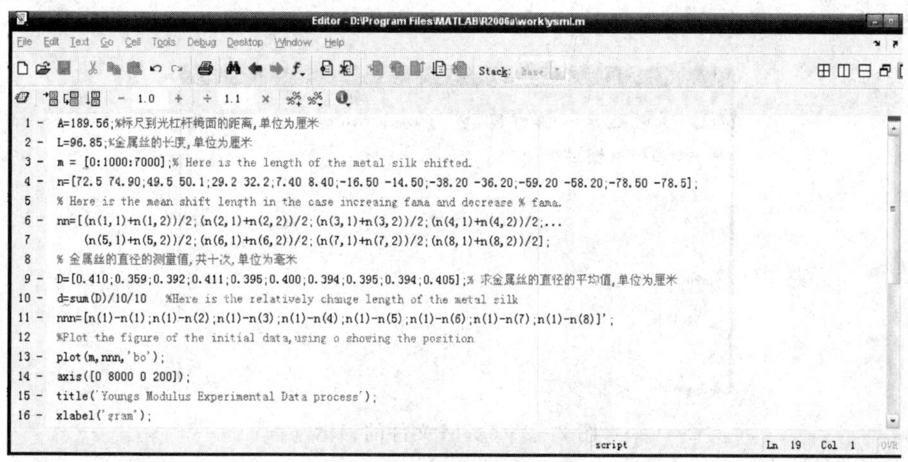

图 2－2－3　编辑 M 文件

执行M编辑器Debug下拉菜单中的Run命令，拟合图形结果就显示出来，如图2-2-4所示。由斜率k的值马上可得到被测金属丝杨氏模量的大小，根据有效数字的有关规定，选取正确的有效位数。

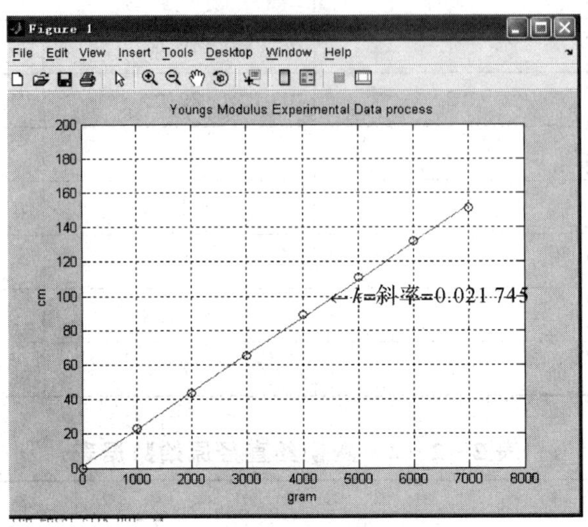

图2-2-4 实验数据的线性拟合

【例2-2-2】 采用逐差法对声速测定实验中的数据进行处理。

在声速测定实验中，谐振频率$f=40.939$ kHz，通过振幅法测得振幅极大位置数据如表2-2-4所示。

表2-2-4 声速测定实验数据

i	1	2	3	4	5	6
x_i/mm	35.29	39.56	43.82	48.07	52.44	56.73
x_{i+6}/mm	61.08	65.36	69.71	74.02	78.35	82.73

采用逐差法处理数据。同样用Matlab主菜单File新建(New)一个M文件(M-file)，在M编辑器中输入要在命令窗口执行的命令，如图2-2-5所示。

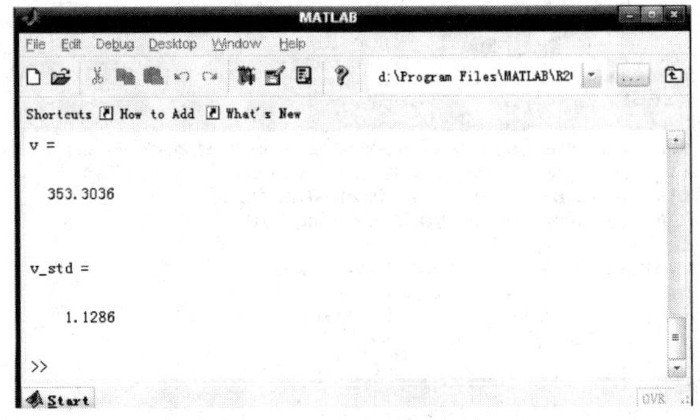

图2-2-5 M文件的编辑

执行M编辑器Debug下拉菜单中的Run命令，结果就显示在命令窗口，如图2-2-6所示。根据有效数字的有关规定，选取正确的有效位数，所以结果表达为 $v=(353\pm1)$ m/s。

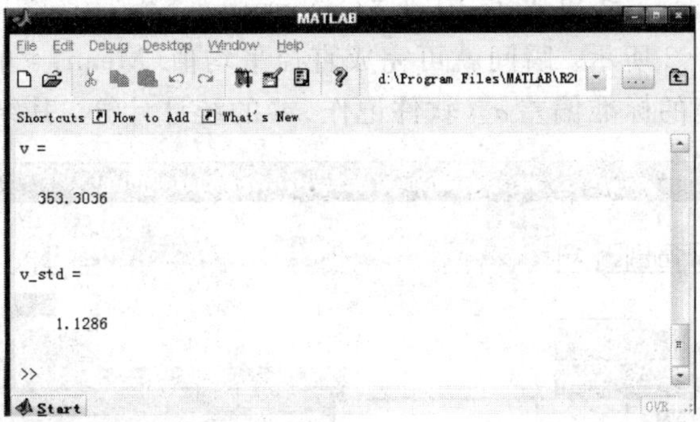

```
MATLAB
File Edit Debug Desktop Window Help
d:\Program Files\MATLAB\R2
Shortcuts  How to Add  What's New
v =

  353.3036


v_std =

    1.1286

>>
Start
```

图 2-2-6　利用 M 文件处理数据

第三节　Origin 处理实验数据及应用

Microcal 软件公司的 Origin 软件是一个科技绘图及数据分析处理软件，它在 Windows 平台下工作，可以完成物理实验常用的数据处理(不确定度计算、绘图和曲线拟合等)工作。这里不对该软件的使用做系统的介绍，只结合几个例子说明 Origin7.5 软件在物理实验数据处理中常用到的几项功能。

一、测量误差计算

还是以例 2-1-1 为例，现在用 Origin 来处理测量数据。Origin 中把要完成的一个数据处理任务称做一个“工程”(project)。当我们启动 Origin 或在 Origin 窗口下新建一个工程时，软件将自动打开一个空的数据表，它的默认形式为“A[X]”和“B[Y]”两列，如图 2-3-1 所示。

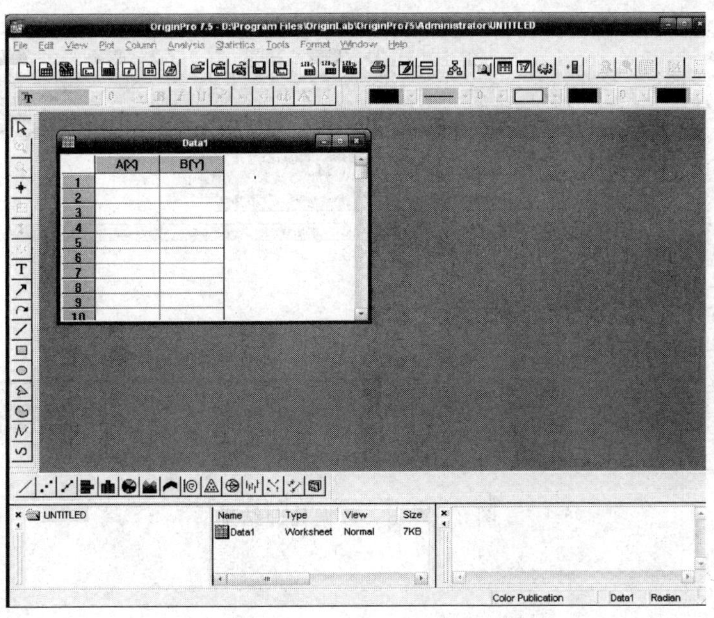

图 2-3-1　一个打开的 Origin 数据表

将 8 次测量值输入到数据表的 A 列(或 B 列)，用鼠标单击“A[X]”选中该列，再单击“Statistics”菜单，在下拉菜单选项中选“Descriptive Statistics”项下的“Statistics on Columns”，如图 2－3－2 所示。瞬间就可完成直径平均值(Mean)、单次测量值的标准差 σ_x(软件记作 sd)、平均值的标准偏差 $\sigma_{\bar{x}}$(软件记作 se)的统计计算，其结果如图 2－3－3 所示。

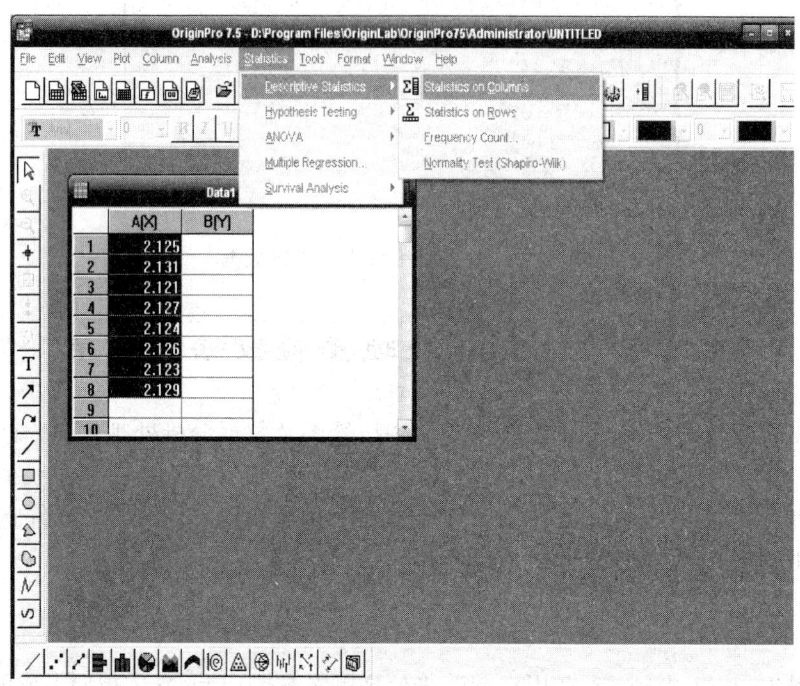

图 2－3－2　单击“Statistics on Columns”菜单的过程

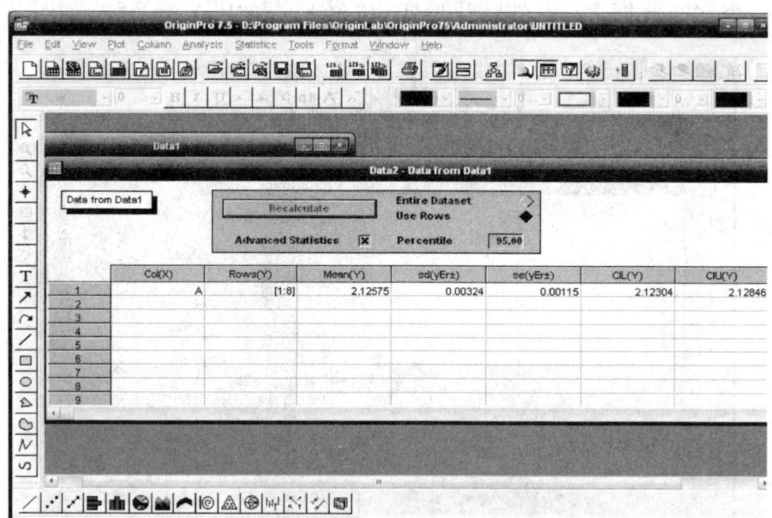

图 2－3－3　数据处理结果

二、图形的拟合

以例 2－1－2 为例，在金属导体电阻温度系数测定的实验中测得数据如表 2－1－2 所示。

已知 R 和 t 的函数关系式为 $R=a+bt$，试用 Origin 软件作图，分析 R 与 t 之间的关系，并确定 a、b 的值。

启动 Origin，出现一空的数据表 Data1，分别为“A[X]”和“B[Y]”两列，将温度 t 的数据输入到“ A[X]”列，将电阻 R 的数据输入“B[Y]”列，如图 2-3-4 所示。

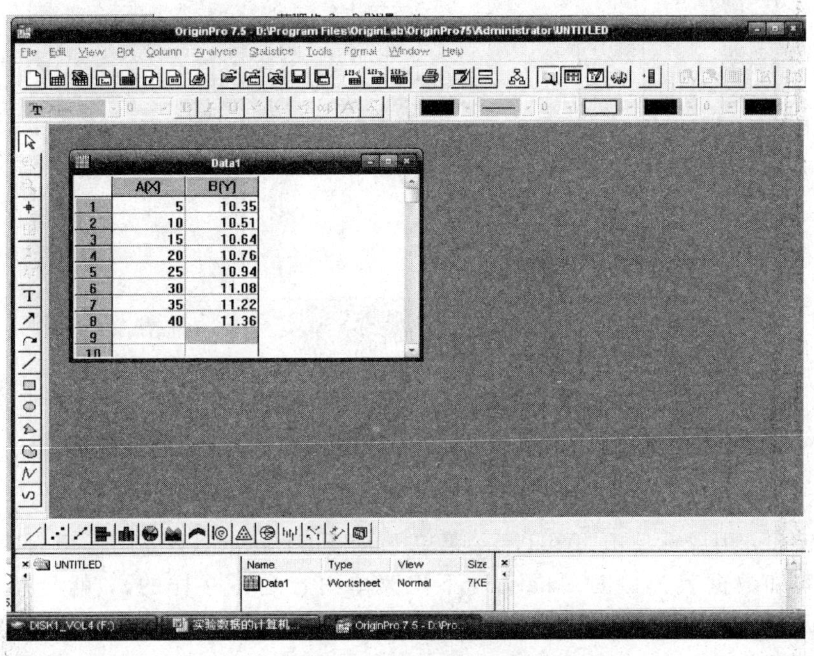

图 2-3-4 测量数据的输入

单击“Plot”菜单，在下拉菜单中选“Scatter”，弹出一个设置图形坐标轴对话框，在 X 轴列用鼠标点“A”，意味着将“A[X]”数据列设为 X 变量。同样，在 Y 轴列用鼠标点“B”，则将“B[Y]”设为 Y 变量，如图 2-3-5 所示。

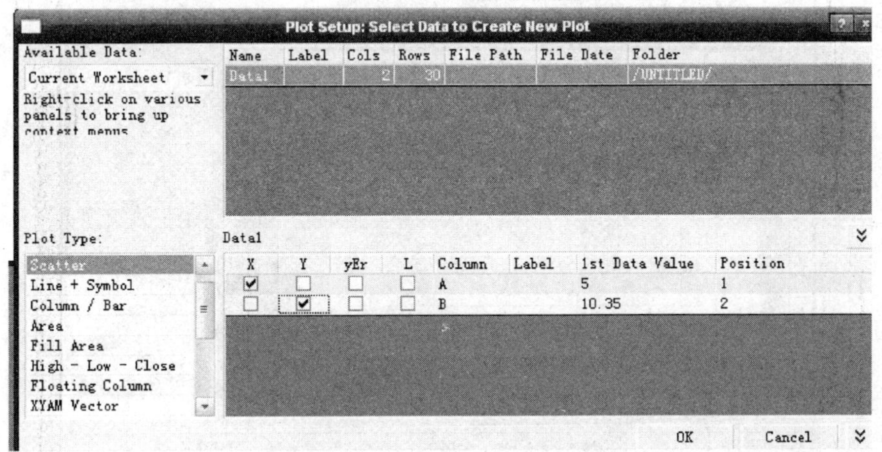

图 2-3-5 设置 X、Y 坐标量

单击图 2-3-5 中的“OK”按钮，出现实验数据的 Scatter 图即散点图，如图 2-3-6 所示。

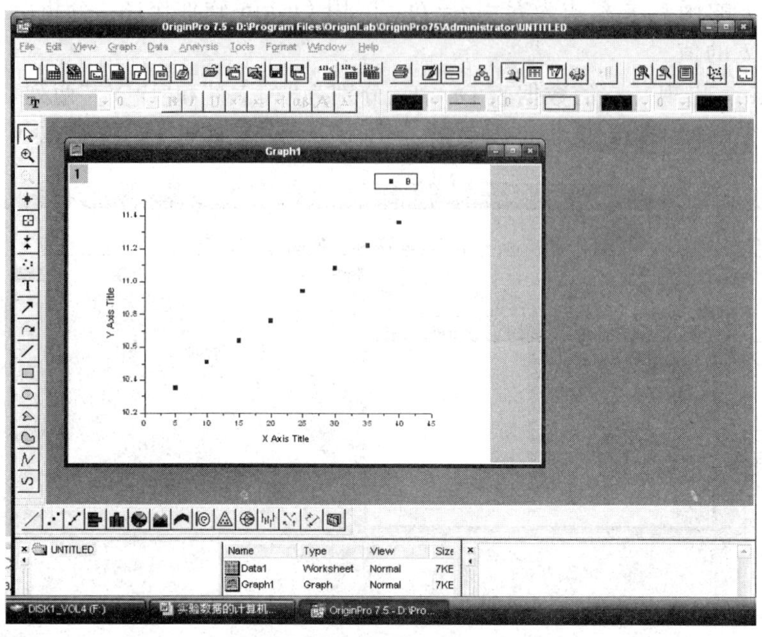

图 2-3-6　实验数据的 Scatter 图

在图形窗口，用鼠标单击“Analysis”菜单下的“Fit Linear”(注：图形窗口时的 Analysis 下拉菜单内容和数据表窗口时 Analysis 下拉菜单内容是不一样的)，就会初步完成直线 $Y=A+B\times X$ 的拟合，如图 2-3-7 所示。在拟合图形的右下方计算出 A、B 值及 Y 的标准偏差 $\sigma(Y)$(图中记为 SD)，A、B 标准差 $\sigma(A)$、$\sigma(B)$(图中记为 Error)和相关系数 γ(图中记为 R)，拟合直线参数如图 2-3-8 所示。

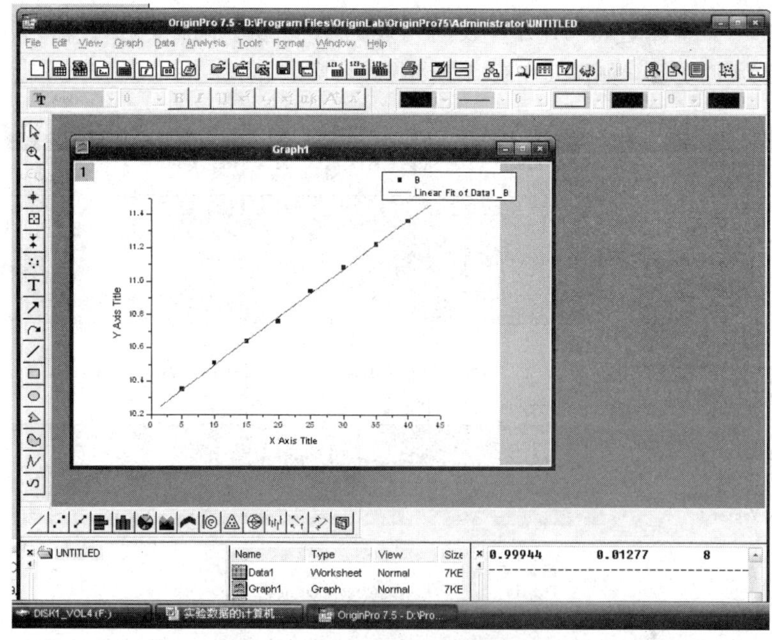

图 2-3-7　初步拟合测量数据点

```
[2009-8-3 15:36 "/Graph1" (2455046)]
Linear Regression for Data1_B:
Y = A + B * X

Parameter    Value       Error
------------------------------------------------
A            10.20821    0.00995
B            0.02886     3.94118E-4
------------------------------------------------

R            SD          N         P
------------------------------------------------
0.99944      0.01277     8         <0.0001
------------------------------------------------

Color Publication   1:Data1_B(1-8)   Graph1   Radian
```

图 2-3-8 拟合直线的参数显示

本例 R 和 t 的关系为 $R=a+bt$，由此可得到 $R=10.208\ 21+0.028\ 86t$，即截距 a 的大小为 10.208 21，斜率 b 的大小为 0.028 86，R 的标准偏差 $\sigma(R)$（图中记为 SD）为 0.012 77，相关系数 γ（图中记为 R）为 0.999 44。

Origin 默认将图的原点设在第一个数据点的左下方，但是可以改变这一设置。在 Format 下拉菜单中单击“Axis→X Axis”，可以修改 X 轴的起、止点和坐标示值增量；同样，单击“Axis→Y Axis”也可以修改 Y 轴的起、止点和坐标示值增量。此外，单击“Axis Titles→X Axis Titles”和“Axis Titles→Y Axis Titles”项可以修改两坐标轴的说明；附表的右上角有一个文本框，鼠标双击文本框的空白处可以修改框内内容。单击下边工具条上“T”按钮，再在附表中任意位置单击，还可以建立一个新的文本框，文本框中可以输入必要的说明。修改后的拟合图形如图 2-3-9 所示。

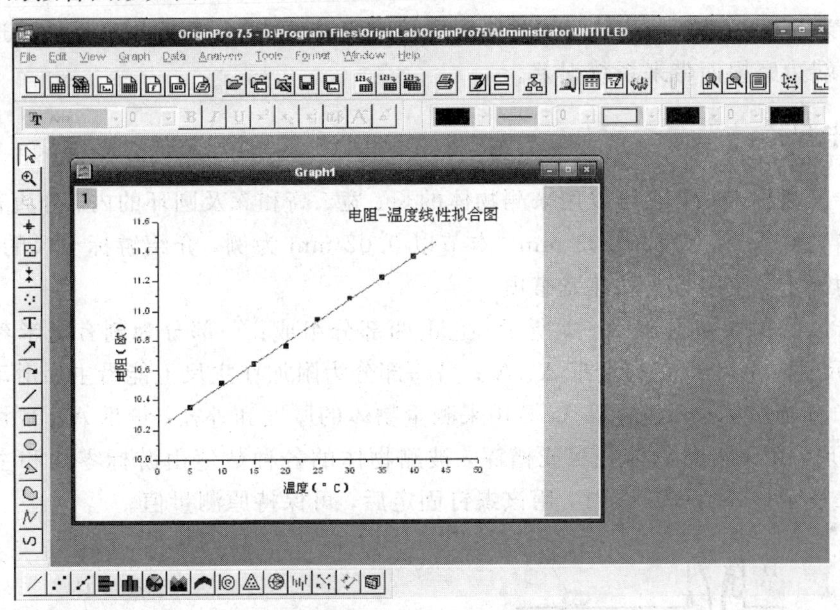

图 2-3-9 修改后的拟合图

根据以上步骤，可以画出一些常用函数图形，如三角函数、指数、对数等；也可以利用 Origin 具有的多种常用函数曲线拟合功能，画出曲线拟合图形；还可以自定义函数，并拟合图形。当然，Origin 的功能远不止这些。有兴趣的话可以通过软件使用手册或软件的“帮助文件”了解其更多的使用功能。

第三章　物理实验基本仪器介绍

物理实验需要定量研究物理量之间的关系，在实验方法确定后，必须选择适当的测量仪器。物理实验仪器种类繁多，本章介绍一些最基本的常用仪器，其他仪器在具体实验中加以介绍。

第一节　常用长度测量仪器

常用测量长度的仪器有米尺、游标卡尺、螺旋测微计和读数显微镜等。表征这些仪器规格的主要指标为量程和分度值。量程表示仪器能测量到的最大范围；分度值表示仪器可以准确读到的最小数值。一般来说，分度值越小，仪器的精度越高。

一、米尺

实验室中用的米尺常选用温度系数小的合金制成，分度值为毫米(mm)，估读到0.1 mm。米尺的仪器误差一般取最小分度值的一半，即为0.5 mm。常用的米尺有钢直尺和钢卷尺。米尺有一定的厚度，读数时要注意消除视差。另外，不要用米尺的端边作测量起点，以免因端边磨损而带来系统误差。

二、游标卡尺

游标卡尺简称卡尺。它可以用来测物体的长、宽、高和深及圆环的内、外直径。测量的长度可精确到0.1、0.02或0.05 mm。本节以0.02 mm为例，介绍游标卡尺的基本结构、测量精度的确定、使用方法和注意事项。

游标卡尺的构造如图3-1-1所示。它由两部分组成：一部分为刻有毫米刻度的直尺D，称为主尺，在主尺D上有量爪A、A′；另一部分为附加在主尺上能沿主尺滑动并有量爪B、B′的尺，称为游标尺E。量爪A、B用来测量物体的厚度和外径；量爪A′、B′用来测量内径；C为尾尺，用来测量物体孔深或槽深，被测物体的各种数值由游标零线和主尺零线之间的距离来表示。M为固定螺钉，用该螺钉固定后，可保持原测量值。

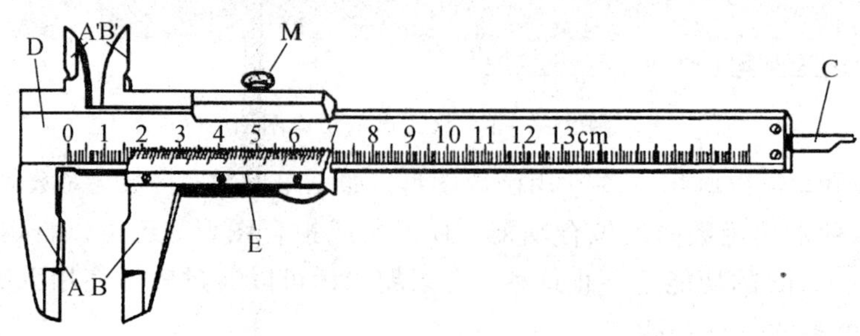

图3-1-1　游标卡尺的外形与构造

假如游标尺上最小总格数为 A，且 A 个最小分格的总长等于主尺上 $A-1$ 个最小分格的总长，如果用 X、Y 分别表示游标尺、主尺上最小分格的长度，则有

$$AX=(A-1)Y$$

所以有

$$Y-X=\frac{Y}{A}$$

主尺上一个分格长 Y 与游标尺上一个分格长 X 之差值如果用 ΔK 表示，则有

$$\Delta K=Y-X=\frac{Y}{A}$$

即主尺上的最小分格长度除以游标尺上的总格数。ΔK 叫做游标尺的精度。

许多测量仪器上都采用游标装置，有 10、20、50 分度等。有的游标刻在直尺上，也有的刻在圆盘上(如旋光仪、分光仪等)，它们的原理和读数方法都是一样的。一般来说，游标尺的精度可用下式计算：

$$\text{游标尺的精度}(\Delta K)=\frac{\text{主尺上一个最小分格的长度}}{\text{游标尺上的总分格数}}$$

例如，游标卡尺的主尺上一个最小分格为 1 mm，游标尺上共刻有 50 个最小分格，则该游标卡尺的精度为

$$\frac{1}{50}=0.02\ \text{mm}$$

精度 0.02 mm 表示游标尺上一个最小分格比主尺上一个最小分格长度小 0.02 mm。

游标卡尺的读数包括整数部分(L)和小数部分(ΔL)。如图 3-1-2 所示，在测量物体的总长度时，把物体夹在量爪之间，被测物体的总长度是游标尺零线与主尺零线之间的距离。

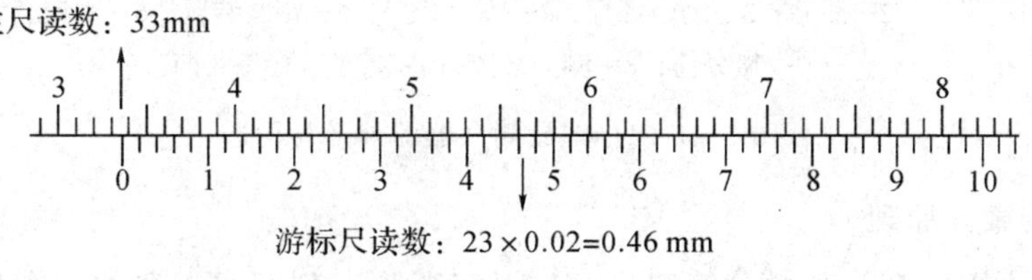

图 3-1-2　游标卡尺的使用

具体读数方法可分两步进行：

(1) 主尺读数：读出主尺上最靠近游标尺“0”刻线的整数部分 L。

(2) 游标读数：找出游标尺上“0”刻线右边第几条刻线和主尺的刻线对得最齐，将该条刻线的序号乘以游标尺的精度，即为小数部分ΔL。

在图 3-1-2 中，游标卡尺的精度是 0.02 mm，主尺上最靠近游标“0”线的刻线在 33.00 mm和 34.00 mm 之间，主尺读数为 $L=33.00$ mm；游标尺上“0”线右边第 23 条刻线和主尺的刻线对得最齐，游标部分的读数ΔL 为 $23\times0.02=0.46$ mm。被测物体长度为

$$L+\Delta L=33.00+0.02\times23=33.46\ \text{mm}$$

游标卡尺是常用的精密量具，使用中推游标时不要用力过大，测量中不能弄伤刀口和钳口，用完后应立即放入盒内，不能随便放于桌面和潮湿处。

在使用游标卡尺时，可一手拿物体，另一手持尺，如图 3-1-3 所示。要特别注意的

是，不能把被夹紧的物体在其量爪刀内挪动，以避免磨损，更不能用来测量粗糙物体。

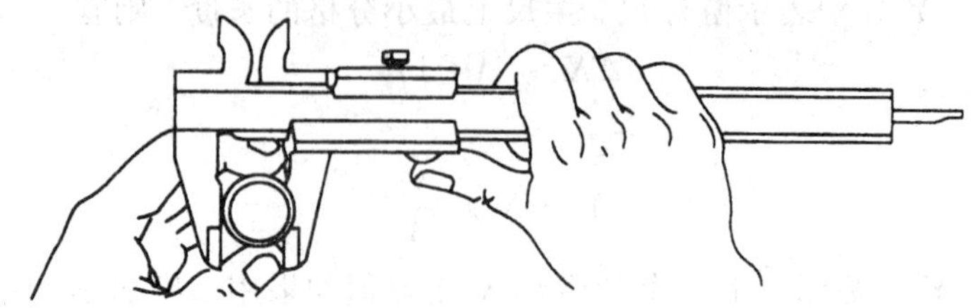

图 3-1-3　使用游标卡尺的正确姿势

三、螺旋测微计

螺旋测微计又叫千分尺。它是一种比游标卡尺更精密的长度测量仪器。螺旋测微计一般由尺架、测砧、测微螺杆、固定套管、微分筒、测力装置和锁紧装置等组成，如图 3-1-4 所示。测微螺杆、微分筒和测力装置是连在一起的，旋转微分筒时能带动测微螺杆一起旋转，旋转测力装置时能带动微分筒和测微螺杆一起旋转。测微螺杆旋转的同时也就改变了测微螺杆端面与测砧之间的距离。

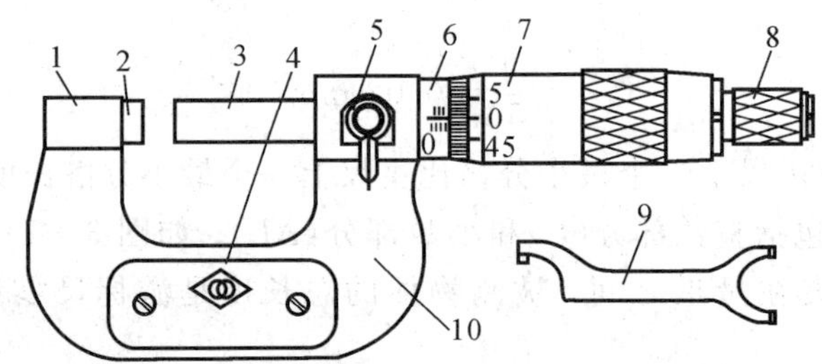

1—尺架；2—测砧；3—测微螺杆；4—隔热装置；5—锁紧装置；6—固定套管；
7—微分筒；8—测力装置；9—扳子；10—曲柄

图 3-1-4　螺旋测微器的外形与构造

1. 螺旋测微计原理

读数机构由固定套管和微分筒组成。在固定套管上刻有水平刻线，作为微分筒读数的基准线。水平刻线上(或下)方每一分格的间距为 1 mm，作为整毫米标尺；水平刻线下(或上)方靠右错开 0.5 mm 刻线，每格 1 mm 作为半毫米标尺。微分筒的棱边作为整毫米和半毫米的读数准线，如图 3-1-5(a)所示。微分筒的圆周斜面上刻有 50 个分格，测微螺杆的螺距为 0.5 mm，当微分筒旋转一个分格时，测微螺杆向左或向右移动 0.01 mm。因此，微分筒的分度值为 0.01 mm，即微分筒旋转一周，距离改变的范围是 0.50 mm。

2. 螺旋测微计读数

读数时，先由微分筒棱边的固定套管上读出整毫米数和半毫米数，再从微分筒上读出 0.5 mm 以内的部分，还要估读到 0.001 mm 那一位，即：被测尺寸＝固定套管上读数＋微分筒上读数(含估读位)。

测量时一定要注意微分筒棱边与最接近的毫米刻度线之间的距离是否大于半毫米，如果大于半毫米，则固定套管的毫米读数应加上 0.5 mm。例如，图 3-1-5(b)所示读数是

7.795 mm，图 3-1-5(c)所示读数是 7.296 mm，这两个读数最后的“5”和“6”为估计位。

3. 螺旋测微计零点读数

轻轻转动测力装置，使测杆和测砧的测量面接触，如果微分筒的零刻度线与固定套管上水平线对准，同时微分筒的棱边与固定套管的零刻度线重合，这时螺旋测微计零点读数为 0.000 mm。若微分筒的零刻度线在固定套管的水平线之上，则零点读数取负值，如图 3-1-5(d)所示读数为－0.020 mm。若微分筒的零刻度线在固定套管的水平线之下，则零点读数取正值，如图 3-1-5(e)所示读数为＋0.023 mm。因此，测量前应记下螺旋测微计的零点读数，对测量值进行修正：测量值＝读数－零点读数。

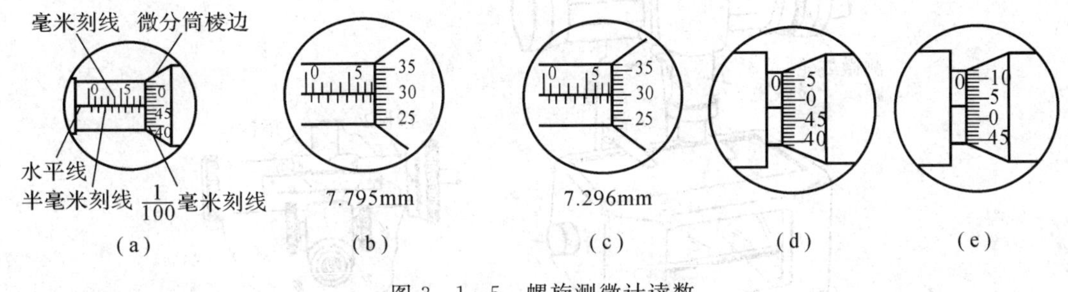

图 3-1-5　螺旋测微计读数

4. 注意事项

(1) 测量时，在比较大范围内调节螺旋测微计时，用右手旋转微分转筒。当测量面与被测物快接触时，应小心旋转测力装置，使测量面轻轻地和被测物接触，当发出“咔咔”的响声后，就可以进行读数。

(2) 螺旋测微计使用完毕后，应使两测量面之间留出一定间隙，防止因热胀损坏螺纹，并将螺旋测微计放入量具盒内。

四、读数显微镜(移测显微镜)

读数显微镜是将测微螺旋(或游标装置)和显微镜组合起来成为精确测量长度的仪器。其外形结构如图 3-1-6 所示。

读数显微镜所附的显微镜是低倍的(20 倍左右)，它由伸缩目镜(简称目镜)、十字叉丝(靠近目镜)和物镜 3 部分组成。测微螺旋的主尺是毫米刻度尺，它的螺距是 1 mm，测微鼓轮的周边等分为 100 个分格。每转一个分格，显微镜移动 0.01 mm，所以其测量精密度也是 0.01 mm。转动测微鼓轮使显微镜移动到某一位置时的读数，可由主尺上的指示值(毫米整数)加上测微鼓轮上的读数得到。

1. 读数显微镜原理

改变读数显微镜反光镜的角度，使其将置于工作台上的被测物照亮；调节显微镜的目镜，改变目镜和十字叉丝的距离，以清楚地看到十字叉丝为止；转动调焦旋钮，通过由下而上移动显微镜改变物镜到被测物之间的距离，使被测物通过物镜成像于十字叉丝平面上，直到在目镜中同时能看清被测物成的像和十字叉丝并消除视差为止；转动测微鼓轮移动显微镜，使纵向叉丝与测量起始目标位置 A 对准(另一条叉丝和显微镜镜筒的移动方向平行)，记下读数 L_A；沿同方向继续转动测微鼓轮移动显微镜，使纵向叉丝与测量目标的终点

位置 B 对准，记下读数 L_B。两次读数之差为所测 A、B 两点的距离，即

$$L = L_B + L_A$$

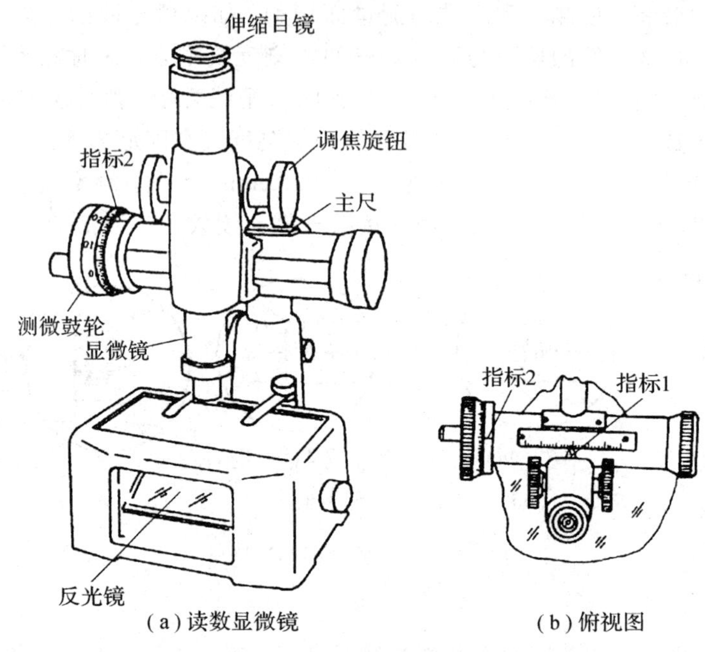

(a) 读数显微镜　　(b) 俯视图

图 3-1-6　读数显微镜

2. 读数显微镜使用注意事项

(1) 在用调焦旋钮对被测物进行调焦前，应先使显微镜镜筒下降来接近被测物；然后从目镜中观察，旋转调焦旋钮，使显微镜镜筒慢慢向上移动，避免两者相碰挤坏被测物。

(2) 防止回程差。由于螺杆和螺母不可能完全密接，螺旋转动方向改变时，其接触状态也改变。所以移动显微镜，使其从正、反方向对准同一目标测量的两次读数将不同，由此产生的误差称为回程差。为防止回程差的产生，在测量时应向同一方向转动测微鼓轮，使叉丝和各目标对准，若移动叉丝超过目标，则要多退回一些，之后再重新向同一方向转动测微鼓轮对准目标。

(3) 读数显微镜较为精密，应保持仪器的清洁，在使用和搬动时，要小心谨慎，避免碰坏。

第二节　质量测量及常用仪器

质量是力学中的 3 个基本物理量之一。国际单位制中质量的单位是千克(kg)，现在 1 kg的国际标准依然是 1889 年国际计量大会所确定的由铂铱合金制成的国际千克原器。物理实验室常用的质量测量仪器是天平。

一、物理天平

物理天平是常用的测量物体质量的仪器，其外形示意图如图 3-2-1 所示。

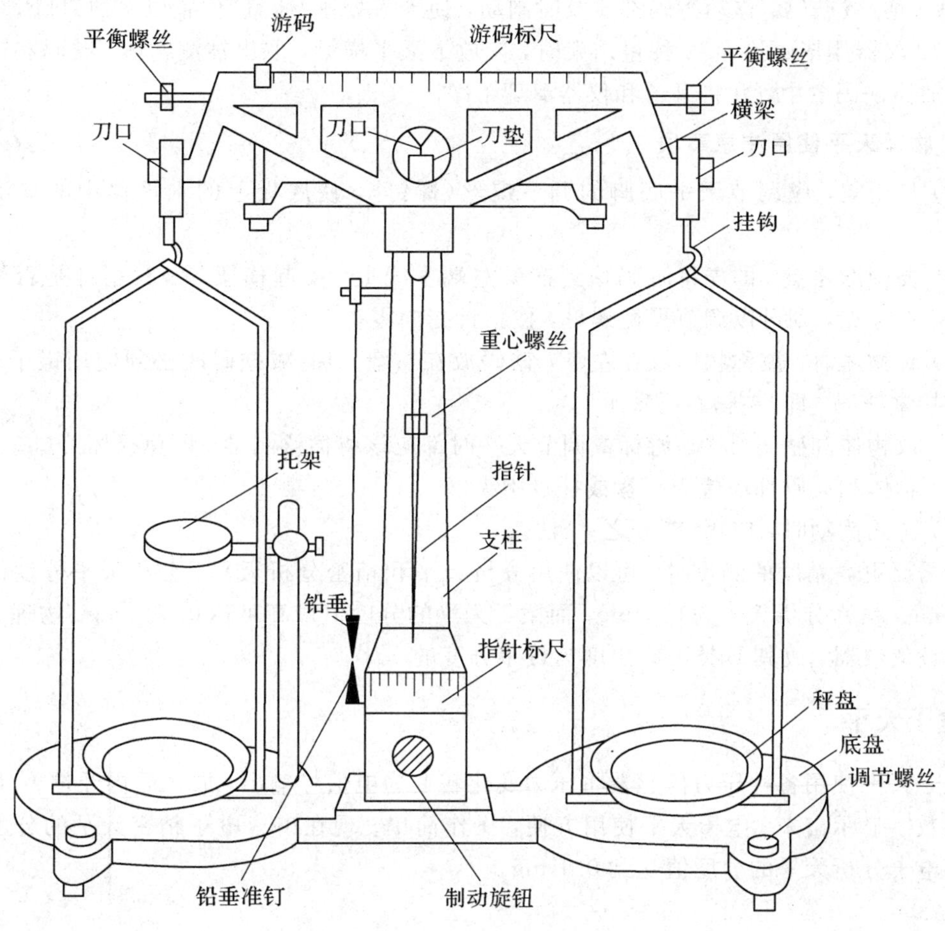

图 3-2-1　物理天平构造

天平的横梁上装有 3 个刀口，中间刀口置于支柱上，两侧刀口各悬挂一个秤盘。横梁下面固定一个指针，当横梁摆动时，指针尖端就在支柱下方的标尺前摆动。制动旋钮可以使横梁上升或下降，当横梁下降时，制动架就会把它托住，以免磨损刀口。横梁两端两个平衡螺母是天平空载时调平衡用的。横梁上装有游码，用于 1000 mg 以下的秤量。支柱左边的托盘可以托住不被秤衡的物体。

物理天平的规格由以下两个参量来表示：

(1) 分度值(感量)：是指天平平衡时，为使指针产生一格偏转，在一端需加的最小质量。分度值越小，天平的灵敏度越高。分度值的倒数称为灵敏度。

(2) 秤量(最大载荷)：是允许秤量的最大质量。

1. 物理天平的使用

(1) 秤量分度先看清。在秤量前先看清楚仪器的型号和规格，载荷量切勿超过该天平的称量；检查各零部件安装是否正常，特别是左、右挂钩和砝码盘是否调错位置。

(2)“柱直梁平游码零”。调节时，应先调天平底脚螺丝使底盘水平支柱铅直，然后将游码置于横梁左端零分度线处，再调节平衡螺母使指针指在标度尺中间。

(3)“物左码右制动勤”。秤量时按习惯将被测物体放在左盘、砝码放在右盘(复称法除外)。每次增/减砝码、移动游码都要及时制动，使天平处于“休息”位置以保护刀口。

(4)“仪器用毕收拾净”。秤量结束时，应放下天平横梁，取出被测物体。砝码和镊子应按原位放回砝码盒中，并将桌子和仪器清理干净。

2. 物理天平使用注意事项

(1) 使用前，应调节天平底脚的调节螺丝(螺钉)，使底板上的水平仪中的气泡位于中央。

(2) 要调准零点，即先将游码移到横梁左端零线上，支起横梁，观察指针是否停在零点；若不在零点，则可以调节平衡螺母，使指针指向零点。

(3) 称物体时，被称物体放在左盘，砝码放在右盘，加/减砝码时必须使用镊子，严禁用手直接拿砝码，即“左物右码禁手”。

(4) 放物体和砝码、移动游标或调节天平时都应该将横梁制动，以免损坏刀口。

(5) 物体和砝码都应置于托盘或挂盘中央。

(6) 游码拨动时，应用“二分之一”法。

在需要更高精度的测量时，可以使用分析天平和精密分析天平。分析天平分度值一般小于 1 mg，精密分析天平为 0.1 mg，而微量天平的分度值最高可达 0.001 mg。物理天平为可以估读的仪器，故其 B 类不确定度为最小分度的一半。

二、电子天平

电子天平使用各种压力传感器将压力变化转变为电信号输出，放大后再经过 A/D 转换直接用数字显示出来。电子天平使用方便，操作简单。现在市售电子精密天平的分度值为 1 mg，电子分析天平的分度值达到 0.1 mg。

第三节 时间测量及其仪器

国际单位制中时间的单位是秒(s)。1967 年国际计量大会确定铯($^{133}C_S$)原子基态两个超精细能级间跃迁的 9 192 631 770 个周期为 1 s，这就是铯($^{133}C_S$)原子钟标准，其精度达到 10^{-12}～10^{-13} s。物理实验室常用的计时仪器是秒表(或称停表)，秒表有机械秒表、电子秒表和数字毫秒计等，机械秒表的最小计时单位为 0.1 s，电子秒表常为 0.01 s。秒表是由人手动来操作计时的起、止，这样会引起误差，该误差因人而异，低的在 0.1 s 内，一般取为 0.2 s。

1. 机械秒表

机械秒表简称秒表，它分为单针和双针两种。单针式秒表只能测量一个过程所经历的时段；双针式秒表能分别测量两个同时开始、不同时结束的过程所经历的时间。图3-3-1所示的秒表是一种单针式秒表。秒表由频率较低的机械振荡系统，锚式擒纵调速器，操纵秒针启动、制动和指针回零的控制机构(包括按钮)，发条及齿轮等机械零件组成。

秒表有各种规格。一般的秒表有两个针，其中长针为秒针，每转一圈是 30 s(也有 60 s、10 s 和 3 s)；短针为分针，每转一圈是 15 min 或 30 min(即测量范围为 0～15 min 或 0～30 min)。表面上的数字分别表示 s 和 min 的数值。

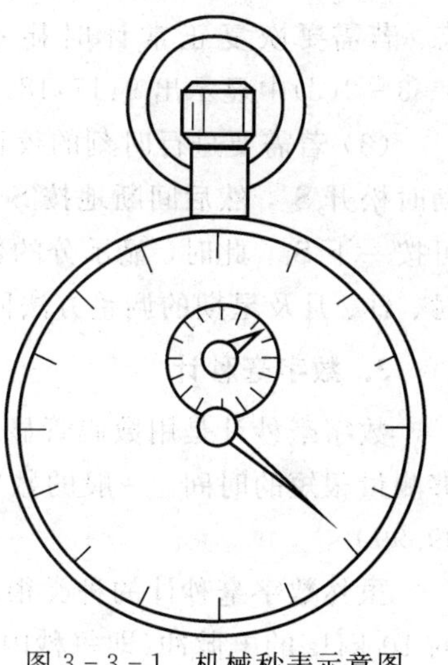

图 3-3-1 机械秒表示意图

使用机械秒表测量所产生的误差可分为两种情况：① 短时间的测量(几十秒内)，其误差主要是按表和读数的误差；② 长时间的测量(1 min 以上)，其误差主要是秒表走动快慢与标准时间之差。对不同的秒表，这种误差有所不同。因此，在进行长时间测量前，应先用标准钟对使用的秒表进行校准。

机械秒表的一般使用方法如下：

(1) 使用秒表前，先检查发条的松紧程度，若发条已经松弛，应旋动秒表上端的按钮，上紧发条，但不宜过紧。

(2) 测量时按下按钮，指针开始运动；再按下按钮，指针停止运动；再按一次按钮，指针便会回到零点位置。

使用秒表时应注意轻拿轻放，尽量避免振动与摇晃。当指针不指零时，应记下零读数，计时完毕后，再对读数进行修正。

2. 电子秒表

电子秒表是一种较先进的电子计时器，目前国产的电子秒表一般都是利用石英振荡器的振荡频率作为时间基准的，采用 6 位液晶数字显示时间。电子秒表的使用功能比机械秒表要多，它不仅能显示分、秒，还能显示时、日、月及星期，并且有 1/100 s 的功能。一般的电子秒表连续累计时间为 59 min 59.99 s，可读到 1/100 s，平均日差为±0.5 s。

电子秒表配有 3 个按钮，如图 3-3-2 所示。图中 S_1 为秒表按钮，S_2 为功能变换按钮，S_3 为调整按钮，基本显示的计时状态为“时”、“分”、“秒”。

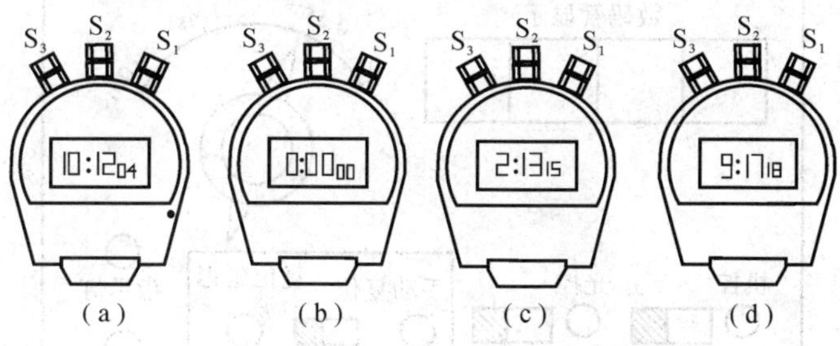

图 3-3-2 电子秒表及其调节示意图

电子秒表的基本使用方法如下：

(1) 在计时器显示的情况下，将按钮 S_2 按住 2 s，即可出现秒表功能，如图 3-3-2(b)所示。按一下按钮 S_1 开始自动计秒，再按一下 S_1 按钮，停止计秒，显示出所计数据，如图 3-3-2(c)所示。按住 S_3 2 s，则自动复零，即恢复到图 3-3-2(b)所示状态。

(2) 若要纪录甲、乙两物体同时出发、但不同时到达终点的运动，可采用双计时功能方式。具体方法为：首先按住 S_2 2 s，秒表出现图 3-3-2(b)所示的状态。然后按一下 S_1，秒表开始自动计秒。待甲物体到达终点时再按一下 S_3，则显示甲物体的计秒数停止，此时液晶屏上的冒号仍在闪动，内部电路仍在继续为乙物体累积计秒。把甲物体的时间记录下后，再按一下 S_3，显示出乙物体的累积计数。待乙物体到达终点时，再按一下 S_1，冒号不闪动，显示出乙物体的时间。这时若要再次测量就按住 S_3 2 s，秒表出现图 3-3-2(b)所示的状态。若需要恢复正常计时显示，可按一下 S_2，秒表就进入正常计时显示状态，在图 3-3-2(d)中显示出 9:17:18。

(3) 若需要进行时刻的校正与调整，可先持续按住 S_2，待显示时、分、秒的计秒数字闪动时松开 S_2，然后间断地按 S_1，直到显示出所需要调整的正确秒数为止。若还需校正分，可按一下 S_3，此时，显示分的数字闪动，再间断地按 S_1，直到显示出所需的正确分数为止。时、日、月及星期的调整方法同上。

3. 数字毫秒计

数字毫秒计是用数码管显示时间数字的一种精确计时仪器，这种仪器的显著特点是能够测量很短的时间。一般的数字毫秒计可以测量的最小时间间隔为 0.1 ms，最大量程为 99.999 s。

虽然数字毫秒计的种类很多，但工作原理基本相同。它是利用石英晶体振荡器所产生的 10 kHz 的电脉冲(即每秒内准确产生一万个脉冲，每个脉冲相隔的时间为 0.1 ms)在开始计数和停止计数的时间间隔内推动计数器计数，1 个脉冲计一个数字。通过计数器所计的数字可以知道从"计"到"停"这段时间的长短，并用数码管直接显示出来。现以 HMJ 型数字毫秒计为例，简要说明其使用方法。

HMJ 型数字毫秒计的面板如图 3-3-3 所示。"机控"和"光控"为两种控制计时的方式。用"机控"时，将拨动开关拨到"机控"位置，并将双线插头插入"机控"插座内，这时就可以用机械接触开关的通、断来控制计时的"计"和"停"。用"光控"时，把拨动开关拨到"光控"位置，将四芯插头插入"光控"插座，将三色四线插头插入光电门插座，把光电门灯泡电源线插入后面板的灯泡电源插孔内，就可以利用光的被遮与否来控制毫秒计的计时动作。

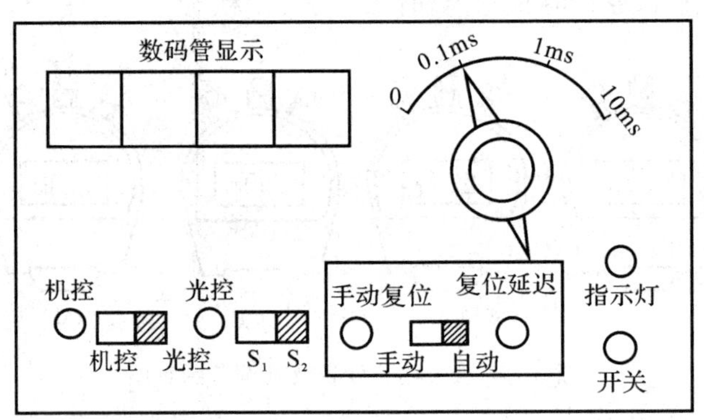

图 3-3-3　HMJ 型数字毫秒计面板图

"光控"又分为 S_1 和 S_2 挡，若要求光源被遮住，即光敏二极管不受光照时开始计时，再受光照时停止计时(所计时间为连续遮光时间)，可选用 S_1 挡；若要求光敏二极管第一次遮光时开始计时，第二次遮光时停止计时(所计时间为两次遮光时间间隔)，可选用 S_2 挡。

HMJ 型毫秒计有 3 个时间信号挡，可以由计时间隔的长短，根据所需的有效数字的位数加以选择。0.1 ms 挡显示计时读数在 0～0.9999 s 之间，1 ms 挡显示计时读数在 0～9.999 s 之间，10 ms 挡显示计时读数在 0～99.99 s 之间。

数字毫秒计设有"消零"装置，方法有"手动"和"自动"两种。当消零选择开关拨到"手动"位置时，用手按一下"手动复位"按钮，显示的数字即可消掉；当拨到"自动"位置时，显示的数字在经过一定时间后可自动消除。保留显示数字时间的长短可用“复位延迟”旋钮加以控制。读数的大小为显示数字与选择挡位级别二者的乘积。例如，若数码管显示的数字为4017，选择开关在0.1 ms挡，则计时为

$$4017\times0.1=401.7\ \text{ms}=0.4017\ \text{s}$$

第四节　电磁学实验常用仪器

电磁学实验是物理实验的重要组成部分，电磁测量方法和测量技术在现代生产、科研和教学领域应用非常广泛。除了直接对电磁量进行测量外，还可以通过各种能量转换器件把一些非电量转换成电学量进行测量，例如温度、压力测量等。在物理实验中，熟练掌握电磁学基本仪器的性能指标、基本原理和使用方法，对深入理解电磁学实验原理和方法，掌握实验操作技术是非常重要的。

一、电源

1. 交流电源

实验室常用的交流电源由电网和变电所提供，交流电源以符号AC表示。一种是单相交流电源，电压为220 V，频率为50 Hz，分为零线和相线(火线)，主要用于室内、外照明和小型电器；另一种是三相交流电源，电压为380 V，频率为50 Hz，由三条相线组成，主要为机器提供动力用电。

实验室通常采用单相交流调压器获得0～270 V连续可调的交流电，以供某些仪器使用。单相交流调压器如图3-4-1所示。

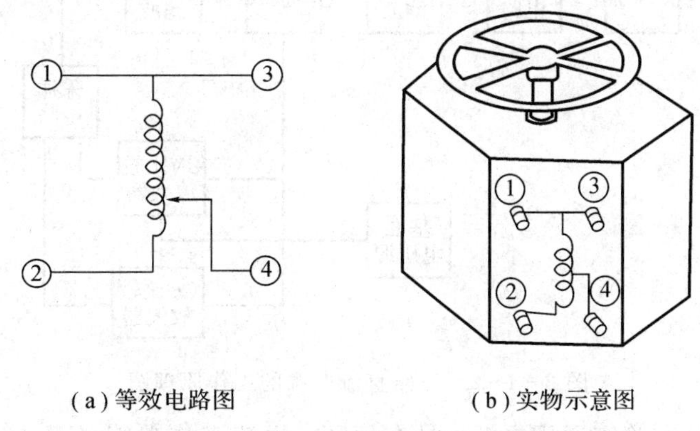

(a)等效电路图　　(b)实物示意图

图3-4-1　单相交流调压器

使用单相交流调压器时，在接线前应断开电源开关，严格按“输入”、“输出”接线，待线路接好并检查无误后再接通电源。使用前应将调压器输出调为0 V，从0 V开始逐渐增大电压值。使用过程中切勿触碰调压器输入、输出的接线端子。使用完毕后应先切断电源开关再拆去线路，严禁带电操作，以免造成触电，危及生命安全。

2. 直流电源

直流电源分为化学电源和直流稳压电源，以符号DC表示。

1) 化学电源

化学电源是将化学能转换成电能的装置，亦称化学电池，化学电池有干电池和蓄电池之分。干电池的优点是体积小，安装方便，内阻小，电压瞬时稳定性好；缺点是长期稳定性较差，有寿命限制，长期使用后电压降低、内阻增加，直至报废。干电池的主要特性包括几何尺寸、标称(输出)电压和容量。常用的有 1、2、5 号干电池等，标称输出电压为 1.5 V。另一类实验室常用的电池是层叠电池，标称电压分为 6、9、15 V 等几种。需要指出的是，干电池的寿命与放电条件有关，超过正常的放电电流范围，会大大缩短电池的使用寿命。仪器盒中的干电池较长时间不用时，应及时取出；电压低于终止值时必须更换，以免损坏仪器。还有常用的锌锰电池(甲电池)等。蓄电池是一种可通过充电方式反复使用的直流电源。常用的蓄电池有铅蓄电池和镉镍蓄电池等。蓄电池的优点是使用时间长，端电压在放电电流较小时能长时间保持稳定；缺点是体积大、重量较重、充电不方便、易污染、维护麻烦等，所以大部分蓄电池已被直流稳压电源所代替。

2) 直流稳压电源

直流稳压电源具有体积小、重量轻、内阻小、电压稳定性好、输出连续可调、使用方便等优点，在生产、科研和教学中普遍使用。

直流稳压电源种类繁多，根据不同的使用要求可选用适当的型号。实验室常用的稳压电源多为直流 5 A 以下单路、双路或三路输出型。这里简单介绍三路直流电源(YB1719 型)的工作原理，如图 3-4-2 所示。

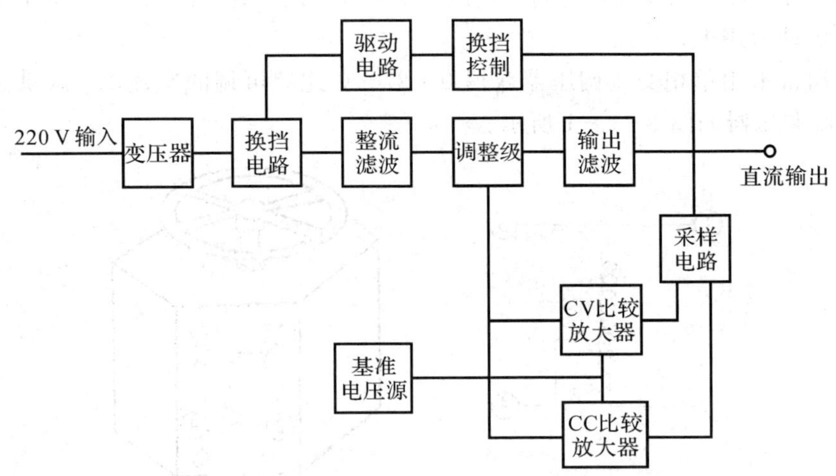

图 3-4-2 三路直流电源的工作原理图

三路直流电源是实验室通用电源，具有恒压、恒流工作功能(CV/CC)，且这两种模式可随着负载变化而进行自动转换。另外，其具有串联主从工作功能，左边的一路为主路，右为从路。在跟踪状态下，从路的输出电压随主路而变化，这对于需要对称且可调双极性电源的场合特别适用。串联工作或串联跟踪工作时可输出 0～64 V、0～2 A(0～3 A、0～0.5 A)或 0～±32 V、0～2 A(0～3 A、0～0.5 A)的单极性或双极性电源。可调的两路中每路输出均有一块高质量磁电式电表作输出参数的指示。该电源具有使用方便、有效，不怕短路(短路时的电流恒定)的特点。面板上每一路输出端都有一接地接线柱，可以使该电源方便地接入用户的系统地电位。

(1) YB1719 型三路直流电源性能指标。

输出(三路) $\begin{cases}\text{电压：0～32 V，0～32 V，5 V}\\ \text{电流：0～3 A，0～3 A，3 A}\end{cases}$

指示仪表精度 $\begin{cases}\text{电压：2.5 级}\\ \text{电流：2.5 级}\end{cases}$

(2) 工作原理。

① 换挡原理：由于输出电压的变化范围为 0～32 V，因此采用变压器次级输出的交流电压换挡后加至整流器。这个过程是由换挡控制电路及驱动电路来完成的。换挡时刻是由输出电压的变化过程决定的。

恒压、恒流工作的相互转换原理：当恒压工作时，电压比较放大器对整流管处于优先控制状态。在实际转换中存在转换交叠区。当然，这个交叠区越小，恒压、恒流的转换特性越好。

② 调整电路：调整电路是串联线性调节器，由误差放大器控制，使之对输出参数进行线性调整。

③ 比较放大器：比较放大器相对于调整级来说，其馈电方式为全悬浮式。该电路的优点是调整范围大、精度高、电路简单、可靠性高、不怕过载或短路。

④ 基准源：由 2DW7C 类的零温度系数基准电压二极管构成，具有电路简单可靠、精度稳定度高的特点。

⑤ 指示电路：由两块高灵敏度磁电式仪表组成，可由面板上的琴键开关控制，对输出电压或电流进行指示。其指示精度为 2.5 级。

⑥ 串联主-从跟踪工作原理：当恒压工作的输出电流达到恒流点设定值时，恒流比较放大器对调整管起控处于优先级，电路工作模式向恒流转换。

(3) 三路直流电源面板。

三路直流电源面板如图 3-4-3 所示。面板控制功能说明如下：

① 电压表：指示输出电压。

② 电流表：指示输出电流。

③ 电压调节：调整恒压输出值。

④ 电流调节：调整恒流输出值。

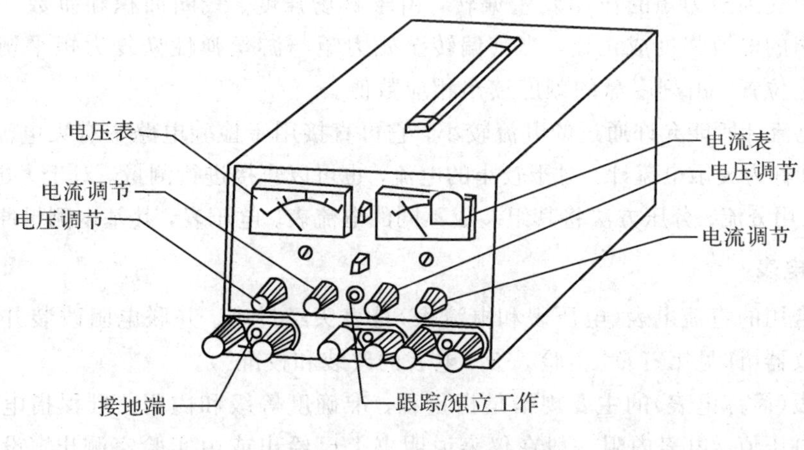

图 3-4-3 三路直流电源

⑤ 跟踪/独立工作：串联跟踪/非跟踪工作按键。

⑥ 接地端：机壳接地接线柱。

(4) 使用方法。

① 左边的旋钮和上方的按键为左路仪表指示功能选择。将其按下时，指示该路输出电流；否则指示该路的输出电压。右边的旋钮和下方按键同理。

② 中间按键是跟踪/独立选择开关，按下此键后，再在左路输出负端至右路输出正端之间加一短路线，开启电源开关后，整机即工作在主-从跟踪状态。

③ 输出电压在输出端开路时调节，输出电流的调节则在输出端短路时进行。

二、电表

电表的种类很多，按其测量机构的工作原理不同可分为磁电式、电磁式、电动式、热电式、感应式等。每种类型的电表的特性不同，用途也不同，物理实验中常用的电表多数为磁电式。这种电表具有较高的灵敏度和准确度，而且功耗小、刻度均匀、读数方便，一般用于直流测量。如果用于交流测量，那么需另加整流装置。

1. 磁电式电表

磁电式电表的测量机构为磁电式电流计，如图3－4－4所示。其基本结构由永久磁铁、极掌、圆柱形铁芯、线圈、指针、游丝、半轴、调零螺杆、平衡锤等组成。永久磁铁的两极上连有带圆筒孔腔的极掌，极掌间装有圆柱形软铁芯，该铁芯的作用是增强极掌与铁芯间空隙的磁场，并使磁场均匀地沿径向分布。极掌与铁芯间装有长方形线圈，线圈长轴方向上装有转轴，轴尖被支承在轴承上，使线圈在通电后可自由转动。轴上固定有一根轻质指针，指针指向刻度盘，供读数使用。线圈上固定有游丝。

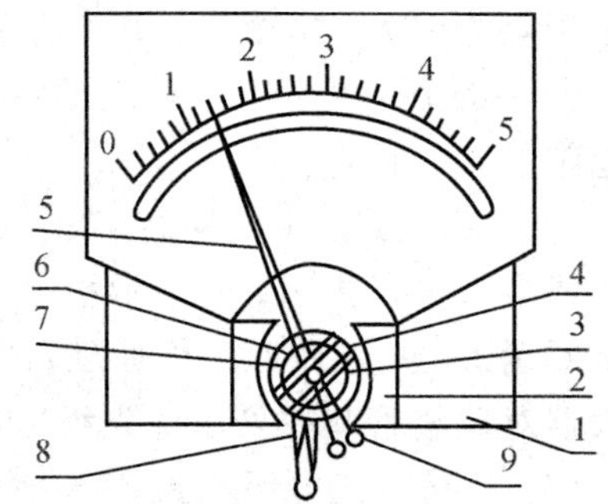

1—永久磁铁；2—极掌；3—圆柱形铁芯；4—线圈；5—指针；6—游丝；7—半轴；8—调零螺杆；9—平衡锤

图3－4－4 磁电式电流计

磁电式电流计的工作原理：通电线圈在极掌与铁芯间的磁场中受到磁力矩的作用发生偏转，由于磁场强度、线圈面积和匝数一定，偏转角度与通电线圈的电流强度成正比，当其偏转至磁力矩与游丝弹性恢复力矩平衡时，指针停留在某一确定位置，由刻度盘的刻度读出相应数值。

磁电式电流计所能允许通过的电流较小，它可直接用于检验电路中有无电流流过，这种用法的电流计称为灵敏电流计。对于较小的电流，也可以直接进行测量。对于大电流、电压的测量，必须采用分流、分压方法将其组装成不同的电流表、电压表，其基本测量原理相同。

2. 直流电表

实验室常用的直流电表(电压表和电流表)是表头经过串、并联电阻改装并校准过的基本电路测量仪器(详见第五章“实验5.5 电表的改装和校准”)。

直流电表(简称电表)的主要规格是指量程、准确度等级和内阻。量程指电表可测量的最大电流或电压值。电表内阻一般在仪表说明书上已给出或由实验室测出。设计线路和使用电表时必须了解电表的规格。

电表的误差是其主要技术特性，可分为基本误差和附加误差两部分。电表的基本误差是由其内部特性和质量方面的缺陷等引起的。电表的基本误差 γ（也称为标称误差）用它的绝对误差 ΔA 和量程 A_m 之比来表示，即

$$\gamma=\frac{\Delta A}{A_m}\times 100\%$$

国家标准规定，如果电表的准确度等级指数为 K，在一定条件下，基本误差极限不大于 $\pm K\%$。电表的附加误差在普通物理实验中考虑起来比较困难。

本书约定：在教学实验中，一般只考虑基本误差的影响，可按下式简化误差的计算：

$$|\Delta A|\leqslant A_m\times K\%=\Delta A$$

国家标准规定：电表一般分 7 个准确度等级：0.1、0.2、0.5、1.0、1.5、2.5、5.0 级。电表出厂时一般已将级别标在表盘上。

读取电表示值时，可能产生一定的读数误差。要尽量减小读数误差这一附加误差，就要准确读数。读数时眼睛要正对指针。1.0 级以上的电表都配有镜面，读数时要使眼睛、指针及指针的像三者成一直线，以尽量减少由于读数而引起的附加误差。

当被测量 A 一定时，为了减小 $\Delta A/A$ 的值，使用电表时应让指针偏转尽量接近于满量程。此外，使用直流电表时还要注意电表的极性，正端应接在高电位处，负端应接在低电位处。在线路中，电流表应串联，电压表则应并联；若接错将会损坏仪表。

电气仪表上的常用符号标记在仪表面板上，如表 3－4－1 所示。

表 3－4－1　常用电学仪表面板上的标记

名　称	符　号	名　称	符　号
指示测量仪表的一般符号	O	磁电式仪表	∩
检流计	G	静电式仪表	╪
安培计	A	直流	—
毫安计	mA	交流(单相)	～
微安计	μA	准确度等级(例如 1.5 级)	1.5
伏特计	V	电表垂直放置	⊥
毫伏计	mV	电表水平放置	┌┐
千伏计	kV	绝缘强度试验电压为 2 kV	☆(2)
欧姆计	Ω	防潮(湿)分为 A、B、C 等级	△(R)
兆欧计	MΩ	Ⅱ级防外磁场及电	[Ⅱ]

电表表盘上常用一些符号表明电表的技术性能和规格，例如：

∩　磁电式　　　—　直流　　　☆　绝缘试验电压 500 V

┌┐　水平放置　　　≅　交/直流两用　　　[Ⅱ]　Ⅱ级防外磁场

⊥　竖立放置　　　0.5　准确度等级　　　Ω/V　内阻表示法

3. 数字式万用表

数字式电表由于具有内阻大(大约在兆欧数量级)、精度高(一般均在三位半以上)、功能齐全、性能稳定、灵敏度高、结构紧凑和自动过载保护电路等优点，现正逐步具有取代指针式电表的趋势而被广泛应用于各种电路测量场合。它显示直观，能做到小型化、智能化，并且可以与计算机接口组成自动化测试系统。

由于数字电压表配以其他各种适当的转换电路(如交直流转换器、电流电压转换器、欧姆电压转换器、相位电压转换器等)可以进行除测量电压以外的其他电学量的测量，如电流、电阻、电容、频率、温度、二极管正向压降、晶体三极管 h_{EF} 参数及电路通/断测试等，因此这种功能齐全的数字表又称为数字万用表。它可供实验室测量、工程设计、野外作业和工业生产与维修等使用。

数字电压表按显示位数分类，可以分为三位半、四位半、五位、六位、八位等；按测量速度分类，可分为高速和低速；按重量、体积分类，可分为袖珍式、便携式和台式；按 A/D 变换方式分类，可分为直接转换型和间接转换型。

1) 数字电压表的工作特性

(1) 测量范围：用量程和显示倍数反映测量范围。

量程：数字电压表有一个基本量程，是 1∶1 衰减量程。以它为基础可以扩展量程，并使量程步进分挡可调。其下限可至 0.1 μV，上限可达 1 kV。

分辨率：数字电压表的最小量程所能够显示的最小可测量值。例如，一个最小量程为 200 mV 的挡，满量程显示值为 200.00，其分辨率是 10 μV。

(2) 位数：数字电压表能完整地显示数字的最大位数，其中能显示出 0～9 这 10 个数字称为一个整位，不足的称为半位。例如：能显示“999 999”时，称为六位；最大能显示“7999”或“1999”的称为三位半。半位都是出现在最高位。

(3) 输入阻抗：以电阻 R_i 和电容 C_i 并联形式表示。测量直流电压时，C_i 不予考虑。R_i 的值通常大于 10 MΩ，因此数字电压表的内阻远远大于指针式电压表的内阻。测量交流电压时，C_i 会造成一些影响，但是由于现在数字电压表的工作频率一般不超过 10^5 Hz，所以 C_i 一般小于 100 pF。

(4) 仪器误差(或称为准确度)：数字电压表的允差可以用极限误差表示。

$$e = \alpha\% \cdot U_x + \beta\% \cdot U_m \tag{3-4-1}$$

其中 U_x 是测量值(即读数)；U_m 是满度值；$\alpha\% \cdot U_x$ 是读数 U_x 的误差，$\beta\% \cdot U_m$ 相当于指针式电表中的级别误差。α 和 β 的大小由仪器说明书给出。

(5) 抗干扰能力：通常使用的数字电压表的抗干扰能力大于 60 dB。

输入阻抗：所有量程为 10 MΩ。

过载保护：直流或交流峰值为 1000 V(除 200 mV 挡直流或交流峰值 250 V 外)。

2) 数字式万用表使用注意事项

(1) 不同类型的数字式万用表有着不同的基本精度，而不同精度的数字表价格相差很大。因此在选择数字表时，应根据测量精度的要求选择合适的数字式万用表，不可一味追求使用高精度的数字式万用表。

(2) 数字式万用表的读数显示率为 2～4 次/秒，读出准确的测量结果需有一定的延迟时间，通常为 1～2 s。因此用数字式万用表读数时，一定要待读数稳定后读取测量结果，不可以当显示屏上一出现数据时立即读数。

(3) 对于整数位数字式万用表，例如三位表，其最大显值为 999；对于四位半的数字式万用表其最大显示值为 19999，即半位总是出现在最高位。当超量程时最高位显示“1”，其他消隐。

(4) 使用数字式万用表之前，必须先看说明书，查看一下工作环境是否满足其要求，诸如保证准确度的温/湿度、工作温度、存储温度等使用条件。

(5) 使用前首先检查电源，当把电源按键按下时，如果电池电压不足，则显示“🔋”。必须注意测试插口旁的符号“▲”，这是警告你要留意测试电压或电流不要超过指示数字。此外，使用前要先将量程放置在你想测量的挡位上。COM 插口为输入接地端。

(6) 当使用电流输入插口时，要注意区分小量程的电流插口和“10A”插入插口。“A”输入插口内装有外形为 $\Phi 5$ mm×20 mm 的保险丝，超过量程将会烧坏保险丝，这时应按原装规格将烧坏的保险丝更换后再继续使用。“10 A”输入插口内无保险丝保护。

(7) 一般数字式万用表具有自动关机功能，开机后约 15 分钟会自动切断电源，以防仪表使用完毕忘记关电源。想再使用时，重复电源开关操作即可继续开机。使用完毕按电源键到 OFF 则为手动关机。

(8) 数字式万用表是一部精密电子仪器，不要随意更改内部电路以免损坏，并要注意以下几点：

① 不要接到高于 1000 V 直流或有效值 750 V 交流以上的电压上。

② 切勿误接量程，以免内、外电路受损。

③ 仪表后盖未完全盖好时切勿使用。

④ 不要在潮湿、水蒸气多及多尘的地方使用数字式万用表。

⑤ 使用前应检查表笔，绝缘层应完好、无破损和断线。

⑥ 红、黑表笔应插在符合测量要求的插孔内，保证接触良好。

⑦ 量程开头应置于正确的测量位置。

⑧ 严禁量程开头在电压或电流测量过程中改变挡位，以防损坏仪表。

⑨ 更换电池及保险丝时，须拔去表笔并关断电源后再进行。

(9) 数字式万用表的电压测量部分内阻很高，可高达 10 MΩ，然而其电流量程各挡的内阻也并非很小。

三、电阻器

在实验中，常使用电阻器来调节电路中的电压和电流或组成特定电路。实验室常用的电阻器是滑线变阻器、电位器和直流电阻箱等。

1. 滑线变阻器

滑线变阻器的外形和结构如图 3－4－5 所示。把电阻丝(如镍铬丝)绕在瓷筒上，然后将电阻丝两端和接线柱 A、B 相连，因此 A、B 之间的电阻即为总电阻。位于瓷筒上方的滑动接头 C 可在粗铜棒上移动，它的下端在移动时始终和瓷筒上的电阻丝

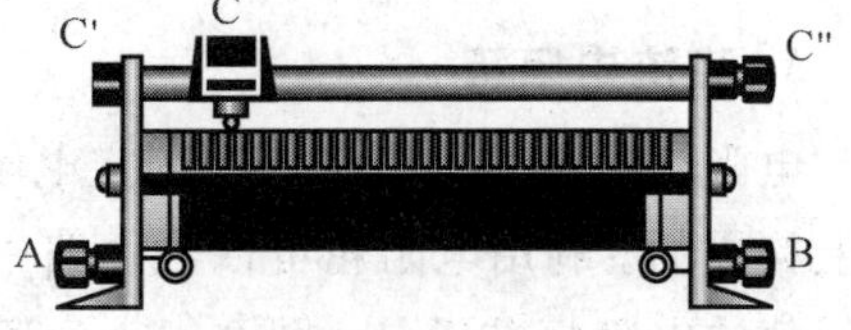

图 3－4－5　滑线变阻器外形和结构

接触。铜棒的一端(或两端)装有接线柱 C′和 C″，它们与 C 是等电位的，可代替接头 C 以利于连线。改变滑动接头 C 的位置，就可以改变 A、C 之间和 B、C 之间的电阻。

不同规格的滑线变阻器，其总电阻(A、B 间的电阻)不同，额定电流(即允许通过的最大电流)亦不同。此外，使用变阻器时，还应考虑其阻值与负载电阻的配比问题。

滑线变阻器在电路中有两种不同的用法，其接线方法也不同。

(1) 限流。用滑线变阻器调节电路中电流的接法如图 3-4-6(a)所示，当滑动接触器 C 沿金属棒向 A 或 B 端滑动时，A、C 间的电阻发生变化，达到调节电路中电流大小的目的。

(2) 分压。用滑线变阻器调节电路中某部分电路电压时的接法如图 3-4-6(b)所示，当滑动接触器 C 向 A 或 B 端滑动时，A、C 间的电压相应发生变化。

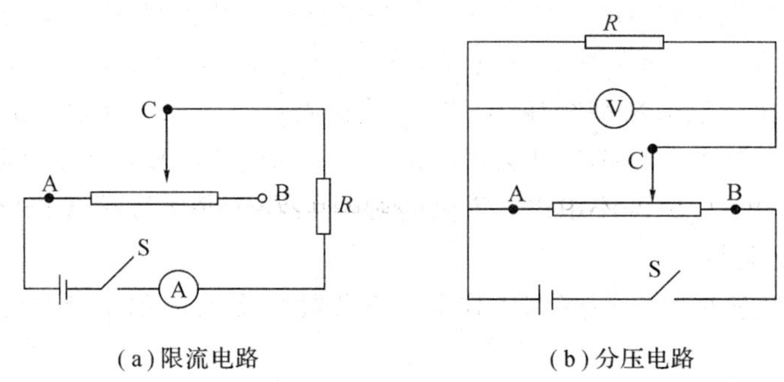

(a)限流电路　　(b)分压电路

图 3-4-6　滑线变阻器的接线方法

2. 电位器

小型变阻器通常称为电位器，它的额定功率只有零点几瓦到数瓦，视体积大小而定。电阻值较小的电位器多数用电阻丝绕成，称为线绕电位器；而阻值较大的电位器则用碳质薄膜作为电阻，故称为碳膜电位器。由于电位器的生产已经系列化，规格相当齐全，因此容易选购到阻值合适的。图 3-4-7 所示为圆形电位器的外观及相应的 A、B、C 三个接线端。

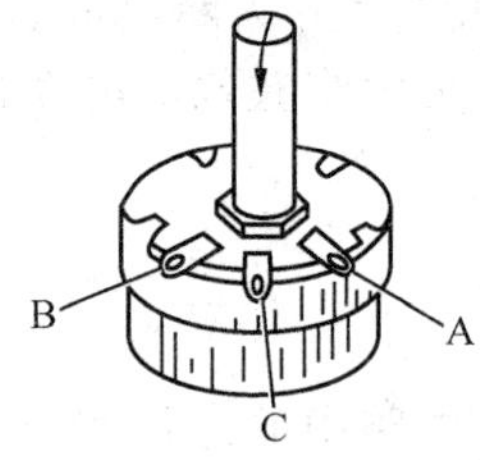

图 3-4-7　圆形电位器外观图

3. 直流电阻箱

电阻箱是由若干个准确的固定电阻元件，按照一定的组合方式接在特殊的变换开关装置上构成的。利用电阻箱可以在电路中准确调节电阻值。准确度级别高的电阻箱还可作为任意值的电阻标准量具。图 3-4-8 所示是一种电阻箱的内部电路和面板示意图。在电阻箱面板上有 6 个旋钮和 4 个接线柱，每个旋钮的边级上都标有 0、1、2、3、…、9 等数字；靠旋钮边缘的面板上刻有标志，并有×0.1、×1、…、×10 000 等字样，称为倍率。

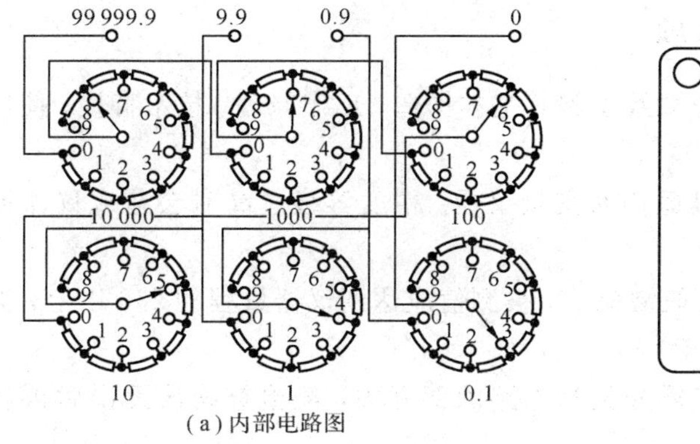
(a) 内部电路图

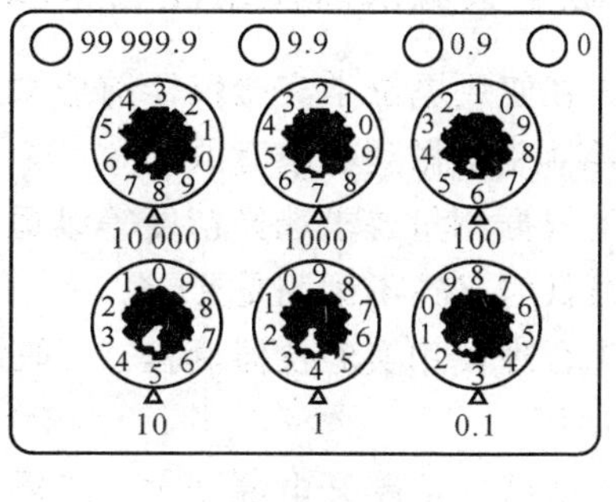
(b) 面板图

图 3－4－8　电阻箱

当某个旋钮上的数字旋钮对准倍率处所示的符号△时，用倍率乘以旋钮上的数字，即为所对应的电阻。如图 3－4－8(b)中电阻箱面板上每个旋钮所对应的电阻分别为 3×0.1、4×1、5×10、6×100、7×1000、8×10 000，总电阻为 3×0.1＋4×1＋5×10＋6×100＋7×1000＋8×10 000＝87 654.3 Ω。4 个接线柱上标有 0、0.9、9.9、99 999.9 Ω 等字样，分别表示 0 与 0.9 Ω 两接线柱的阻值调整范围为 0～9×0.1 Ω、0 与 9.9 Ω 两接线柱的阻值调整范围为 0～9×(0.1＋1) Ω、0 与 99 999.9 Ω 两接线柱的阻值调整范围为 0～9×(0.1＋1＋10＋100＋1000＋10 000) Ω。在使用时，若只需要 0.1～0.9 Ω 或 9.9 Ω 的阻值变化，则将导线接到“0”和“0.9” Ω 或“9.9” Ω 接线柱上。这种接法可以避免电阻箱其余部分的接触电阻和导线电阻对低阻值带来的不可忽略的误差。电阻箱各挡允许通过的电流是不同的。ZX21 型电阻箱各挡允许通过的电流如表 3－4－2 所示。

表 3－4－2　ZX21 型电阻箱各挡允许通过的电流

旋钮倍数	×0.1	×1	×10	×100	×1 000	×10 000
允许负载电流/A	1.5	0.5	0.15	0.05	0.015	0.005

四、开关

开关在电路中具有重要的作用。在物理实验中最常用的有单刀单掷、单刀双掷、双刀单掷、双刀双掷、换向开关等，它们的表示符号如图 3－4－9 所示。单刀单掷开关多用于电源的通、断及其他需要通、断的单回路。单刀双掷开关主要用于两个单回路的换接。双刀双掷开关用于需同时接通或断开两个回路的场合，或做两个回路的换接。换向开关是双刀双掷开关的变形，用于使负载中的电流换向。

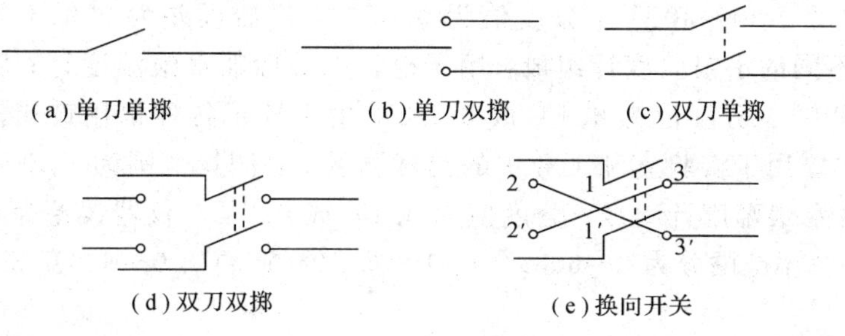

(a) 单刀单掷　(b) 单刀双掷　(c) 双刀单掷
(d) 双刀双掷　(e) 换向开关

图 3－4－9　各种开关

五、电磁学实验仪器使用注意事项

(1) 在使用电磁学实验仪器前应大致了解其基本构造、工作原理、技术特性、使用条件和注意事项等，做到心中有数。

(2) 根据测量要求选择精度等级适合的实验仪器。精度等级过高时会造成仪器低效能使用，过低时又达不到测量要求。

(3) 合理使用实验仪器量程。一般情况下，被测值应达到仪器量程的2/3以上，但不能超量程使用。

(4) 接线时应断开电源开关、仪器开关和电路内部开关，经检查确认无误后再从电源端闭合开关。

(5) 接通电源后要做瞬态试验，根据实验仪器、仪表指示判断有无异常情况，若有异常应立即断电进行检查。

(6) 使用完毕应依次切断电路内部开关、仪器开关及电源开关，然后拆去线路，严防电源、仪器出现短路。

第五节　热学实验常用仪器

表示物体热状态程度的物理量称为温度。摄氏温度t(℃)与热力学温度T(K)的关系为

$$T=273.15+t \tag{3-5-1}$$

测量温度的仪器有许多种，如液体温度计、气体温度计、电阻温度计、热电偶、光测温度计等，物理实验室常用的测温仪器主要为水银温度计和热电偶。

一、水银温度计

以水银、酒精或其他有机液体作测温工作物质的玻璃柱状温度计统称为玻璃液体温度计，这种温度计是利用测温物质的热胀冷缩性质来测量温度的。测温液体封装在玻璃柱的一端成球泡形，上接一个内径均匀的毛细玻璃管。液体受热后，毛细管中的液柱升高，从管壁的标度可读出相应的温度值。

由于水银具有不润湿玻璃、随温度上升均匀膨胀，以及1个标准大气压(101 kPa)下可在−38.87(水银凝固点)～356.58℃(水银沸点)较广的温度范围内保持液态等诸多优点，因此，较精密的玻璃液体温度计均为水银温度计。

水银温度计的规格有标准水银温度计、实验玻璃水银温度计和普通玻璃水银温度计3种。标准水银温度计主要用于校正各类温度计，其又分为一等和二等标准水银温度计。前者总测温范围为−30～300℃，分度值为0.05℃，仪器误差为0.01℃，每套由9支或13支测温范围不同的水银温度计组成，用于校正二等标准水银温度计；后者总的测温范围也为−30～300℃，分度值为0.1℃或0.2℃，用于校正各种常用玻璃液体温度计。实验玻璃温度计主要用于实验室和工业中的温度测量，总测量范围为−30～250℃，由6支不同测温范围的水银温度计组成，分度值为0.1℃或0.2℃，仪器误差为0.05℃。普通玻璃水银温度计的测温范围分为0～60℃、0～100℃、0～150℃、0～300℃等几种，分度值为1℃或2℃。

二、热电偶

1. 热电偶的测温原理

热电偶亦称温差电偶，它由两种不同成分的金属丝A、B构成，其端点紧密接触，如图3-5-1所示。当两个接点处于不同的温度 t 和 t_0 时，在回路中会产生温差电动势。温差电动势的大小只与组成热电偶的两根金属丝的材料、热端温度 t 和冷端温度 t_0 三个因素有关，而与热电偶的大小、长短及金属丝的直径等无关。当组成热电偶的材料确定后，温差电动势只取决于温差 $t-t_0$。一般而言，温差电动势 ε 与温差 $t-t_0$ 的关系为

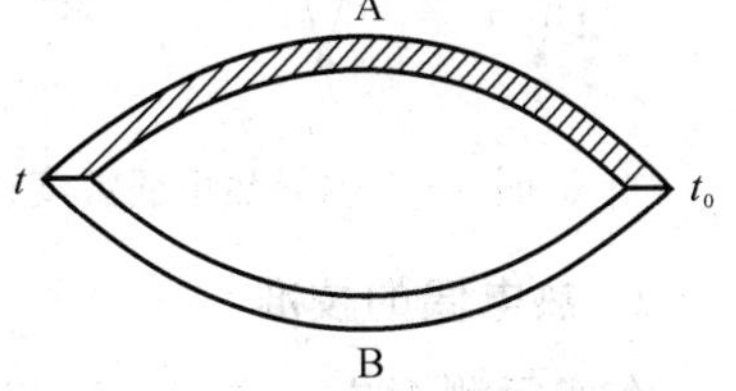

图3-5-1 热电偶示意图

$$\varepsilon=c(t-t_0)+d(t-t_0)^2+e(t-t_0)^3+\cdots \tag{3-5-2}$$

其第一级近似为

$$\varepsilon=c(t-t_0) \tag{3-5-3}$$

式中，c 称为温差系数(或热电偶常量)，其物理意义为单位温差时的电动势，其大小由组成热电偶的材料决定。

可以证明，在A、B两种金属丝之间插入第三种金属丝C时，若它与A、B的两个连接点处于同一温度 t_0(参见图3-5-2)，则该闭合回路的温差电动势与前述只有A、B两种金属丝组成回路时的数值完全相同。所以，把A、B两根不同材料的金属丝(如一个为铂，另一个为铂-铑合金)的一端焊接在一起，构成热电偶的热端(工作端)；将另两端各与铜引线(即第三种金属丝C)焊接在一起，构成两个同温度 t_0 的冷端(自由端)；铜引线又与测量电动势的仪器(如电位差计)相接，这样就组成了一个热电偶温度计，如图3-5-3所示。测温时使热电偶的冷端温度 t_0 保持恒定(如冰点)，将热端置于被测温度处即可测出相应的温差电动势。再根据事先校正好的曲线或数据表格可求出温度 t。这种热电偶的优点是热容量小、测温范围广、灵敏度高，若配以精密的电位差计，则测量准确度更高。

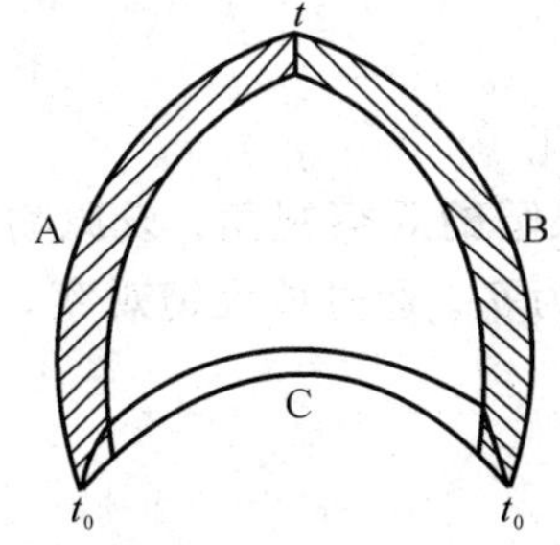

图3-5-2 三种金属丝构成的热电偶

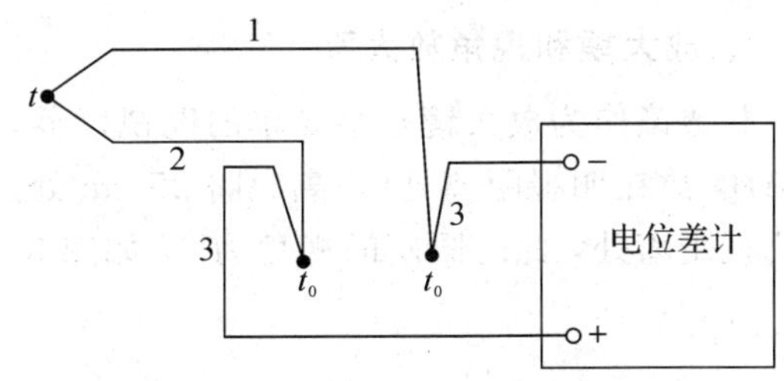

图3-5-3 热电偶温度计(Ⅰ)

对于铜-康铜、铜-考铜一类的热电偶，由于其中的一根金属丝和引线一样也是铜，因此，在整个电路中实际上只有两个接点，如图3-5-4所示。

在使用热电偶测温时，若要求不高，为方便起见也可采用图3-5-5所示的接线法，t_0 取室温。此种方法比较简单，但由于室温并不十分稳定，而且连接电位差计的两接头处的温度也可能有微小差别，所以准确度相对较差。

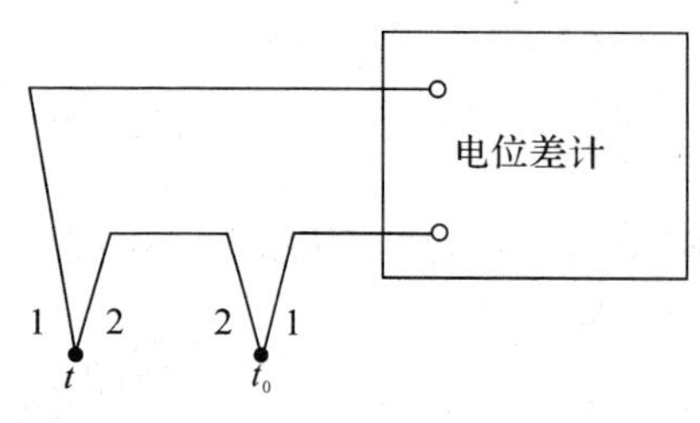

图 3-5-4 热电偶温度计(Ⅱ)

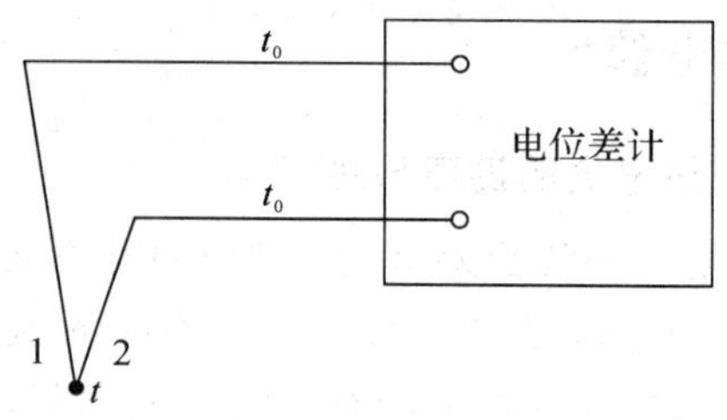

图 3-5-5 热电偶温度计(Ⅲ)

2. 热电偶的校准

在实际测温中，式(3-5-2)所表示的电动势与温差的关系较为粗糙。较为准确的方法是先用实验确定出 ε 与 $t-t_0$ 关系曲线，然后根据热电偶与未知温度接触时产生的 ε 值，从曲线上查出相应的未知温度。对于标准的热电偶，其校准曲线(或校准数据)在手册上可以查出，不必自己校准。如果使用的热电偶并非标准热电偶，则校准工作必不可少。热电偶校准的方法有两种：一种是固定法，即利用适当的纯物质，在一定的气压下把它们的熔点或沸点作为已知温度，测出 ε 与 $t-t_0$ 的关系曲线；另一种是比较法，即利用一个标准热电偶与未知热电偶测量同一温度，由标准热电偶的数据校准未知热电偶。

第六节 光学实验常用仪器

光学实验仪器可以扩展和改善视角的观察以弥补视角的局限性。构成光学仪器的主要元件有透镜、反射镜、棱镜、光栅和光阑等，这些元件按不同方式的组合构成了不同的光学系统。光学仪器可以粗分为助视仪器(放大镜、显微镜、望远镜)、投影仪器(放映机、投影仪、放大机、照相机)和分光仪器(棱镜分光系统、光栅分光系统)。下面主要介绍光学实验中助视仪器的构造和光学实验中的常用光源。投影仪器和分光仪器将在各个实验中做介绍。

一、光学实验中常用助视仪器

1. 放大镜和视角放大率

凸透镜作为放大镜是最简单的助视仪器，它可以增大眼睛的观察视角。设原物体长度为 AB，放在明视距离处(距离眼睛 25 cm 处)，眼睛的视角为 θ_0。通过放大镜观察，成像仍在明视距离处，此时眼睛的视角为 θ，如图 3-6-1 所示。

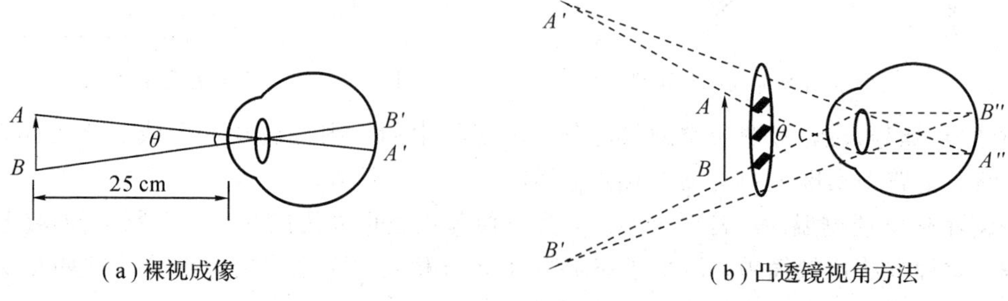

图 3-6-1 视角放大

θ 与 θ_0 之比称为视角放大率 M，即

$$M\approx\frac{\theta}{\theta_0} \tag{3-6-1}$$

因为

$$\theta_0=\frac{AB}{25},\ \theta\approx\frac{A'B'}{25}=\frac{AB}{f}$$

所以

$$M=\frac{\theta}{\theta_0}=\frac{AB/f}{AB/25}=\frac{25}{f} \tag{3-6-2}$$

式中，f 为放大镜焦距，f 越短，放大率越高。

2. 目镜

目镜也是放大视角用的仪器。放大镜(放大镜也是最简单的目镜)是用来直接放大实物的，而目镜则是用来放大其他光具组所成的像。一般对目镜的要求是有较高的放大率和较大的视场角，同时要尽可能校正像差，为此，目镜通常是由两片或更多片的透镜组成的。目前应用最广泛的目镜有阿贝目镜和高斯目镜，其示意图如图 3-6-2 所示。图中的叉丝为测量时的准线；反射镜和小棱镜的作用是改变照明光的入射方向，照亮叉丝。

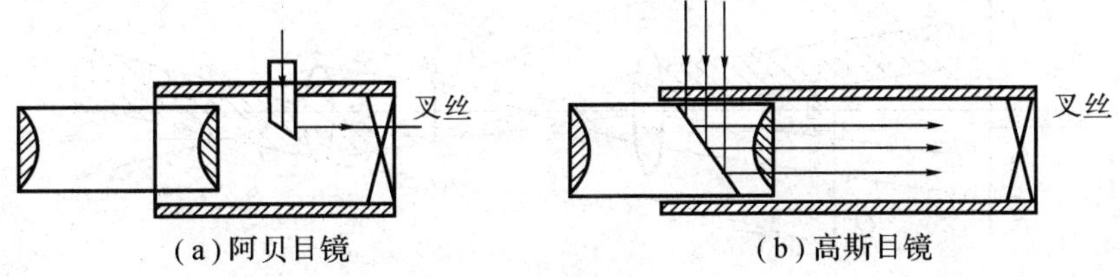

(a)阿贝目镜　(b)高斯目镜

图 3-6-2　阿贝目镜和高斯目镜示意图

3. 显微镜

显微镜由目镜和物镜组成，其光路图如图 3-6-3 所示。被观察物 PQ 置于物镜 L_0 的焦平面 F_0 之外、距离焦平面很近的地方，这样可使物镜所成的实像 $P'Q'$ 落在目镜 L_e 的焦平面 F_e 之内、靠近焦平面处。经目镜放大后在明视距离处形成一放大的虚像 $P''Q''$。

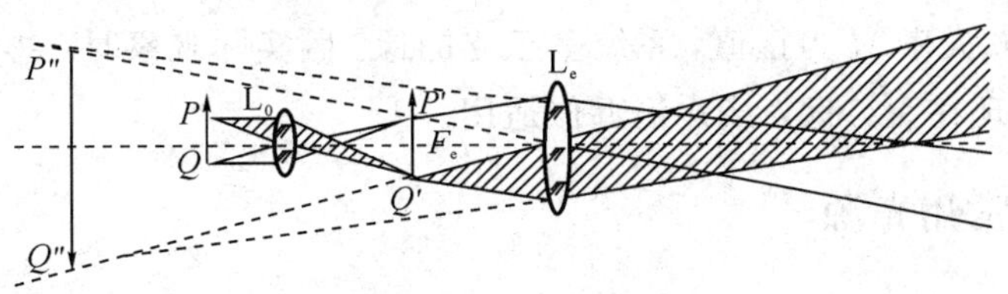

图 3-6-3　显微镜光路图

理论计算可得显微镜的放大率为

$$M=M_0\cdot M_e=-\frac{\Delta\cdot s_0}{f'_0\cdot f'_e} \tag{3-6-3}$$

式中，M_0 是物镜的放大率；M_e 是目镜的放大率；f'_0、f'_e 分别是物镜和目镜的像方焦距；Δ 是显微镜光学间隔($\Delta=F'_0F_e$，现代显微镜均有定值，通常为 17 cm 或 19 cm)；$s_0=-25$ cm，

为正常人眼的明视距离。由上式可知，显微镜的镜筒越长，物镜和目镜的焦距越短，放大率就越大。一般 f_0' 取得很短(高倍的只有 1～2 mm)，而 f_e' 在几厘米左右。在镜筒长度固定的情况下，如果物镜和目镜的焦距给定，则显微镜的放大率也就确定了。通常，物镜和目镜的放大率是标在镜头上的。

4. 望远镜

望远镜是帮助人眼观望远距离物体的工具，也可作为测量和对准的工具。它也是由物镜和目镜所组成的。其光路图如图 3-6-4 所示，远处物体 PQ 发出的光束经物镜后被会聚于物镜的焦平面 F_0' 上，呈一缩小、倒立的实像 $P'Q'$，像的大小取决于物镜焦距及物体与物镜间的距离。当焦平面 F_0' 恰好与目镜的焦平面 F_e 重合在一起时，会在无限远处呈一放大的倒立的虚像，用眼睛通过目镜观察时，将会看到这一放大且移动的倒立虚像 $P''Q''$。若物镜和目镜的像方焦距为正(两个都是汇聚透镜)，则为开普勒望远镜；若物镜的像方焦距为正(汇聚透镜)、目镜的像方焦距为负(发散透镜)，则为伽利略望远镜。图 3-6-4 所示为开普勒望远镜的光路图。

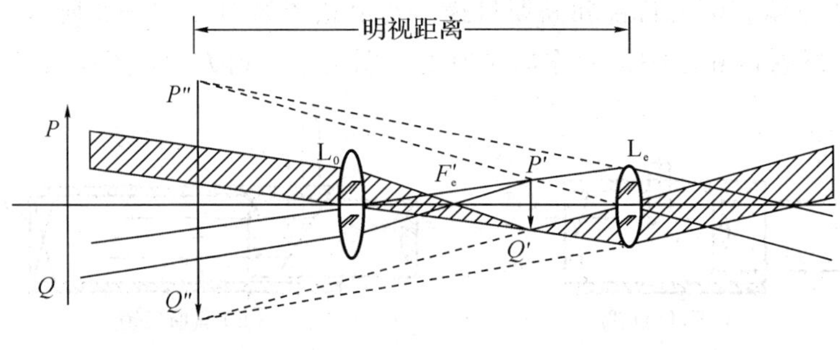

图 3-6-4　望远镜光路图

由理论计算可得望远镜的放大率为

$$M=-\frac{f_0'}{f_e'} \tag{3-6-4}$$

式(3-6-4)表明，物镜的焦距越长，目镜的焦距越短，望远镜的放大率则越大。对开普勒望远镜($f_0'>0$，$f_e'>0$)，放大率 M 为负值，系统呈倒立的像；而对伽利略望远镜($f_0'>0$，$f_e'<0$)，放大率 M 为正值，系统呈正立的像。因实际观察时，物体并不真正位于无穷远，故像也不呈现在无穷远，该式仍近似适用。

二、光学实验中常用光源

能够发光的物体统称为光源。实验室中常用的是将电能转换为光能的光源——电光源。常见的有热辐射光源、气体放电光源和激光光源三类。

1. 热辐射光源

常用的热辐射光源是白炽灯。白炽灯有下列几种：

(1) 普通灯泡。用作白色光源，应按仪器要求和灯泡上指定的电压使用，如光具座、分光仪、读数显微镜等。

(2) 汽车灯泡。因其灯丝线度小、亮度高，常用作点光源或扩束光源，亦应按电压值使用。

(3) 标准灯泡。常用的有碘钨灯和溴钨灯，是在灯泡内加入碘或溴元素制成的。碘或溴原子在灯泡内与经蒸发而沉积在泡壳上的钨化合，生成易挥发的碘化钨或溴化钨。这种卤化物扩散到灯丝附近时，因温度高而分解，分解出来的钨重新沉积在钨丝上形成卤钨循环。因此碘钨灯或溴钨灯的寿命比普通灯长得多，发光效率高，光色也较好。

2. 气体放电光源

(1) 钠灯和汞灯。实验室常用的钠灯和汞灯(又称水银灯)作为单色光源，它们的工作原理都是以金属 Na 或 Hg 蒸气在强电场中发生的游离放电现象为基础的弧光放电灯。

在 220 V 额定电压下，当钠灯灯管壁温度升至 260℃时，管内钠蒸气压约为 3×10^{-3} Torr，发出波长为 589.0 nm 和 589.6 nm 的两种单色黄光最强，可达 85%，而其他波长为 818.0 nm 和 819.1 nm 等光仅有 15%。所以，在一般应用时取 589.0 nm 和 589.6 nm 的平均值 589.3 nm 作为钠光灯的波长值。

汞灯可按其气压的高低分为低压汞灯、高压汞灯和超高压汞灯。低压汞灯最为常用，其电源电压与管端工作电压分别为 220 V 和 20 V，正常点燃时发出青紫色光，其中主要包括 7 种可见的单色光，它们的波长分别是 612.35 nm(红)、579.07 nm 和 576.96 nm(黄)、546.07 nm(绿)、491.60 nm(蓝绿)、435.84 nm(蓝紫)、404.66 nm(紫)。

使用钠灯和汞灯时，灯管必须与一定规格的镇流器(限流器)串联后才能接到电源上，以稳定工作电流。钠灯和汞灯点燃后一般要预热 3～4 min 才能正常工作，熄灭后也需冷却 3～4 min 后方可重新开启。

(2) 氢放电管(氢灯)。它是一种高压气体放电光源，它的两个玻璃管中间用弯曲的毛细管连通，管内充氢气。在氢放电管两端加上高电压后，氢气放电发出粉红色的光。氢灯工作电流约为 115 mA，启辉电压约为 8000 V，当 200 V 交流电输入调压变压器后，调压变压器输出的可变电压接到氢灯变压器的输入端，再由氢灯变压器输出端向氢灯供电。

在可见光范围内，氢灯发射的原子光谱线主要有 3 条，其波长分别为 656.28 nm(红)、486.13 nm(青)、434.05 nm(蓝紫)。

3. 激光光源

激光是 20 世纪 60 年代诞生的新光源。激光器的发光原理是受激发射而发光。它具有发光强度大、方向性好、单色性强和相干性好等优点。激光器的种类很多，如氦氖激光器、氦镉激光器、氩离子激光器、二氧化碳激光器、红宝石激光器等。

实验室中常用的激光器是氦氖(He－Ne)激光器。

它由激光工作的氦氖混合气体、激励装置和光学谐振腔 3 部分组成。氦氖激光器发出的光波波长为 632.8 nm，输出功率在几毫瓦到十几毫瓦之间，多数氦氖激光管的管长为 200～300 mm，两端所加高压是由倍压整流或开关电源产生的，电压高达 1500～8000 V，操作时应严防触及，以免造成触电事故。由于激光束输出的能量集中，强度较高，使用时切勿迎着激光束直接用眼睛观看。

目前，气体放电灯的供电电源广泛采用电子整流器，这种整流器内部由开关电源电路组成，具有耗电小、使用方便等优点。

光学实验中，常把光束扩大或产生点光源以满足具体的实验要求，图 3－6－5、图 3－6－6 所示分别为两种扩束方法的示意图。

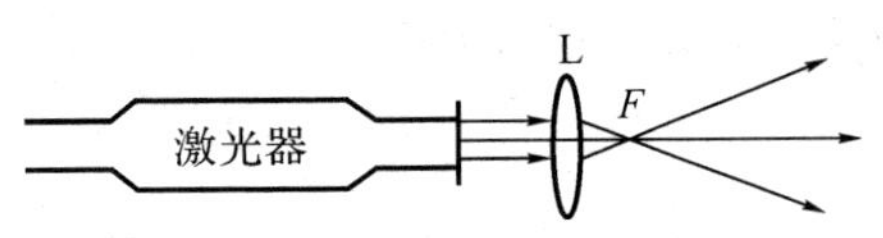

图 3－6－5 球面光波的扩束方法

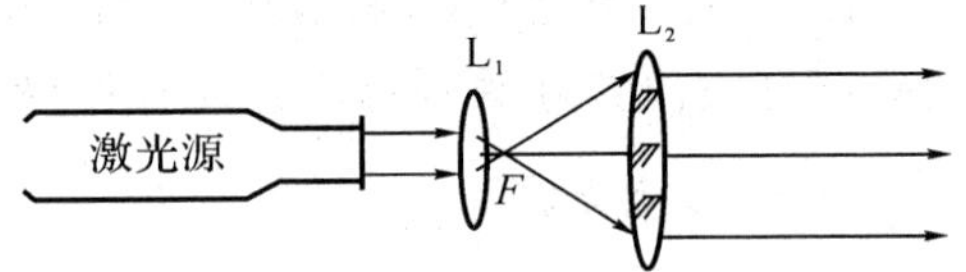

图 3－6－6 平面光波的扩束方法

第四章　物理实验的基本测量方法、基本调整与操作规则

第一节　物理实验的基本测量方法

随着人类对物质世界更深入地了解，被测物理量的内容越来越广泛，而且随着科学技术的飞速发展，测量方法和手段也越来越丰富、越来越先进。我们不可能在此介绍所有的测量方法和手段，本节将对在物理实验中常见的几种最基本的测量方法做概括性的介绍。

一、比较法

比较法是最基本和最重要的测量方法之一。所谓测量，就是把被测物理量直接或者间接地与作为基准(或标准单位)的同类物理量进行比较，得到比值的过程。比较法可分为直接比较测量法和间接比较测量法。

(1) 直接比较测量法(简称直接比较法)。直接比较法是把被测物理量 X 与已知的同类物理量或者标准量 S 直接比较，这种比较通常要借助仪器或者标准量具。例如，用米尺来测量某一物体的长度就是最简单的直接比较法，其中最小分度毫米就是作为比较用的标准单位。

(2) 间接比较测量法(简称间接比较法)。当一些物理量难用直接比较法测量时，可以利用物理量之间的函数关系将被测物理量与同类标准量进行间接比较测量。图 4-1-1 所示给出了一个利用间接比较法测量电阻的示意图。将一个可调节的标准电阻与被测电阻相连接，保存稳压电源的输出电压 U 不变，调节标准电阻 R_S 的阻值，使开关 S 在“1”和“2”两个位置时，电流指示值不变，则 $R_X=R_S=U/I$。

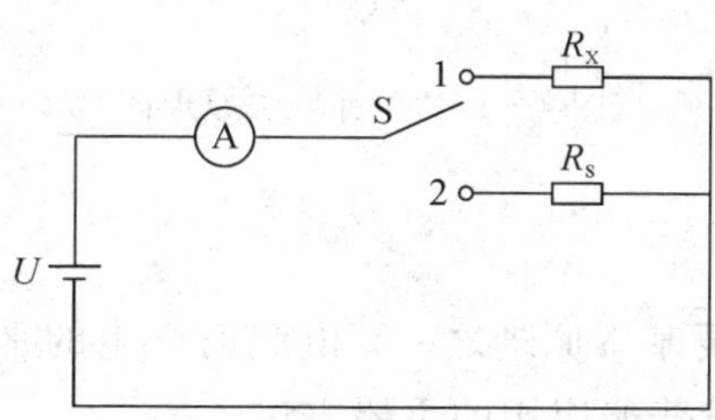

图 4-1-1　间接比较法测量电阻

二、补偿法

把标准值 S 选择或调节到与被测物理量 X 值相等，用于抵消(或补偿)被测物理量的作用，使系统处于平衡(或补偿)状态。处于平衡状态的测量系统，被测物理量 X 与标准值 S 具有确定的关系，这种测量方法称为补偿法。补偿法的特点是测量系统中包含有标准量具和平衡器(或示零器)，在测量过程中，被测物理量 X 与标准量 S 直接比较，调整标准量 S，

使 S 与 X 之差为零（故也有人称其为示零法），这个测量过程就是调节平衡（或补偿）的过程。其优点是可以免去一些附加系统误差，当系统具有高精度的标准量具和平衡指示器时，可获得较高的分辨率、灵敏度及测量的精确度。在物理实验的测量操作中，补偿法的运用是非常广泛的。例如等臂天平称重、惠斯通电桥（在比例臂为 1∶1 时）测量电阻、电位差计测电压，以及各种平衡电桥的调节等。

电位差计是典型的补偿电路应用，其原理如图 4-1-2 所示。图中，E_X 为被测电动势；E_S 为标准电池，作为补偿装置。R_X、R_S 均为标准电阻，它们与电源 E、可变电阻 R_P 构成测量装置。电流表 A 用以监控测量电路中电流的大小，检流计 G、R_S、S_S 组成指零装置。当双向双掷开关 S_1 掷向 E_S 一侧，调节 R_S，使检流计 G 中无电流显示，此时 R_S 上的电压 U_S 与 E_S 补偿，即 $U_S=E_S$，而 $U_S=IR_S$，即 $E_S=IR_S$；再将 S_1 掷向 E_X 一侧，在保证 I 不变的情况下，调节 R_X，再使检流计 G 中无电流显示，于是 R_X 上的电压 U_X 与 E_X 补偿，$U_X=E_X=IR_X$。所以

$$\frac{E_X}{E_S}=\frac{U_X}{U_S}=\frac{IR_X}{IR_S},\ E_X=\frac{R_X}{R_S}E_S$$

由于标准电池 E_S 和标准电阻 R_X、R_S 的精度都很高，再配上高精度的检流计 G，电位差计便具有很高的精度。

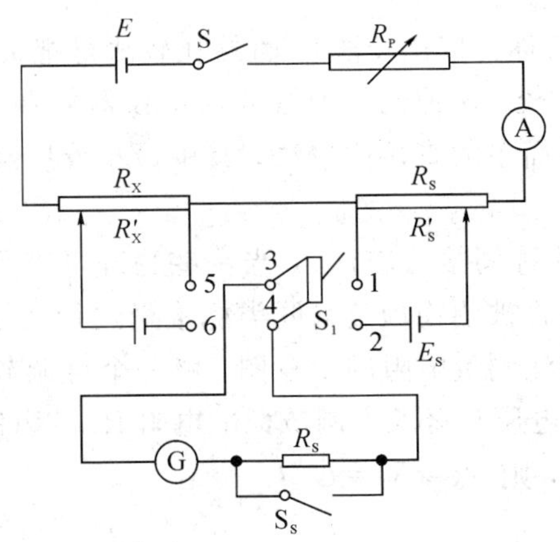

图 4-1-2　补偿法原理图

三、平衡法

平衡原理是物理学的重要基本原理之一，由此而产生的平衡法是分析、解决物理问题的重要方法，也是物理量测量普遍应用的重要方法。

例如，天平、电子秤是根据力学平衡原理设计的，可用来测量物质的质量、密度等物理量；根据电流、电压等电子量之间的平衡设计的桥式电路，可用来测量电阻、电感、电容、介电常数、磁导率等物质的电磁特性参量。

历史上一些重要的物理定律的确定和验证，有些就是通过平衡法来实现的。例如，匈牙利物理学家厄缶通过扭摆实验验证了物体的质量和引力质量相等，扭摆实验的基本原理是平衡原理。如图 4-1-3(a)所示，用悬丝吊起的物体 A 只受 3 个力，即指向地心的引力 F_g，指向地球自转轴的惯性离心力 F_w 和悬丝的张力 F_t。在实验中，按图 4-1-3(b)吊起

的两个物体 A 和 B 达到平衡，厄缶比较了具有相同质量、不同材质的物体。即保持物体 A 的材质不变，物体 B 分别用不同的材质制成，结果看不出固定于悬丝 S 上的反射镜 M 有任何偏转，从而证明了引力质量与惯性质量相等，与物质的材料无关。

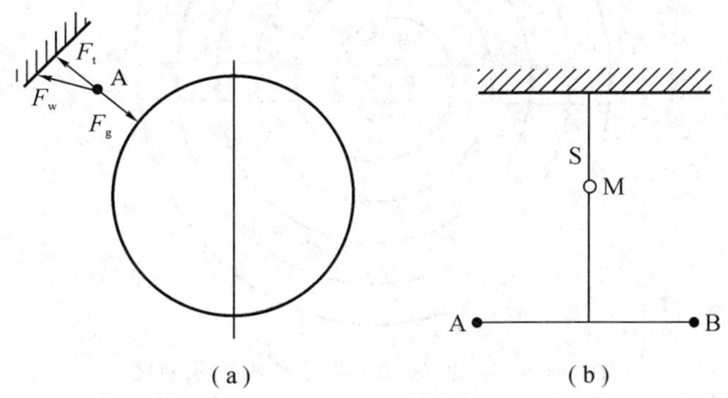

图 4－1－3　厄缶的扭摆实验示意图

四、放大法

在物理量的测量中，有时由于被测量过分小，以至无法被实验者或仪器直接感受和反应，此时可先通过一些途径将被测量放大，然后进行测量。放大被测量所用的原理和方法称为放大法。常用的放大法有积累放大法、机械放大法、电学放大法、光学放大法等。

1. 积累放大法

在物理实验中我们常常可能遇到这样一些问题，即受测量仪器精度的限制，或存在很大的本底噪声，或受人的反应时间的限制，单次测量的误差很大或者无法测量出被测量的有用信息，采用积累放大法来进行测量，就可以减小测量误差、降低本底噪声和获得有用的信息。例如最简单的单摆实验的周期测量，假定单摆周期 T 为 2.00 s，人开启和关闭秒表的平均反应时间为 $\Delta T=0.2$ s，则单次测量周期的相对误差为 $\Delta T/T=10\%$；若测量 50 个周期，则将由人开启和关闭秒表的平均反应时间引起的误差降到 $\Delta T/T=0.2\%$。再如激光器，为了获得高度集束光，采用一对平行度很高的半透半反射膜，使光在两半透半反射膜之间多次反射，光强不断增强，其中与反射面不垂直的光会由于多次反射而最终被筛选掉，如图 4－1－4 所示。

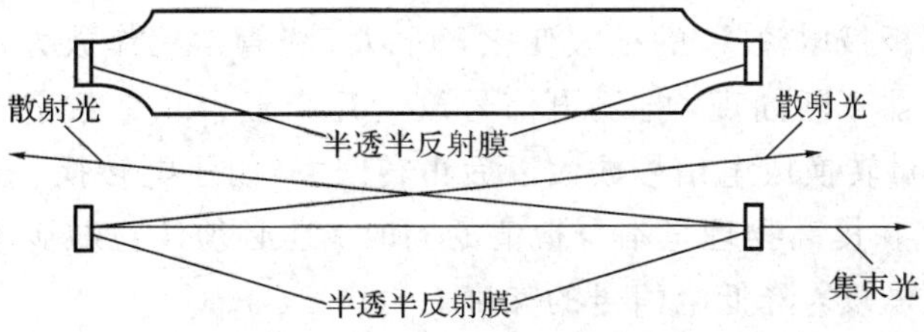

图 4－1－4　激光器半透半反射膜选择放大示意图

回旋加速器也是利用了积累放大的原理，电子每通过加速器半圆的出口进行一次加速，使电子的能量不断增加，如图 4－1－5 所示。电子的速度不断增加，$v_1<v_2<v_3<v_4<\cdots<v_{10}$，即动能不断增加。在拉曼光谱或红外光谱的测量中，由于电子噪声、机械振动噪声和环境噪声等，使单次扫描往往不能获得高分辨率和信噪比的谱图或曲线，也常常采用积累放大法进行多次扫描测量来降低本底噪声，提高测量的分辨率和获取有用信息。

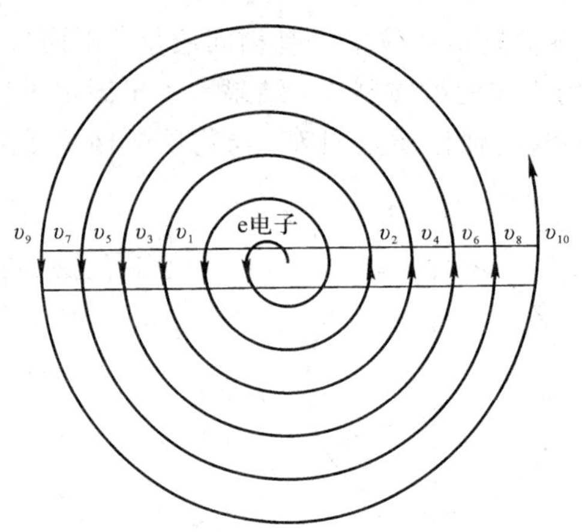

图 4-1-5　回施加速器累积加速示意图

2. 机械放大法

机械放大法是利用力学量之间的几何关系进行转换、放大的最直观的一种放大方法。例如利用游标可以提高测量的细分程度，原来分度值为 y 的主尺加上一个 n 等分的游标后，组成的游标尺的分度值 $\Delta y=y/n$，即对 y 细分了 n 倍，这对直标尺和角游标都是适用的(参阅第三章第一节相关内容)。螺旋测微原理也是一种机械放大，是将螺距(螺旋进一圈的推进距离)通过螺母上的圆周来进行放大的。放大率 $\beta=\dfrac{\pi D}{d}$，其中 d 是螺距，D 是与螺母连接在一起的微分筒的直径。机械杠杆可以把力和位移细分，例如各种不等臂的秤杆。滑轮亦可以把力和位移细分，例如机械连动杆或丝杆、连动滑轮或齿轮等。由于放大作用提高了测量仪器的分辨率，从而提高了测量精度。而迈克尔逊干涉仪又将游标放大和螺旋放大结合起来，位置分度值读数可达0.0001 mm，从而实现了精密测量。

3. 电学放大法

电信号的放大可以是电压放大、电流放大、功率放大，电信号亦可以是交流的或直流的。随着微电子技术和电子器件的发展，各种电信号的放大都很容易实现，因而也是用得最广泛、最普遍的。例如三极管是在任何电子电路中都可能遇到的常用元件，因为栅极 E_g 的微小变化都会引起板极电流 I_p 的很大变化，所以三极管常用作放大器。现在各种新型的高集成度的运算放大器不断涌现，把弱电信号放大几个至十几个数量级已不再是难事。因此，常常把其他物理量转换成电信号放大以后再转回去(如压电转换、光电转换、电磁转换等)。把电学量放大，在提高物理量本身量值的同时，还必须注意减少本底信号，提高所测物理量的信噪比和灵敏度，降低电信号的噪声。

4. 光学放大法

光学放大分为视角放大和微小变化量(微小长度、微小角度)放大两种。放大镜、显微镜和望远镜等都属于视角放大仪器，这类仪器只是在观察中放大视角，并不是被测量实际尺寸的变化，所以并不会增加误差。因而许多精密仪器都是在最后的读数装置上加一个视角放大装置以提高测量精度。微小变化量的放大原理常用于检流计、光杠杆等装置中。光杠杆镜尺法就是通过放大被测量的微小长度变化，其原理如杨氏模量的测量实验中有关公

式 $b=2D\Delta L/l$ 所示，ΔL 原来是一个微小的长度变化量，当取 D 远大于光杠杆的臂长(光杠杆的单脚尖到双脚尖的垂直距离)后，经光杠杆转换后的变化量却是一个较大的量，可在标尺上直接读出。其中，$2D/l$ 为光杠杆装置的放大倍数。一般在实验中，l 为 4～8 cm，D 为 1～2 m，因此光杠杆的放大倍数可达到 25～100 倍。

五、转换测量法

各物理量之间存在着千丝万缕的联系，它们相互关联、相互依存，在一定的条件下亦可相互转化。因而，寻求物理量之间的关系是探索物理学奥秘的主要方法之一，也是物理学中常见的课题。当人们了解了物理量之间的相互关系和函数形式时，就可以将一些不易测量的物理量转化成可以(或易于)测量的物理量来进行测量，即为转换测量法。它是物理实验中常用的方法之一。转换测量法大致可分为参量转换测量法和能量转换测量法两大类。

1. 参量转换测量法

参量转换测量法是利用各种参量间的变换及其变化的相互关系，把不可测的量转换成可测的量。在设计和安排实验时，若预先估计不能达到要求，常常另辟新径，把一些不可测量的物理量转换成可测量的物理量。例如质子衰变实验，长期以来物理学家们都没有观察到质子衰变，故认为它是一种稳定的粒子，其寿命是无限的。但根据弱电统一理论预言，质子的寿命是有限的，其平均寿命约为 10^{38} s，即大约 10^{31}年，10^{31}年是一个多么漫长的时期，简直是一个无法测量的时间。因为地球的年龄才大约 10^{9} 年，谁也无法预料 10^{31}年内世界上会发生什么样的变化。因此在很长一段时间，人们无法揭示质子寿命的奥秘。但是，当人们把思考的着眼点变换一个角度，把时间测量转换为空间概率测量时，整个事件就发生了戏剧性的变化。假如我们观察 10^{33}个质子(每吨水约有 10^{29}个)，则一年之内可能有 100 个质子衰变，这样使原来根本无法观察和测量的事情变成可以测量了。

又例如关于引力波的实验，根据爱因斯坦关于引力波的理论，任何作相对加速运动的物体都可以发射引力波，因而，双星体 ζ 可能是引力波源。而目前实验室中引力波天线的灵敏度都不足以达到既可以直接测量到宇宙内的引力波，又同时能排除电磁辐射干扰。于是，物理学家们就把着眼点放在了双星座引力辐射阻尼上，即测量双星由于辐射引力波而导致轨道周期的减小来检验引力波的存在。有时某些物理量虽然可以测定，但要精确测量则是不容易，或所需要的条件苛刻或所需要的测量仪器复杂、昂贵等，但是换个途径事情就变得简单多了，而且能够较精确地测量。因为在实际测量工作中，可以改变的条件很多，于是我们可以在一定范围内找到那些易于测量的量，绕开不易测量的量，实行变量代换。最经典的例子便是利用阿基米德原理测量不规则物体的体积或密度(其原理请参阅第五章“实验 5.1 基本测量”)，当用流体静力称衡法测量几何形状不规则物体的密度时，由于其体积无法用量具测定，为了克服这一困难，利用阿基米德原理，先测量物体在空气中的质量 m，再将物体浸没在密度为 ρ_0 的某液体中，称衡其质量为 m_1，则该物体的密度为 $\rho=\frac{m}{m-m_1}\rho_0$，因此将对物体的体积测量转化为对 m 和 m_1 的测量，m 和 m_1 均可用物理天平精确测量。

2. 能量转换测量法

能量转换测量法是指某种形式的物理量，通过能量变换器变成另一种形式物理量的测量方法。随着各种新型功能材料的不断涌现，如热敏、光敏、压敏、气敏、湿敏材料，以及这些材料性能的不断提高，形形色色的敏感器件和传感器也就应运而生，为科学实验和测量方法的改进提供了很好的条件。考虑到电学参量具有测量方便、快速的特点，电学仪表易于生产，而且常常具有通用性，所以许多能量转换法都是使被测物理量通过各种传感器件和敏感器件转换成电学参量来进行测量的。最常见的有如下几种形式：

(1) 光电转换：利用光敏元件将光信号转换成电信号进行测量。例如在弱电流放大的实验中，把激光(或其他光，如日光、灯光等)照射在硒光电池上直接将光信号转换成电信号，再进行放大。在物理实验中常用的光电元件还有光敏三极管、光电倍增管、光电管等。

(2) 磁电转换：最经典的磁敏元件是霍尔元件、磁记录元件(如读/写磁头、磁带、磁盘等)、巨磁阻元件等，利用磁敏元件(或电磁感应组件)将磁学参量转换成电压、电流或电阻的测量。

(3) 热电转换：利用热敏元件(如半导体热敏元件、热电偶等)将温度的测量转换成电压或电阻的测量。

(4) 压电转换：利用压敏元件或压敏材料(如压电陶瓷、石英晶体等)的压电效应，将压力转换成电信号进行测量。反过来，也可以用某一特定频率的电信号去激励压敏材料使之产生共振，从而进行其他物理量的测量。

六、模拟法

模拟法是以相似性原理为基础，人为地制造一个类似于被研究的对象或运动过程的模型，用模型的测试代替对实际对象的测试的实验方法。在探求物质的运动规律和自然奥妙或解决工程技术、军事问题时，常常会遇到一些特殊的、难以对研究对象进行直接测量的情况。例如，被研究的对象非常庞大或非常微小(巨大的原子能反应堆、同步辐射加速器、航天飞机、宇宙飞船、物质的微观结构、原子和分子的运动等)、非常危险(地震、火山爆发、发射原子弹或氢弹等)，或者研究对象变化非常缓慢(天体的演变、地球的进化等)。根据相似性原理，可人为地制造一个类似于被研究的对象或者运动过程的模型来进行实验。模拟法可以按其性质和特点分成两大类：物理模拟和计算机模拟。物理模拟又可以分为3类：几何模拟、动力相似模拟、替代或类比模拟(包括电路模拟)。

1. 几何模拟

几何模拟是将实物按比例放大或缩小制成模型，对其物理性能及功能进行试验。如流体力学实验室常采用水泥造出河流的落差、弯道、河床的形状，还有一些不同形状的挡水状物，用来模拟河水流向、泥沙的沉积、沙洲、水坝对河流运动的影响，或用“沙堆”研究泥石的变化规律。再如研究建筑材料及结构的承受能力，可将原材料或建筑群体设计按比例缩小几分之一到几十分之一，再进行实验模拟。此方法简单、实用，但只能作定性研究，不易弄清被模拟量的内部变化规律，物理实验中很少采用。

2. 动力相似模拟

物理系统常常是不具有标度不变性的。即一般来说，几何上的相似性并不等于物理上的相似。因而在工程技术中作模拟实验时，如何保证缩小的模型与实物在物理上保持相似性是个关键问题。为了达到模型与原型在物理性质或规律上的相似或等同性，模型的外型往往不是原型的缩型。例如1943年美国波音飞机公司用于试验的模型飞机，其外表根本就不像一架飞机，然而风速对它翼部的压力却与风速对原型机翼的压力相似。又如在航空技术实验中，人们不得不建造压缩空气作高速旋转的密封型风洞来作为模型试验的条件，使试验条件更符合实际自然状态的形式。

3. 替代或类比模拟

利用物质材料的相似性或类比性进行实验模拟，它可以用别的物质、材料或者别的物理过程来模拟所研究的材料或物理过程。例如在模拟静电场的实验中，就是用电流场模拟静电场。又如可以用超声波代替地震波，用岩石、塑料、有机玻璃等制作成各种模型来进行地震模拟实验。

更进一步的物理系统之间的替代，就导致了原型试验和工作方式都改变了的特殊的模拟方法。应用最广的就是电路模拟。因为在实际工作中，要改变一些力学量不如改变电阻、电容、电感来得更容易。

七、光的干涉、衍射法

在精密测量中，光的干涉、衍射法具有重要的意义。

在干涉现象中，不论是何种干涉，相邻干涉条纹的光程差的改变都等于相干光的波长。可见，光的波长虽然很小，但干涉条纹间的距离或干涉条纹的数目却是可以计量的。因此，通过对条纹数目或条纹改变的计量，可以获得以波长为单位的对光程差的计量。利用光的等厚干涉现象可以精确测量微小长度或角度变化，测量微小的形变及其相关的其他物理量；也可以用来检验物体表面的平面度、球面度、光洁度及工件内应力的分布等。

光的衍射原理和方法可以广泛地应用于测量微小物体的大小。光的衍射原理和方法在现代物理实验方法中具有重要的地位。光谱技术与方法、X射线衍射技术与方法、电子显微技术与方法都与光的衍射原理与方法相关，它们已成为现代物理技术与方法的重要组成部分，在人类研究微观世界和宇宙空间中发挥着重要的作用。

八、近代物理实验中的其他方法

当今高新科学技术的发展具有日益趋于交叉综合的特点，信息技术、新材料技术和新能源技术已成为高新技术的重要组成部分。近代物理的实验方法、实验技术和分析技术在高新技术的各个学科和领域都得到广泛的应用，并对高新技术的发展起着巨大的推动作用。磁共振技术与方法、低温和真空技术、核物理技术与方法、扫描隧道显微技术与方法、薄膜制备技术与物性研究等现代物理实验方法与技术是高新技术领域常用的近代物理实验方法，其详细的原理与方法在这里不再赘述。

第二节　物理实验仪器的基本调整方法

前面已详细地介绍了物理实验中常用的实验仪器及基本实验方法，本节概述一下物理实验中的基本调节和操作方法，掌握正确的调节和操作方法不仅可将系统误差减小到最低限度，而且对提高实验结果的准确度有直接的影响。

一、仪器初态和安全位置

所谓“初态”是指仪器设备在进入正式调整、实验前的状态。正确的初态可保证仪器设备安全，保证实验工作顺利进行。如设置有调整螺钉(迈克尔逊干涉仪上反光镜的方位调整螺钉、测读望远镜的俯仰调整螺钉等)的仪器，在正式调整前应先调整螺钉处于松紧合适的状态，并具有足够的调整量，以便于仪器的调整，这在光学仪器中常会遇到。

在电学实验中则有所谓安全位置问题。例如，未闭合电源前，应使电源的输出调节旋钮处于使电压输出为最小的位置；使滑线变阻器的滑动端处于对电路最“保险”的控制状态(若做分压，使电压输出最小；若做限流，使电路中电流最小)；在平衡调节前，把保护电阻接入示零电路等。这样做既保证了仪器设备安全，又便于控制与调节。

二、零位调节

绝大多数测量工具及仪表，如游标卡尺、螺旋测微器、电流表、电压表、万用表等都有零位(零点)。在使用它们之前，必须检查或校正仪器零位。对于一些特殊的仪器或精度要求较高的实验，还必须在每次测量前校正仪器零位。

零位校正的方法一般有两种：一种是测量仪器本身带有零位校正装置，如电表，应使用零位校正装置使仪器在测量前处于零位；另一种是仪器本身不能进行零位调整，如端点已经磨损的米尺、钳口已被磨损的游标卡尺，对于这类仪器，则应先记下零点读数，然后对测量数据进行零点修正。

三、水平(铅直)调整

有些仪器和实验装置必须在水平或铅直状态下才能正常地进行实验，如天平、气垫导轨、三线摆和一些光学仪器等，因此，在实验中经常要对实验仪器进行水平或铅直调整。这种调整常借助水准仪或悬锤进行。凡是用作水平或铅直调整的仪器，在其底座上大多数设有三个底脚螺丝(或一个固定脚、两个可调脚)，通过调节底脚螺丝使水准仪的气泡居中或铅锤的锤尖对准底座上的座尖，可将仪器装置调整到水平或铅直状态。

四、消除视差调节

在实验中，经常会遇到仪器的读数标线(指针、叉丝)和标尺平面不重合的情况。例如，电表的指针和刻度面总是离开一定的距离，因此，当眼睛在不同位置观察时，读得的指示值有时会有差异，这一现象称为视差。为了获得准确的测量结果，实验时必须消除视差。

消除视差的方法有两种：一是使视线垂直标尺平面读数，如 1.0 级以上的电表表盘上均附有平面镜，当观察到指针与其像重合时，读取指针所指刻度值即为正确的；二是使读数标线与标尺平面密合在同一平面内，如将游标卡尺上的游标尺加工成斜面，便是为了使游标尺的刻线下端与主尺接近处于同一平面，以减小视差。

光学实验中的视差问题较为复杂，除了观测者的读数方法外，主要是由于仪器没有调节好，造成较大的视差。下面分析光学仪器测量时的视差。

在用光学仪器进行非接触式测量时，常使用带有叉丝的望远镜或读数显微镜，其基本光路如图 4-2-1 所示。它们的共同点是在目镜焦平面内侧附近装有一个十字叉丝(或带有刻度的分划板)，若被测物体经物镜后成像(A_1B_1)在叉丝所在的位置处，人眼经目镜观察到叉丝与物体的最后虚像(A_2B_2)都在明视距离处的同一平面上，这样做便无视差。

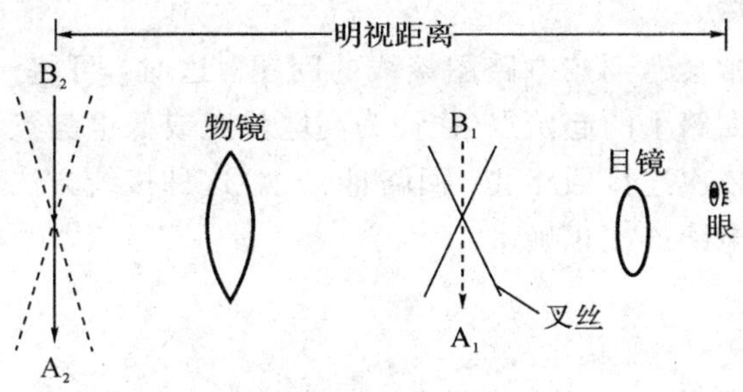

图 4-2-1　望远镜基本光路示意图

要消除视差，可仔细调节目镜(连同叉丝)与物镜之间的距离，使被测物体经物镜成像在叉丝所在的平面上。一般是一边调节一边稍稍左、右、上、下移动眼睛，观察被测物体的像与叉丝像之间是否有相对运动，直至两者无相对运动为止。

五、等高共轴调整

在由两个或两个以上的光学元件组成的实验系统中，为获得好的像质，满足近轴光线条件，必须进行共轴调节，使所有的光学元件的光轴重合，且其物面、屏面垂直于光轴。调整一般分为两步：第一步进行粗调(目测调整)；第二步根据光学规律进行细调，常用的方法有自准法和二次成像法。如果在光具座上进行实验，为使读数正确，还须把光轴调整得与光具座平行，即光学元件光心距光具座等高且光学元件截面与光具座垂直。

六、逐次逼近调节

在物理实验中，仪器的调节大多不能一步到位。例如，电桥达到平衡状态、电位差计达到补偿状态、灵敏电流计零点的调节、分光计中望远镜光轴与主轴垂直的调节等，都要经过反复多次地调节才能完成。“逐次逼近调节”是一个能迅速、有效地达到调整要求的调节技巧。

依据一定的判断标准，逐次缩小调整范围，使系统较快地收敛于所需状态的方法称为逐次逼近调节法。在不同的仪器中判断标准是不同的，如调节天平时观察其指针在标度前来回摆动，左、右两边的振幅是否相等；平衡电桥是查看检流计的指针是否指零。逐次逼近调节不仅用在天平、电桥、电势差计等仪器的平衡调节中，而且也用在光路的共轴调整、分光计的调节中，它是一种经常使用的调节方法。

七、先定性、后定量原则

在测量某一物理量随另一物理量变化的关系时，为了避免测量的盲目性，应采用“先定性、后定量的原则”进行测量。即在定量测量前，先对实验的全过程进行定性观察，在对实验数据的变化规律有初步了解的基础上，然后进行定量测量。例如，测绘晶体二极管的伏安特性曲线时，对于电流 I 随电压 U 变化的情况，可先进行定性观察，然后在分配测量间隔时，采用不等间距测量。在电压增量 ΔU 相等的两点之间，如果电流 I 的变化较大时，那么应多测几个点。这样采用由不同间隔测得的数据来作图就比较合理。

八、回路接线法

在电磁学实验中，常会遇到按电路图接线的问题。这时，可将一张电路图分解为若干个闭合回路，接线时由回路Ⅰ的起始点(往往为高电势点或低电势点)出发，依次首尾相连，最后仍回到起始点；再依次连接回路Ⅱ、回路Ⅲ、…。这种接线方法称为回路接线法。按此法接线和查线，可确保电路连接正确。

九、消除空程误差

由丝杠和螺母构成的传动与读数机构，由于螺母与丝杠之间有螺纹间隙，往往在测量刚开始或刚反向转动时，丝杠须要转过一定的角度才能与螺母啮合。结果是与丝杠连接在一起的鼓轮已有读数改变，而由螺母带动的机构尚未产生位移，造成虚假读数而产生空程误差。为了避免产生空程误差，在使用这类仪器(如螺旋测微器、读数显微镜)时，必须待丝杠与螺母啮合后才能进行测量，且只能向一个方向旋转鼓轮，切忌反转。

第三节　物理实验操作规则

做任何实验都应遵守操作规则。这主要是基于4方面的考虑：一是保护仪器不损坏；二是注意人身安全；三是养成良好的实验习惯；四是尽可能使测量结果正确。

一、力学实验操作规则

力学实验基本上可归结为长度、时间、质量的测量。基本仪器有游标卡尺、千分尺、千分表、秒表、数字毫秒计、物理天平等，还有气垫导轨、转动惯量仪、三线摆、杨氏模量仪等专用装置。力学实验操作规则如下：

(1) 对精密仪表量具如游标卡尺、千分尺、千分表、物理天平等要小心使用，以免损坏或磨损关键部件(如卡尺的量爪、天平刀口砝码、千分尺螺杆机构等)，导致降低仪器测量精度。

(2) 做完实验后将仪器整理复原、摆放整齐，量具放入盒中，不得随意乱扔。

(3) 实验时仪器、仪表要轻拿轻放，不得跌落以免损坏仪器或砸伤手脚。

(4) 精密仪器量具用后注意擦净保养，有的还须上油保养。

二、电磁学实验基本规则

1. 仪器的布局

对电学实验，合理布局仪器是保证顺利进行实验的重要一环。仪器布局得当，可使接线顺手、操作方便、不易出错，即使出现了错误也容易查出。为了连线方便，一般各仪器应按照电路图中的位置摆放好。但是，为了便于操作、易于观察、保证安全，有的仪器不一定完全按照电路图的位置对应布置。例如，经常要调节或读数的仪器可放在离操作者较近的地方，电源可放在较远的地方，在电源开、关前不要放置其他东西，以使电路出现故障时能及时断开电源。仪器总体摆放要整齐。

2. 电路的连接

电路连接是电磁学实验的基本功。在充分理解电路图的原理和安排好仪器布局之后，即可开始接线。接线一般先从电源的正极开始(接线时电源开关要断开)，依照电路原理图按高电位到低电位的顺序连接。如果电路比较复杂，可分成几个回路，连接好一个回路再连接另一个回路，切忌乱连。连线时要注意电路中的等位点，不宜在一个接线柱上连接过多的导线；否则，容易发生接触不良或接头脱落等现象。电路连线要整齐，接头要旋紧(但不要旋死)。电路连接完成后，首先自己要检查一遍，再请教师检查，确保无误后方可通电试验。

3. 通电试验

通电之前要先把各变阻器调至安全位置，限流器的阻值要调至最大，分压器要调到输出电压最小的位置。当不知道电压或电流的数值范围时，应取电表最大量程。检流计的保护电阻应置最大位置，在可能的情况下应事先预估各表针的正常偏转位置。

接通电源时应手握电源开关，充分利用视觉和嗅觉，当发现表针有反向偏转或超出量程，电路打火、冒烟、出现焦臭味或特殊响声等异常现象时，应立即切断电源，重新检查。在排除故障前千万不能再通电。在实验过程中若要改接电路，则必须断开电源。

4. 断电和整理仪器

实验完成后不要忙于拆线路，应先分析数据是否合理，有无漏测或可疑数据，必要时要及时重测或补测。在实验课上须经老师检查，确认实验数据无误后方可拆线。拆线前首先把分压器和限流器调至安全位置，以减小电压和电流，避免断电时电表剧烈打针。然后切断电源开关，开始拆线。拆线应从电源开始，这样可以防止万一忘记关闭电源时因导线短路而烧坏仪器、触电和起火等事故。整理好拆下的导线后，再将仪器和仪表摆放整齐。

5. 安全用电

安全用电是实验中必须充分注意的问题。要预防触电就不能直接接触高于安全电压(36 V)的带电体，特别是不能用双手触及电位不同的带电体。实验使用的电源通常是220 V交流电和0～24 V的直流电，但有时实验电压可高达10 000 V以上。所以，在做电学实验过程中要特别注意人身安全，谨防触电事故发生。实验时应注意以下几点：

(1) 接线和拆线必须在断电状态下进行。

(2) 操作时人体不能触及仪器的高压带电部位。

(3) 在带电情况下操作时，凡不必用双手操作就尽可能用单手操作，以减小触电危险。

(4) 在做高压实验时，必须采取一定的保护措施。例如，使操作人员站在胶皮绝缘垫上进行操作，并使机壳接地等。

三、光学实验基本规则

光学仪器的主体是光学元件。光学元件大多是用光学玻璃制成的，对其光学性能都有一定的要求，而它们的机械性能和化学性能都很差。在光学仪器出厂前，均经过精密调整和校正，如果使用与维护不当，很容易损坏和报废。为了维护好光学元件和仪器的正常工作，确保实验顺利进行，光学实验中必须注意以下几点：

(1) 使用光学仪器前，必须了解光学仪器的操作和使用方法，切不可在不了解其操作和使用的情况下，随意调整和拆卸光学元件。搬动时要防止光学元件位置移动。

(2) 轻拿轻放，勿使光学仪器或光学元件受到冲击或震动，特别要防止其摔落。

(3) 不许用手触摸光学元件的光学面。若要用手拿光学元件，只能接触其磨砂面或边缘。

(4) 光学表面上如有灰尘，应使用专用的干燥脱脂软毛笔将其轻轻掸去，或用橡皮吹球吹掉。若光学表面有轻微污痕或指纹印，应用特制镜头纸或清洁的麂皮轻轻地拂去，不可加压擦拭，更不准用手、手帕、卫生纸和衣角擦拭，不可用嘴吹气。所有镀膜面均不能触碰或擦拭。

(5) 除实验规定外，不允许任何溶液接触光学表面，不要对着光学元件表面说话，更不能对着它咳嗽、打喷嚏。

(6) 光学仪器的机械结构一般都是比较精密的，操作时动作要轻而缓慢，用力要平稳、均匀，不得强行扭动，也不能超出其行程范围。若使用不当，则光学仪器精密度会大大降低，甚至损坏。

(7) 实验完毕，不得将光学元件随意乱放，应归还原箱(盒)内，注意防尘、防湿和防腐蚀。

第五章　基本物理实验

实验5.1　基本测量

一、实验目的

(1) 了解米尺、卡尺、螺旋测微计、物理天平的结构、读数和使用。

(2) 理解流体静力称衡法的原理，掌握固体密度的测量方法。

(3) 运用误差理论和有效数字的运算规则正确处理实验数据，并分析产生误差的原因。

二、实验器材

实验器材有物理天平、螺旋测微计(千分尺)、游标卡尺、被测物体、温度计、烧杯、水等。

三、实验原理

物体的密度是某一温度时物体单位体积中所包含的质量，用 ρ 表示，即

$$\rho=\frac{m}{V} \tag{5-1-1}$$

式中，m 是物体的质量；V 是物体的体积。因而只要测量出物体的体积和质量就可求出构成此物体的物质密度。对于形状规则的物体的体积可以用长度测量仪进行测量；对于形状不规则的物体，它们的体积无法用长度测量仪进行测量，可采用流体静力称衡法测量。

1. 规则物体的体积和密度

若空心圆柱体的质量为 m，外径为 D，内径为 d，圆柱体的高度为 L，则其体积 V、密度 ρ 分别为

$$\begin{aligned} V&=\frac{\pi L}{4}(D^2-d^2) \\ \rho&=\frac{4m}{\pi L(D^2-d^2)} \end{aligned} \tag{5-1-2}$$

用测长仪器测量出 D、d、L，用天平测量出 m，则 ρ 就可间接测量了。

2. 不规则物体的体积和密度

下面介绍一种测量非规则几何形状固体体积的测量方法——流体静力称衡法。

(1) 被测物体的密度 ρ 大于水的密度 ρ_0。

阿基米德原理指出：浸没在液体中的物体受到向上的浮力，浮力大小等于物体所排开液体的重量。设液体为水，并假设空气对被测物体的浮力不影响测量它的密度精确度，则

物体在空气中的重量为 $W=mg$；再设该物体全部浸没且悬浮在水中时的视重为 $W_1=m_1g$，则物体在水中所受的浮力大小为 $F=W-W_1=(m-m_1)g$。

根据阿基米德原理，有

$$F=\rho_0 Vg$$

式中，ρ_0 为所用流体(如水)的密度；V 为物质体积；g 为重力常数。所以

$$\rho_0 Vg=(m-m_1)g$$

由此可测得物体的体积为

$$V=\frac{m-m_1}{\rho_0} \tag{5-1-3}$$

故可求得物体的密度为

$$\rho=\frac{m\rho_0}{m-m_1} \tag{5-1-4}$$

式中，m 和 m_1 是该物体在空气中及全部浸入液体中称衡时相应的天平砝码质量；ρ_0 是水在当时水温下的密度(可从附录 B 的表 B-4 中查得)。

(2) 被测物体的密度小于水的密度。

采用图 5-1-1 所示的测量方法，根据以上的类似原理，得出被测物体的密度为

$$\rho=\frac{m\rho_0}{m_3-m_2} \tag{5-1-5}$$

式中，m 是被测物体在空气中称衡时的质量；m_2 是细线栓着的被测物和重物(重物的作用是把被测物一起全部拉入水中)都全部浸没且悬浮在水中称衡时的视重所对应的质量(参见图 5-1-1(a))；m_3 是被测物全部在空气中、重物全部浸浮在水中称衡时的视重所对应的质量(参见图 5-1-1(b))。

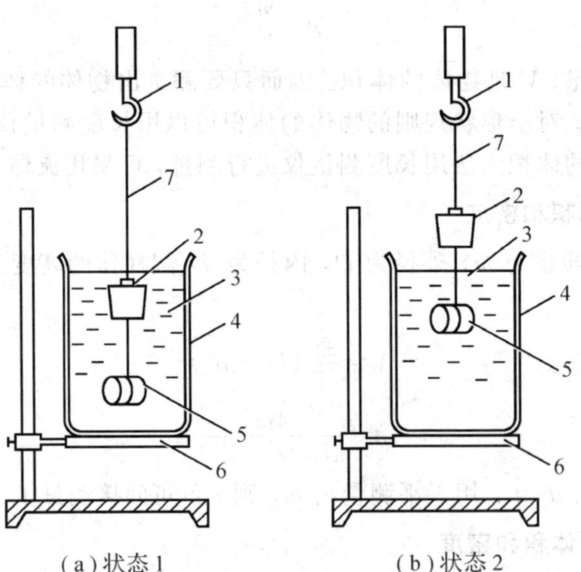

(a) 状态 1　　(b) 状态 2

1—天平挂钩；2—被测物体；3—液体；4—玻璃烧杯；
5—重物；6—物理天平上的托架；7—悬线

图 5-1-1　测量方法

由式(5－1－3)～式(5－1－5)可知，当 ρ_0 即液体的密度为已知时，就可用天平测量出固体的体积和密度；当固体的密度 ρ 已知时又可测量出被测液体的密度。

四、实验内容

(1) 测量规则物体的体积和密度。建议根据被测量的特征，正确选择长度测量仪测量空心圆柱体的体积；用物理天平称出其质量，就可间接测量出物体的体积和密度。

(2) 采用液体静力称衡法测量出不规则物体的体积和密度。建议用天平分别称出物体在空气中的质量 m 和浸没在水中的质量 m_1；用温度计测量出此刻的水温，就可间接测量出不规则物体的体积和密度。

(3) 用列表法正确记录测量数据(单次或多次测量)、各仪器的示值误差，练习间接测量的误差计算及结果的表示。

五、思考问题

(1) 浸没在水中的质量为 m_1 的物质如何在天平上称衡？

(2) 如果物体密度比水小或呈小颗粒状，那么能否设计一种测量其密度的方法？

实验 5.2　液体黏滞系数的测量

在工业生产和科学研究中，如在流体传输、液压传动、机器润滑、船舶制造、化学原料等方面，常常需要知道液体的黏滞系数。现代医学中，测量血黏度的大小是检查人体血液健康的重要标志之一。测量液体黏滞系数有多种方法，本实验介绍落球法测量液体的黏度。

一、实验目的

(1) 加深对泊肃叶公式的理解。

(2) 掌握用间接比较法测定液体黏滞系数的初步技能。

(3) 测定酒精的黏滞系数。

二、实验器材

实验器材有奥氏黏度计(加接橡皮管)、铁架及万向夹、秒表、温度计、量筒、不同容量大小的烧杯(5 个)、医用橡皮吸球、蒸馏水(50 mL)、酒精(25 mL)等。

三、实验原理

自然界中，一切实际流体(气体、液体)都具有一定的黏滞性，这可以由流体抗拒形变的内摩擦而显示出来。众所周知，作用于静止流体及运动中的所谓理想流体任一表面上的力只有法向力(即正压力)，但是对于实际流体而言，当相邻两层流体各以不同的定向速度运动时，由于流体分子的相互作用，就会产生平行于接触面的切向力。如图 5－2－1 所示，运动快的流层对运动慢的流层施以拉力 f'，运动慢的流层则对运动快的流层施以阻力 f，这一对力被称为内摩擦力或黏滞力。

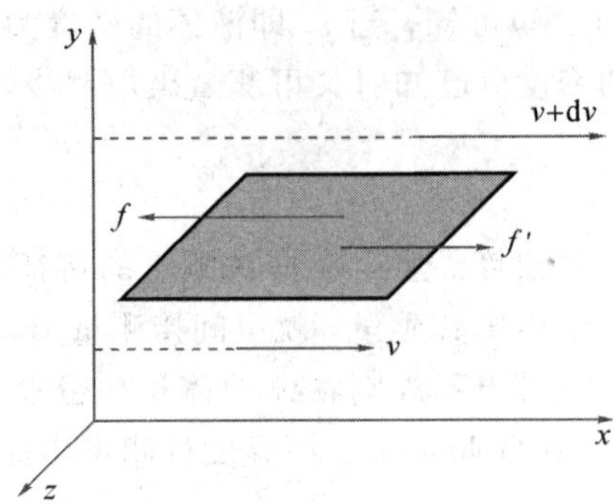

图 5-2-1　流层间的黏滞力

实验表明，对于给定的流体，作用于接触面积为 ds 的相邻两流层上的黏滞力 f 与垂直于 ds 方向上的速度梯度 dv/dy 及接触面积 ds 呈正比，其方向与运动方向相反，即

$$f=\eta\frac{\mathrm{d}v}{\mathrm{d}y}\cdot\mathrm{d}s,\ \eta=\frac{f}{\frac{\mathrm{d}v}{\mathrm{d}y}\cdot\mathrm{d}s} \tag{5-2-1}$$

式(5-2-1)就是决定流体内摩擦力大小的牛顿黏滞定律。其中，比例系数 η 是由流体本身性质决定的，是反映流体黏滞性大小的物理量，称为黏滞系数(又称动力黏度，简称黏度)，其单位为帕·秒(Pa·s)。1 Pa·s 相当于速度梯度为 1 s^{-1}时，作用在 1 m^2 接触面积上的力为 1 N 的流体所具有的黏度，即 1 Pa·s=1 N·s·m^{-2}。

不同流体具有不同的黏度，同一种流体在不同温度下的黏度也不相同，而且流体的黏度还与压强有关，但不甚显著。气体的黏度很小，且与 $T^{1/2}$ 成比例，T 为气体的开尔文温度。由于液体分子间距比气体小千分之一以上，层间分子的相互作用力成为产生内摩擦的主要原因，所以其黏度比气体大 10^2～10^4 倍，且其黏度随温度的升高几乎按指数规律减小，常用的经验公式为

$$\eta_\theta=a(b+\theta)^{-c} \tag{5-2-2}$$

式中，η_θ 为流体在 θ℃时的黏度；a、b、c 为因液体种类或温度范围而异的常数。对水而言，当 a=0.600 70、b=43.252 及 c=1.5423 时，温度在 0～100℃范围内，与精确实验结果的误差不大于 0.40%。因此，式(5-2-2)可以用来验证我们的实验结果。

测定流体的黏度可以有很多种方法，诸如用各种毛细管黏滞计、旋转圆筒法、利用斯托克斯公式的落球法、由观察阻尼振动的方法测定黏滞系数等。

本实验采用的是“间接比较法”。

由理论课的知识可知，在细管内作片流的稳定流动黏性流体，它的体积流量 Q(即单位时间内流过细管一个截面的流体体积)遵从泊肃叶公式：

$$Q=\frac{\pi R^4\Delta P}{8\eta l} \tag{5-2-3}$$

式中，R 为细管的半径；l 为细管长；ΔP 为细管两端的压强差；η 为流体的黏滞系数。

在流速接近稳定的条件下，若流过细管的流体体积为 V，经过的时间为 t，则 $Q=V/t$，代入式(5-2-3)中可得到 η 的表达式为

$$\eta=\frac{\pi R^4 t\Delta P}{8Vl} \tag{5-2-4}$$

可用式(5-2-4)直接测定黏滞系数 η，但需要测量的物理量有 R、t、ΔP、l、V 等多个，各个物理量的测量也并不容易(其实也没有必要)，所以我们采用间接比较法，即控制不同的流体在某些相同的条件进行实验测量(比如，让不同的流体的相同体积通过同一根细管)，利用公式进行比较，消去相同的物理量。这样，我们只要测量少数的物理量即可计算出实验结果。这种方法的思想是以一种流体的某个物理量的值为标准值，通过测量其他的物理量，再利用比较得到的公式，计算出我们需要测量的结果。该方法可使实验操作过程大为简化，并能提高测量的精度。

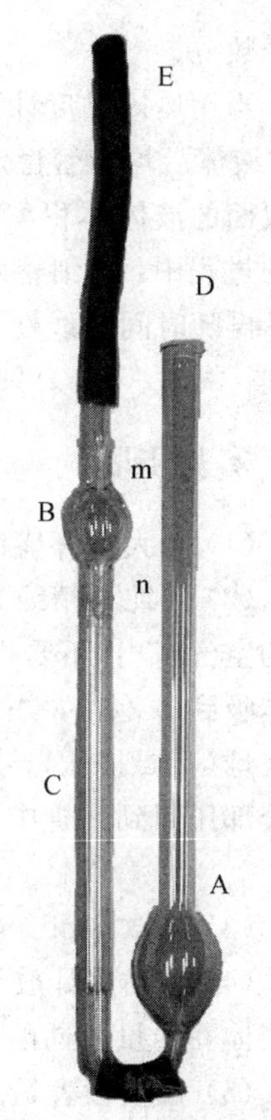

图 5-2-2　奥氏黏度计

下面分析间接比较法在本实验中的具体应用。如图 5-2-2 所示，奥氏黏度计是一根带有一大(A)一小(B)两个玻璃球泡的U形玻璃管，B泡的上、下部各有一条刻痕 m 和 n，用于确定流体的体积；位于下刻痕 n 下面的是一段直径均匀的毛细管，流体就从此毛细管中流过。

实验时，以一定体积的液体从大管口 D 注入 A 泡内，再用橡皮吸球由小管口 E 将液体吸入 B 泡中，并使液面升高到 B 泡的上刻痕 m 以上某一高度处(注意不要把液体吸到橡皮管中)。因 D、C 两管中液面的高度不同，B 泡内的液体将在重力的作用下经毛细管流回 A 泡。利用秒表(stopwatch)记下液面从上刻痕 m 下降至下刻痕 n 所用的时间。

以相同体积的被测液体和蒸馏水先后注入黏度计，按上述步骤分别测出两种液体的液面由 m 下降至 n 所需的时间 t_1 和 t_2，由式(5-2-4)可知

$$\eta_1=\frac{\pi R^4 t_1 \Delta P_1}{8Vl} \tag{5-2-5}$$

$$\eta_2=\frac{\pi R^4 t_2 \Delta P_2}{8Vl} \tag{5-2-6}$$

式(5-2-5)除以式(5-2-6)，两式中的 R、V、L 相同，π 是常数，整理可得

$$\frac{\eta_1}{\eta_2}=\frac{t_1 \Delta P_1}{t_2 \Delta P_2} \tag{5-2-7}$$

由于液体沿毛细管流动的过程中，毛细管是竖直放置的，毛细管两端液体的压强差 ΔP 与液体的密度 ρ 和黏度计两臂中的液面高度差 Δh 的乘积成正比，即 $\Delta P=\rho g \Delta h$，其中 Δh 虽在不断地变化，但可使两种液体在测量中的 Δh 变化情况完全相同，因此

$$\frac{\Delta P_1}{\Delta P_2}=\frac{\rho_1 g \Delta h}{\rho_2 g \Delta h}=\frac{\rho_1}{\rho_2} \tag{5-2-8}$$

式(5-2-7)可表示为

$$\eta_1=\frac{\rho_1 t_1}{\rho_2 t_2}\eta_2 \tag{5-2-9}$$

从附录 B 的表 B-4、表 B-12～表 B-14 中可查得在实验温度下标准液体——蒸馏水的 η_2、ρ_2 及被测液体的 ρ_1，从实验测得时间 t_1 和 t_2，根据式(5-2-9)可求得被测液体的黏

滞系数 η_1。

当用奥氏黏度计测量液体黏滞系数时，需要注意的是：由于泊肃叶公式应用的条件要求，液体沿均匀管稳定流动的过程中，管两端的压强差是恒定的，流速不随时间改变，流过管截面的液体体积 V 随时间 t 线性变化。但是，对于奥氏黏度计，在液体沿竖直毛细管流动的过程中，毛细管两端液体的压强差随液面的下降而减小，流速也逐渐减小，因此，体积 V 不再随时间呈线性变化，并且公式的推导也未考虑其他能量的损失，经理论推导和实验证实，式(5-2-9)只能说是一个近似公式。

四、实验步骤

(1) 将大烧杯盛满水，放在铁架座上作为恒温器。

(2) 用纯酒精约 5 mL 注入黏度计的 A 泡中进行洗涤，用手捏住橡皮球，尽量把橡皮球中的空气挤出(不要松手)，再插入到橡皮管中，尽量保证不要泄气，松开手缓缓地吸气，把液体吸到 B 泡中，并使液面处于高于 m 刻线的某一处(切勿将液体吸入到橡皮球中)。松开橡皮球(不要挤压)，把它插回到橡皮管中，尽量保证不要泄气，然后开始挤压橡皮球，将液体全部压回到大管中。以上步骤进行两三次，这样就完成了洗涤过程，把酒精倒回到回收杯中。

(3) 量取 5 mL 酒精，注入黏度计。

(4) 将黏度计放入大烧杯中，并固定在支架上。注意：使黏度计保持竖立放置，以使两种液体在尽量相同的条件下(包括重力加速 g 也相同)进行测量。

(5) 检查秒表是否回零并测量出大烧杯中水的温度 T。

(6) 用橡皮球把液面吸到刻痕 m 以上的一定位置(注意：勿将液体吸入橡皮管中)。

(7) 撤去吸球，让液面自由下降，用秒表测出液面从上刻痕 m 降至下刻痕 n 处所用的时间，记录下来(观察时，视线要与刻痕保持水平)。

本实验所用秒表可准确到 0.1 s。分钟数由小针所指小圈内数字读出。秒钟数的读取有两种情况：小针没过半时，秒钟读数取大针所指的黑色数字；小针过半时，秒钟数为大针所指的红色数字。

(8) 重复步骤(5)～(7)多次，当各次读数相差不超过 1 s 时，记录下最后三次的读数。

(9) 实验中应随时监测温度 T，如果 T 变化超过 10℃，则时间 t_1、t_2 应重新测量。

(10) 倒出酒精。挤压橡皮球，将液体尽量全部压入大管中，由大管倒入回收杯中(用橡皮球多打几次气，尽量使细管中不存液体)。

(11) 用多于 5 mL 的蒸馏水洗涤量筒，废液倒入相应的回收杯中。

(12) 用蒸馏水约 5 mL 注入黏度计，重复步骤(2)，洗涤两次。

(13) 量取 5 mL 蒸馏水注入黏度计。

(14) 重复步骤(4)～(10)。

(15) 将回收杯中酒精倒入指定的回收瓶，其余液体倒入废水池。

(16) 完成实验报告。

五、注意事项

(1) 奥氏黏度计下端弯曲部分很容易折断，操作过程中只能手握大管，不要一手同时握两管。

(2) 实验过程应保持奥氏黏度计竖直。

(3) 实验后应让秒表走动，让发条松弛。

六、问题与讨论

(1) 本实验所用的间接比较法中，哪些是被消去的相同量？

(2) 实验要求三次体积及高度均相同有何好处？若选择不同数值能进行测量吗？

(3) 泊肃叶公式适用于稳恒流动的情形，本实验装置能得到满足吗？为什么？

实验5.3　拉伸法测量金属丝杨氏模量

杨氏模量是工程材料的重要参数，它是描述材料刚性特征的物理量。杨氏模量越大，材料越不易发生变形，杨氏模量可以用动态法来测量，也可以用静态法来测量。静态法的关键是要准确测量出试件的微小变形量。测量长度的微小变化有许多方法，如光杠杆、千分表、读数显微镜、光的干涉法等。本实验利用光杠杆放大法来测量金属丝的杨氏模量。光杠杆放大原理广泛地用于测量技术之中，一些高灵敏度仪表都有光杠杆装置，如光点反射式检流计、冲激电流计等。

一、实验目的

(1) 了解静力拉伸法测定金属丝的杨氏模量原理。

(2) 掌握用光杠杆放大法测量微小长度的变化。

(3) 学习用逐差法和作图法处理数据。

二、实验器材

实验器材有杨氏模量测定仪、光杠杆、望远镜和标尺(镜尺组)、钢丝、砝码、直尺、钢卷尺、螺旋测微计等。

三、实验原理

一根均匀的长度为 L 的金属丝，设其截面积为 S，在受到沿长度方向的外力 F 的作用下伸长 ΔL。根据胡克定律可知，在材料弹性范围内，其相对伸长量 $\Delta L/L$(应变)与外力造成的单位面积上受力 F/S(应力)成正比，两者的比值为

$$Y=\frac{F/S}{\Delta L/L} \tag{5-3-1}$$

称为该金属丝的杨氏模量，它的单位为 N/m^2(牛顿/米^2)。实验证明，杨氏模量与外力 F、金属丝的长度 L 和截面积 S 的大小无关，只取决于被测物的材料特性。它是表征固体性质的一个物理量。设金属丝的直径为 d，则 $S=\frac{1}{4}\pi d^2$，杨氏模量可表示为

$$Y=\frac{4FL}{\pi d^2\Delta L} \tag{5-3-2}$$

式(5-3-2)表明，在长度为 L、直径为 d 和外力为 F 相同的情况下，杨氏模量大的金

属丝的伸长量较小，而一般金属材料的杨氏模量均达到 10^{11} N/m^2 的数量级，所以当FL/d^2的比值不太大时，绝对伸长量 ΔL 就很小，用通常的测量仪(游标卡尺、螺旋测微器等)就难以测量了。实验中采用光学放大法将微小长度用一种专门设计的测量装置——光杠杆来进行测量。

实验装置图如图 5-3-1 所示。

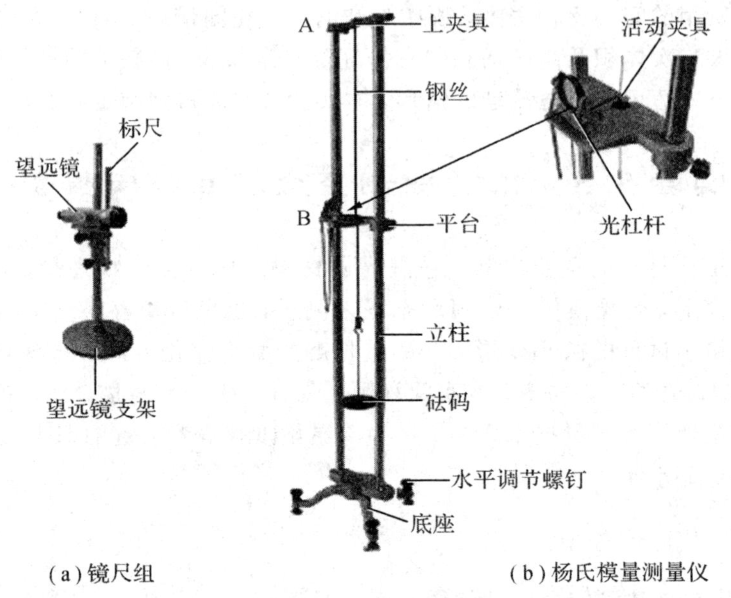

图 5-3-1 实验装置图

实验装置包括以下两部分：

(1) 钢丝和支架。固定于支架(参见图 5-3-1(b))中的钢丝固定夹头 A 将被测金属丝(钢丝)的上端夹紧固定；下端连接一个金属框架，由钢丝活动夹头 B 夹紧。框架较重，使钢丝维持伸直。框架下附有砝码托，可以载荷不同数值的砝码。钢丝夹头 B 可随钢丝的伸缩而上、下移动。支架中部有一个可以升、降的水平平台(未画出可调升降的装置)。

(2) 光杠杆和镜尺组。这是测量 ΔL 的主要部件，其中光杠杆的外形如图 5-3-2 所示。实验时光杠杆的后足放在钢丝夹头 B 上，前两足放在水平平台的横槽里，三足维持在同一水平面上。可见，当金属丝受外力伸长 ΔL 时，光杠杆后足也随之下降 ΔL。镜尺组是由一测量望远镜及其旁边的一竖放标尺所组成的，如图 5-3-1(a)所示。

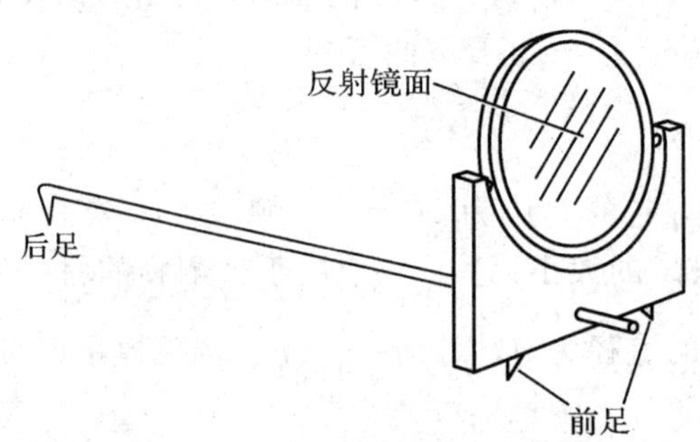

图 5-3-2 光杠杆外形图

对微小长度 ΔL 的测量，需要光杠杆与望远镜标尺组配合使用，如图 5-3-3 所示，从望远镜标尺发出的物光经过远处光杠杆的镜面反射后到达望远镜，被观察者在望远镜中看到。

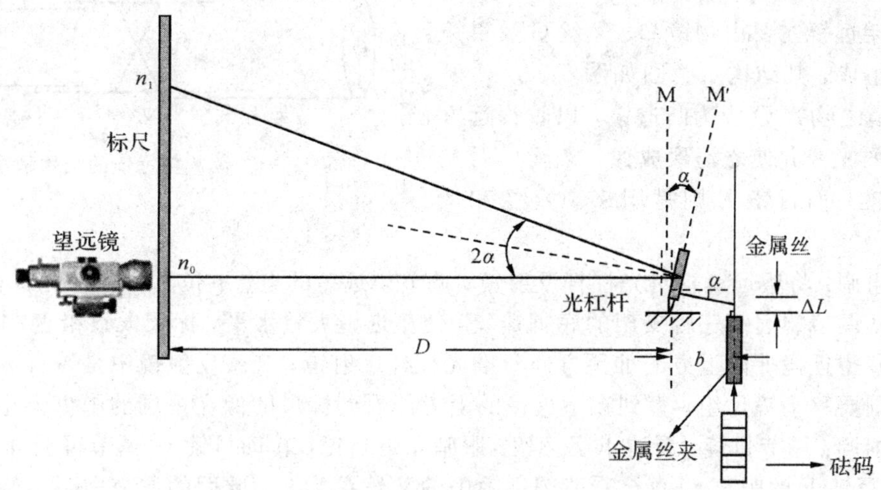

图 5-3-3　光杠杆的测量原理光路图

开始时，光杠杆的镜面处于垂直状态，从望远镜中看到的标尺上的刻度读数为 n_0。实验中如果光杠杆的前足固定，而后足的支撑点(金属丝夹)由于外力砝码作用向下改变了 ΔL 微小长度，则光杠杆就会改变一个角度 α，使镜面 M 到达 M′的位置，而镜面上的反射光会相应地改变 2α 的角度，此时观察到的标尺的刻度变化到了 n_1 的位置。根据图 5-3-3 中的几何关系可知

$$\tan\alpha=\frac{\Delta L}{b},\ \tan 2\alpha=\frac{n_1-n_0}{D}$$

式中，b 为光杠杆后足尖到两前足尖连线之间的距离；D 为光杠杆镜面与直尺之间的距离。由于 α 角度很小，$\tan\alpha\approx\alpha$，$\tan 2\alpha\approx 2\alpha$，所以 $\alpha=\frac{\Delta L}{b}$，$2\alpha=\frac{n_1-n_0}{D}=\frac{\Delta n}{D}$，消去 α，得

$$\Delta L=\frac{b}{2D}\Delta n \tag{5-3-3}$$

将式(5-3-3)代入式(5-3-2)得

$$Y=\frac{4FL}{\pi d^2\Delta L}=\frac{8FLD}{\pi d^2 b\Delta n}=\frac{8mgLD}{\pi d^2 b\Delta n} \tag{5-3-4}$$

其中，m 为砝码质量。

四、实验内容

1. 杨氏模量测定仪的调整

(1) 调双柱支架底脚螺丝，使水准仪气泡居中，此时平台已水平，支柱已铅直。

(2) 在钢丝下端加 1 个砝码，将钢丝拉直。检查钢丝活动夹头 B 是否能在水平平台的方孔中上、下自由活动而不与方孔有较大的摩擦。

(3) 将光杠杆放在水平平台上，其后足放在钢丝的活动夹头 B 上，后足的竖槽对准钢

丝，但不要与钢丝相碰。前两足放在水平平台的横槽里(光杠杆的前、后足之间距离可以调节)，三足维持在同一水平面上，使反射镜面大致铅直。

2. 读数望远镜的调节

读数望远镜主要由物镜O、叉丝C及目镜E三部分组成，其结构示意图如图5-3-4所示。望远镜之物镜O皆为凸透镜，以收集远方物体发出的光线并使之汇聚成像；叉丝C乃是读数的标准；而目镜E则是用来观察像和叉丝的。

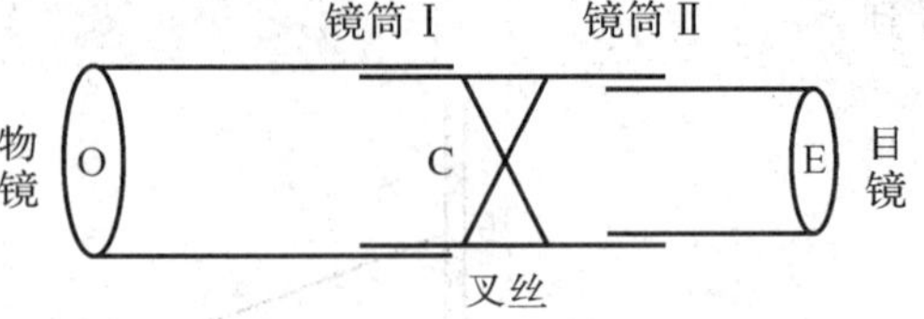

图5-3-4 读数望远镜的结构示意图

(1) 粗调：将望远镜正对光杠杆反射镜，调节望远镜的上、下位置使其与光杠杆处于同一高度上。调节望远镜三脚支架的底脚螺丝，使望远镜大致水平，标尺大致铅直。眼睛靠近目镜，沿着望远镜外侧上方的准星方向对准光杠杆反射镜，观察反射镜中是否有标尺的像，若没有，则要移动镜尺组，直到在望远镜的上方能看到标尺的像在视场的中央为止。

(2) 细调：调节目镜，看清十字叉丝。眼睛贴近目镜，转动目镜E(调节镜筒Ⅱ，以改变叉丝C到目镜E的距离)，直至看清望远镜中的叉丝C为止。此后的调节中不再旋动目镜。调节物镜，看清标尺读数。眼睛贴近目镜，转动物镜O(调节镜筒Ⅰ，以改变目镜E和叉丝C的整体到物镜O的距离)；若看不到标尺的像，判断后再细调一下镜尺组的位置，直到能清晰地看到镜面所反射的标尺读数与叉丝而无视差为止(视差是由于标尺成像面没有落在叉丝面上，所以，当眼睛上、下移动时，标尺像与叉丝有明显的相对运动)。转动望远镜，使水平叉丝与标尺的刻度平行。

3. 测量

(1) 记下望远镜中与叉丝横线重合的标尺读数 n_1。

(2) 逐次将1 kg的砝码加在砝码托上(砝码的开槽要交叉放置)，同时在望远镜中读取并记录对应的 n_i，共增加7次；然后将所加砝码逐次去掉(每次减1 kg)，记下对应读数 n_i'。

(3) 用钢卷尺测量钢丝的原长 L 及标尺至镜面的距离 D，再用米尺测量 b。将光杠杆的三个足尖印在一张平纸上，作后足尖到两前足尖的垂线，测量其长度为 b，各测量1次。

(4) 用螺旋测微计测量钢丝各段不同方位上的直径，共计8次。测量时应十分仔细，切勿扭折钢丝。

五、注意事项

(1) 在调好实验观察系统之后，整个操作过程中都要防止实验系统产生振动，以保证读数准确。

(2) 加、减砝码时勿使砝码托摆动，且将砝码缺口交叉放置。

(3) 加、减砝码时动作要轻慢，应在钢丝不晃动并且形变稳定之后再进行测量。

(4) 测量中应随时判断数据，以便及时发现问题，改进操作。

六、实验记录与数据处理

1. 用逐差法处理数据

将数据记录在表5-3-1～表5-3-3中。

表 5-3-1　望远镜标尺读数记录与处理(单个砝码质量 m_0 = ______ kg)

次数	砝码/kg	加重时的读数 n_i/cm	减重时的读数 n_i'/cm	读数的平均值$\overline{n_i}$/cm	(逐差法处理数据)N_i/cm	平均值 $\overline{N}$ 及误差 $\sigma_{\overline{N}}$/cm
0				$\overline{n_0}=$		
1				$\overline{n_1}=$		
2				$\overline{n_2}=$		
3				$\overline{n_3}=$		
4				$\overline{n_4}=$		
5				$\overline{n_5}=$		
6				$\overline{n_6}=$		
7				$\overline{n_7}=$		

表 5-3-2　各单次测量数据记录与仪器误差

被 测 量	仪 器 误 差
D=(　　　　　)cm	
L=(　　　　　)cm	
b=(　　　　　)cm	

表 5-3-3　钢丝直径数据记录与处理(千分尺零点读数: ______ mm)

次数	1	2	3	4	5	6	7	8	9	10
直接读数 d'/mm										

2. 用作图法处理数据

把测量公式(5-3-4)改写为

$$N=\frac{8LD}{\pi d^2 bY}\times F=K\times F$$

在既定的实验条件下，K 是一个常量。若以 $N_i=\overline{n_i}-\overline{n_0}$ ($i=1, 2, 3, \cdots, 8$) 为纵坐标、F_i 为横坐标作图，应得一斜率为 K 的直线。由该图上得到 K 的数据后可计算出杨氏模量为

$$Y=\frac{8LD}{\pi d^2 bK}$$

七、思考问题

(1) 用逐差法处理数据有什么好处?

(2) 在测量钢丝的伸长量时，先是逐步增重，然后又逐步减重，最后求$\overline{n_i}$。为什么要这

么做?

(3) 本实验中,哪个量的测量误差对测量结果的影响较大?

补充实验:YJ－YM－V 杨氏模量综合实验仪

1. 实验原理

YJ－YM－V 杨氏模量综合实验仪使用位移传感器定标。位移传感器是将霍尔元件置于磁感应强度为 B 的磁场中,在垂直于磁场方向通以电流 I,则与这两者相垂直的方向上将产生霍尔电势差 U_H 为

$$U_H = K \cdot I \cdot B \tag{5-3-5}$$

式中,K 为元件的霍尔灵敏度。如果保持霍尔元件的电流 I 不变,而使其在一个均匀梯度的磁场中移动,则输出的霍尔电势差变化量为

$$\Delta U_H = K \cdot I \cdot \frac{dB}{dZ} \cdot \Delta Z \tag{5-3-6}$$

式中,ΔZ 为位移量。式(5－3－6)说明,若$\frac{dB}{dZ}$为常数,则 ΔU_H 与 ΔZ 成正比。取比例系数为 κ,则

$$\Delta U_H = \kappa \cdot \Delta Z \tag{5-3-7}$$

为实现均匀梯度的磁场,可以将两块相同的磁铁(磁铁截面积及表面磁感应强度相同)相对放置,如图 5－3－5 所示,即 N 极与 N 极相对,两磁铁之间留有一等间距的间隙,霍尔元件平行于磁铁放在该间隙的中轴上。该间隙的大小要根据测量范围和测量灵敏度的要求而定,间隙越小,磁场梯度就越大,灵敏度就越高。磁铁截面要远大于霍尔元件,以尽可能地减小边缘效应的影响,提高测量精确度。

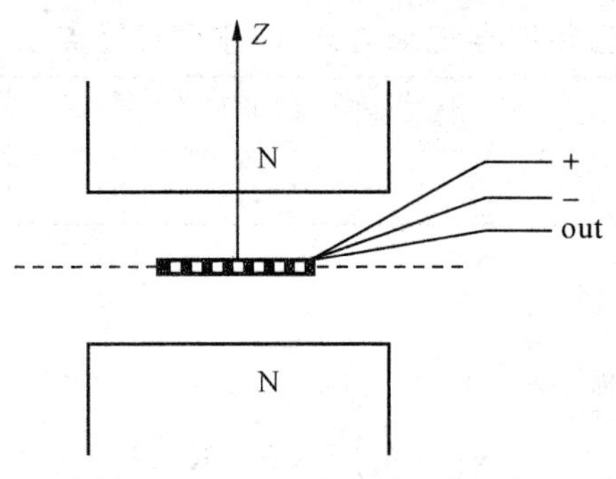

图 5－3－5　位移传感器

若磁铁间隙内中心截面处的磁感应强度为零,则霍尔元件处于该处时,输出的霍尔电势差应该为零。当霍尔元件偏离中心沿 Z 轴发生位移时,由于磁感应强度不再为零,霍尔元件也就产生相应的电势差输出,其大小可以用数字电压表测量。由此可以将霍尔电势差为零时元件所处的位置作为位移参考零点。霍尔电势差与位移量之间存在一一对应的关系,当位移量较小(小于 2 mm),这一对应关系具有良好的线性。

位移传感器主体装置如图 5－3－6 所示。YJ－YM－V 杨氏模量综合实验仪的主体装置如图 5－3－7 所示。

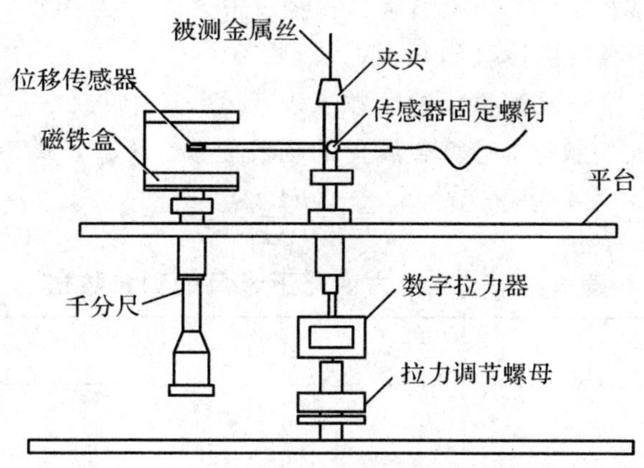

图 5-3-6　位移传感器主体装置

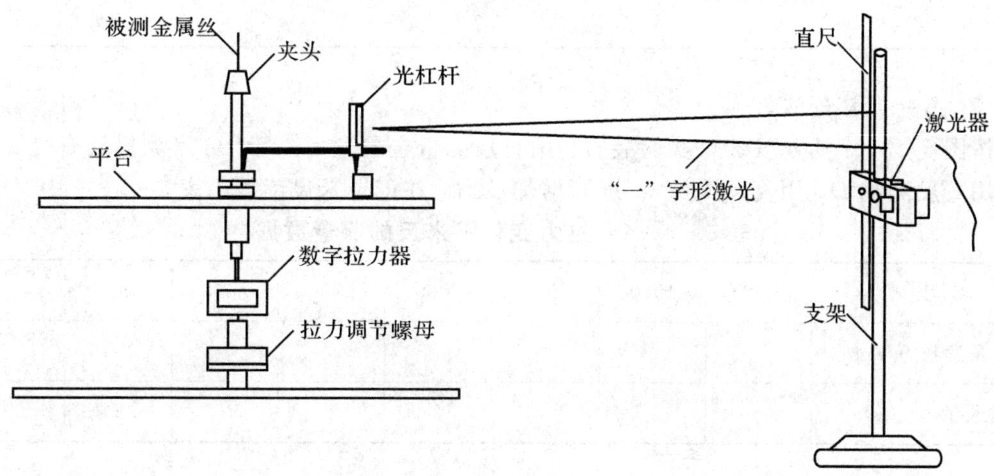

图 5-3-7　YJ-YM-V 杨氏模量综合实验仪主体装置

2. 实验内容

1）位移传感器的定标

(1) 将传感器电缆线与传感器测量仪相连，打开电源开关，调节测量仪的零点粗调和细调，使测量仪的读数为 0 mV。

(2) 调节千分尺位置使其读数处于一定的位置，每隔 0.100 mm 记录一次测量仪的读数于表 5-3-4 中。

(3) 作 $U-Z$ 图，求出位移传感器的霍尔灵敏度 K。

表 5-3-4　位移传感器的灵敏度 K 的测量

测量次数	1	2	3	4	5	6	7	8	9	10
位置 Z/mm										
电压 U/mV										

2）杨氏模量的测量

(1) 位移传感器法。

① 用直尺测量金属丝 L，千分尺测量其直径 d。

② 调节旋钮，使测量仪的读数为 0 mV。

③ 逐渐增加拉力，并记录测量仪的读数于表 5－3－5 中。

④ 用逐差法处理实验数据，计算金属丝的杨氏模量。计算公式为

$$Y=\frac{4FL}{\pi d^2 \Delta L}$$

表 5－3－5　拉力变化下米尺的测量数据

拉力/g	500	1000	1500	2000	2500	3000	3500	4000
电压 U/mV								
伸长量 ΔZ/mm								
ΔL/mm								

(2) 激光光杠杆法。

按图 5－3－7 所示安装好实验装置。用直尺测量金属丝 L，用千分尺测量其直径 d。用直尺测量 D，用直尺测量 b，逐渐增加拉力，并记录米尺读数于表 5－3－6 中。

表 5－3－6　拉力变化下米尺的测量数据

拉力/g	500	1000	1500	2000	2500	3000	3500	4000
米尺读数 S/mm								
伸长量 ΔL/mm								

计算公式为

$$Y=\frac{8LD}{\pi d^2 b}\cdot\frac{F}{\Delta x}$$

实验 5.4　用波尔共振仪研究受迫振动

在机械制造和建筑工程等科技领域中，受迫振动所导致的共振现象引起工程技术人员极大的关注。它既有破坏作用，但也有许多实用价值，众多的电声器件是运用共振原理设计制作的。此外，在微观科学研究中“共振”也是一种重要研究手段，例如利用核磁共振和顺磁质研究物质结构等。

表征受迫共振性质的是受迫共振的振幅-频率特性和相位-频率特性（简称幅频和相频特性）。本实验采用波尔共振仪定量测定机械受迫振动的幅频特性和相频特性，并利用频闪方法来测定动态的物理量——相位差。

一、实验目的

(1) 研究波尔共振仪中弹性摆轮受迫振动的幅频特性和相频特性。

(2) 研究不同阻尼力矩对受迫振动的影响，观察共振现象。

(3) 学习用频闪法测定运动物体的某些量(如相位差)。

(4) 学习系统误差的修正。

二、实验器材

实验器材有 BG－2 型波尔共振仪、电器控制箱等。

BG－2 型波尔共振仪由振动仪与电气控制箱两部分组成。其中振动仪部分如图 5－4－1 所示。铜质圆形摆轮 A 安装在机架上；蜗卷弹簧 B 的一端与摆轮 A 的轴相连，另一端可固定在机架支柱上。在弹簧弹性力的作用下，摆轮 A 可绕轴自由往复摆动。在摆轮的外围有一卷槽型缺口，其中一个长凹槽 C 比短凹槽 D 长出许多。在机架上对准长型缺口处有一个光电门 H，它与电气控制箱相连接，用来测量摆轮的振幅(角度值)和摆轮的振动周期。在机架下方有一对带有铁芯的阻尼线圈 K，摆轮 A 恰巧嵌在铁芯的空隙。利用电磁感应原理，当线圈中通过直流电流后，摆轮 A 受到一个电磁阻尼力的作用。改变电流的数值即可使阻尼的大小相应变化。为使摆轮 A 作受迫振动，在电动机轴上装有偏心轮，通过连杆 E 带动摆轮 A，在电动机轴上装有带刻线的角度指针盘 F，它随电机一起转动，由它可以从角度盘 G 读出相位差 φ。调节控制箱上的电机转速调节旋钮，可以精确改变加于电机上的电压，使电机的转速在实验范围(30～45 r/min)内连续可调。由于电路中采用特殊的稳速装置，电动机采用惯性很小的带有测速发电机的特种电机，因此其转速极为稳定。电机的角度指针盘 F 上装有两个挡光片。在角度盘 G 中央上方 90°处也装有光电门 I，并与控制箱相连，以测量强迫力矩的周期。

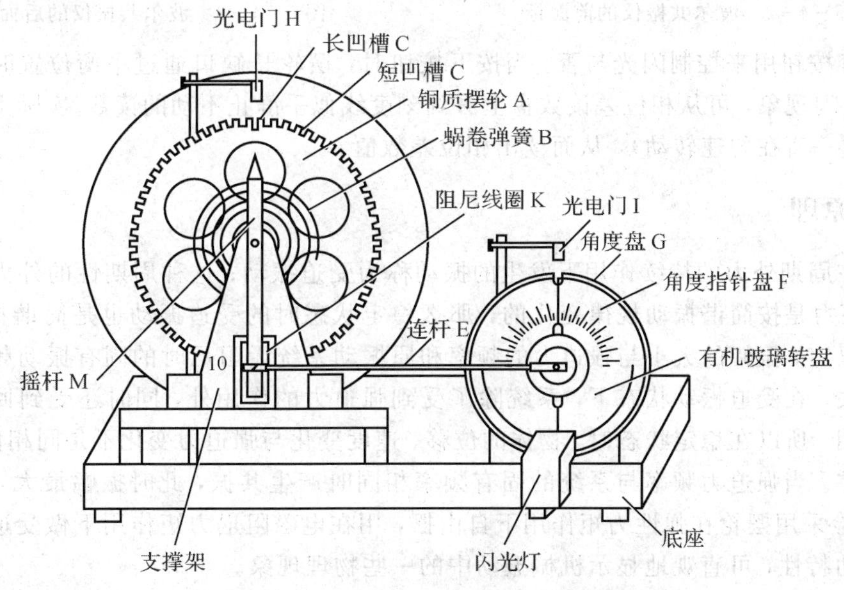

图 5－4－1　波尔共振仪的振动部分

受迫振动时摆轮与外力矩的相位差可利用小型闪光灯来测量。闪光灯受摆轮信号光电门 H 控制，每当摆轮 A 上长型凹槽 C 通过平衡位置时，光电门 H 接收光，引起闪光。闪光灯放置的位置如图 5－4－1 所示，被搁置在底座上，切勿拿在手中直接照射刻度盘。在稳定情况时，由闪光灯照射下可以看到角度指针盘 F 好像一直“停在”某一刻度处，这一现象称为频闪现象。所以该刻度处的数值可方便地直接读出，误差不大于 2°。

摆轮振幅是利用光电门 H 测出摆轮读数 A 处圈上凹形缺口的个数，并由数显装置直接显示出此值，精度为 2°。

波尔共振仪电气控制箱的前面板和后面板分别如图 5-4-2 和图 5-4-3 所示，计时精度为 10^{-3} s。利用面板上“摆轮，强迫力”和“周期选择”开关，可分别测量摆轮强迫力矩(即电动机)的单次和 10 次周期所需时间。复位按钮仅在 10 个周期时起作用，测单次周期时会自动复位。电机转速调节旋钮系带有刻度的 10 圈电位器，调节此旋钮时可以精确改变电机转速，即改变强迫力矩的周期。刻度仅供实验时作参考，以便大致确定强迫力矩周期值在多圈电位器上的相应位置。

阻尼电流选择开关可以改变通过阻尼线圈内直流电流的大小，达到改变摆轮系统的阻尼系数。选择开关可分为 4 挡，“0”处(即自由振动)阻尼电流为零，“1”、“3”处阻尼电流最大，阻尼电流由 15 V 稳压装置提供，实验时选用位置根据情况而定(可先选择在“2”处，若共振时振幅太小则可改用“1”，切不可放在“0”处)，振幅不大于 150°。

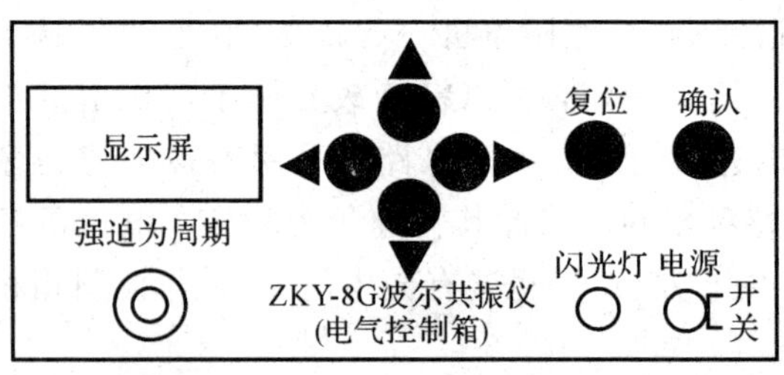

图 5-4-2 波尔共振仪的前面板

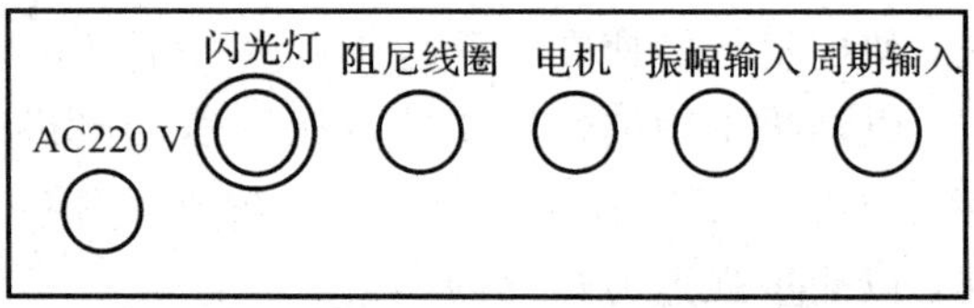

闪光灯 阻尼线圈 电机 振幅输入 周期输入
AC220 V

图 5-4-3 波尔共振仪的后面板

闪光灯按钮用来控制闪光与否。当按下按钮时，摆轮长缺口通过平衡位置时便产生闪光，由于频闪现象，可从相位差读数盘上看到刻度线似乎静止不动的读数(实际上有机玻璃 F 上刻度线一直在匀速转动)，从而读出相位差数值。

三、实验原理

物体在周期外力的持续作用下发生的振动称为受迫振动；这种周期性的外力称为强迫力。如果外力是按简谐振动规律变化的，那么稳定状态时的受迫振动也是简谐振动，此时振幅保持恒定，振幅的大小与强迫力的频率和原振动系统无阻尼时的固有振动频率以及阻尼系数有关。在受迫振动状态下，系统除了受到强迫力的作用外，同时还受到回复力和阻尼力的作用。所以在稳定状态时，物体的位移、速度变化与强迫力变化不是同相位的，存在一个相位差。当强迫力频率与系统的固有频率相同时产生共振，此时振幅最大，相位差为 90°。本实验采用摆轮在弹性力矩作用下自由摆，用在电磁阻尼力矩作用下做受迫振动来研究受迫振动特性，可直观地显示机械振动中的一些物理现象。

当波尔共振仪(其外形结构参见图 5-4-1)的摆轮受到周期性强迫外力矩 $M=M_0\cos\omega t$ 的作用，并在有空气阻尼和电磁阻尼的媒质中运动时(阻尼力矩为 $-b\dfrac{d\theta}{dt}$)，其运动方程为

$$J\frac{d^2\theta}{dt^2}=-k\theta-b\frac{d\theta}{dt}+M_0\cos\omega t \tag{5-4-1}$$

式中，J 为摆轮的转动惯量；$-k\theta$ 为弹性力矩；M_0 为强迫力矩的幅值；ω 为强迫力的圆频率。令 $\omega_0^2=\frac{k\theta}{J}$，$2\beta=\frac{b}{J}$，$M=\frac{M_0}{J}$，则式(5－4－1)变为

$$\frac{\mathrm{d}^2\theta}{\mathrm{d}t^2}+2\beta\frac{\mathrm{d}\theta}{\mathrm{d}t}+\omega_0^2=M\cos\omega t \tag{5-4-2}$$

当 $M\cos\omega t=0$ 时，式(5－4－2)即为阻尼振动方程。

当 $\beta=0$ 即在无阻尼情况时，式(5－4－2)变为简谐振动方程，ω_0 即为系统的固有频率。式(5－4－2)的通解为

$$\theta=\theta_1\mathrm{e}^{-\beta t}\cos(\omega_1 t+\alpha)+\theta_2\cos(\omega t+\phi_0) \tag{5-4-3}$$

由式(5－4－3)可见，受迫振动可分成两部分：第一部分即该式等号右边的第一项，表示阻尼振动经过一定时间后衰减消失；第二部分即该式等号右边的第二项，说明强迫力矩对摆轮作功，向振动体传送能量，最后达到一个稳定的振动状态。

$$振幅\quad \theta_2=\frac{M}{\sqrt{(\omega_0^2-\omega^2)+4\beta^2\omega^2}} \tag{5-4-4}$$

它与强迫力矩之间的相位差 φ 为

$$\varphi=\arctan\frac{2\beta\omega}{\omega_0^2-\omega^2}=\frac{\beta T_0^2 T}{\pi(T^2-T_0^2)} \tag{5-4-5}$$

式中，T 为阻尼振动周期；T_0为系统固有周期。由式(5－4－4)和式(5－4－5)可看出，振幅 θ_2 与相位差 φ 的数值取决于强迫力矩 M、频率 ω、系统的固有频率 ω_0 和阻尼系数 β 4 个因素，而与振动起始状态无关。由 $\frac{\partial}{\partial\omega}((\omega_0^2-\omega^2)+4\beta\omega^2)=0$ 的极值条件可得出，当强迫力的圆频率 $\omega=\sqrt{\omega_0^2-2\beta^2}$ 时，系统产生共振，θ 有极大值。若共振时圆频率和振幅分别用 ω_r、θ_r 表示，则

$$\omega_r=\sqrt{\omega_0^2-2\beta^2},\ \theta_r=\frac{M}{2\beta(\omega_0^2-2\beta^2)} \tag{5-4-6}$$

式(5－4－6)表明，阻尼系数 β 越小，共振时圆频率越接近于系统的固有频率，振幅 θ_r 也越大。图 5－4－4 和图 5－4－5 分别表示在不同 β 时，受迫振动的幅频特性和相频特性曲线。

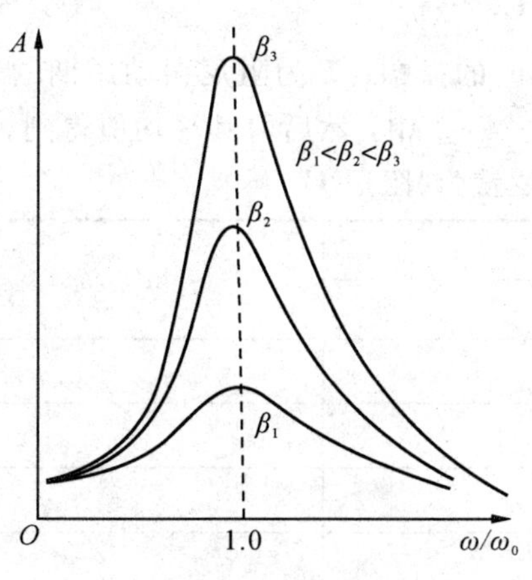

图 5－4－4　幅频特性曲线

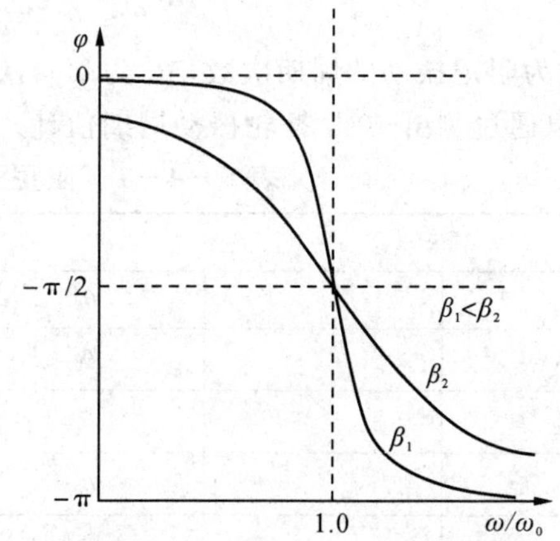

图 5－4－5　相频特性曲线

四、实验内容和步骤

1. 观察自由振荡，测量系统的固有频率 ω_0

按要求连接线路、调节仪器的初始状态。按电控箱上的电源开关，显示屏上显示“ZKY 世纪中科”及仪器编号。按“确认”按钮，显示屏上显示“按键说明＜　＞→选择项目∧ ∨→改变工作状态确认→功能项确认”。再按“确认”按钮，显示屏上显示“自由振荡　阻尼振荡　强迫振荡”三个振荡项目，其中有一个项目的字、底反色时，表示要选中的项目；否则要调“＜”或“＞”使自由振荡的字、底反色，再按“确认”按钮屏上显示“阻尼　测量关 00 等”，其中“测量”二字的字、底反色表示仪器可进入测量状态，“关”表示还未开始测量。下面就可观察、测量自由振荡了。

手扳动摆轮 160°左右后放手，摆轮开始作自由振荡，马上按“∧”，即电控箱开始自动测量，显示屏上的“关”变成“开”，表示已开始测量。显示屏上依次分别显示每摆动一次的周期和振幅的大小，在“开”字旁显示测量次数的序号，当振幅小于 50°后，自动停止测量。

读、记测量数据：停止测量后，按“＞”或“＜”键使“回查”二字的字、底反色，按“确认”按钮，显示屏上显示第 01 次测量的振幅和周期的大小；再每按一次“∨”键，显示屏依次显示下次的测量值，读、记所有测量的数据并记入表中，可求出每次振动的固有频率。

2. 观察阻尼振荡，测定阻尼系数

按“确认”按钮，显示屏上显示回查前的状态；按“＞”键，显示屏上“返回”二字的字、底反色；再按“确认”按钮，显示屏上返回到“自由振荡　阻尼振荡　强迫振荡”状态；按“＞”键使“阻尼振荡”的字、底反色；按“确认”按钮，手扳动摆轮后放手，马上按“∧”键，系统开始自动测量，屏上显示“阻尼 1　阻尼 2　阻尼 3”；按“＞”键，可改变阻尼状态，先使“阻尼 1”字、底反色；按“确认”按钮，屏上左下角显示“测量关”等字样，且“测量”二字的字、底反色，即可进入测量状态，用手扳动摆轮后放手，马上按“∧”键，开始测量阻尼振荡的数据，待左下角显示“测量关”后，停止测量。

按自由振荡时读、记测量数据的方法，依次读、记 10 组数据。利用下列公式求出 β 值：

$$\ln\frac{\theta_0\,\mathrm{e}^{-\beta t}}{\theta_0\,\mathrm{e}^{-\beta(t+nT)}}=n\beta T=\ln\frac{\theta_0}{\theta_n} \tag{5-4-7}$$

式中，n 为阻尼振动的周期次数；θ_n 为第 n 次振动时的振幅；T 为阻尼振动周期的平均值。此值可以通过测出 10 个摆轮振动周期值计入表 5-4-1 中，然后取其平均值得到。

表 5-4-1　阻尼开关位置为“阻尼 1”

θ_i		θ_{i+5}		$\ln(\theta_i/\theta_{i+5})$
θ_0		θ_5		
θ_1		θ_6		
θ_2		θ_7		
θ_3		θ_8		
θ_4		θ_9		
				平均

进行本实验内容时，电机电源必须切断，指针 F 放在 0°位置，θ_0 通常选取在 130°～150°之间。

阻尼系数 β 的计算：利用式(5-4-7)对所测数据按逐差法处理，求出 β 值。由式(5-4-7)可得

$$5\beta T=\ln\left(\frac{\theta_i}{\theta_{i+5}}\right)$$

故

$$\beta=\frac{\ln\left(\frac{\theta_i}{\theta_{i+5}}\right)}{5T}$$

式中各量都用平均值代入计算。

3. 测定受迫振动的幅频特性和相频特性曲线

保持阻尼选择开关在原位置，改变电动机的转速，即改变强迫外力矩频率。当受迫振动稳定后，读取摆轮的振幅值，并利用闪光灯测定受迫振动位移与强迫力间的相位差($\Delta\varphi$ 控制在 10°左右)。

强迫力矩的频率可从摆轮振动周期算出，也可以将周期选择开关选择在"10"处直接测定强迫力矩的 10 个周期后算出，在达到稳定状态时，两者数值应相同。前者为 4 位有效数字，后者为 5 位有效数字。

在共振点附近由于曲线变化较大，因此测量数据要相对密集些，此时电机转速的极小变化就会引起$\Delta\varphi$ 很大的改变。电机转速旋钮上的读数是一参考数值，建议在不同 ω 时都记下此值，以便实验中快速寻找，供重新测量时参考。

作幅频特性$(\theta/\theta_r)^2-\omega$ 曲线，并由此求 β 值。在阻尼系数较小(满足 $\beta^2\leqslant\omega$)和共振位置附近($\omega=\omega_0$)，由于 $\omega_0+\omega=2\omega_0$，从式(5-4-4)和式(5-4-6)可得出

$$\left(\frac{\theta}{\theta_r}\right)^2=\frac{4\beta^2\omega_0^2}{4\omega_0^2(\omega-\omega_0)^2+4\beta^2\omega_0^2}=\frac{\beta^2}{(\omega-\omega_0)^2+\beta^2}$$

当 $\theta=\frac{1}{\sqrt{2}}\theta_r$，即 $\left(\frac{\theta}{\theta_r}\right)^2=\frac{1}{2}$时，由上式可得 $\omega-\omega_0=\pm\beta$。该 ω 对应于$(\theta/\theta_r)^2=1/2$ 处两个值 ω_1、ω_2。由此得出 $\beta=\frac{\omega_2-\omega_1}{2}$。

将数据记录在表 5-4-2 中，再将此法与逐差法求得的 β 值作一比较并讨论。本实验重点应放在相频特性曲线测量。

表 5-4-2　幅频特性和相频特性测量数据记录表　　（阻尼开关位置：____）

$10T$/s	T/s	φ/(°)(理论值)	θ/(°)(测量值)	$\left(\frac{\theta}{\theta_r}\right)^2$	T_0/T	$\varphi=\arctan\frac{\beta T_0^2 T}{\pi(T^2-T_0^2)}$

因为本仪器中采用石英晶体作为计时部件，所以测量周期(圆频率)的误差可以忽略不计。误差主要来自阻尼系数 β 的测定和无阻尼振动时系统的固有振动频率 ω_0 的确定，且后者对实验结果的影响较大。

在本实验的原理部分中我们认为弹簧的弹性系数 k 为常数，它与扭转的角度无关。实际上由于制造工艺及材料性能的影响，k 值随着角度的改变而略有微小的变化(3%左右)，因而造成在不同振幅时系统的固有频率 ω_0 有变化。如果取 ω_0 的平均值，则将在共振点附近使相位差的理论值与实验值相关很大，因此可测出振幅与固有频率 ω_0 的相应数值。在式(5-4-5)中，T_0 采用对应于某个振幅的数值代入，这样可使系统误差明显减小。

振幅与共振频率 ω_0 相对应值可用如下方法求出：

将电机电源切断，角度盘指针 F 放在"0°"处，用手将摆轮拨动到较大处(140°～150°)，然后放手，此摆轮 A 作衰减振动，读出每次振幅值相应的摆动周期即可。此法重复几次即可作出 θ_N 与 T_0 的对应表。此项可在实验结束后进行，最好是两人配合，一人读数，另一人记录，且只记录数据后面两位。

也可将摆轮 A 转动到所需振幅值，然后测出它相对应的 T_0，第一次振幅对应的 T_0 应不用。在周期选择开关放在"阻尼 1"时，振幅与周期应同时显示，如振幅为 96、周期为 1.651 s，由于闪光时可能使两者不同步，此时可利用复位按钮，使两者重新恢复同步显示；若未成功，可重复进行。

五、实验注意事项

(1) 电气控制箱应预热 10～15 min。

(2) 实验步骤中，建议先测振幅与周期相应关系(不必记录)；然后调整强迫力周期旋钮到适当位置，此时相位差在 80°～100°之间，待周期显示(周期选择在"10"位置)重复 3 次尾数不超过 5，即可测量。在共振点附近每次强迫力周期旋钮指示值变化约 0.02，例如 5.62～5.64，小于 60°、大于 110°可变化 0.1～0.15，先测 90°～150°，再测 90°～30°；反之亦可。完成上述内容后，即可测阻尼衰减系数 β，此时必须关掉电机，将角度指针放在 0°处，然后用手扳动摆轮使振幅为 140°左右后松手，连续记录振幅值，对应周期值 10 次，重复 3 次。

由于周期末位数变化 1 属于正常情况，因此在记录时偶尔会出现跳跃情况，如 1.685、1.685、1.684、1.685，其中 1.684 可略去不计。

实验 5.5 电表的改装和校准

电学实验中经常要用电表(电压表和电流表)进行测量。直流电流表和直流电压表都有一个共同的部分，常称为表头。表头通常是一只磁电式微安表，它只允许通过微安级的电流，一般只能测量很小的电流和电压。如果要用它来测量较大的电流或电压，就必须进行改装，以扩大其量程。经过改装后的微安表具有测量较大电流、电压和电阻等多种用途。若在该表中配以整流电路将交流变为直流，它还可以测量交流电的有关参量。我们日常接触到的各种电表几乎都是经过改装的，因此学习改装和校准电表的知识在电学实验部分是非常重要的。

一、实验目的

(1) 了解电表表头的结构、工作原理及主要技术参数。

(2) 熟悉测量表头灵敏度及内阻的方法和原理。

(3) 学会把表头改装、扩程、校准(简称改/扩/校准)为各种量程的电流表、电压表及各种挡数的欧姆表的方法及原理。

(4) 学会校准各种电表时所测数据的处理方法，即求校准误差，画校准曲线，求标称误差，确定被校电表等级的方法。

二、实验器材

实验器材有微安表、标准电流表、标准电压表、直流电源、滑线变阻器、电阻箱、单刀双掷开关、导线等。

三、实验原理

1. 磁电式仪表头的结构、工作原理、主要技术参数

1) 磁电式仪表头的结构和工作原理

磁电式仪表的内部结构如图 5-5-1 所示，永久磁铁的两个极上连着带圆筒孔腔的极掌；极掌之间装有圆柱形铁芯，它的作用是使极掌和铁芯间的空隙中磁场很强，并且使磁力线是以圆柱的轴为中心呈均匀辐射状分布。在圆柱形铁芯和极掌间空隙处放有长方形线圈，它可以绕铁芯的轴旋转，线圈上固定一根指针，当有电流流过线圈时，线圈受电磁力矩作用而偏转，直到跟游丝的反扭力矩平衡，线圈偏角的大小与所通入的电流成正比，经过标准电流计量仪器标定后，就可以直接从偏转角读出被测电流的数值。电流方向不同，偏转方向也不同。

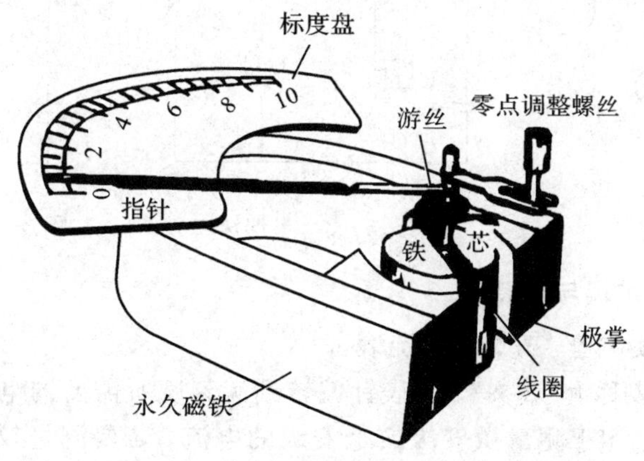

图 5-5-1　磁电式表头的结构

2) 磁电式表头的主要技术参数

(1) 表头的内阻：表头线圈两端点的直流电阻大小，用 R_g 表示。

(2) 表头的灵敏度：表头指针严格从零刻线转至满刻度线时线圈中所通过的电流大小，用 I_g 表示，也称为满度电流。

(3) 表头的等级：根据表头的结构特点表明表头误差大小的量度，也叫做表头的精确度等级，常用符号 S_m 表示。

2. 电式表头灵敏度和内阻的测量方法

(1) 半偏法一：其测量电路如图 5-5-2 所示。

① 断开 S_2 时先尽量调 R_1 至最大，调好 G、V 两表的机械零点后，闭合 S_1、调整 C 的位置，使表头 G 严格指满度的同时 V 表偏转最大，这时有 $I_g=U/(R_1+R_g)$。

② 再调 R_2 至较小，闭合 S_2，调整 R_2 的大小和 C 的位置，使 G 严格指满度之半(故叫半偏法)的同时 V 表指前面所测的示值不改变，则有 $R_g=R_2$。

(2) 全偏法：测量电路图与半偏法一相同(参见图 5-5-2)。

① 与(1)中的步骤①相同。

② 先把 R_2 调至较小(但应大于零)，再把 R_1 减半后闭合 S_2，同时调整 R_2 的大小和 C 的位置，再使 G 严格指满度(故叫全偏法)的同时 V 表的示值不变。其计算公式与半偏法的完全相同。

(3) 半偏法二：其电路如图 5-5-3 所示。半偏法二的测量方法及原理与半偏法一不同之处是：改控制测量电路中的总电压不变为控制总电流不变。先把 C 与 B 点调至重合，断开 S_2，闭合 S_1，再缓慢调 C 自 B 点向 A 点移动(注意电源的输出电压要较小)，使 G 表严格指满度为止，这时 $I_g=I_{标}$(μA 表)。再把 R_2 调至较大，C 与 B 点调至重合后，闭合 S_2，同时调节 C 的位置和 R_2 的大小，严格使 $I_{标}$不变的同时使 G 指满度之半，则有 $R_g=R_2$。

(4) 置换法：其测量电路如图 5-5-4 所示。先断开 S_1，把 C 与 B 点调至重合，S_2 先扳向有 G 表的导线，电源输出电压调至较小，缓慢调整 C 自 B 点向 A 点移动中，当 G 表严格指满度时，则 $I_g=I_{标}$；再调 R_2 至较大，不改变 C 的位置，只调 R_2 的大小，使 $I_{标}$示值不变时有 $R_g=R_2$。

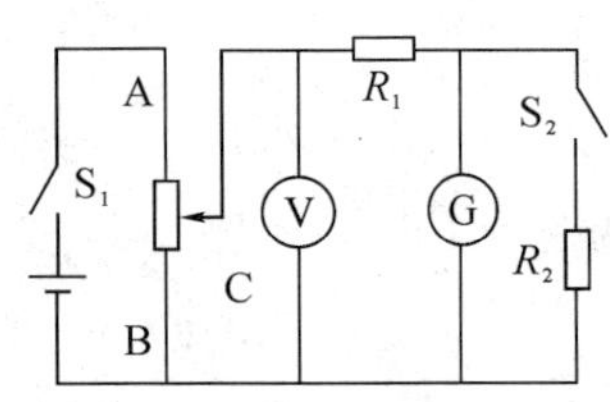

图 5-5-2　半偏法一

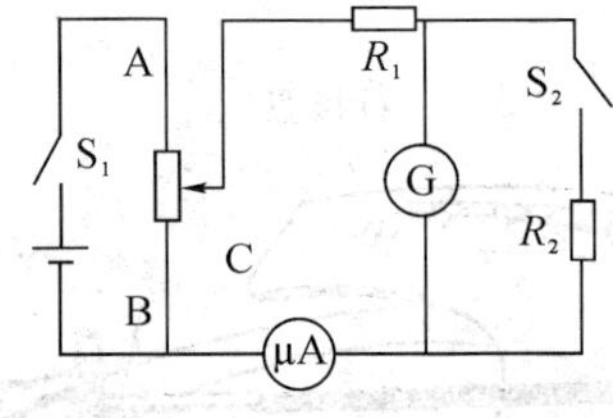

图 5-5-3　半偏法二

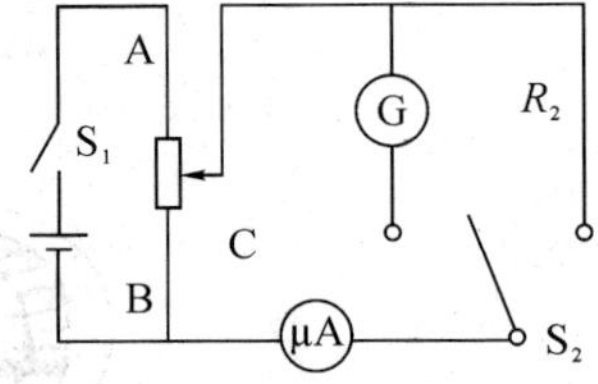

图 5-5-4　置换法测量电路

3. 磁电式表头的扩程与改装

(1) 将磁电式表头扩程、改装为电流表。

用于改装的微安表称为“表头”。使表针偏转到满刻度所需要的电流 I_g 称为量程。表头的满度电流很小，只适用于测量微安级或毫安级的电流，若要测量较大的电流，就需要扩大电表的电流量程。具体方法是：在表头两端并联电阻 R_S，使超过表头能承受的那部分电流从 R_S 流过。由表头和 R_S 组成的整体就是电流表；R_S 称为分流电阻。选用不同大小的 R_S，可以得到不同量程的电流表。

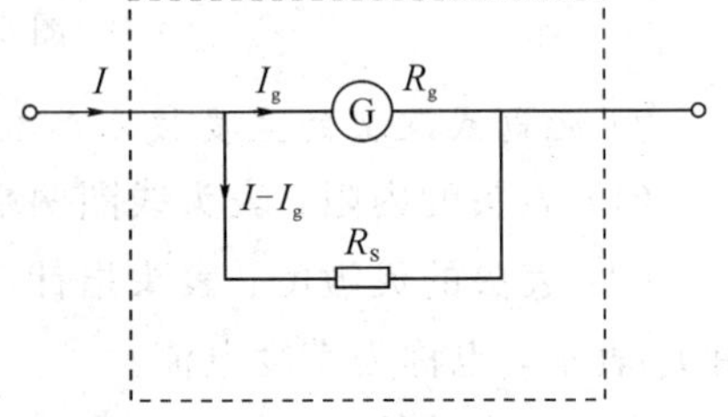

图 5-5-5　微安表改为安培计

如图 5-5-5 所示，当表头满度时，通过安培计的总电流为 I，通过表头的电流为 I_g，因为

$$U_g=I_gR_g$$

$$U_g=(I-I_g)R_S$$

故得

$$R_S=\frac{I_g}{I-I_g}R_g=\frac{R_g}{n-1} \tag{5-5-1}$$

其中，$n=\frac{I_m}{I_g}$，n 称为电流表扩程倍数。表头的规格 I_g、R_g 事先测出，然后根据需要的安培计量程，由式(5-5-1)就可以算出应并联的电阻值。

(2) 将磁电式表头改装为电压表。

表头的满度电压也很小，一般为零点几伏。为了测量较大的电压，在表头上串联电阻 R_P(如图 5-5-6 所示)，使超过表头所能承受的那部分电压降落在电阻 R_P 上。表头和串联电阻 R_P 组成的整体就是伏特表；串联的电阻 R_P 称为扩程电阻。选用不同大小的 R_P，就可以得到不同量程的电压表。

由

$$U_P=I_gR_P=U-U_g$$

可得

$$R_P=\frac{U-U_g}{I_g}=\frac{U}{I_g}-R_g=(n-1)R_g \tag{5-5-2}$$

表头的 I_g、R_g 事先测出，然后根据需要的电压表量程，由式(5-5-2)就可以算出应串联的电阻值。

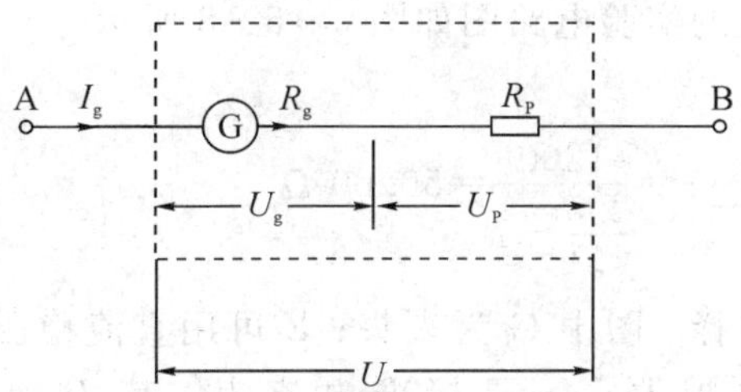

图 5-5-6　微安表改为伏特计

4. 电表的校准

电表在扩程或改装后还需要进行校准。所谓校准是使被校电表与标准电表同时测量一定的电流(或电压)，观察其指示值与相应的标准值(从标准电表读出)相符的程度。校准的结果得到电表各个刻度的绝对误差。选取其中绝对值最大的绝对误差除以量程，即得该电表的标称误差 r_m，即

$$\text{标称误差}=\frac{|\text{最大绝对误差}|}{\text{量程}}\times 100\%$$

根据标称误差的大小，将电表分为不同的等级，常记为 S_m。一般电表共分 7 个等级，其等级数与对应的标称误差大小的关系如表 5-5-1 所示。例如，若 $0.5\%<r_m\leqslant 1.0\%$，则该电表的等级为 1.0 级。必须注意：一个表头仅经并联或串联一个电阻的改装，其改装后的电表等级绝不会提高。

电表的校准结果除用等级表示外，还常用校准曲线表示。以扩程改装电流表为例，若被校电表的指示值 I_{Xi} 为横坐标，以校正点的绝对误差值 ΔI_i(ΔI_i 等于标准电表的指示值 I_{Si}

与被校表相应的指示值 I_{Xi} 的差值，即 $\Delta I_i = I_{Si} - I_{Xi}$）为纵坐标，两个校正点之间用直线段连接，根据校正数据作出呈折线状的校正曲线（不能画成光滑曲线），如图 5-5-7 所示。在以后使用这个电表时，根据校准曲线可以修正电表的读数。

表 5-5-1　标称误差和电表等级

S_m	r_m
0.1	$r_m \leqslant 0.1\%$
0.2	$0.1\% < r_m \leqslant 0.2\%$
0.5	$0.2\% < r_m \leqslant 0.5\%$
1.0	$0.5\% < r_m \leqslant 1.0\%$
1.5	$1.0\% < r_m \leqslant 1.5\%$
2.5	$1.5\% < r_m \leqslant 2.5\%$
5.0	$2.5\% < r_m \leqslant 5.0\%$

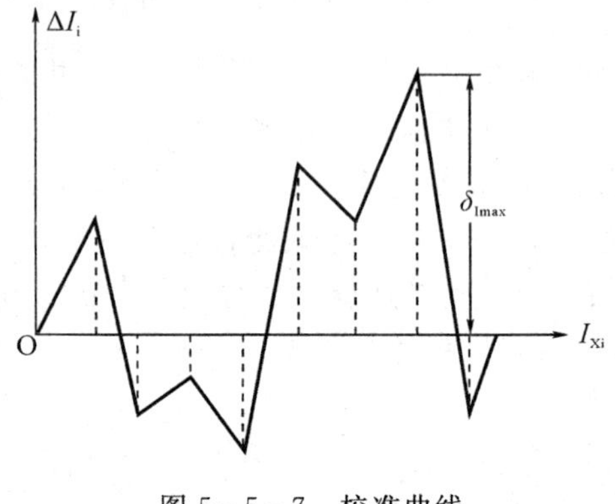

图 5-5-7　校准曲线

四、实验内容

1. 把表头（$I_g = 100\ \mu A$, $R_g = 1200\ \Omega$, $S_m = 0.5$ 级）改/扩/校准为量程 $I_m = 2.5$ mA 的电流表

（1）改/扩/校准电流表的实验电路图如图 5-5-8 所示。

（2）$R_{S理}$ 的计算。

$$R_{S理} = \frac{R_g}{I_m/I_g - 1} = \frac{1200}{\frac{2.5}{0.1} - 1} = 50.00\ \Omega$$

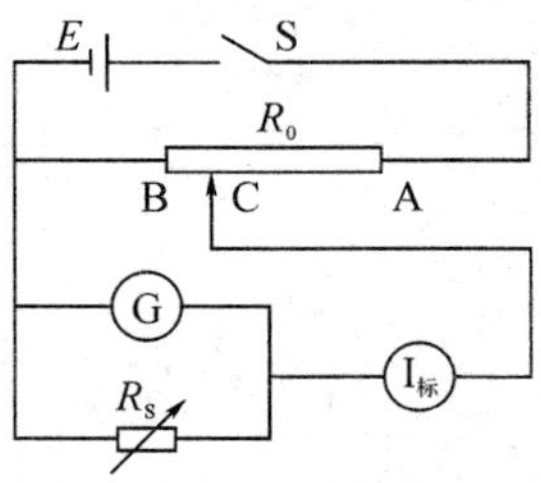

图 5-5-8　实验电路图

（3）所用实验仪器的选择。图中 G 为表头；E 可用直流稳压电源，R_S 用 ZX92 型的电阻器；$I_标$ 是标准电流表，其 $I_m = 2.5$ mA，$R_g = 78\ \Omega$，$S_m = 0.5$ 级；滑线变阻器 R_0 可取为22.1 Ω，$I_{max} = 4.5$ A。

（4）按实验电路图顺序布置仪器：在优先考虑方便读数（把要经常读数的仪器如 G 和 $I_标$ 放在自己的眼皮底下）、方便调节（把经常要用手调节的仪器如滑线变阻器放在当眼睛盯着两电表，手调节 C 的位置时不挡住视线的地方）的前提下，再尽量按电路图顺序把所有仪器靠电源集中，合理布置好。

（5）正确预置仪器的初始位置。开关 S 置断开；电源的粗调钮指向 3 V 挡，微调钮先逆旋到底；滑线变阻器 C 与 B 点重合或靠近；电阻器预置到 $R_{S理} = 50.00\ \Omega$；调节好表头和标准电流表的机械零点。

（6）按实验电路图的顺序正确连接电路，如电源的正、负极不允许接在 R_0 的 C 点上（即变阻器上与金属杆 C 相连的接线柱），凡从电源负极来的线遇到电表从负极接入、正极接出，正极有很多接线柱，须按所用电表量程正确连接，并反复检查，无错后再请老师检查。

（7）调节和测量。合上开关 S，先调整 C 缓慢自 B 点向 A 点移动，眼睛观看两电流表指针，如果两表都未达满刻度，可把 C 调至靠近 A 点，再调电源微调钮，使两表中有一表达满刻度时，同时调节 R_S 的大小和 C 的位置，使两表同时严格指满刻度。此时表头已改装成 2.5 mA 量程的电流表，电阻箱上所显示的值叫做 R_S 测定值，读记 $R_{S测}$。

(8) 改装电流表的校准。改装完成后(即两表严格指满刻度后)，保持 $R_{S测}$ 不变，读记 G、$I_标$ 的读数后(注意：读数时消除视差，即眼睛、指针、指针在镜中的像三点成一线时读数。下同)，调节 C 的位置，依次使 G 严格指 90.0、80.0、70.0、…、10.0，0.0 小格(每改变 10 个小格校准一点)时分别读记 G、$I_标$ 两表的读数；再按电流由 0 至满度的方向调整 C 自 B 点向 A 点移动中，依次使 G 表严格指 0.0、10.0、20.0、…、90.0、100.0 小格时，分别读记各测点 G、$I_标$ 两表的读数。

分析所测全部数据，确认无错后，断开 S，关电源，拆除全部线路。

2. 把表头(参数同 1)改/扩/校准为 2.5 V 量程的电压表

(1) 改/扩/校准电压表的实验电路图如图 5-5-9 所示。

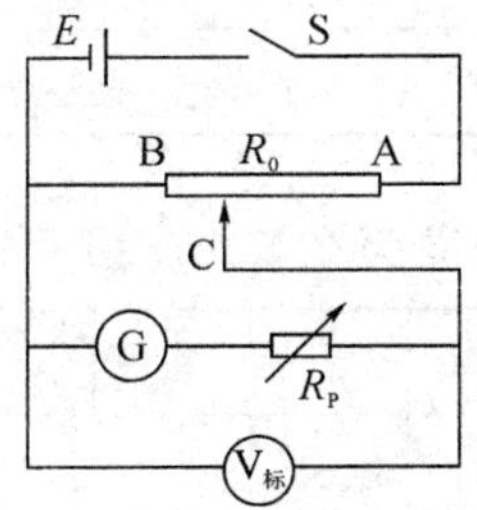

图 5-5-9　实验电路图

(2) 所用实验仪器：E 可用直流稳压电源，G 为表头，$V_标$ 为标准电压表，R_P 用电阻箱代替(ZX92 型)，R_0 为滑线变阻器(R_0=240 Ω，I_{max}=1 A)。

(3) $R_{P理}$ 的计算。

$$R_{P理}=R_g(n-1)=1200\times\left(\frac{2.5}{0.0001\times1200}-1\right)=23\ 800\ \Omega$$

(4) 仪器合理布置与 1(4)中方法一样。

(5) 正确预置各仪器的初始位置。电源粗调指 3 V 挡，微调先逆旋到底；滑线变阻器 C 与 B 点重合；调节好 G、$V_标$ 两表的机械零点，$V_标$ 表上的插头插在 3 V 字旁的孔中；电阻箱(用 ZX21 型的电阻箱)预置在 $R_{P理}$ 为 23 800.0 Ω 上。

(6) 正确连接电路。接线方法与 1(6)中的一样，按图 5-5-9 正确连接电路，注意电表量程，并自己反复检查无错后再请老师检查。

(7) 调节和测量。合上开关 S，先调 C 缓慢自 B 点向 A 点移动，眼睛观看两电表的指针，如果两表都未达满刻度，可把 C 调至靠近 A 点，再顺旋电源微调钮，使两表中有一表达满刻度后，同时调节 R_P 的大小、C 的位置和电源微调钮，使两表同时严格指满刻度为止，读记此时两表的读数，这时表头 G 已改装扩程为 2.5 V 量程的电压表，读记此时的 $R_{P测}$(即两表指满刻度时的电阻箱示值)。

(8) 校准。不改变 $R_{P测}$ 的大小，只改变 C 的位置使电压由大到小的方向变化，调 C 自 A 点向 B 点移动中，使 G 指针每改变 10.0 小格测量一点，即使 G 依次严格指 90.0、80.0、…、10.0、0.0 小格时，分别读记 G、$V_标$ 两表的读数。再按电压由小到大的方向变化，对以上各校准点重校一次。分析数据都正常后，断开 S，拆除全部线路。

五、实验数据记录与处理

1. 实验的原始数据

将实验原始数据记录在表 5-5-2～表 5-5-4 中。

表 5-5-2 所用主要仪器参数的记录表

仪器名称	型号(编号)	量程	等级	内阻	刻度盘最小等分格数
表头		$I_g=100\ \mu A$	0.5	1200 Ω	
标准电流表					
标准电压表					
电阻箱					
滑线变阻器					

表 5-5-3 把表头改装、扩程、校准为 2.5 mA 量程的电流表($R_{S理}=$ ，$R_{S测}=$)

$I_改$	读数( )											
$I_标$	读数( )	↘										
		↗										

表 5-5-4 把表头改装、扩程、校准为 2.5 V 量程的电压表($R_{P理}=$ ，$R_{P测}=$)

$V_改$	读数( )											
$V_标$	读数( )	↘										
		↗										

2. 用列表法对各校准点进行数据处理

求出以上表中各校准点对应的绝对误差，并求出改装表的标称误差，从而确定改装表的等级；在直角坐标纸上作出改装表的校准曲线。

六、问题与讨论

(1) 为什么校准电表时需要把电流(或电压)从小到大做一遍又从大到小做一遍？

(2) 一量程为 500 μA、内阻为 1 kΩ 的微安表，它可以测量的最大电压是多少？如果将它的量程扩大为原来的 N 倍，应如何选择扩程电阻？

补充说明：将表头改装并校准欧姆表的相关资料

1. 改装、校准欧姆表的原理

根据环路欧姆定律可知，若环路的总电压不变，则当总电阻增加时，总电流减小，我们可根据在给定条件下环路中接入被测电阻后的总电流减小的程度换算出被测电阻的阻值。如把电源(一节干电池)、表头、电阻箱 R_P 串联成一开路，就成了一个最简单的欧姆表，且它的量程为 0～∞，即它可测任意大小的电阻值，如图 5-5-10 所示。

2. 欧姆表的综合内阻 R_Z

在图 5-5-10 中，如果把 A、B 两点短接，调节 R_P 的大小使表头 G 严格指满度，则回路中的总电阻 $R_{总}$ 叫做欧姆表的综合内阻，常用 R_Z 表示。

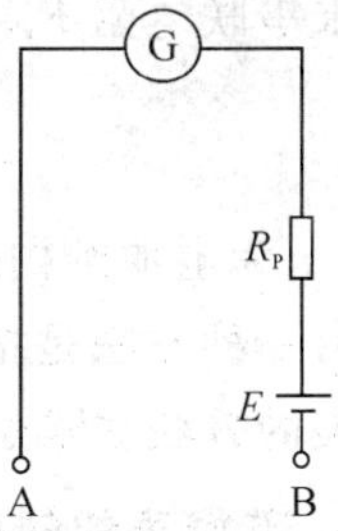

图 5-5-10　实验电路图

3. 欧姆表刻度盘中心标度值和中心标度数

当把表头改装成欧姆表后，表头上原来的电流刻度盘不能直接指示出被测电阻值，而必须重新刻度一欧姆表的刻度盘。但其欧姆度盘与电流刻度盘的变换关系式(将在后面专题推导)为

$$R_X = R_Z\left(\frac{I_g}{I_X} - 1\right)$$

若当环路总电压不变，被测电阻 $R_X = R_Z$ 的电阻值接入 A、B 两点时，环路总电阻增加一倍，则总电流就减小一半而指向刻度盘的中点，故欧姆表刻度盘的中心标度值为 R_Z，但中心标度数对指针式欧姆表来说一般均为 10。

4. 欧姆表的分挡

按图 5-5-10 改装的欧姆表虽可测 0～∞的任意电阻值，但当 R_Z 只有 10 Ω 时，则 R_X 在 0～10 Ω 之间变化，指针从电流盘的满度(如 100 个最小等分格)变化到满度之半即 50 小格，这些电阻能很精确地测准；当 R_X 在 10～20 Ω 间变化时，指针从电流盘的 50 格变化到 33.3 小格，这些电阻也能较精确地测准。但当 R_X 从 20 Ω 变化为无穷大时，指针从电流盘的 33.3 小格变化到 0 格，这些电阻就不能精确地测准；反之，当 R_Z 很大时，则小电阻又很难测准。所以为了把日常使用的各种大小的常用电阻都能较精确地测准，故欧姆表都要分挡，一般分为×1、×10、×100、×1 k、×10 k 5 挡。其挡数、综合内阻数和欧姆表中心标度数的关系为 R_Z＝挡数×10。被测电阻值与欧姆度盘上指针的指示数的关系为 R_X＝指示数×挡数。测量时，应根据被测电阻标称值的大小正确选择挡数，使所测结果尽量准确。若不知其阻值大小的范围，则可先用最大挡数粗测，再由粗测值调整其挡数后进行精确测量。

5. 分挡欧姆表的改装方法及原理

如图 5-5-11 所示，分挡欧姆表是先把表头改装、扩程为量程是环路总电路总电流最大值的电流表，再把改装、校准后所得的新量程电流表当做新的表头，又把它改装扩程为总电源总电压的电压表，即改装欧姆表是改装电流表和电压表的综合利用。其并联电阻 R_S 和串联电阻 R_P 理论值计算的方法如下：

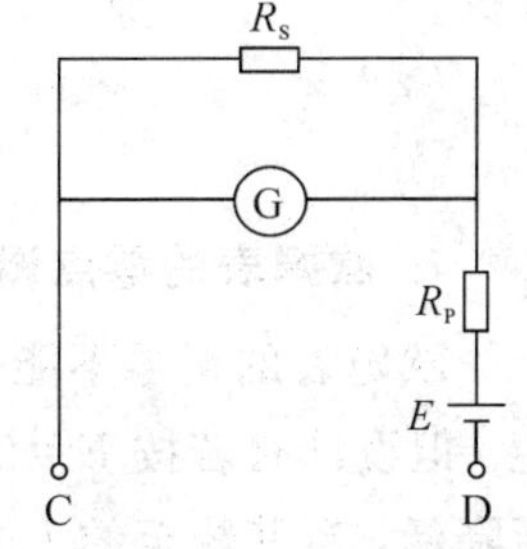

图 5-5-11　实验电路图

1～1k 4 挡的电源都为一节干电池(约 1.5 V)，×10k 挡为一个方块电池 9 V(表头 $I_g = 50$ mA)。先由所要改装的挡数×10 求得所改挡数的综合内阻 R_Z；当图中的 C、D 两点短接时，总电路的总电流有最大值 I_{max}，且 $I_{max} = E/R_Z$，即先把给定表头改装为量程是 $I_m = E/R_Z$ 的电流表，故

$$R_{S理}=\frac{R_g}{n-1}=\frac{R_g}{\left(\frac{E}{R_Z}/I_g\right)-1}$$

求串联电阻 $R_{P理}$ 有两种方法，最简单的方法是

$$R_{P理}=\frac{R_Z-R_{S理}R_g}{(R_{S理}-R_g)-r}$$

式中，r 为电源的内阻，一般很小(1 Ω左右)，可忽略不计。

另一种方法是把改好的新电流表当做新表头，求出该新表头的内阻后再按改装、扩程电压表的方法去求解。

6. 欧姆表的刻度盘及 I_X 与 R_X 的关系式

由于被测电阻值的大小与表头指针的偏转角大小不成正比，故欧姆表的刻度盘不是等分格的。当 $R_X=0$ 时，电流表测度盘指满度，对应于欧姆表刻度盘的零点；当 $R_X=\infty$时，电流表刻度盘指零，对应于欧姆表刻度盘的∞点；当 R_X 为其他值时，设电流表刻度盘指为 I_X，对应于欧姆表刻度盘的 R_X。故设 $R_X=0$ 时，表头指 I_g，则有

$$I_gR_g=(I_总-I_g)R_S$$

所以

$$I_gR_g+I_gR_S=I_总 R_S$$

即

$$I_总=I_g\left(1+\frac{R_g}{R_S}\right)$$

又 $I_{总max}=\frac{E}{R_Z}$，故

$$E=I_gR_Z\left(1+\frac{R_g}{R_S}\right)$$

当 $R_X\neq0$ 时，表头指 I_X，与此相类似可导出

$$I_总=I_X\left(1+\frac{R_g}{R_S}\right)=\frac{E}{R_Z+R_X}=I_gR_Z\frac{1+\left(\frac{R_g}{R_S}\right)}{R_Z+R_X}$$

所以

$$I_X=\frac{I_gR_Z}{R_Z+R_X}\quad 或\quad R_X=R_Z\left(\frac{I_g}{I_X}-1\right)$$

7. 欧姆表的零点调节装置

欧姆表的调零不能采用表头的调零钮，由于欧姆表的调零装置较为复杂，这里不予详述。但设计时若按 $E=1.5$ V，而新电池有近 1.7 V，随着使用时间的增加，电源电动势逐渐降低，当其降至约 1.3 V 时才不能使用。显然，对相同挡数的欧姆表来说，E 不同，$I_{总max}$ 不同，按设计的参数无法使欧姆表都指零，故需有一零点调节装置，使电池在 1.3～1.7 V 间使用时能同时改变 R_S 和 R_P 的大小，使指欧姆刻度盘的零点且都能较准确地测量电阻，这就靠零点调节装置来实成此任务。否则只能在设计时的单一电压值下工作，使得欧姆表无法正常使用，同时也会带来很大的浪费。

实验5.6 电位差计测量电源电动势和内阻

电位差计是根据补偿测量原理制成的精密仪器，不仅用来精确测量电源电动势、电压、电流、电阻、功率等电量，而且在非电量测量中也占有重要的地位。由于应用了标准电池和标准电阻，其准确性很高，还可用来校准精密电表，在自动控制与调节中也得到了广泛应用。测量精度可达0.1%～0.03%。

一、实验目的

(1) 了解补偿法测量电源电动势的方法及原理。

(2) 了解电位差计的结构及工作原理，并学会调节使用方法。

(3) 学会用电位差计测量干电池的电动势、内阻的方法及原理。

二、实验器材

实验器材有UJ24型高电势直流电位差计(量程为0.000 01～1.611 10V)、AC15/6型光点复射式检流计、BC9a型标准电池、标准电阻、甲电池、导线、开关等。

1. 标准电阻

一般标准电阻有4个接线柱，其中两个大接线柱接入测量电路使电流通过，两个小接线柱连接电位差计的未知1或未知2，用来测量标准电阻两端的电压值。这样可减少测量中接触电阻的大小。

2. 标准电池

标准电池只能与电位差计配合使用，不能作为工作电源使用，它的电动势大小不能用任何电表测量。生产厂家已在出厂前标定了它在200℃时的标准电动势，并记录在使用说明书上。当在其他温度环境下使用时，须读出它的使用温度，查表找出其修正值(附录B中表B-17或实验室镜框中有标准电池在常温下的温度与标准电池在使用温度下的标准电动势修正值的关系表。在使用过程中若温度发生变化，须随时更正，否则会带来较大的测量误差)。

3. AC15/6光点复射式检流计

AC15/6光点复射式检流计的内部有光杠杆放大系统，线圈的下方吊有小圆镜，当线圈中有微小的电流通过时便产生微小的转动，经放大后转变为刻度盘上光斑的偏转。每偏转1小格所通过的电流大小即检流计的分度值均标注在面板上，为10^{-9}～10^{-10} A数量级。它不但可以作为微电流计使用，还可作指零器使用。它的工作电源为交流220 V，当开关指6 V时为断开，指220 V时为接通。左中部有一分流器旋钮S_3，S_3指“短路”时，内部的线圈短路，这时检流计移动或受到较大的振动和撞击都不会损坏，故当不使用检流计或要移动检流计时都要把S_3指“短路”，以保护检流计不被损坏。当S_3指“直接”时是专门用来调节检流计机械零点的，这时旋转右下方的零点调节钮，光斑将左、右移动，且其顺时针旋转时光斑左移，逆时针旋转时光斑右移，使用前都必须严格调节好它的机械零点。S_3另有×1、×0.1、×0.01三挡。当调节电路中的电流使光斑黑线严格指零时，因人眼的判断能力只有十分之一小格，则所测电路中的电流小于其分度值的 1/10 倍分度值，即当黑线仅偏离 0 线 0.1 小格以内的距离时就可以认为它已严格指零。当 S_3 指×1 挡时，用于测量光斑偏离零线的格数，即可求出所测电路中电流 I_X 的大小，且 $I_X=\partial_1$(分度值)乘以读数(光斑黑线偏离 0 线的小格数)。当 S_3 指×0.1 挡时，检流计线圈中的电流＝分度值×偏转小格数 $X_1/0.1$；当 S_3 指×0.01 挡时，检流计线圈中的电流＝分度值×偏转小格数 $X_1/0.01$。若不知被测电流的大小，应先从×0.01 挡测起，再按所测值的大小，正确选择测量挡数。

检流计的左下角有 3 个接线柱，分别标有"－"、"1"、"2"字符。以编号为 258 的检流计为例，当导线接在"－"、"1"两柱时，其分度值为 2.4×10^{-9} A；当导线接在"－"、"2"两柱时，其分度值为 5.6×10^{-10} A。仪器的编号不同，两者的分度值略有差异，每台仪器的分度值都写在各自面板上的标牌上。

4. UJ24 型高电势直流电位差计面板结构

UJ24 型高电势直流电位差计面板结构内部结构十分复杂，下面主要对面板上有关旋钮的名称、作用、调节方法进行介绍，面板示意图如图 5－6－1 所示。

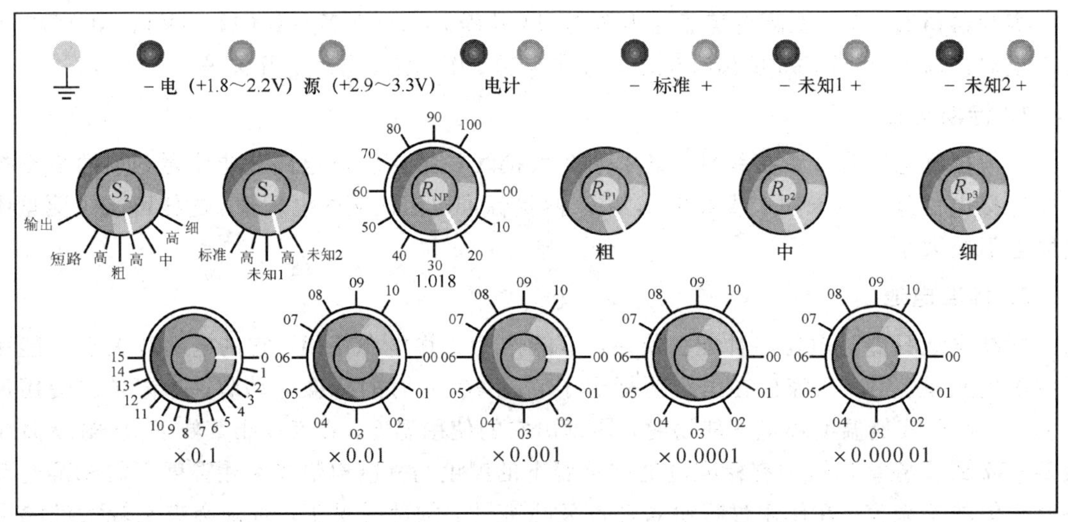

图 5－6－1　UJ24 型直流电位差计面板结构示意图

第一排有 12 接线柱：左起依次第 1 个为接地；第 2 个接工作电源的负极；第 3 个接工作电源正极；第 4 个接工作电源用两节甲电池串联后的正极(本实验用两节甲电池作电源)；第 5、6 两个接检流计(可不考虑正、负极)；第 7、8 两个接标准电池(负极接负极，正极接正极)；第 9、10 和 11、12 分别接被测电源，即未知 1 和未知 2(注意：正、负极对接)。

转换开关 S_1 是一个四刀五掷式转换开关。当它指标准时，外接检流计 G 接入校准回路，把标准电动势补偿部分与外接标准电池的标准电动势相比较，当检流计严格指零时，校准电位差计工作回路的工作电流，使它严格等于 0.0001 A；当检流计不严格指零时，可调节工作回路工作电流的大小，调节电阻 R_{P1}、R_{P2}、R_{P3}，使它严格指零。当 S_1 指"断"时，检流计断开；当 S_1 指未知 1 或未知 2 时，检流计接入测量回路，把测量的电压指示值与被测电源的电动势作比较，当检流计(下面用 G 表示检流计)严格指零时，测量盘上的电压值与被测电动势完全达到补偿的作用，即被测电源的电动势等于测量盘所示的电压值。当检流计不严格指零时，可调节测量回路中可调电阻（即 5 个测量盘的电阻）的大小，使它严格指零。

转换开关 S_2 是一个两刀八掷式开关，有细、中、粗、短路、输出 5 挡及 3 个断开挡。它指细挡时，电位差计直接接 G；指中挡时，通过串接一个 10 kΩ 电阻后接 G；指粗挡时，它串接一个 14.3 kΩ 电阻后接 G；指短路挡是使 G 短路；指输出挡时，除了能使 G 短路外还接通了测量回路，在未知 1.2 有对应于测量盘示值的电动势输出。

R_{NP}：标准电池电动势补偿部分。

粗（R_{P1}）、中（R_{P2}）、细（R_{P3}）三钮：工作回路中工作电流大小的调节旋钮。5 个测量盘Ⅰ、Ⅱ、Ⅲ、Ⅳ、Ⅴ，即 IR 值，测量时调节 R 的大小使 G 严格指零时，被测电源的电动势 $\varepsilon_X = IR$，且 IR 直接由这 5 个测量盘上所显示的数字连续读出。其测量范围为 0.000 00～1.611 10 V。

三、实验原理

1. 补偿法测电动势

用电压表测量电源电动势 E_X，其实测量的是端电压，不是电动势。将电压表并联到电源两端，就有电流 I 通过电源的内部。由于电源有内阻 r，在电源内部不可避免地存在电位降 I_r，因而电压表的指示值只是电源端电压（$U = E_X - I_r$）的大小，它小于电动势。显然，只有当 $I = 0$ 时，电源的端电压 U 才等于电动势 E_X。

怎样才能使电源内部没有电流通过而又能测定电源的电动势呢？在图 5-6-2 所示的电路中，E_X 是被测电源，E_0 是电动势可调的电源，E_X 与 E_0 通过检流计并联在一起。调节 E_0 的大小，当检流计不偏转，即电路中没有电流时，两个电源的电动势大小相等、互为补偿，即 $E_X = E_0$，电路达到平衡。若已知平衡状态下 E_0 的大小，就可以确定 E_X，这种测定电源电动势的方法叫做补偿法。

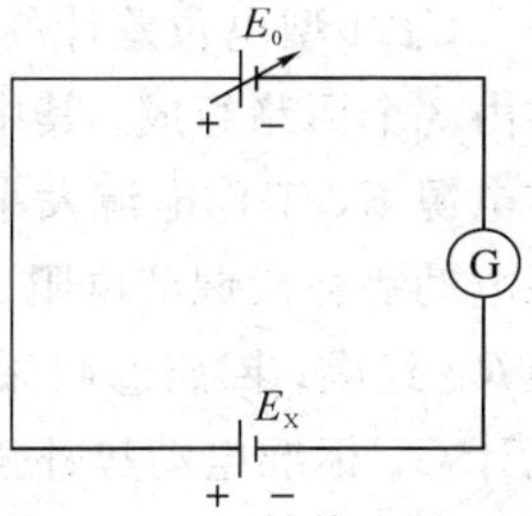

图 5-6-2　补偿法原理图

2. 电位差计的工作原理

电位差计就是应用补偿法的原理将被测电动势与标准电动势进行比较而进行测量的。其原理如图 5-6-3 所示，它由两个回路组成，上部 E—R—B—A—E 为工作回路，下部 D—G—E_N—C—D（或 D′—G—E_X—C′—D′）为补偿回路。当有一恒定的工作电流 I 流过电阻 R 时，改变滑动头 C、D 的位置，就能改变 C、D 间的电位差 U_{CD} 的大小。测量时把滑动头 C、D 两端的电压 U_{CD} 引出与未知电动势进行比较。为了使 R 中流过的电流是工作电流 I，先将开关 S 接通 D—G—E_N—C—D 回路，根据标准电势 E_N 的大小，选定 C、D 间的电阻为 R_N，使

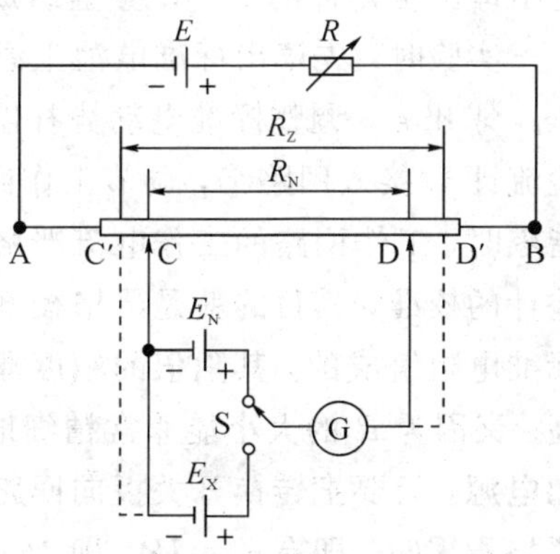

图 5-6-3　电位差计原理图

$$E_N = IR_N \tag{5-6-1}$$

调节 R 改变工作回路中的电流，当检流计指零时，R_N 上的电位降恰与标准电势 E_N 相等。由于 E_N 和 R_N 都已知，这时工作回路中的电流就被准确地校准到所需要的 I 值，即

$$I = \frac{E_N}{R_N} \tag{5-6-2}$$

测量时把开关 S 扳向 D′—G—E_X—C′—D′回路，只要 $E_X \leqslant IR$，总可以滑动 C′D′使检流计再度指零。保持测量时 R 上流过的电流为校准电流 I 值，这时 C′D′间的电位降恰和被测电动势 E_X 相等。设 C′D′间的电阻为 R_X，可得被测电动势为

$$E_X = \frac{R_X}{R_N} E_N \tag{5-6-3}$$

由式(5-6-3)中可以看出，应用补偿法测量电位差有以下优点：

(1) 对于被测电动势 E_X 的测量，只要测得 R_X 与 R_N 之比即可。测量结果的准确性是依赖于标准电池的电动势及测量回路电阻的精度，由于标准电池及电阻一般可得较高的准确性，在应用恰当灵敏度的检流计条件下，能保证测量精度。

(2) 当完全补偿时，测量线路与被测线路无电流通过，故被测线路电动势不因接入测量电路而变化。同理，如果要测量任一电路两点间的电位差，只要将被测两点接入补偿回路代替 E_X，即可测出。

3. 实际电位差计的工作原理

UJ24 型电位差计的电路原理如图 5-6-4 所示，它共由 3 个回路组成。其中：回路①叫做工作回路，它由工作电源 E，工作电流大小调节电阻 R_{P1}、R_{P2}、R_{P3}，被测电源电动势补偿调节电阻 R 和标准电池标准电动势补偿电阻 R_N 组成；回路②叫做校准回路，它由标准电池 ε_N、检流计 G、标准电动势补偿调节电阻 R_N 组成；回路③叫做测量回路，它由被测电源、检流计、被测电动势补偿调节电阻即电位差计的 5 个测量盘组成。

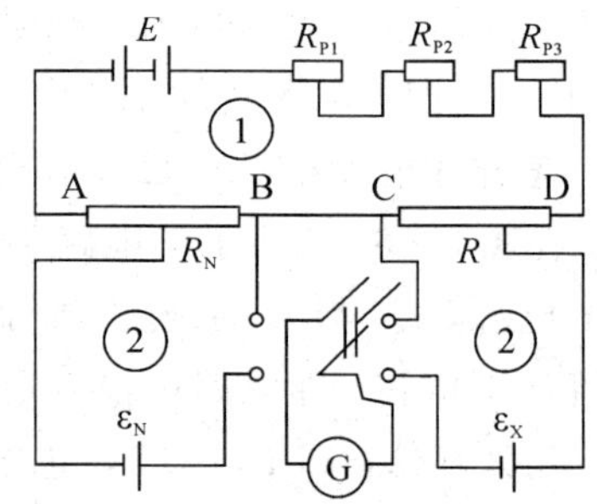

图 5-6-4　UJ24 型电位差计的电路原理图

实验时，先读出标准电池上温度计的温度 t，并查表得出此温度下标准电动势的修正值 $\Delta\varepsilon_t$，求出 ε_t，调整标准电动势补偿电阻 R_N，使 $0.0001 \times R_N = \varepsilon_t$。把转换开关扳向标准，即检流计 G 接入回路②，调节工作回路中的工作电流调节电阻 R_{P1}、R_{P2}、R_{P3}，使检流计严格指零时，工作回路的工作电流严格等于 0.0001 A，即 IR_N 与 ε_t 完全达到补偿。这就是电位差计的校准，其目的就是严格校准工作回路的工作电流。因为电路中的电阻 R_{BC} 是由很多标准电阻组成的，其阻值的精度非常高。只要流过它的电流 I 的精度高，则电位差计精度高。又因为 R 的大小能非常精细地调节，所以 R_{BC} 就已变为一个能够连续、可调、精确的已知电源。只要把转换开关扳向回路③即测量回路，检流计接入测量回路，调节 R，当检流计严格指零时，即有 $\varepsilon_X = IR$，即 IR 与 ε_X 完全达到补偿。而 IR 值可直接从电位差计的 5 个测量盘上精确地读出，那么被测电源电动势的测量值就确定了。

4. 用电位差计测量电源内阻的方法及原理

测量电源内阻的辅助电路如图 5-6-5 所示。先用电位差计测出被测电源的电动势 ε_X，

再把被测电源与标准电阻 $R_{标}$ 并联，用电位差计测出标准电阻两端点 C、D 间的电压值 U_{CD} 即可。因为用电位差计测量 U_{CD} 时，导线 AC、BD 中都无电流通过，所以流过标准电阻中的电流 I 完全等于流过电源中的电流，且 $I=U_{AB}/R_{标}=U_{CD}/R_{标}$，有

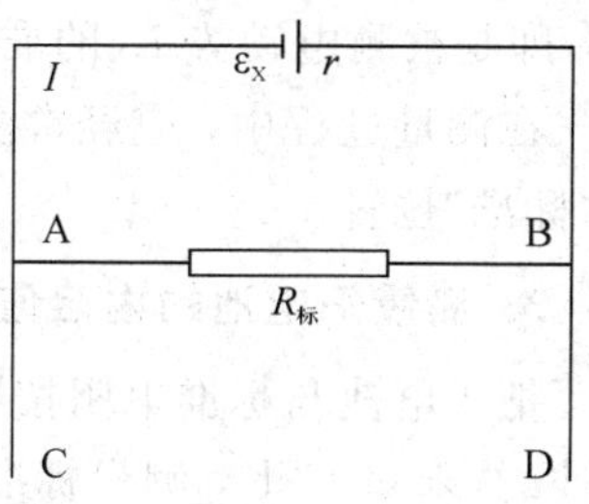

图 5-6-5　辅助电路图

$$\varepsilon_X=U_{CD}+Ir=U_{CD}+\frac{rU_{CD}}{R_{标}}$$

$$r=\frac{(\varepsilon_X-U_{CD})R_{标}}{U_{CD}}$$

四、实验内容和步骤

1. 合理布置仪器、正确预置各仪器的初始位置、正确连接电路

(1) 把各仪器合理布置好，其中 E 为工作电源，用干电池串联使用。

(2) 调节检流计 G 的机械零点：先把 S_1、S_2 都指“断”，S_3 指短路，把电源开关拨指 220 V，再把 S_3 指“直接”，观察亮斑黑直线的摆动中心是否与刻度零线重合，若其严格重合，则机械零点准确；否则调节零点调节钮，使其达到要求为止。调好后马上把 S_3 旋指 ×0.01 挡，且不允许再调节零点调节钮。只有在怀疑 G 的机械零点被破坏时，才能把 S_3 指“直接”，再进行判断和调节。

(3) 正确连接电路。在 S_1、S_2 指“断”时，用两根线把 G 与电位差计(左起第 5、6 柱)的“电计”相连，G 的接线柱在左下角，连接“－”和“2”两柱；把两节干电池串接后的负极接电位差计上的第 2 柱，正极与第 4 柱相连；把标准电池对接在“标准”上(第 7、8 两柱)；把两节被测干电池分别对接在“未知 1”和“未知 2”上。

2. 测干电池的电动势 E_X

在电位差计使用前首先将测量转换开关 S_1 放在“断”的位置，检流计开关 S_2 放在“断”的位置，然后按面板示意图接线端钮的极性，分别在“标准”上连接标准电势、“电计”上连接检流计，在“未知 1”或“未知 2”上连接被测干电池。

在调节工作电流之前，应先考虑到标准电池的电动势受温度的影响，在 t℃时标准电池的电动势 E_N 可按下式计算，计算结果化整到 0.000 05 V。

$$E_N=E_{20}-0.000\,040\,6(t-20)-0.000\,000\,95(t-20)^2$$

式中，E_N 为 t℃时标准电势的电动势；E_{20} 取 1.018 60 V；t 为温度。

计算后，把温度补偿器 R_{NP} 指在与经过计算后的电动势 E_N 相同数值的位置。将测量转换开关 S_1 指在“标准”位置，检流计开关 S_2 指在“粗”挡，用变阻器 R_P 调节工作电流，使检流计指零；再将检流计开关 S_2 指到“中”和“细”，再次调节工作电流，使检流计再次指零，此时工作电流已校准，R_P 不可再调。随即将检流计开关 S_2 放在“断”的位置，然后将测量转换开关 S_1 转至“未知 1”或“未知 2”的位置，即可进行测量被测电动势 E_X。先预置测量回路的 5 个旋钮，使其示值为被测电动势的估计值，接通检流计(将检流计开关 S_2 顺势放在“粗”、“中”、“细”中逐次测量，以免过量电流冲击检流计而损坏)，再仔细调整。当测量值与被测电动势平衡时，则检流计中无电流流过，即指零位。此时，旋钮上面窗孔出现的数

字，即是被测电动势 E_X 的准确数值。总共测量 6 次。

在测量过程中，应经常注意校对工作电流。在校对工作电流时，测量转换开关 S_1 应指在“标准”位置。

3．测量干电池的内阻值 r

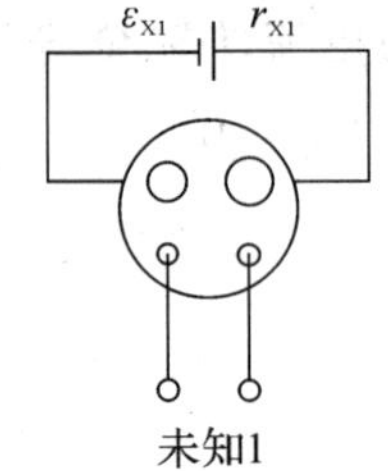

图 5－6－6　电路连接图

把干电池与标准电阻按图 5－6－6 所示连接好以后并接在电位差计的“未知 1”上，测量标准电阻两端的电压值，共计 6 次。在测量中，当 S_2 指细、S_3 指×1 挡时，如光标总是飘移，即刚使其指零后，马上又朝同方向飘走，再调指零后还是朝同方向飘移，这说明电路中的电流较大，被测电源消耗大，其电动势一直在改变，所以光标总是朝同一方向飘移。这时可调 G 指零后，马上读记数据即可；或只把 S_3 指×0.1 挡，调 G 指零后读记数据后，马上再把 S_1、S_2 指“断”，S_3 指短路。

五、实验数据记录与处理

1．有关主要仪器的参数记录

(1) 高电势直流电位差计：型号________；测量范围________；等级________；额定电流________。

(2) 光点复射式检流计：型号________；接“－”和“1”时的分度值为________；接“－”和“2”的分度值为________。

(3) 标准电阻：型号________；标称值________；等极________；额定电流________。

(4) 标准电池：型号________；仪器使用温度________；标准电动势修正值________；标准电动势________。

2．测量电动势及内阻的原始数据记录表

测量电动势及内阻的原始数据记录表如表 5－6－1 所示。

表 5－6－1　原始数据表

测 量 次 数	E_X(　　)	U_X(　　)
1		
2		
3		
4		
5		
6		

3．数据处理要求

用列表法对电源电动势 E_X 和电源内阻 r 的测量数据进行处理，用误差理论表示测量结果。

六、问题与讨论

（1）用电位差计测电动势有何优缺点？并与电压表比较。

（2）调电位差计平衡时，若检流计指针总是偏向一边，可能有哪些原因？

（3）电位差计与电桥相比，对工作电源的稳定性要求有何不同？

实验 5.7　模拟法测绘静电场

直接测量静电场的参数是非常困难的。因为测量空间各点的电位需要静电式仪表，而教学实验室一般都只有磁电式仪表，所以利用磁电式电压表直接测定静电场的电位是不可能的，而且任何磁电式电表都需要有电流通过才能偏转，而静电场是无电流的。任何磁电式电表的内阻都远小于空气或真空的电阻，若在静电场中引入电表，势必使电场发生严重畸变；同时，电表或其他探测器置于电场中，要引起静电感应，使原场源电荷的分布发生变化。人们在实践中发现：两个物理量之间，只要具有相同的物理模型或相同的数学表达式，就可以用一个物理量去定量或定性地模仿另一个物理量，这种测量方法称为模拟法。本实验采用模拟法测绘静电场。

一、实验目的

（1）了解模拟法测绘静电场方法、原理及条件。

（2）熟悉用稳恒电流场模拟静电场原理和方法。

二、实验器材

实验器材有静电场描绘仪（晶体管直流稳压电源、直流电压表，参见图 5－7－1）、滑线变组器、导电纸、开关、导线等。

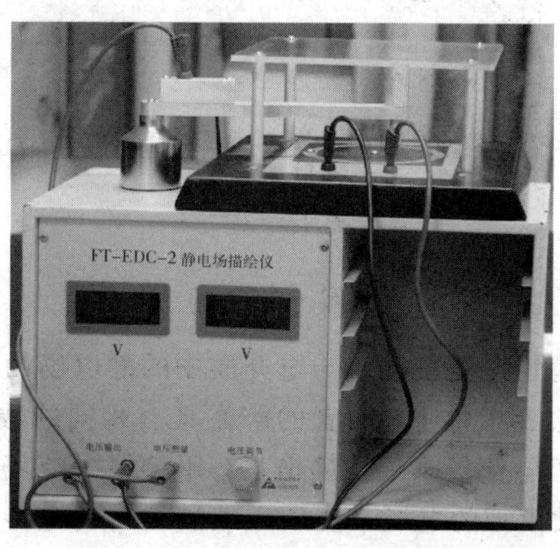

图 5－7－1　静电场描绘仪

本实验采用 YJ－MJ－Ⅲ型激光描点模拟静电场描绘仪，如图 5－7－2 所示。在实验中，用图 5－7－3 所示装置为模拟静电场描绘仪提供直流稳压电源，该装置可对输出电压进行调节，并可输出电压和测量电压的大小。

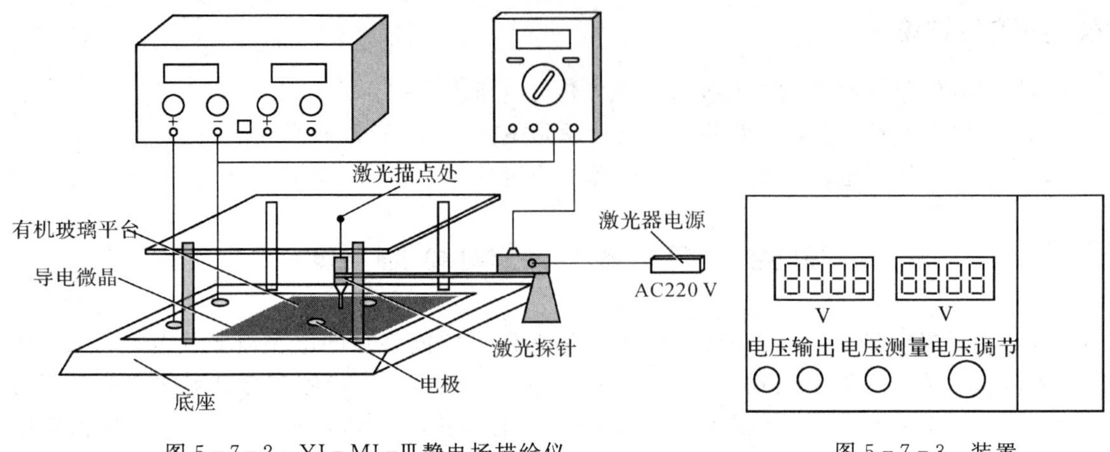

图 5-7-2　YJ-MJ-Ⅲ静电场描绘仪　　　　图 5-7-3　装置

三、实验原理

电场强度 $\boldsymbol{E}$ 是一个矢量，因此在电场的计算或测试中往往是先研究电位的分布情况，而电位是标量。我们可以先测得等位面，再根据电力线与等位面处处正交的特点作出电力线，整个电场的分布就可以用几何图形清楚地表示出来了。有了电位 U 值的分布，由

$$\boldsymbol{E}=-\nabla U \tag{5-7-1}$$

便可求出 $\boldsymbol{E}$ 的大小和方向，整个电场分布就确定了。

模拟法要求两个类比的物理现象遵从的物理规律具有相同的数学表达式。从电磁学理论知道，电解质中的稳恒电流场与介质(或真空)中的静电场之间就具有这种相似性。对于导电媒质中的稳恒电流场，电荷在导电媒质内的分布与时间无关，其电荷守恒定律的积分形式为

$$\begin{cases}\oint_L \boldsymbol{j}\cdot \mathrm{d}L=0\\ \iint_s \boldsymbol{j}\cdot \mathrm{d}s=0\end{cases}\quad\text{(在电源以外区域)}$$

而对于电介质内的静电场，在无源区域内，下列方程式同时成立。

$$\begin{cases}\oint_L \boldsymbol{E}\cdot \mathrm{d}L=0\\ \iint_s \boldsymbol{E}\cdot \mathrm{d}s=0\end{cases}$$

由此可见：电解质中稳恒电流场的 $\boldsymbol{j}$ 与电介质中的静电场的 $\boldsymbol{E}$ 遵从的物理规律具有相同的数学公式，在相同的边界条件下，两者的解亦具有相同的数学形式，所以这两种场具有相似性，实验时就用稳恒电流场来模拟静电场，用稳恒电流场中的电位分布模拟静电场的电位分布。实验中，将被模拟的电极系统放入填满均匀的电导远小于电极电导的电解液中或导电纸上，电极系统加上稳定电压，再用检流计或高内阻电压表测出电位相等的各点，描绘出等位面，然后由若干等位面确定电场的分布。

1. 无限长同轴圆柱形电缆两带电电极间静电场

如图 5-7-4(a)所示，真空中有一个半径为 r_1 的长直圆柱导体 A 和一个内半径为 r_2

的长直圆筒导体B，它们的中心轴重合，沿轴线每单位长度上内、外柱面各带电荷$+\sigma$和$-\sigma$，由于对称性，在垂直于轴线的任一截面S内，电场线沿半径方向呈均匀辐射状分布，其等势面是不同半径的圆柱面。为了计算A、B间静电场的电势分布，沿轴线方向取一单位长度、底面半径为r的同轴圆柱体的表面为高斯面。在S面内，高斯面如图5-7-4(b)的虚线图所示。由于此高斯面的上、下底面没有电场线穿过，设圆柱侧面上各点电场强度的大小为E，由高斯定理得

$$2\pi rE=\frac{\sigma}{\varepsilon_0}$$

即

$$E=\frac{\sigma}{2\pi\varepsilon_0}\cdot\frac{1}{r} \tag{5-7-2}$$

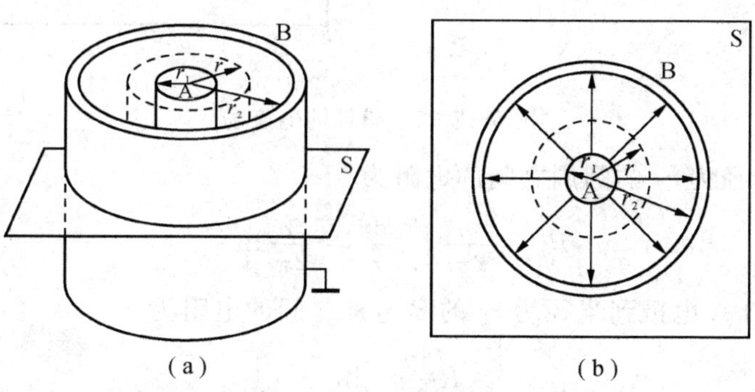

图5-7-4　轴圆柱形电缆

因为外柱面接地点为零电势点，由电场强度与电势的积分关系，在A、B两柱面之间距圆柱中心轴为r处的电势为

$$U_r=\int_r^{r_2}E\mathrm{d}r=\frac{\sigma}{2\pi\varepsilon_0}\int_r^{r_2}\frac{\mathrm{d}r}{r}=\frac{\sigma}{2\pi\varepsilon_0}\ln\frac{r_2}{r} \tag{5-7-3}$$

同理可得A柱的电势为

$$U_1=\int_{r_1}^{r_2}E\mathrm{d}r=\frac{\sigma}{2\pi\varepsilon_0}\int_{r_1}^{r_2}\frac{\mathrm{d}r}{r}=\frac{\sigma}{2\pi\varepsilon_0}\ln\frac{r_2}{r_1}$$

将上式与式(5-7-3)相除，可得相对电势分布为

$$\frac{U_r}{U_1}=\frac{\ln\frac{r_2}{r}}{\ln\frac{r_2}{r_1}} \tag{5-7-4}$$

由式(5-7-4)可知，在r_1、r_2和U_1给定的条件下，相对电势U_r/U_1仅仅是距离r的函数，而且与$\ln r$成线性关系。

2. 设计模拟的电流场

为了仿造一个与静电场分布相似的模拟场，我们设计出模拟模型，把圆环形金属电极A和圆环形金属电极B同心地置于一层均匀的导电介质S′上，如图5-7-5(a)所示。当给两电极加上规定的电压U_1'后，在A、B电极之间的导电介质S′上就会产生一个稳定的电流分布。导电介质由导电微晶制成，它的电阻率比金属电极大很多，因此导电微晶是不良导

体。设其厚度为 t、电阻率为 ρ，电极 A 的半径为 r_1，电极 B 的半径为 r_2，则半径为 r 到 $r+dr$ 的圆周间导电微晶的电阻为

$$dR=\rho\frac{dr}{s}=\frac{\rho dr}{2\pi rt}=\frac{\rho}{2\pi t}\frac{dr}{r} \tag{5-7-5}$$

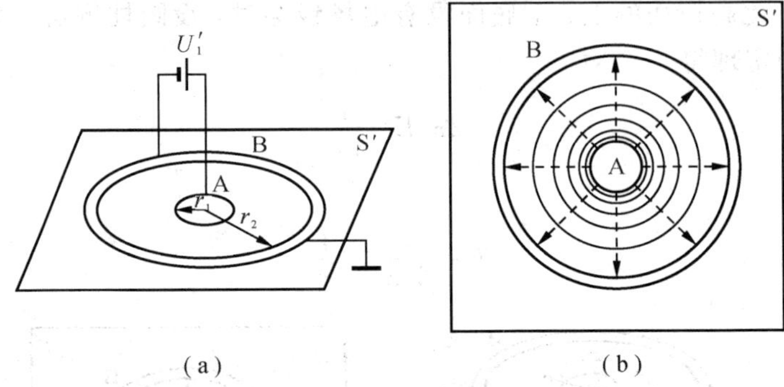

图 5-7-5 模拟的电流场

半径为 r 到半径为 r_2 的圆周之间的电阻为

$$R_r=\frac{\rho}{2\pi t}\int_r^{r_2}\frac{dr}{r}=\frac{\rho}{2\pi t}\ln\frac{r_2}{r} \tag{5-7-6}$$

同理，半径为 r_1 的 A 电极到半径为 r_2 的 B 电极之间的电阻为

$$R=\frac{\rho}{2\pi t}\ln\frac{r_2}{r_1} \tag{5-7-7}$$

于是两电极之间的总电流为

$$I=\frac{U_1'}{R}=\frac{2\pi t}{\rho\ln\frac{r_2}{r_1}}U_1' \tag{5-7-8}$$

设外环的电势为零，即 $U_2'=0$，内环的电势为 U_1'，距环心为 $r(r_1<r<r_2)$处的电势为

$$U_r'=IR_r=\frac{U_1'}{R}R_r=\frac{U_1'}{\frac{\rho}{2\pi t}\ln\frac{r_2}{r_1}}\cdot\frac{\rho}{2\pi t}\ln\frac{r_2}{r}$$

整理得相对电势分布为

$$\frac{U_r'}{U_1'}=\frac{\ln\frac{r_2}{r}}{\ln\frac{r_2}{r_1}} \tag{5-7-9}$$

式(5-7-9)说明，模拟电流场的相对电势分布与静电场的相对电势分布式(5-7-4)相同，只要模拟模型的 r_1、r_2 和 U_1'与长直同轴柱面的 r_1、r_2 和 U_1 相同，必然有 $U_r'=U_r$，由此有

$$E'=-\frac{dU_r'}{dr}=-\frac{dU_r}{dr}=E$$

可见模拟场与静电场的电场强度和电势的分布是相同的，如图 5-7-5(b)所示。因此得出结论：稳恒电流场可以模拟某些带电导体的静电场。实际上，只有极简单情形下的一些静电场的电势分布函数能用解析方法求出，所以通过模拟法来测绘静电场就具有实际应

用价值。

四、实验内容步骤及注意事项

(1) 按图 5-7-2 所示仪器连接成电流场回路和测量回路，在有机玻璃平台上铺上描绘用坐标纸，并用夹子夹稳。

(2) 调节图 5-7-3 中“电压输出”旋钮，改变输出电压的大小，一直调到左边的数字电压表显示 10 V 为止，输出 10 V 左右电压给 YJ-MJ-Ⅲ型激光描点模拟静电场描绘仪。

(3) 用激光探针在电极间探出点位相同的各点且描绘出它们在电极坐标系的位置，分别绘出 1、3、5、7、9 V 的等位线。

(4) 根据等位线和电力线互相垂直的关系画出各组电极的电力线。

(5) 更换不同的电极(如同轴柱面电极、长平行导线电极)，描绘其等位线和电力线及电源线(都在描绘仪的背面)。

(6) 用游标卡尺测量中心圆柱电极的外径和圆环电极的内径。

五、问题讨论

(1) 本实验的测量误差来自哪些方面？在实验中您分别采取了哪些对应措施来减小或消除这些误差？

(2) 怎样由所测的等位线绘出电力线？电力线的方向如何确定？

(3) 如果电源电压增加一倍，等位线和电力线的形状是否变化，电场强度和电位的大小是否变化，为什么？

实验 5.8　光学实验平台

光学实验平台是光学实验中的一种常用设备。平台结构的主体是一个平直的导轨，另外还有多个可以在导轨上移动的滑块支架。根据不同实验的要求，可将光源、各种光学部件装在夹具架上进行实验。在光学平台上可进行多种实验，如焦距的测定，显微镜、望远镜的组装及其放大率的测定，以及幻灯机的组装等，还可进行单缝衍射、双棱镜干涉、阿贝成像与空间滤波等实验。LYW-26 型光学平台可供普通物理实验课开设 26 项光学实验，实验涵盖了几何光学、波动光学和信息光学比较重要的基础课题。

5.8.1　薄透镜焦距的测量

透镜是光学仪器中最基本的元件之一。反映透镜特性的一个主要参量是焦距，它决定了透镜成像的位置和性质(大小、虚实、倒立)。对于薄透镜焦距测量的准确度，主要取决于透镜光心及焦点(像点)定位的准确度。光学实验平台可以提供几种不同方法分别测定凸、凹薄透镜的焦距，以便了解透镜成像的规律，掌握光路调节技术，比较各种测量方法的优缺点，为今后正确使用光学仪器打下良好的基础。

进行各种光学实验时，首先应正确调好光路。调节光路对实验成败起着关键的作用，学会光路的调节技术是光学实验的基本要求之一。

一、实验目的

(1) 了解测量透镜焦距的几种方法，掌握自准法和贝塞尔物像交换法测薄透镜焦距的方法。

(2) 掌握简单光路的分析和光学元件等高共轴调节的方法。

(3) 进一步加深对透镜成像规律的认识。

二、实验器材

实验器材有光学实验平台、凸透镜、凹透镜、光源、物屏、白屏、平面反射镜、水平尺和滤光片等。

三、实验原理

1. 凸透镜焦距的测定

1) 粗略估测法

粗略估测法：以太阳光或平行光管发出的平行光为光源，用凸透镜将其发出的光线聚成一光点(或像)，此时 $s\to\infty$、$s'\approx f'$，即该点(或像)可认为是焦点，而光点到透镜中心(光心)的距离即为凸透镜的焦距。此法测量的误差约为10%。由于粗略估测法误差较大，因此大都用在实验前做粗略估计，如挑选透镜等。

2) 物像公式法

在近轴光线的条件下，薄透镜成像的高斯公式为

$$\frac{f'}{s'}+\frac{f}{s}=1 \tag{5-8-1}$$

当将薄透镜置于空气中时，则焦距

$$f'=-f=\frac{s's}{s-s'} \tag{5-8-2}$$

式中，f'为像方焦距；f 为物方焦距；s'为像距；s 为物距。

式(5-8-2)中的各线距均从透镜中心(光心)量起，与光线方向一致为正，反之为负，如图5-8-1所示。若在实验中分别测出了物距 s 和像距 s'，即可用式(5-8-2)求出该透镜的焦距 f'。注意：测得的量须添加符号，求得的量则根据所求的结果中的符号判断其物理意义。由于透镜光心位置难以准确确定，因此这种方法的误差较大。

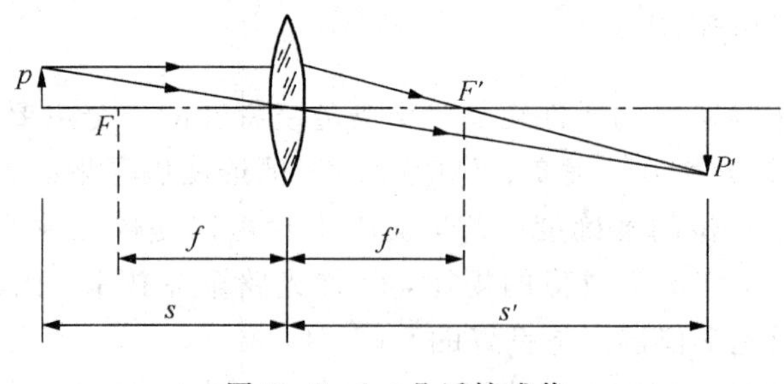

图5-8-1　凸透镜成像

3) 自准法

如图5-8-2所示，在被测透镜L的一侧放置被光源照明的“↑”形物屏AB，在另一侧

放一平面反射镜 M，移动透镜(或物屏)，当物屏 AB 正好位于凸透镜之前的焦平面时，物屏 AB 上任一点发出的光线经透镜折射后将变为平行光线，然后被平面反射镜反射回来。再经透镜折射后，仍会聚在它的焦平面上，即原物屏平面上，形成一个与原物大小相等、方向相反的倒立实像 A′B′。此时物屏到透镜之间的距离就是被测透镜的焦距，即

$$f=s \tag{5-8-3}$$

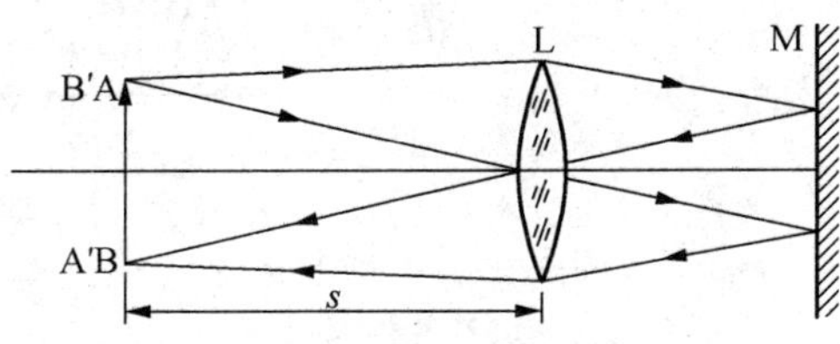

图 5-8-2　凸透镜自准法成像

由于这个方法是利用调节实验装置本身使之产生平行光以达到聚焦的目的，因此称之为自准法。该法测量误差为 1%～5%。

4) 贝塞尔物像交换法(又称为位移法、共轭法或二次成像法)

物像公式法、粗略估测法、自准法都因透镜的中心位置不易确定而在测量中引进误差，为避免这一缺点，可取物屏和像屏之间的距离 D 大于 4 倍焦距($4f$)，且保持不变，沿光轴方向移动透镜，则必能在像屏上观察到二次成像。如图 5-8-3 所示，设物距为 s_1 时得到放大的倒立实像，物距为 s_2 时得到缩小的倒立实像，透镜两次成像之间的位移为 d。

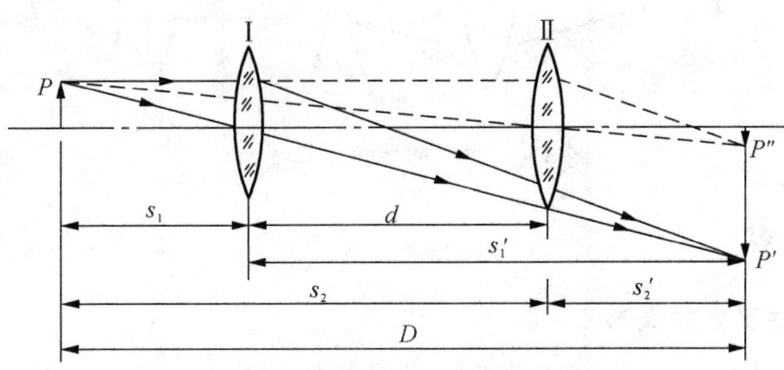

图 5-8-3　二次成像示意图

根据透镜成像公式(5-8-2)，将

$$s_1=-s_2'=-\frac{D-d}{2}$$

$$s_1'=-s_2=\frac{D+d}{2}$$

代入式(5-8-2)即得

$$f'=\frac{D^2-d^2}{4D} \tag{5-8-4}$$

可见，只要在光学平台上确定物屏、像屏以及透镜二次成像时其滑座边缘所在位置，就可较准确地求出焦距 f'。这种方法勿须考虑透镜本身的厚度，测量误差可达到 1%。

5) 成像法(又称为辅助透镜法)

如图 5-8-4 所示，先使物 AB 发出的光线经凸透镜 L_1 后形成一大小适中的实像

$A'B'$；然后在 L_1 和 $A'B'$之间放入被测凹透镜 L_2，就能使虚物 $A'B'$产生一实像 $A''B''$。分别测量出 L_2 到 $A'B'$和 $A''B''$之间距离 s_2、s_2'，根据式(5－8－2)即可求出 L_2 的像方焦距 f_2'。

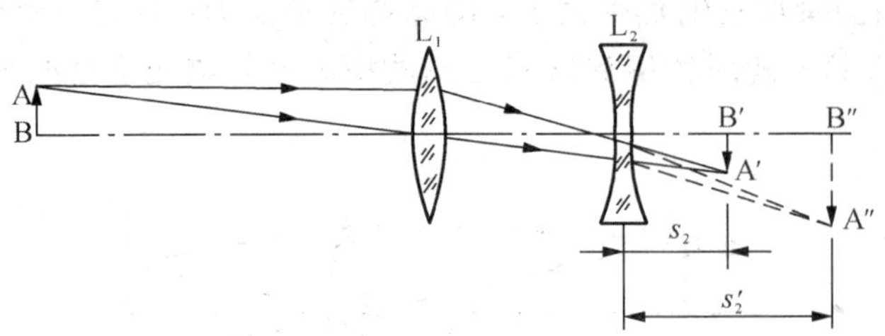

图 5－8－4　成像法

6）凹透镜自准法

如图 5－8－5 所示，在光路共轴的条件下，凹透镜 L_2 在适当位置不动，移动凸透镜 L_1，使物屏上物 AB 发出的光经凸透镜 L_1 成缩小的实像 $A'B'$；然后放置并移动凹透镜 L_2，在物屏上得到一个与物大小相等的倒立实像。由光的可逆性原理可知，由 L_2 射向平面镜 M 的光线是平行光线，点 B'是凹透镜 L_2 的焦点。记录凹透镜 L_2 和实像 $A'B'$的位置，可直接测量出 f_2'。

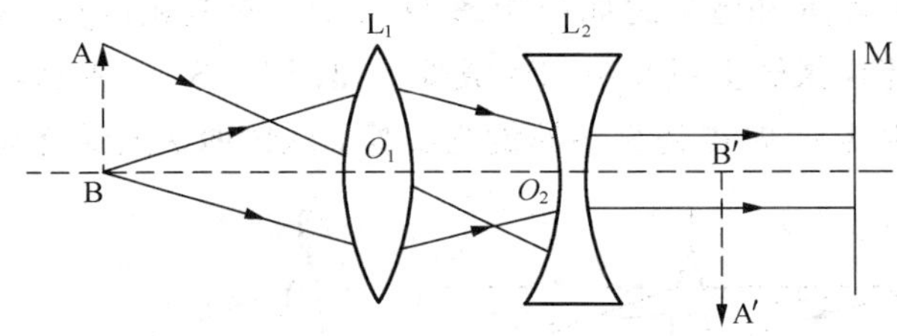

图 5－8－5　凹透镜自准法

四、实验步骤与内容

1. 光学元件同轴等高的调节

由于应用薄透镜成像公式必须满足近轴光线条件，因此应使各光学元件的主光轴重合，而且应使该光轴与光具座的导轨平行。这一调节称为“同轴等高”调节。调节方法如下：

(1) 粗调。将透镜、物屏、像屏等安置在平台轨道上并将它们靠拢，调节其高、低、左、右位置，使光源、物屏、像屏与透镜的中心大致在一条和导轨平行的直线上，并使各元件的平面互相平行且垂直于导轨。

(2) 细调。细调主要依靠成像规律进行调节，本实验利用透镜成像的共轭原理进行调节。如图 5－8－3 所示，当 $D>4f$ 时，移动透镜，在像屏上分别获得放大和缩小的像。调节的一般方法是：当成小像时，调节光屏位置，使 P'与屏中心重合；当成大像时，则调节透镜的高、低或左、右位置，使 P''位于光屏中心位置，使经过透镜后两次成像时像的中心重合，依次反复调节，系统即达到同轴等高。

2. 凸透镜焦距的测定

1）自准法

将照明灯 S、带箭头的物屏 P、凸透镜 L、平面镜 M 参照图 5－8－2 所示依次安置在平台上，按粗调的方法将各元件基本调整为同轴等高。改变凸透镜至物屏的距离，直至物屏上箭矢附近出现一个清晰的倒置像为止。调节凸透镜的高、低、左、右位置，观察像位置的变化，若倒像与物(箭矢)大小相等、完全重合且图像清晰，则表明透镜中心与物中心已处于同轴等高的位置。记下屏与透镜所在位置，其间距即为凸透镜 L 的焦距。重复测量 6 次，求出平均值 f 及其误差，正确表示测量结果。

在实际测量时，由于对成像清晰程度的判断不准确，会导致测量值产生一定的误差。为了减小误差，常采用左右逼近法读数，即先使透镜由左向右移动，当像刚清晰时停止，记下透镜位置的读数；再使透镜自右向左移动，在像清晰时又得一读数，取这两次读数的平均值作为成像清晰时凸透镜的位置。

实验装置参见图 5-8-6。

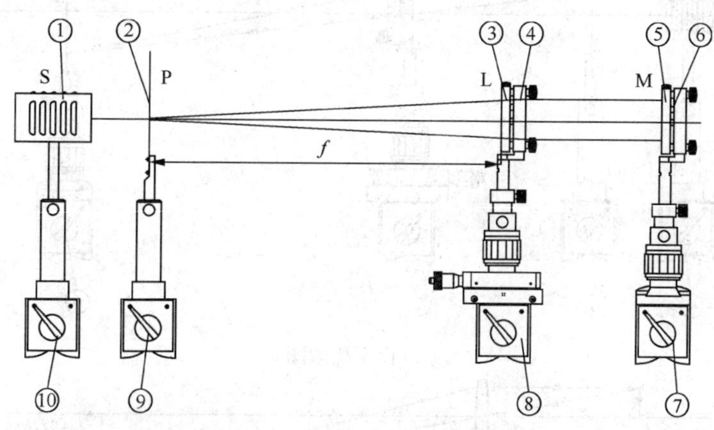

①—白光源 S(LTG-5)；②—物屏 P(LTZ-33)；③—凸透镜 L(f'=190 mm)；④—二维架(LTZ-07)；⑤—平面镜 M；⑥—二维架(LTZ-07)；⑦—二维平移底座(LTZ-03)；⑧—三维平移底座(LTZ-04)；⑨、⑩—通用底座(LTZ-01)

图 5-8-6　自准法仪器摆放图

实验步骤：

① 参照图 5-8-6，沿米尺装妥各器件并调至共轴。调共轴方法(粗调)：先将透镜等光学器件向光源靠拢，调节其高、低位置，凭目视使光源、物屏中心、透镜光心、像屏的中央大致在一条与平台平行的直线上。

② 开启光源，照明物屏，移动 L 和 M，直至在物屏上获得镂空图案的倒立实像为止(白光源自身携带毛玻璃，使用毛玻璃可使图案更加均匀、明显)。

③ 调节平面镜 M 和凸透镜 L 的俯、仰和左、右并前、后微动 L，使在物屏上看到最清晰且与物屏图案大小相等、倒立的实像(充满同一圆面积)。

④ 分别记下 P 和 L 的位置 a_1、a_2。

⑤ 将 P 和 L 都旋转 180°之后(不动底座)，重复做①～④步骤。

⑥ 记下 P 和 L 新的位置 b_1、b_2。

⑦ 计算：

$$f'_a = a_2 - a_1\text{，}\ f'_b = b_2 - b_1$$

$$f' = \frac{f'_a + f'_b}{2}$$

2）贝塞尔物像交换法

按图 5-8-3 将被光源照明的物屏、透镜、像屏放置在光具座上，调成同轴等高。取物屏与像屏之间的距离 $D>4f$；移动透镜，当像屏上分别出现清晰的放大像和缩小像时，也用左右逼近法，记录透镜位置Ⅰ、Ⅱ的左、右读数值，测量出Ⅰ、Ⅱ的距离 d。根据式(5-8-4)分别计算出对应于每一组 D、d 值的焦距 f，然后求出焦距的平均值和误差，正确表示测量结果。

实验装置参见图 5-8-7。

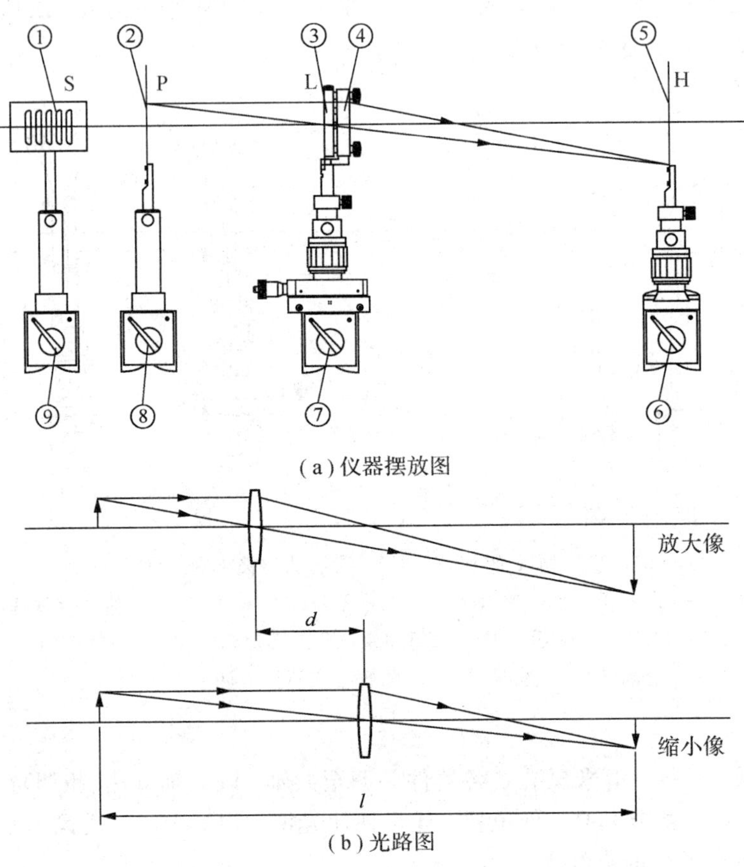

(a) 仪器摆放图

(b) 光路图

①—白光源 S(LTG-5)；②—物屏 P(LTZ-33)；③—凸透镜 L($f'=190$ mm)；④—透镜架(LTZ-08)；⑤—白屏 H(LTZ-32)；⑥—二维平移底座(LTZ-03)；⑦—三维平移底座(LTZ-04)；⑧、⑨—通用底座(LTZ-01)

图 5-8-7　贝塞尔物像交换法

实验步骤：

① 按图 5-8-7 沿米尺布置各器件并调至共轴，再使物屏与白屏的距离 $l>4f'$。

② 开启光源，将透镜 L 紧靠物屏 P，慢慢地向白屏 H 移动，使被照亮的物屏图案在白屏上成一清晰的放大像，记下 L 的位置 a_1、物屏 P 和白屏 H 间的距离 l。(白光源自身携带毛玻璃，使用毛玻璃可使图案更加均匀、明显)。

③ 再移动 L，直至在像屏上成一清晰的缩小像，记下 L 的位置 a_2。

④ 将 P、L、H 旋转 180°(不动底座)，重复做①～③步骤，又得到 L 的两个位置 b_1、b_2。

⑤ 计算：

$$d_a = a_2 - a_1, \ d_b = b_2 - b_1$$

$$f'_a = \frac{(l^2 - d_a^2)}{4l}, \ f'_b = \frac{(l^2 - d_b^2)}{4l}$$

被测透镜焦距 $f' = \frac{f'_a + f'_b}{2}$。

3. 凹透镜焦距的测定

参阅“凹透镜焦距的测量原理”，自己拟定具体步骤和数据表格。

(1) 成像距法(选做内容)。

(2) 自准法(选做内容)。

五、数据记录与处理

请将实验数据记录在表 5-8-1 和表 5-8-2 中。

表 5-8-1　自准法测凸透镜焦距原始数据记录表

光源位置读数：　　cm　　　　(单位：cm)

测量次数	a_1	a_2	b_1	b_2	f
1					
2					
…					
平均值/cm	—	—	—	—	$\bar{f}$

表 5-8-2　贝塞尔物像交换法测焦距原始数据记录表

透镜 L 的位置读数：　　cm　　　　(单位：cm)

测量次数	a_1	a_2	b_1	b_2	P	H	f
1							
2							
…							

六、问题与讨论

(1) 在光学实验中，为什么要对光学系统各部件进行同轴等高调节？如何判断光学系统各部件已满足同轴等高要求？

(2) 用贝塞尔物像交换法调节同轴等高时，如果放大像中心在上、缩小像中心在下，此时物的位置是偏上还是偏下的？请画出光路图，并加以分析。

5.8.2 测自组望远镜的放大率

一、实验目的

(1) 熟悉望远镜的构造及其放大原理。

(2) 学会测定望远镜放大率的方法。

二、实验器材

实验器材有光学实验平台物镜、目镜、透镜架、二维平移座、三维平移座等。

三、实验原理

望远镜通常由两个共轴光学系统组成，现将它简化为两个凸透镜，其中长焦距的凸透镜作为物镜，短焦距的凸透镜作为目镜。物镜的作用是将远处物体发出的光经会聚后在目镜物方焦平面上形成一倒立的实像，而目镜起放大镜作用，把其物方焦平面上的倒立实像再放大成一虚像，供人眼观察。常用的望远镜有开普勒望远镜和伽利略望远镜。其中，物镜的焦距大于目镜的焦距，两透镜的光学间隔近乎为零(物镜的像方焦点与目镜的物方焦点近乎重合)，物镜和目镜都是会聚透镜的为开普勒望远镜(参见图 5-8-8)；物镜是会聚透镜，目镜是发散透镜的为伽利略望远镜。本实验研究开普勒望远镜。

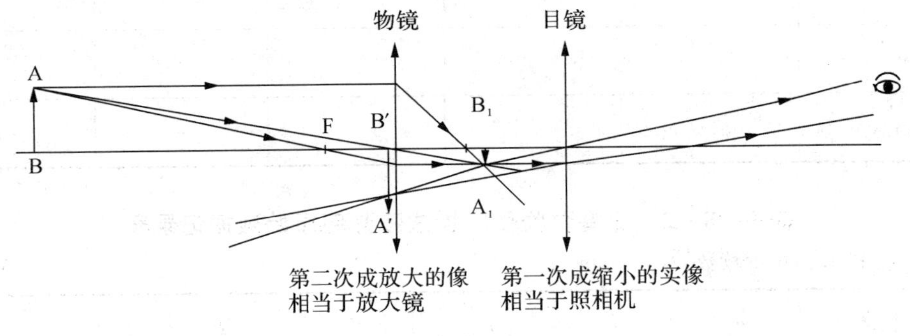

图 5-8-8 望远镜成像原理

光学仪器视角放大率 M 定义为：通过目视仪器观察物体时，该物体的像对人眼张角的正切(一般取像距为明视距离)与人眼直接观看物体时物体对人眼张角的正切之比。

用望远镜观察物体时，一般视角均甚小，因此视角之比可用正切之比代替。于是光学仪器视角放大率可近似写成

$$M=\frac{\tan\alpha_e}{\tan\alpha_o}=\frac{L_e}{L_o}$$

式中，L_o是被测物的大小；L_e是在物体所处平面上被测物的虚像的大小。

实验装置参见图 5-8-9。

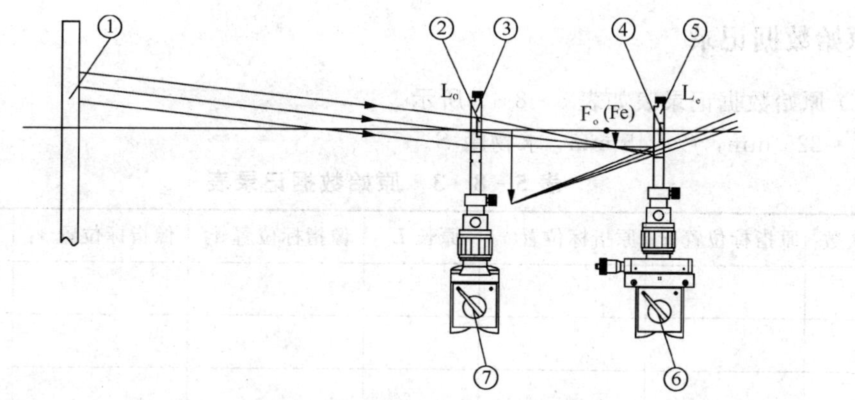

①—标尺(LTZ-34)；②—物镜 L_o(f'_o=225 mm)；③—透镜架(LTZ-08)；
④—目镜 L_e(f'_e=45 mm)；⑤—透镜架(LTZ-08)；⑥—三维平移底座(LTZ-04)；
⑦—二维平移底座(LTZ-03)

图 5-8-9　实验装置图

在实验中，为了把放大的虚像 L_e 与 L_o 直接比较，常用目测法来进行测量。选一个标尺作为被测物，并将它安放在距物镜大于 1.5 m 处，用一只眼睛直接观察标尺，另一只眼睛通过望远镜观看标尺的像。调节望远镜的目镜，使标尺和标尺的像重合且没有视差，读出标尺和标尺像重合区段内相对应的长度，即可得到望远镜的放大率，如图 5-8-10 所示。

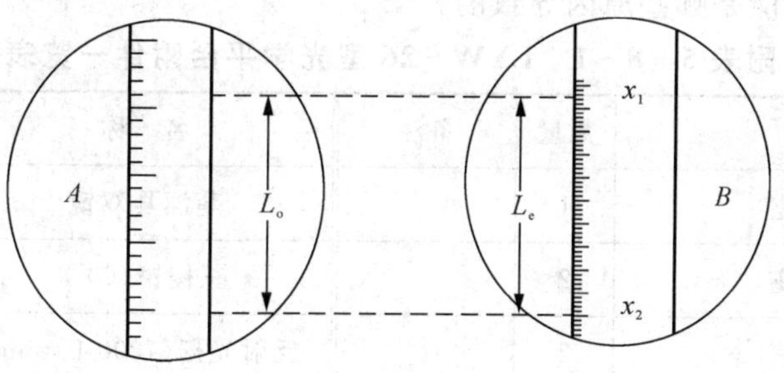

图 5-8-10　标尺对应刻度示意图

四、实验步骤

(1) 按图 5-8-9 组成开普勒望远镜，向约 3 m 远处的标尺调焦，并对准两个红色指标间的"E"字距离为 L_o。

(2) 用另一只眼睛直接注视标尺，经适应性练习，在视觉系统获得被望远镜放大且直观的标尺的叠加像，再测量出放大的红色指标像长 L_e，如图 5-8-10 所示。

(3) 求出望远镜的测量放大率 M，并与理论值 $M_{理}=f_o/f_e$ 做比较。

注：当标尺放在有限距离 S 远处时，望远镜放大率可修正为

$$M'=M\left(\frac{S}{S+f_o}\right)$$

当 $S>100f$ 时，修正量为

$$\frac{S}{S+f_o}\approx1$$

五、原始数据记录

(1) 原始数据记录表如表 5-8-3 所示。

f'_o=225 mm，f'_e=45 mm，求物距 S。

表 5-8-3　原始数据记录表

测量次数	原指标位置 x_1	原指标位置 x_2	原长 L_o	像指标位置 x_3	像指标位置 x_4	像长 L_e	M
1							
2							
3							
4							
5							
…							

(2) 用列表法处理实验数据。

六、思考题

本实验的误差可能是哪些原因导致的?

附表 5-8-1　LYW-26 型光学平台附件一览表

名　称	数量	备注	名　称	数量	备注
三维平移底座	1		菲涅耳双镜	1	
二维平移底座	2		三棱镜(60°)	1	
升降调节座	2		反射光栅(1200 L/mm)	1	30×30
通用底座	5		透射光栅(20 L/mm)	1	
旋转透镜架	2		正交光栅(50L/mm)	1	
二维架	2		网格字	1	
透镜架	2		微尺分划板 1/10 mm	1	
延伸(过渡)架	1		毫米尺(l=30 mm)	1	带毛玻璃
光栅转台	1		θ 调制板	1	
干版架	2		劳埃德镜	1	
白屏	1		偏振片	2	
物屏	1		多孔板	1	
载物台	1		1/4 波片(λ=632.8 nm)	1	

续表

名　称	数量	备注	名　称	数量	备注
测微狭缝	2		双棱镜	1	
测节器(节点架)	1		幻灯片	1	
正像棱镜	1		频谱滤波器、零级滤波器	1	2种
带三角架标尺	1	落地式	小工艺品	1	全息用
测微目镜架	1		牛顿环	1	
双棱镜调节架	1		45°玻璃架	1	
激光器架	1		双缝	1	
光学测角台	1		白板(70 mm×50 mm)	1	
冰洲石镜	1		透光十字	1	
方形毛玻璃架	1		白光源(12 V、35 W)	1	
纸架	1		汞灯(20 W)	1	
透镜(f=4.5 mm和f=6.2 mm)	各1	扩束器	钠灯(20 W)	1	
目镜和物镜	各1	f=29 mm、105 mm	氦氖激光器(1.5～2 mW)	1	
透镜(f=45、50、70、150、190、225、300、−100 mm)	各1		读数显微	1	
球面镜(f=500 mm)	1		全息干版	1	
平面镜(ϕ36×4)	2		气室、血压表和橡胶球	1	
分束器(ϕ30×4)	2	7∶3、5∶5			

实验5.9　数字示波器的使用

示波器是一种用途广泛的电子测量仪器，用它能直接观察电信号的波形，也能测定电压信号的幅度、周期和频率等参数。用双踪示波器还可以测量两个信号之间的时间差或相位差。凡是能转化为电压信号的电学量和非电学量都可以用示波器来观测。示波器分为模拟示波器和数字示波器。模拟示波器的优点在于具有极高的分辨率和很高的扫描速率，屏幕显示可以有亮度的变化，可实时显示可信赖的波形。但它很难处理低频信号、非重复信号和瞬间信号。

数字示波器又称为数字存储示波器(Digital Storage Oscilloscopes，DSO)，采用微处理器作控制和数据处理，使数字示波器具有超前触发、组合触发、毛刺捕捉、波形处理、硬拷贝输出、软盘记录、长时间波形存储等模拟示波器所不具备的功能。数字示波器需要具有与带宽相适应的高速 A/D 转换器，显示器可用 LCD 平面阵列和彩色屏幕。目前的数字示波器带宽也超过 1 GHz，在许多方面其性能都超过模拟示波器的性能。数字示波器因具有波形触发、存储、显示、测量、波形数据分析处理等独特优点，其使用日益普及。但数字示波器仍具有显示分辨率低、扫描速率有限、没有亮度调制、观察不到三维图形，且面板旋钮多、菜单复杂等缺点。

本实验主要介绍数字示波器的使用，可以根据实际应用选择合适的示波器。

一、实验目的

(1) 了解数字示波器的工作原理及使用方法。

(2) 学会用数字示波器测量交流电压信号的周期、频率和电压峰-峰值。

(3) 学会用数字示波器观察李萨如图形，校准低频信号发生器。

二、实验器材

实验器材有数字示波器、信号发生器等。

1. UTD2062CE 数字存储示波器

UTD2062CE 数字示波器面板参见图 5-9-1～图 5-9-3。

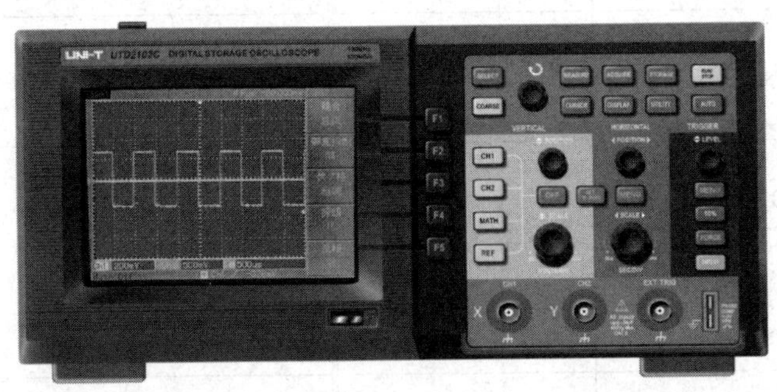

图 5-9-1 UTD2062CE 数字存储示波器前面板

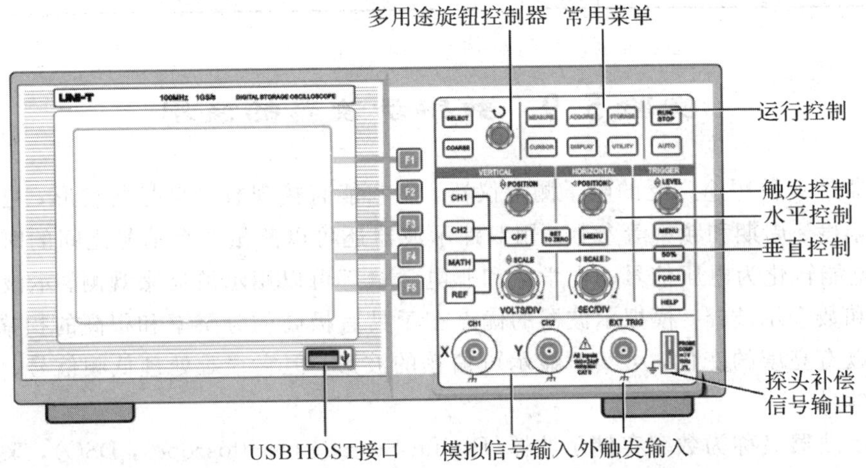

图 5-9-2 UTD2062CE 面板操作说明

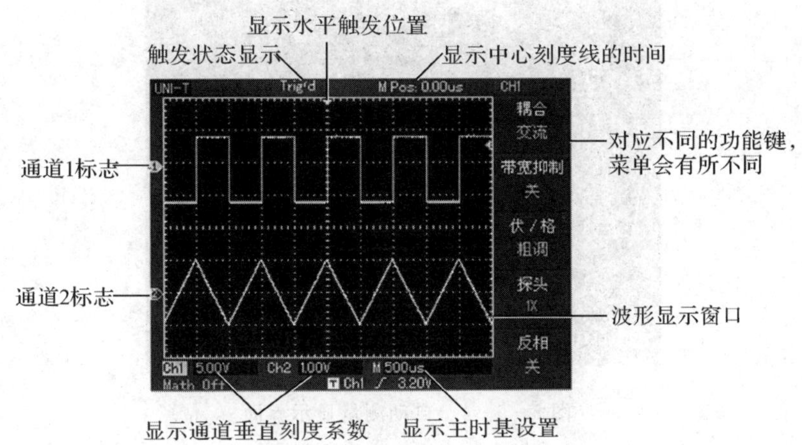

图 5-9-3 UTD2062CE 显示界面说明

UTD2062CE 示波器具体介绍请参考仪器使用手册，这里介绍两个要求掌握的应用示例。

1) 测量简单信号

观测电路中一未知信号，迅速显示和测量该信号的频率和峰-峰值。

(1) 欲迅速显示该信号，请按如下步骤操作：

① 将探头菜单衰减系数设定为 10×，并将探头上的开关设定为 10×。

② 将“CH1”的探头连接到电路被测点。

③ 按下“AUTO”按钮，数字存储示波器将自动设置使波形显示达到最佳。在此基础上，可以进一步调节垂直、水平挡位，直至波形的显示符合要求为止。

(2) 进行自动测量信号的电压和时间参数。

数字存储示波器可对大多数显示信号进行自动测量。欲测量信号频率和峰-峰值，请按如下步骤操作：

① 按“MEASURE”按键，以显示自动测量菜单。

② 按下“F1”进入测量菜单种类选择。

③ 按下“F3”选择电压类。

④ 按下“F5”翻至 2/4 页，再按“F3”选择测量类型：峰-峰值。

⑤ 按下“F2”进入测量菜单种类选择，再按“F4”选择时间类。

⑥ 按“F2”即可选择测量类型：频率。

此时，峰-峰值和频率的测量值分别显示在 F1 和 F2 的位置。

(3) 自动测量显示界面如图 5-9-4 所示。

2) 观察李萨如图形并查看两通道信号的相位差(“X-Y”功能的应用)

测试信号经过一电路产生的相位变化。将数字存储示波器与电路连接，监测电路的输入/输出信号。欲以“X-Y”坐标图的形式查看电路的输入/输出，请按如下步骤操作：

(1) 将探头菜单衰减系数设定为 10×，并将探头上的开关设定为 10×。

(2) 将 CH1 的探头连接至网络的输入，将 CH2 的探头连接至网络的输出。

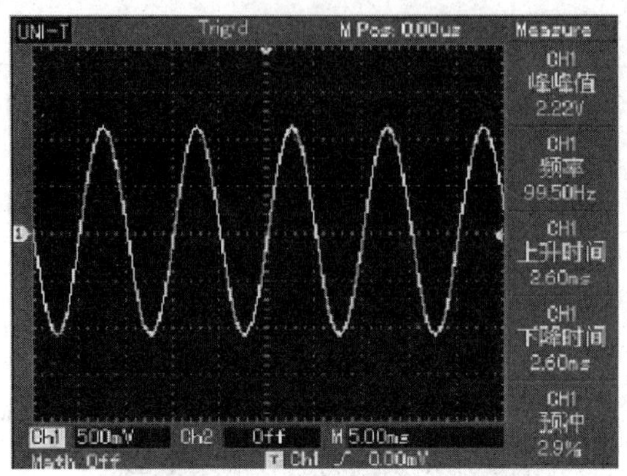

图 5-9-4　自动测量显示界面

(3) 若通道未被显示，则按下"CH1"和"CH2"菜单按键，打开两个通道。

(4) 按下"AUTO"按钮。

(5) 调整垂直标度旋钮使两路信号显示的幅值大约相等。

(6) 按"DISPLAY"菜单按键，以调出显示控制菜单。

(7) 按"F2"以选择"X-Y"。数字存储示波器将以李萨如(Lissajous)图形模式显示该电路的输入/输出特征。

(8) 调整垂直标度和垂直位置旋钮使波形达到最佳效果。

(9) 应用椭圆示波图形法观测并计算出相位差(参见图 5-9-5)。

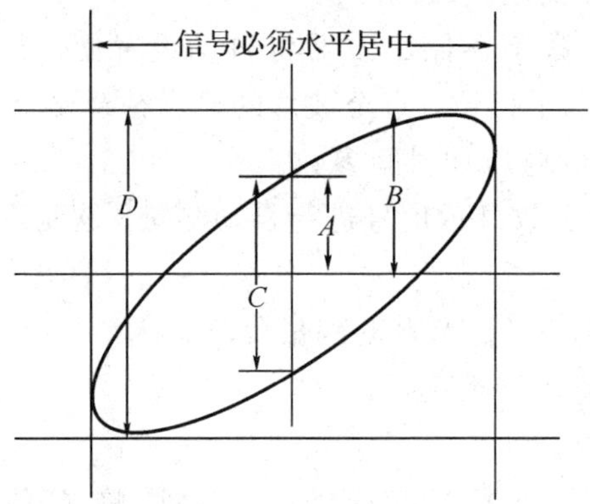

图 5-9-5　椭圆示波图形法

根据 $\sin\theta = A/B$ 或 C/D(其中 θ 为通道间的相差角)，A、B、C、D 的定义参见图 5-9-5。因此可得出相差角，即 $\theta = \pm\arcsin(A/B)$ 或 $\theta = \pm\arcsin(C/D)$。如果椭圆的主轴在Ⅰ、Ⅲ象限内，那么所求得的相位差角应在Ⅰ、Ⅳ象限内，即在 $0 \sim \pi/2$ 或 $3\pi/2 \sim 2\pi$ 内。如果椭圆的主轴在Ⅱ、Ⅳ象限内，那么所求得的相位差角应在Ⅱ、Ⅲ象限内，即在 $\pi/2 \sim \pi$ 或 $\pi \sim 3\pi/2$ 内。

另外，如果两个被测信号的频率或相位差为整数倍，则根据图形可以推算出两信号之间频率及相位的关系。

(10) "X-Y"相位差如图 5-9-6 所示。

信号频率比	相位差					
	0°	45°	90°	180°	270°	360°
1:1						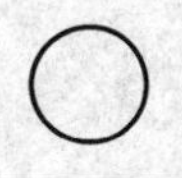

图 5-9-6 “X-Y”相位差

2. DS1074Z 数字示波器(RIGOL)

DS1074Z 数字示波器是一款基于 UltraVision 技术的高性能数字示波器，具有极高的存储深度、超宽的动态范围、良好的显示效果、优异的波形捕获率和全面的触发功能，是通信、航天、国防、嵌入式系统、计算机、研究和教育等众多领域的调试仪器。

DS1074Z 数字示波器实物图参见 5-9-7，前面板总览参见图 5-9-8，后面板总览参见图 5-9-9。

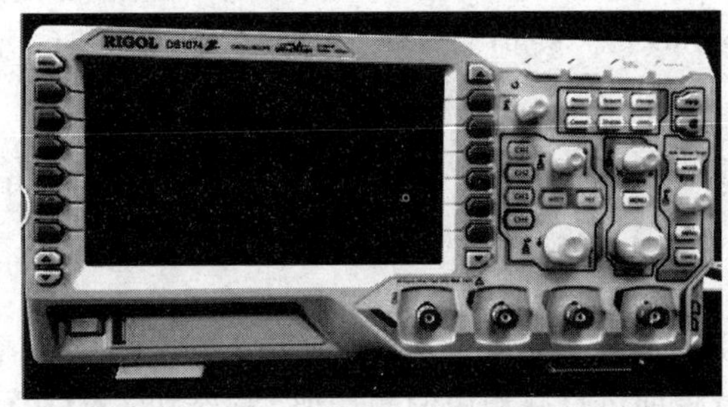

图 5-9-7 DS1074Z 数字示波器

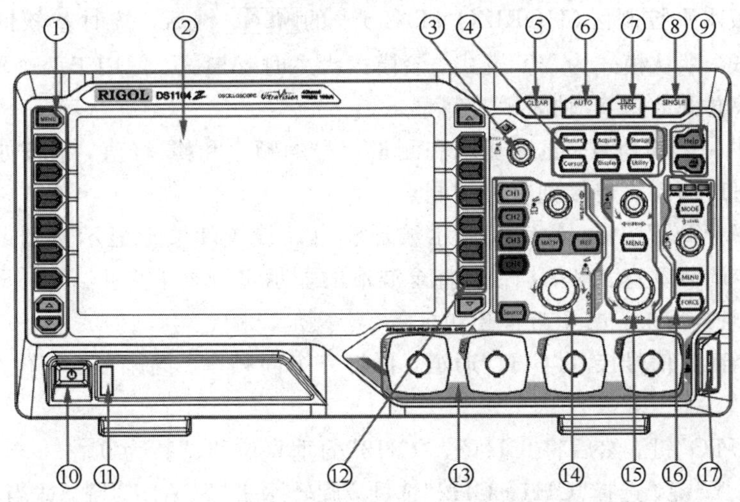

①—菜单控制键；②—LCD；③—多功能旋钮；④—功能菜单键；⑤—全部清除键；
⑥—波形自动显示；⑦—运行/停止控制键；⑧—单次触发控制键；⑨—内置帮助/打印键；
⑩—电源键；⑪—USB HOST 接口；⑫—功能菜单设置软键；⑬—模拟通道输入区；
⑭—垂直控制区；⑮—水平控制区；⑯—触发控制区；⑰—探头补偿器输出端/接地端

图 5-9-8 DS1074Z 数字示波器前面板总览

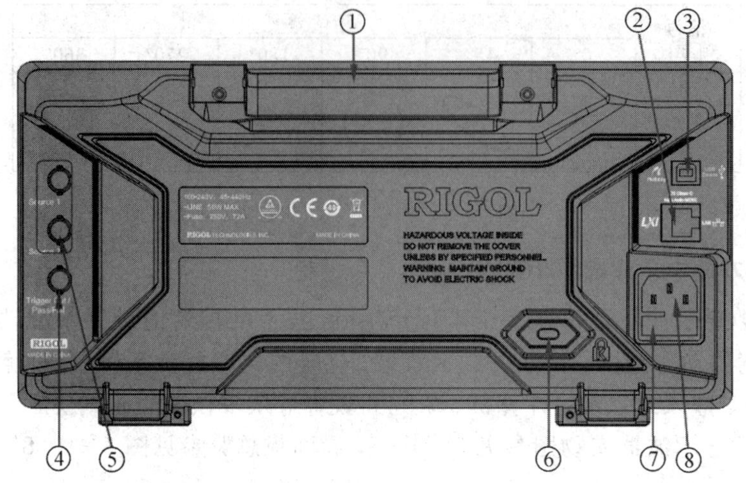

①—手柄；②—LAN；③—USB DEVICE；④—触发输出/通过失败；
⑤—信号输出；⑥—锁孔；⑦—保险丝；⑧—AC 电源插孔

图 5-9-9　DS1074Z 数字示波器后面板总览

DS1074Z 数字示波器具体介绍请参考仪器使用手册，这里介绍两个要求掌握的应用示例。

1) 测量简单信号

DS1074Z 数字示波器提供 12 种水平(HORIZONTAL)和 12 种垂直(VERTICAL)测量参数。按下屏幕左侧的软键即可打开相应的测量项，连续按下**MENU**键，可切换水平和垂直测量参数。

按下前面板水平控制区(HORIZONTAL)中的**MENU**键后，按时基软键，可以选择示波器的时基模式，默认模式为 YT 模式。该模式为主时基模式，适用于两个输入通道。该模式下"Y"轴表示电压量，"X"轴表示时间量。

观测电路中一未知信号，迅速显示和测量信号的频率和峰-峰值，请按如下步骤操作：

(1) 将"CH1"的探头连接到电路被测点。

(2) 按下"AUTO"按钮，数字存储示波器将自动设置使波形显示达到最佳。在此基础上，可以进一步调节垂直、水平挡位，直至波形的显示符合要求为止。

2) 观察李萨如图形，测量两信号相位差

(1) 将一个正弦信号接入"CH1"通道，再将一个同频率、同幅值、相位相差 90°的正弦信号接入"CH2"。

(2) 按"AUTO"键，然后将"CH1"、"CH2"的垂直位移调整为 0。

(3) 按"X-Y"键，选择"CH1-CH2"选项，旋转水平"SCALE"键，适当地调节采样率，可以得到良好的李萨如图形，便于更好地观察与测量。

(4) 调节"CH1"和"CH2"的垂直"SCALE"键，使信号易于观察，此时可以得到图 5-9-10 所示的图形。

(5) 由图 5-9-10 可见，圆形与"X"轴和"Y"轴的交点到坐标原点的距离近似相等，由此可得相差角 $\theta=\pm\arcsin 1=\pm 90^\circ$。

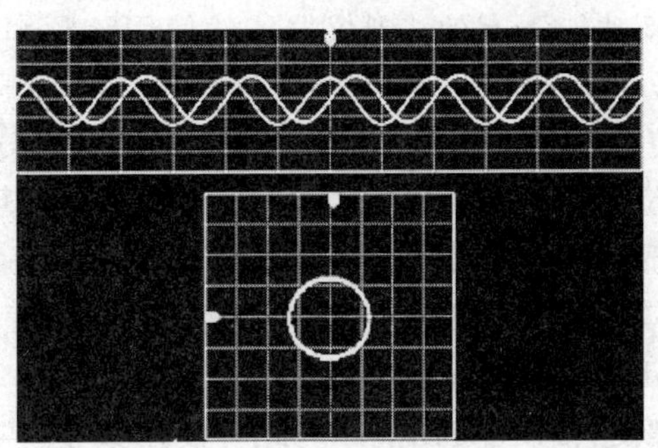

图 5-9-10 李萨如图形的观察和位相差的测量

3. DG4062 函数/任意波形发生器

DG4062 函数/任意波形发生器前面板如图 5-9-11 所示，该仪器可以从单通道或者同时从双通道输出基本波形，包括正弦波、方波、锯齿波、脉冲和噪声。开机时，仪器默认输出一个频率为 1 kHz、幅度为 $5U_{\text{P-P}}$的正弦波。

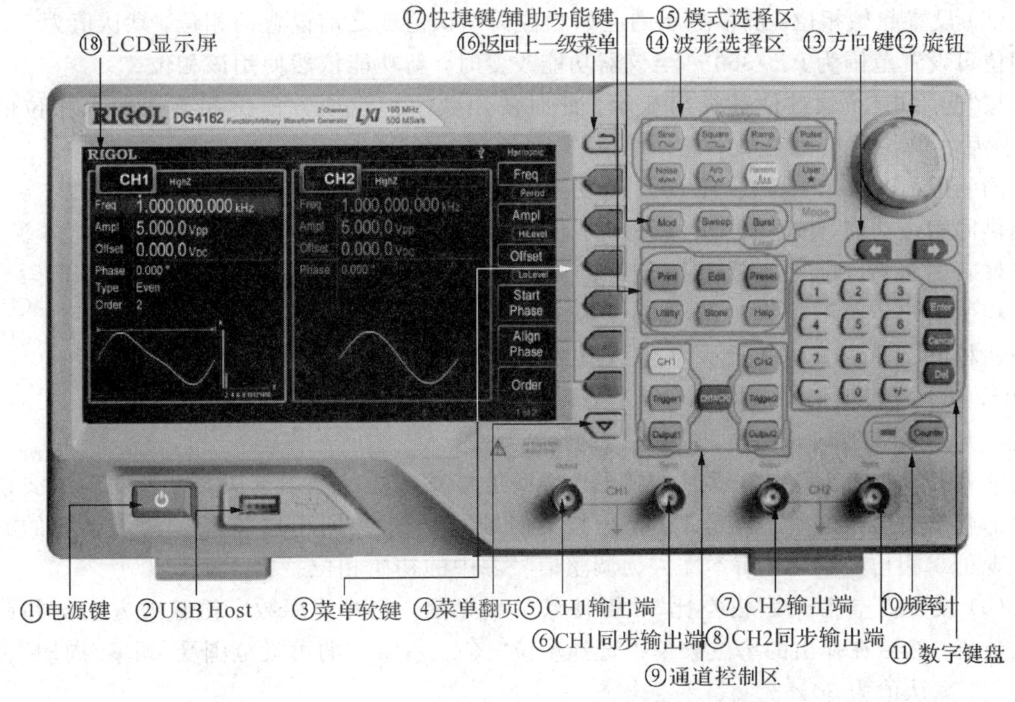

图 5-9-11 DG4062 函数/任意波形发生器前面板图

用户可以配置单通道输出或者双通道输出，按下前面板“CH1”，用户界面对应的通道区域变亮，然后设置所需波形和参数。如需同时输出信号，再按下“CH2”，设置所需波形和参数。注意：“CH1”、“CH2”不能同时被选中，开机时，仪器默认输出通道为“CH1”。

设置输出信号的步骤如下：

(1) 选择基本波形：前面板**Sine**按键表示正弦波，**Square**按键表示方波，**Ramp**按键表示锯齿波，**Pulse**按键表示脉冲，**Noise**按键表示噪声。

(2) 设置频率：屏幕显示的频率为默认值或之前设置的频率，默认值为 1 kHz。当仪器功能改变时，若该频率在新功能下有效，则仪器依然使用该频率；若该频率在新功能下无效，仪器则弹出提示消息，并自动将频率设置为新功能的频率上限值。

按“频率/周期”软键使“频率”突出显示，此时使用数字键盘或方向键和旋钮输入频率的数值，然后在弹出的单位菜单中选择所需的单位。再按该软键可以设置周期单位。

(3) 设置幅度：屏幕显示的幅度为默认值或之前设置的幅度，默认值为 $5U_{P-P}$。当仪器配置改变时，若该幅度有效，则仪器依然使用该幅度；若该幅度无效，仪器则弹出提示消息，并自动将幅度设置为新配置的幅度上限值。

按“幅度/高电平”软键使“幅度”突出显示，此时使用数字键盘或方向键和旋钮输入幅度的数值，然后在弹出的单位菜单中选择所需的单位。再按该软键将切换至高电平设置。

(4) 设置 DC 偏移电压：屏幕显示的 DC 偏移电压为默认值或之前设置的偏移，默认值为 $0U_{DC}$。当仪器配置改变时，若该偏移有效，则仪器依然使用该偏移；若该偏移无效，仪器则弹出提示消息，并自动将偏移设置为新配置的偏移上限值。

按“偏移/低电平”软键使“偏移”突出显示，此时使用数字键盘或方向键和旋钮输入偏移的数值，然后在弹出的单位菜单中选择所需的单位。再按该软键将切换至低电平设置。

(5) 设置起始相位：屏幕显示的起始相位为默认值或之前设置的相位，默认值为 0°，起始相位可设置范围为 0°～360°。当仪器功能改变时，新功能依然使用该相位。

按“起始相位”软键使其突出显示，此时使用数字键盘或方向键和旋钮输入相位的数值，然后在弹出的单位菜单中选择单位“°”。

同相位：DG4062 函数/任意波形发生器提供同相位功能，按下“同相位”软键，仪器将重新配置两个通道，使其按设定的频率和相位输出，而不需人为调整信号源中的初始相位，图 5-9-12 所示为 CH1 输出 1 kHz、$5U_{P-P}$、0°正弦波，CH2 输出 1 kHz、$5U_{P-P}$、180°正弦波时，用示波器采样两个通道的波形，并使其稳定显示时的波形。切换信号发生器的输出开关，可以发现示波器上显示的两个波形相位差不再是 180°，但按下信号发生器的“同相位”软键，示波器中的波形将呈现 180°相位差显示，而不需人为调整信号源中的初始相位。

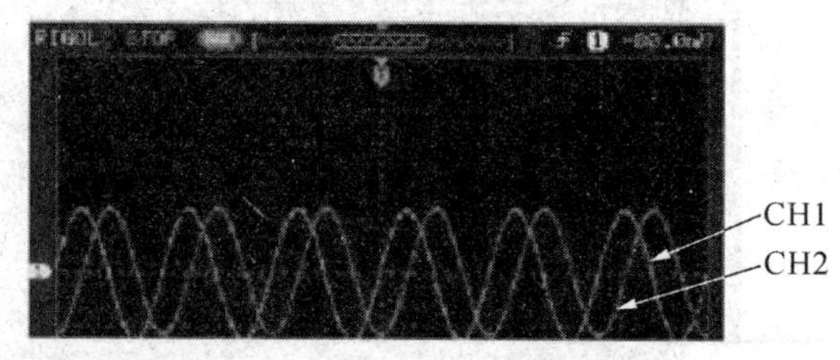

图 5-9-12

(6) 设置占空比：按“占空比”软键使其突出显示，此时使用数字键盘或方向键和旋钮输入数值，然后在弹出的单位菜单中选择单位“%”。占空比的可设范围受“频率/周期”设置的限制，默认值为 50%。

(7) 设置对称性：按“对称性”软键使其突出显示，此时使用数字键盘或方向键和旋钮输入数值，然后在弹出的单位菜单中选择单位“ %”。对称性的可设置范围为 0%～100%，默认值为 50%。该参数仅在选中锯齿波时有效。

(8) 启用通道输出：完成波形参数设置后，需要开启通道以输出波形。在开启通道前，可以使用 **Utility** 功能键下的通道设置菜单(**CH1 设置**或 **CH2 设置**)设置与该通道输出相关参数，如阻抗、极性等。按下前面板的 **Output1** 按键或/和 **Output2** 按键，按键背灯变亮，仪器从前面板 **Output1** 或/和 **Output2** 连接器输出已配置的波形。

三、实验原理

1. 数字存储示波器原理

随着数字信号技术和微处理器技术的发展，出现了数字存储示波器(DSO)。所谓数字存储，就是在示波器中以数字编码的形式来存储信号，信号进入数字存储示波器后，示波器将按一定的时间间隔对信号电压进行采样，然后用一个模/数转换器(ADC)对这些瞬间值或采样值进行变换，从而生成代表每个采样电压的二进制数值，这个过程叫数字化。获得的二进制数值存储在存储器中，存储器中存储的数据用来在示波器的屏幕上重建信号波形，对输入信号进行采样的速率称为采样速率。采样速率由采样时钟控制。数字存储示波器的基本框图如图 5-9-13 所示。

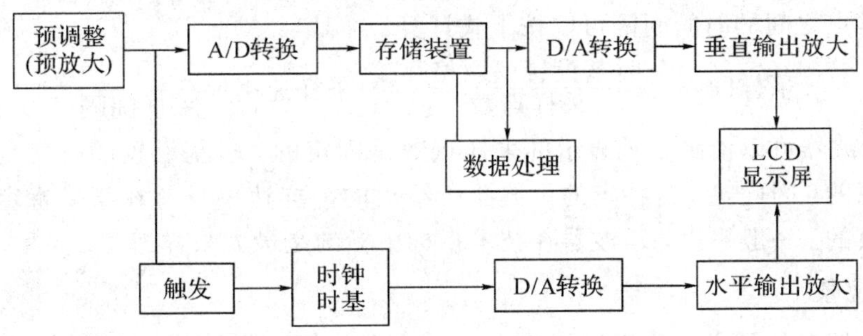

图 5-9-13　数字存储示波器基本框图

2. 采样数字化

获取输入电压的采样值是通过采样及保持电路来完成的(参见图 5-9-14)。当开关 S 闭合时，输入放大器 A_1 通过开关 S 对保持电容进行充/放电；而当开关 S 断开时，保持电容上的电压就不再变化。缓冲放大器 A_2 将此采样电压值送往 ADC，ADC 则测量此采样电压值，并用数字的形式表示出来。ADC 是由一组比较器组成的(参见图 5-9-15)，每个比较器都检查采样电压是否高于其参考电压，若高于参考电压则该比较器的输出为有效；若低于参考电压则该比较器的输出为无效。ADC 通过把采样电压和许多参考电压进行比较来确定采样电压的幅值。

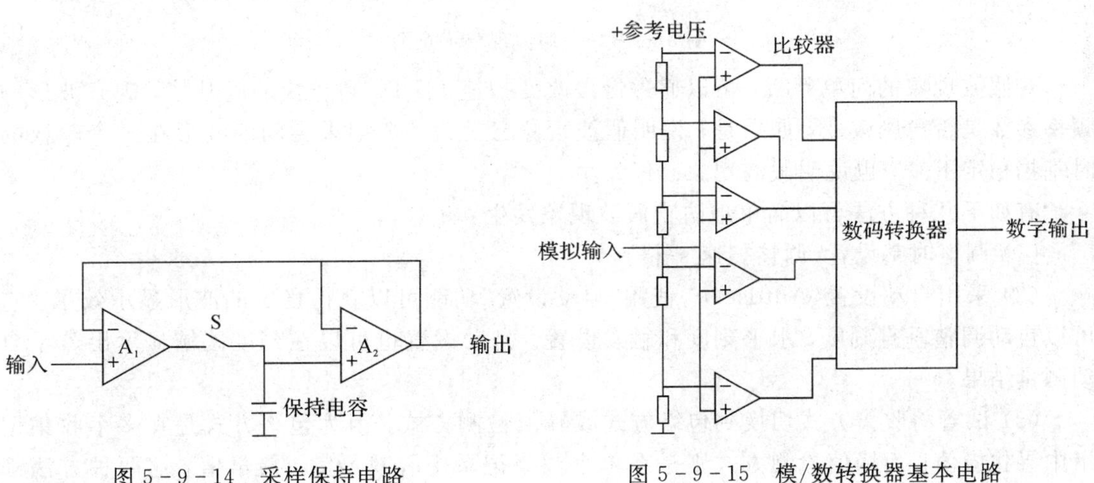

图 5-9-14　采样保持电路

图 5-9-15　模/数转换器基本电路

3. 模/数转换器和垂直分辨率

构成ADC所用的比较器越多，ADC可以识别的电压层次越多，这个特性被称为垂直分辨率。显然，垂直分辨率越高，显示器上重建的波形越逼真。

4. 时基和水平分辨率

在数字示波器中，水平系统的作用是确保对输入信号采集足够数量的采样值，并且每个采样值都取自正确的时刻。构成一个波形的全部采样叫做一个记录。用一个记录可以在显示器上重建一个或多个波形。一个示波器可以存储的采样点数称为记录长度或采样长度。记录长度用字节或千字节来表示，1千字节(1 KB)等于1024个采样点。

通常，示波器沿水平轴显示512个采样点，为了方便，这些采样点以每格50个采样点的水平分辨率来进行显示，即水平轴的长度为512/50＝10.24格。

两个采样点之间的时间间隔可以按下式计算：

$$\text{采样间隔}=\frac{\text{时基设置(秒/格)}}{\text{采样点数}},\quad \text{采样速率}=\frac{1}{\text{采样间隔}}$$

通常，示波器可以沿水平轴显示的采样点数是固定的，时基设置的改变是通过改变采样速率来实现的，因此，一台特定的示波器所给出的采样速率只有在某一特定的时基设置之下才是有效的。一般来讲，示波器在技术指标中标的是最大采样速率。

5. 假波现象

如果示波器对信号进行采样时不够快，从而无法建立精确的波形记录，此时就会出现假波现象(参见图5-9-16)。此现象发生时，示波器将以低于实际输入波形的频率显示波形，或者触发并显示不稳定的波形。示波器精确表示信号的能力受探头带宽、示波器带宽和采样速率的限制。要避免假波现象，示波器必须以至少比信号中最高频分量快两倍的频率对信号进行采样。

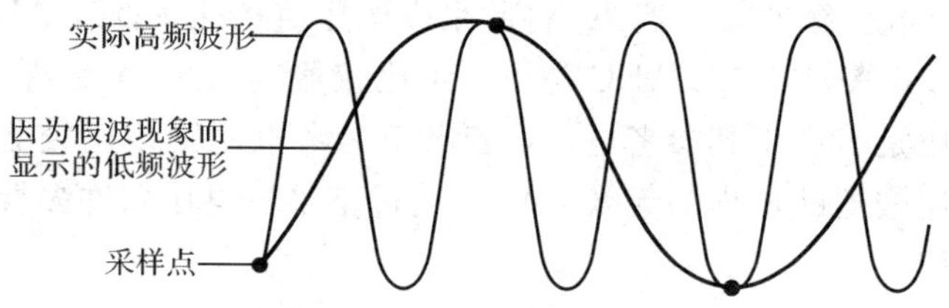

图5-9-16　假波现象示意图

对假波现象的简单判断：可以通过慢慢改变扫速1/DIV到较快的时基挡，观察波形的频率参数是否急剧改变，如果是，说明假波现象已经发生；如果晃动的波形在某个较快的时基挡稳定下来，也说明假波现象已经发生。

有如下几种方法可以简单地防止假波现象发生：

(1) 调整时基设置(调整扫速s/格)。

(2) 采用自动设置(Autoset)。使用“自动设置”功能可以获得稳定的波形显示效果。它可以自动调整垂直刻度、水平刻度和触发设置。自动设置也可以在刻度区域显示出若干自动测量结果。

(3) 试着将收集方式切换到包络方式或峰值检测方式，因为包络方式是在多个收集记录中寻找极值，而峰值检测方式则是在单个收集记录中寻找最大、最早值，这两种方法都能检测到较快的信号变化。

(4) 如果示波器有 InstaVu 采集方式，则可以选用该方式，因为这种方式采样波形速度快。用这种方法显示的波形类似于用模拟示波器显示的波形。

6. 显示

数字存储示波器的显示与模拟示波器有着本质的不同。数字存储示波器的显示屏幕可以是 CRT、LCD 或者 LED，我们在屏幕上看到的并不是输入信号本身的波形，而是使用早些时刻采样的表示输入信号的数据在屏幕上重建的波形。而模拟示波器屏幕上显示的波形就是被测系统中实际发生的情况，因此模拟示波器常常被认为是最可信赖的信号测量仪器。

7. 自动测量

当使用数字存储示波器时，只要示波器已经采样了信号波形，就获得了所有波形信息数据，根据这些数据就能自动计算出要测量的参数，快速得到准确、可靠的结果。当然，数字存储示波器的设置情况对参数测量和结果会有影响。对于模拟示波器，我们只能进行手动测量，对于复杂的波形，我们几乎不能进行精确测量。

8. 模拟带宽和数字实时带宽

带宽是示波器最重要的指标之一。模拟示波器的带宽是一个固定的值，而数字示波器的带宽有模拟带宽和数字实时带宽两种。数字示波器对重复信号采用顺序采样或随机采样技术，所能达到的最高带宽为示波器的数字实时带宽。数字实时带宽与最高数字化频率和波形重建技术因子 K 相关(数字实时带宽＝最高数字化速率/K)，一般并不作为一项指标直接给出。从以上两种带宽的定义可以看出，模拟带宽只适合重复周期信号的测量，而数字实时带宽则同时适合重复信号和单次信号的测量。厂家声称示波器的带宽能达到多少兆，实际上指的是模拟带宽，数字实时带宽要低于这个值。因此，在测量单次信号时，一定要参考数字示波器的实时带宽，否则会给测量带来意想不到的后果。

四、实验内容和步骤

1. 观察并记录波形

调节低频信号发生器，输出频率为几十赫兹、几百赫兹、几千赫兹和几百千赫兹的正弦电压信号，经 CH1(通道 1)输入数字示波器，观察并记录其波形。

2. 测量任意正弦波电压

(1) 测量上述低频信号发生器产生的正弦波形的电压峰-峰值 U_{P-P}。

在示波器上调节出大小适中、稳定的正弦波形，选择其中一个完整的波形，先读出正弦波电压峰-峰值 U_{P-P} 的垂直距离，用下式计算得

$$U_{P-P}=\text{垂直距离(DIV)}\times\text{挡位(V/DIV)}$$

(2) 测量上述低频信号发生器产生的正弦波形的周期和频率。

在示波器上调节出大小适中、稳定的正弦波形，选择其中一个完整的波形，先测出正弦波的周期 T，即

$$T=\text{水平距离(DIV)}\times\text{挡位(s/DIV)}$$

然后求出正弦波的频率 $f=1/T$。

(3) 观测李萨如图形并校准低频信号发生器。

观测李萨如图形时，调节数字示波器"扫描速率(s/DIV)"至"X－Y"方式。调信号发生器CH1(通道1)输出50 Hz正弦电压信号，调节信号发生器CH2(通道2)的频率，当两通道频率成简单整数比时，荧光屏上出现各种不同形状的稳定的李萨如图形(参见表5－9－1)，记下其形状；利用$f_x:f_y=N_y:N_x$计算被测信号的频率，并与信号发生器显示的频率进行比较，校准低频信号发生器的频率。

几种频率整数比的李萨如图形见表5－9－1所示。

表5－9－1 几种频率整数比的李萨如图形

$f_y:f_x$	1:1	1:2	1:3	2:3	3:2	3:4	2:1
李萨如图形							
N_x	1	1	1	2	3	3	2
N_y	1	2	3	3	2	4	1
f_y/Hz	100	100	100	100	100	100	100
f_x/Hz	100	200	300	150	$66\frac{2}{3}$	$133\frac{1}{3}$	50

五、问题讨论

(1) 简述数字示波器显示输入信号波形的方法。

(2) 如何使用数字示波器测量交流信号电压的有效值？

(3) 波形稳定的条件是什么？如何调节使波形稳定？

(4) 怎样利用李萨如图形测正弦信号的频率？

实验5.10 分光计的调节及三棱镜折射率的测定

光线在传播过程中遇到不同介质的分界面时，会发生反射和折射，光线将改变传播的方向，结果在入射光与反射光或折射光之间就存在一定的夹角。通过对某些角度的测量，可以测定折射率、光栅常数、光波波长、色散率等许多物理量。因而精确测量这些角度在光学实验中显得十分重要。

分光计是一种能精确测量角度的典型光学仪器，经常用来测量材料的折射率、色散率、光波波长和进行光谱观测等。由于该装置比较精密，控制部件较多而且操作复杂，因此使用时必须严格按照一定的规则和程序进行调整，方能获得较高精度的测量结果。分光计的调整思想、方法与技巧，在光学仪器中有一定的代表性，学会对它的调节和使用方法，有助于掌握操作更为复杂的光学仪器。对于初次使用者来说，往往会遇到一些困难。但只要在实验调整观察中清楚调整要求，注意观察出现的现象，并努力运用已有的理论知识去分析、指导操作，再反复练习，一般都能掌握分光计的使用方法，并顺利地完成实验任务。

一、实验目的

（1）了解分光计的结构，掌握调节和使用分光计的方法。

（2）掌握测定棱镜顶角的方法。

（3）用最小偏向角法测定棱镜玻璃的折射率。

二、实验器材

实验器材有分光计、双面镜、钠灯、三棱镜等。分光计如图 5-10-1 所示。

图 5-10-1　分光计

1. 分光计的结构

分光计是一种精确测定不同方向光线之间角度的专用仪器。它由 5 个部件组成：底座、平行光管、载物台、望远镜和读数刻度盘(简称读数盘)。其外形如图 5-10-2 所示。

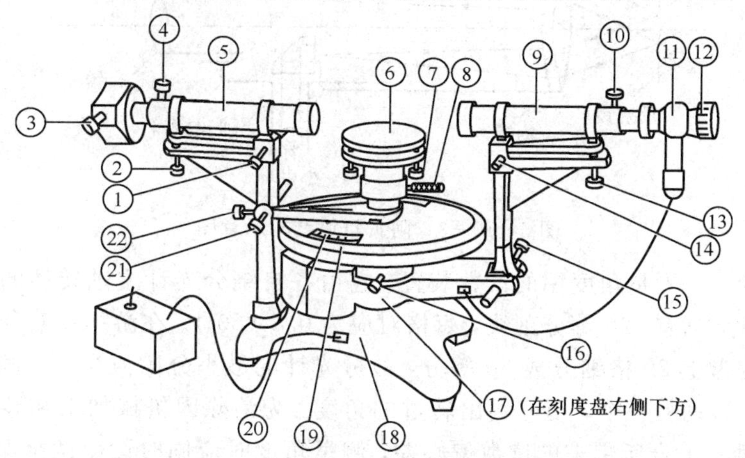

①—平行光管左右调节螺钉；②—平行光管俯仰调节螺钉；③—狭缝宽度调节手轮；
④—狭缝装置锁紧螺钉；⑤—平行光管；⑥—载物台；⑦—载物台面调节螺钉(3 只)；
⑧—载物台与游标盘锁紧螺钉；⑨—望远镜；⑩—目镜锁紧螺钉；⑪—阿贝目镜；
⑫—目镜调焦手轮；⑬—望远镜俯仰调节螺钉；⑭—望远镜左右调节螺钉；
⑮—望远镜微调螺钉；⑯—刻度盘与望远镜锁紧螺钉；⑰—望远镜止动螺钉(在刻度盘右侧下方)；
⑱—分光计底座；⑲—刻度盘；⑳—游标盘；㉑—游标盘微调螺钉；㉒—游标盘止动螺钉

图 5-10-2　分光计结构示意图

（1）底座——用来连接平行光管、望远镜、载物台和读数盘，其中心有一竖轴，称为分光计的主轴；望远镜、读数盘、载物台等可绕该轴转动。

(2) 平行光管——产生平行光束。平行光管⑤的一端装有会聚透镜，另一端装有狭缝的圆筒，旋松螺钉④，狭缝圆筒可沿轴向前、后移动和绕自身轴转动。平行光管的左、右移动由螺钉①调节，平行光管的俯、仰由螺钉②调节，狭缝宽度由手轮③调节。为避免狭缝损坏，只有在望远镜中看到狭缝的情况下才能调节手轮③。当狭缝的位置正好处在会聚透镜的焦平面上时，凡是射进狭缝的光线经平行光管后都出射平行光。

(3) 载物台——为放置光学元件而设置的平台。台面下的三个螺钉可调节台面与分光计的主轴垂直，下方还有一个锁紧螺钉⑧，借此可以调节载物台的上、下高度，旋紧该螺钉，载物台便可与游标盘一起转动。

(4) 望远镜——观测用。它是一种带有阿贝目镜(参见图 5-10-2)的望远镜，由目镜、分划板和物镜 3 部分组成。分划板下方紧贴一块 45°全反射阿贝棱镜，其表面涂有不透明薄膜，薄膜上刻有一个透光的空心十字窗口，小电珠光从管侧射入棱镜，光线经棱镜全反射后照亮透光空心十字窗口，调节目镜调节手轮⑫，可在望远镜目镜视场中看到清晰的准线像(参见图 5-10-3 上方)。

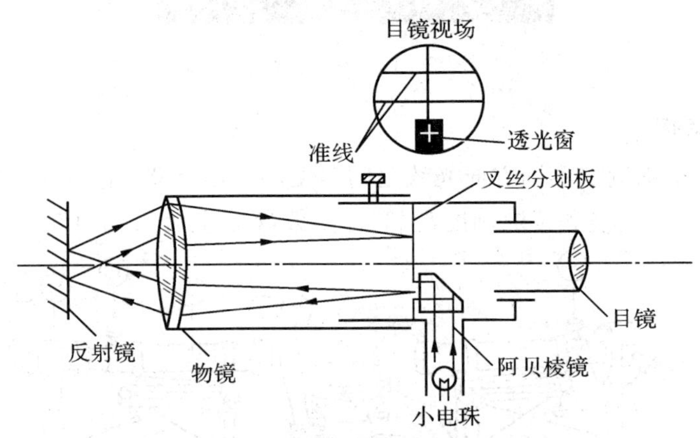

图 5-10-3　阿贝目镜结构示意图

(5) 读数盘——测量角度用的读数装置。它由各自绕分光计主轴转动的刻度盘和游标盘组成。刻度盘上刻有 720 等分刻线，每格对应为 0.5°(30′)。在游标盘对径方向设有两个角游标，把刻度盘上 29 格细分成 30 等分，故分光计的最小分度值为 1′。固定刻度盘或游标盘中的一个、转动另一个，便可测出转过的角度。为消除因机械加工和装配时刻度盘与游标盘两者转轴不重合所带来的读数偏心差，测量角度时应同时读出两个游标值，分别算出两游标各自转过的角度，然后取其平均值。读数方法与游标卡尺相似。读数时，以角游标零线为准，读出刻度盘上的度数，再找游标上与刻度盘上重合的刻线即为所读分值。如果游标零线落在半刻度线之外，则游标上的读数还应加上 30′。读数举例如图 5-10-4 所示，此时读数为 119°45′。

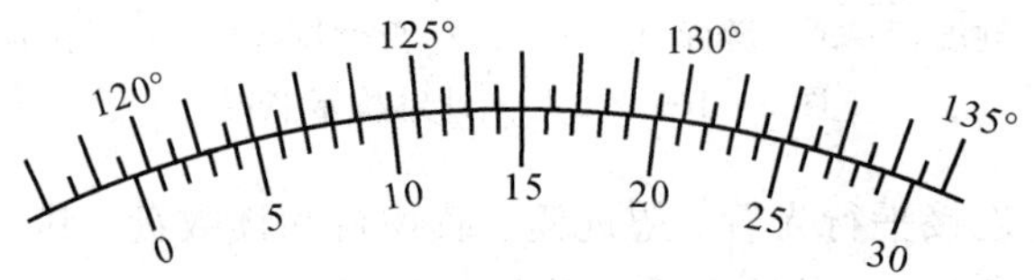

图 5-10-4　读数举例

2. 分光计的调整

分光计调节到可用状态应满足如下几点：

(1) 望远镜聚焦于无穷远处。

(2) 望远镜轴线与分光计主轴垂直。

(3) 载物台台面与分光计主轴垂直。

(4) 平行光管出射平行光并垂直于分光计主轴。

具体调节步骤如下：

(1) 目测粗调水平。

阅读分光计结构介绍时，应熟悉各螺钉的位置及作用。调节平行光管、载物台、望远镜各自的左、右微调螺钉(①、⑭、⑮、㉑)，使其处于左右自如的中间状态；然后根据眼睛的粗略估计，分别调节平行光管和望远镜的俯仰调节螺钉②和⑬，使其轴线水平；再调节载物台面下的3个螺钉，使台面水平(粗调是细调成功的前提，同学们应认真对待，尽量调得准确)。经目测粗调，平行光管、望远镜、载物台台面大致水平，故与分光计主轴大致垂直。

(2) 调整望远镜，使其聚焦于无穷远。

① 调节目镜调焦手轮，直到能够清楚地看到分划板"准线"为止。

② 接上照明小灯电源，闭合开关，可在目镜视场中看到图5-10-5所示的"准线"和带有绿色小十字的窗口。

③ 将双面镜按图5-10-6所示方位放置在载物台上。这样放置是出于这样的考虑：若要调节平面镜的俯、仰，只需要调节载物台下的螺钉 a_2 或 a_3 即可，而螺钉 a_1 的调节与平面镜的俯、仰无关。

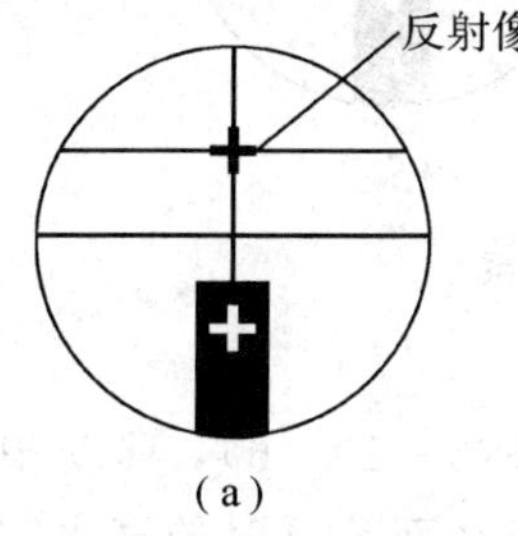

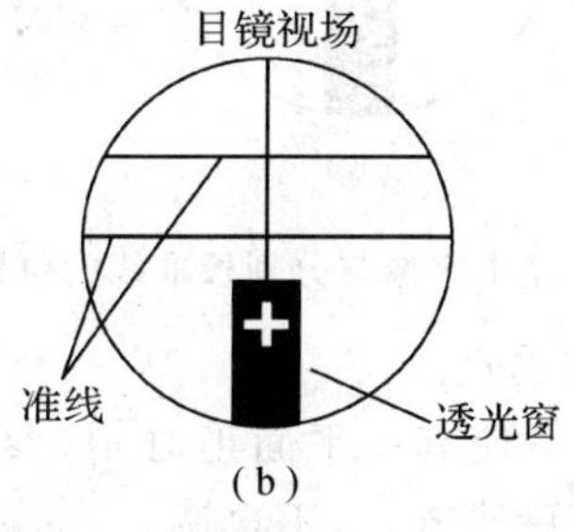

图5-10-5　目镜视场

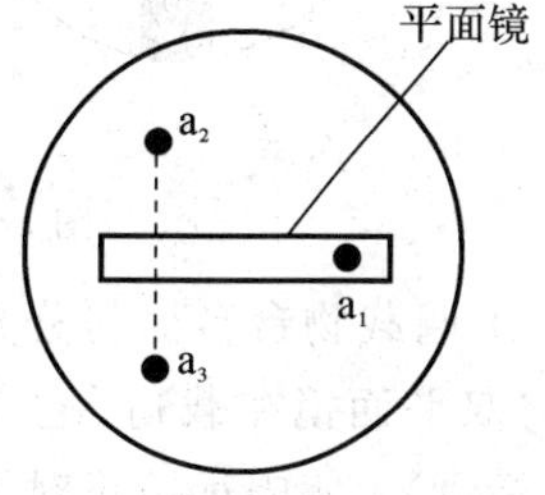

图5-10-6　平面镜的放置

④ 沿望远镜外侧观察可看到平面镜内有一亮十字，轻缓地转动载物台，亮十字也随之转动。但若用望远镜对着平面镜看，往往看不到此亮十字，这说明从望远镜射出的光没有被平面镜反射到望远镜中。

仍将望远镜对准载物台上的平面镜，调节镜面的俯、仰，并转动载物台让反射光返回望远镜中，使由透明十字发出的光经过物镜后(此时从物镜出来的光还不一定是平行光)再经平面镜反射，由物镜再次聚焦，于是在分划板上形成模糊的像斑(注意：调节是否顺利，以上步骤是关键)。然后先调物镜与分划板间的距离，再调分划板与目镜的距离使从目镜中既能看清准线，又能看清亮十字的反射像。注意：使准线与亮十字的反射像之间无视差，若有视差，则须反复调节，予以消除；如果没有视差，说明望远镜已聚焦于无穷远处。

(3) 调整望远镜光轴，使其与分光计的中心轴垂直。

平面镜按图 5-10-6 所示置于载物台上，转动载物台使望远镜分别对准平面镜前、后两镜面，可以分别观察到两个镜面反射的亮十字像。如果望远镜的光轴与分光计的中心轴相垂直，而且平面镜反射面又与中心轴平行，则转动载物台时，从望远镜中可以两次观察到由平面镜前、后两个面反射回来的亮十字像与分划板准线的上部十字线完全重合，如图 5-10-7(c)所示。若望远镜光轴与分光计中心轴不垂直，平面镜反射面也不与中心轴相平行，则转动载物台时，从望远镜中观察到的两个亮十字反射像必然不会同时与分划板准线的上部十字线重合，而是一个偏低，另一个偏高，甚至只能看到一个。这时需要认真分析，确定调节措施，切不可盲目乱调。重要的是必须先粗调，即先从望远镜外面目测，调节到从望远镜外侧能观察到两个亮十字像；然后再细调，从望远镜视场中观察，当无论以平面镜的哪一个反射面对准望远镜均能观察到亮十字时，若从望远镜中看到准线与亮十字像不重合，则它们的交点在高低方面相差一段距离如图 5-10-7(a)所示。此时调整望远镜高低倾斜螺钉⑬使差距减小为 $h/2$，如图 5-10-7(b)所示；再调节载物台下的水平调节螺钉，消除另一半距离，使准线的上部十字线与亮十字线重合，如图 5-10-7(c)所示。之后，再将载物台旋转 180°，使望远镜对着平面镜的另一面，采用同样的方法调节。如此反复调整，直至转动载物台时，从平面镜前、后两表面反射回来的亮十字像都能与分划板准线的上部十字线重合为止。这时望远镜光轴和分光计的中心轴相垂直，常称这种方法为逐次逼近对半调整法。

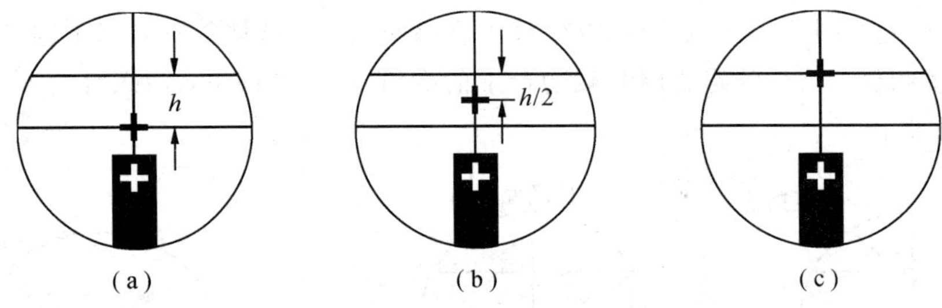

图 5-10-7　亮十字像与分划板准线的位置关系

(4) 调载物台台面与分光计主轴垂直。

将双平面镜在载物台上转动 90°，使其一平面正对 a_1(参考图 5-10-6)，移动望远镜(或游标盘)，使望远镜正对平面镜，只调节 a_1(不再调 a_2、a_3)，使平面镜反射的亮十字和分划板的上部十字线重合，则载物台台面与分光计主轴垂直了。

(5) 调整平行光管。

用前面已经调整好的望远镜调节平行光管。若平行光管射出平行光，则狭缝成像于望远镜物镜的焦平面上，在望远镜中就能清楚地看到狭缝像，并与准线无视差。

① 调整平行光管产生平行光。取下载物台上的平面镜，关掉望远镜中的照明小灯，用钠灯照亮狭缝，从望远镜中观察来自平行光管的狭缝像，同时调节平行光管狭缝与透镜间的距离，直至能在望远镜中看到清晰的狭缝像为止；然后调节缝宽使望远镜视场中的缝宽约为 1 mm。

② 调节平行光管的光轴与分光计中心轴相垂直。从望远镜中看到清晰的狭缝像后，转动狭缝(但不能前、后移动)至水平状态，调节平行光管倾斜螺钉，使狭缝水平像被分划板的中央十字线上、下平分，如图 5-10-8(a)所示。这时平行光管的光轴已与分光计中心轴相垂直。

再把狭缝转至铅直位置，并保持狭缝像最清晰而且无视差，其位置如图 5-10-8(b)所示。

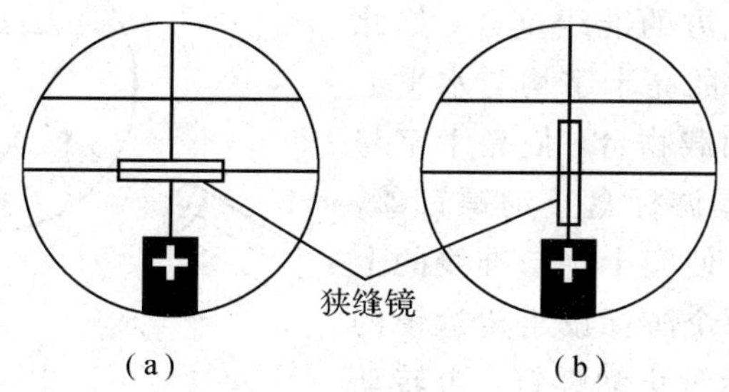

图 5-10-8　调节平行光管

至此分光计已全部调整好，使用时必须注意分光计上除刻度圆盘制动螺钉及其微调螺钉外，其他螺钉不能任意转动；否则将破坏分光计的工作条件，需要重新调节。

三、实验原理

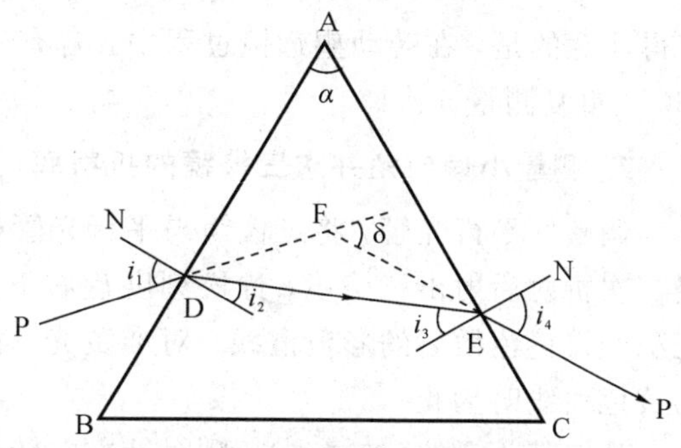

图 5-10-9　光经三棱镜的折射

如图 5-10-9 所示，当单色平行光以 i_1 入射角入射到三棱镜的光学表面 AB 上时，经两次连续折射后，以 i_4 角从光学表面 AC 出射，则出射光方向 EP 与入射光方向 PD 之间的夹角叫偏向角。再转动游标盘，改变入射光 PD 在 AB 面上的入射角的大小，出射光线 EP 的方向随之改变，即偏向角的大小发生变化，继续顺转或逆转游标盘，使偏向角减小到某一极限位置时，不管是顺转还是逆转游标盘，偏向角都是增大的，则此出射光线的极限位置与入射光方向位置间的夹角叫做最小偏向角，用符号 $\delta_{\min}$ 表示。用微分法或实验法可证明，在出射光线和入射光线处于光路对称的情况下，即 $i_1=i_4$、$i_2=i_3$ 时，其偏向角最小。这时 $i_2=\alpha/2$，$\delta_{\min}=2i_1-2i_2=2i_1-\alpha$，即 $i_1=(\alpha+\delta_{\min})/2$，根据几何光学原理，材料的折射率为

$$n=\frac{\sin\dfrac{\alpha+\delta_{\min}}{2}}{\sin\dfrac{\alpha}{2}} \tag{5-10-1}$$

实验中，利用分光计测出三棱镜的顶角 α 及最小偏向角 $\delta_{\min}$，即可由式(5-10-1)计算出三棱镜材料的折射率。

四、实验内容

1. 用分光计测三棱镜顶角

分光计调整好后取下平面镜，把三棱镜按图 5-10-10 所示位置放在载物台上，转动游标盘带动载物台使棱镜的两个折射面对准望远镜时均能看到亮十字。让棱镜的某个折射面对准望远镜，只调节载物台下方靠前面的螺钉，使亮十字与准线的上方水平线重合(不能调节望远镜的俯、仰)；再转动载物台，从望远镜中又看到棱镜另一折射面对准望远镜时的

亮十字像，同样只准调节载物台下方靠前面的螺钉，使亮十字与水平上方的准线重合，如此反复几次，使两个面反射的亮十字均与水平上方的准线重合。缓缓转动载物台，使亮十字与竖直准线大致重合，旋紧游标盘止动螺钉㉒，调节游标盘微调螺钉㉑，使亮十字与准线的上方十字线完全重合，由两个游标读出望远镜的角坐标 φ_1、φ_2。拧松游标盘止动螺钉，再转动载物台，仿照上面操作，使另一面的亮十字与准线上方十字线完全重合，从游标上再次读出望远镜的角坐标 φ_1'、φ_2'，则三棱镜顶角 α 为

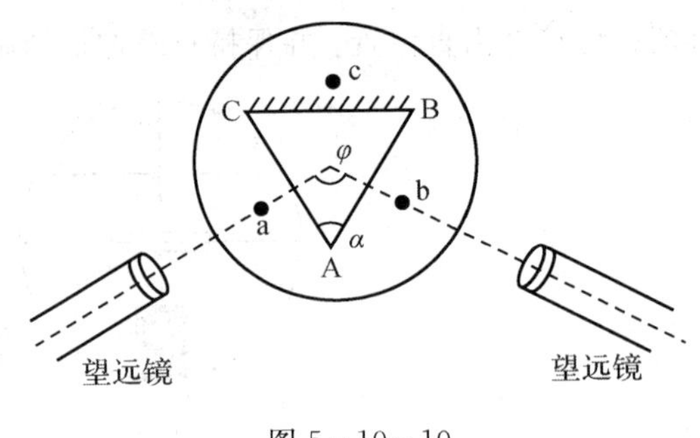

图 5-10-10

$$\alpha=180°-\frac{1}{2}(|\varphi_1'-\varphi_1|+|\varphi_2'-\varphi_2|) \tag{5-10-2}$$

值得注意的是，在转动望远镜过程中，若有一个游标越过 360°，则计算时 φ 角坐标应加上 360°。重复测量 6 次。

2. 测最小偏向角并求三棱镜的折射率

调整好平行光管，将三棱镜与平行光管相对位置放好，平行光以入射角 i 进入三棱镜，经二次折射后射出三棱镜，拧松刻度盘右下方螺钉，转动望远镜，可从望远镜中看到汞灯光源经棱镜色散后的彩色谱线；对准黄光，再次调节狭缝宽度，使黄光恰能分为两条紧邻的黄色谱线时为止。

认定某一谱线(如绿光)，顺时针方向转动载物台使入射角减小，谱线向入射光方向靠拢，偏向角减小，并转动望远镜跟踪该谱线，直至棱镜继续沿着同方向转动到某个位置时谱线不再移动为止；棱镜继续沿原方向转动，谱线反而向相反方向移动，此转折点即为该谱线的最小偏向角位置(反之亦然)。拧紧游标盘止动螺钉㉒，固定此入射角，转动望远镜使其分划板竖直准线与该谱线重合(或左、右大致平分)，再次固定刻度盘右下方螺钉，微调望远镜微调螺钉⑮使竖直准线与谱线精密重合(或左、右平分)，记下两个游标的读数 θ_1 和 θ_2。移去三棱镜，转动望远镜对准平行光管，同样使望远镜竖直准线平分狭缝，记下两个游标的读数 θ_1' 和 θ_2'，则最小偏向角 δ_{min} 为

$$\delta_{min}=\frac{1}{2}(|\theta'-\theta_1|+|\theta_2'-\theta_2|) \tag{5-10-3}$$

将 α 和 δ_{min} 代入式(5-10-1)，即可求得三棱镜对该单色光的折射率。

五、注意事项

(1) 望远镜、平行光管上的镜头、三棱镜、平面镜的镜面不能用手摸、揩。当发现其上有尘埃时，应该用镜头纸轻轻揩擦。三棱镜、平面镜不准磕碰或跌落，以免损坏。

(2) 分光计是较精密的光学仪器，要加倍爱护，不应在制动螺钉锁紧时强行转动望远镜，也不要随意拧动狭缝。

(3) 在测量数据前务必检查分光计的几个制动螺钉是否锁紧，若未锁紧，则取得的数据会不可靠。

(4) 测量中应正确使用望远镜转动的微调螺钉，以便提高工作效率和测量准确度。

(5) 在游标读数过程中，由于望远镜可能位于任何方位，故应注意望远镜转动过程中是否过了刻度的零点。

六、问题与讨论

调节分光计时若找不到平面镜的反射像怎么办？

实验 5.11　光干涉现象的观测

研究光的干涉现象有助于加深对光波动性的认识，也有助于进一步学习近代光学实验技术，如长度的精密测量、光弹性研究、全息照相技术等。本实验将通过牛顿环和劈尖干涉实验研究光的干涉现象。

一、实验目的

(1) 通过对牛顿环、劈尖干涉图像的观察和测量，加深对光波动性的认识。

(2) 学习用牛顿环法测量平凸透镜的曲率半径和用劈尖干涉法测量玻璃丝微小直径的实验方法。

二、实验器材

实验器材有光电等厚干涉实验仪(如图 5－11－1 所示)、单色光源钠光灯($\lambda=589.3$ nm)、牛顿环装置(包括平凸透镜和平板玻璃)、劈尖装置、光刻标尺等。

图 5－11－1

1. 光电等厚干涉实验仪介绍

南华大学物理实验室研制的 GDG－1 光电等厚干涉实验仪由显微镜、监视器、CCD、测量电路等组成。显微镜通常起放大作用，在该系统中主要用于对干涉条纹进行成像、放大。它的主要部件如图 5－11－2 所示。调节调焦旋钮可对干涉条纹进行聚焦，使屏幕上的图像清晰。“X”、“Y”调节旋钮可分别在“X”、“Y”方向移动牛顿环装置。显微镜通过光学接头与 CCD 相接。

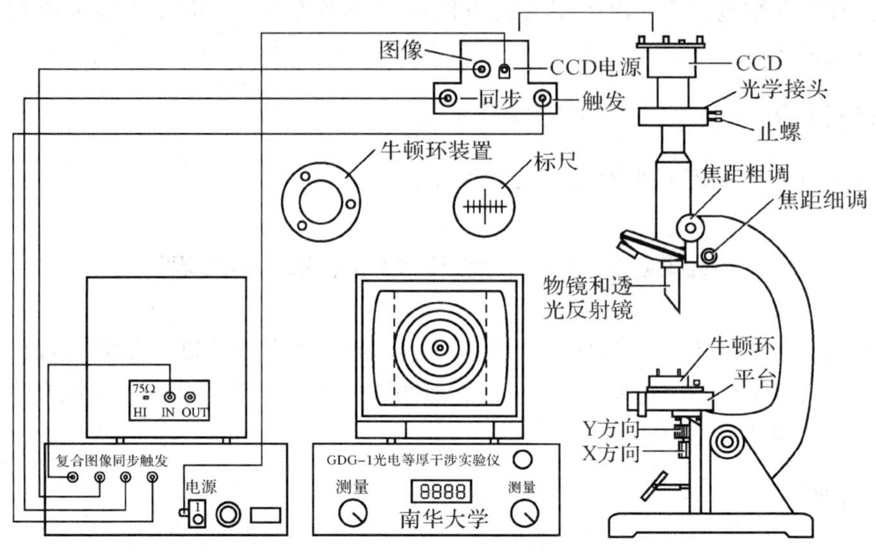

图 5-11-2　光电等厚干涉实验仪

测量电路、监视器、CCD 构成电测量系统。其中 CCD 将显微镜采样到的干涉条纹图像的光信号转换为电信号，并送往监视器显示。测量电路则在监视器屏幕上产生两条测量线，仪器面板上的两个“测量”旋钮用于移动测量线在监视器屏幕上的位置，面板上的数码显示器根据两测量线的相对位置显示计数结果。

标尺用于测量时定标，分度值为 0.1 mm。

定标的方法是将标尺置于显微镜平台上，调节调焦旋钮，使标尺刻线在监视器屏幕上清晰显示。调节两“测量”旋钮，移动两测量线分别与选定长度两端的刻线对齐。选定的长度为 $L_{标}$，此时数码显示器显示的计数为 $N_{标}$，记下该读数，完成定标。测量牛顿环时，调整两测量线分别与同一级环的两侧相切，此时，数码显示器显示的计数为 $N_{测}$，则环的直径为

$$D=\frac{N_{测}}{N_{标}}\times L_{标} \tag{5-11-1}$$

2. 使用光电等厚干涉实验仪时注意事项

(1) 用调焦旋钮对被测物进行聚焦前，应该先使物镜接近被测物，然后使镜筒慢慢向上移动，这就避免了两者相碰的危险。

(2) 测量时两测量线不得左、右交换，否则计数反向。

(3) 牛顿环装置应放在显微镜的物镜和透光反射镜正下方，否则较难找到干涉条纹。

(4) 调整牛顿环装置的三个螺钉时不可使两块玻璃压得太紧，否则会导致牛顿环中心的暗斑太大而无法测至 20 级。

三、实验原理

1. 牛顿环法测定透镜的曲率半径 R

将一个平凸透镜放在平板玻璃上，凸面和平板玻璃相接触，如图 5-11-3 所示。用单色光垂直照射透镜，若从反射光的方向观察，可以看到透镜与平板玻璃接触处有一暗点，周围环绕着一簇同心的明、暗相间的圆环。离中心越远，圆环排列越密，这些圆环叫做牛顿

环，如图 5-11-4 所示。

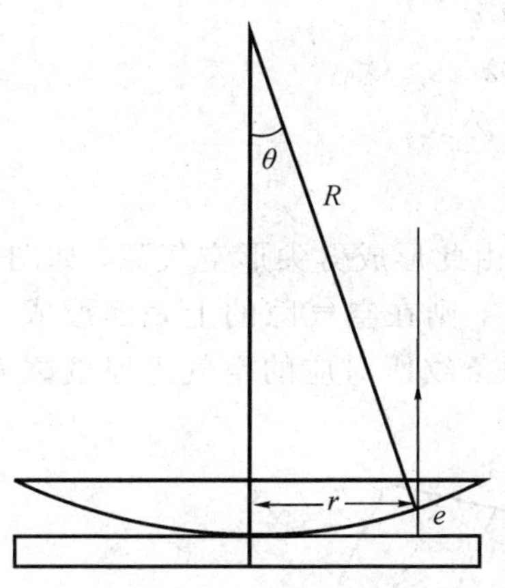

图 5-11-3 牛顿环法原理图

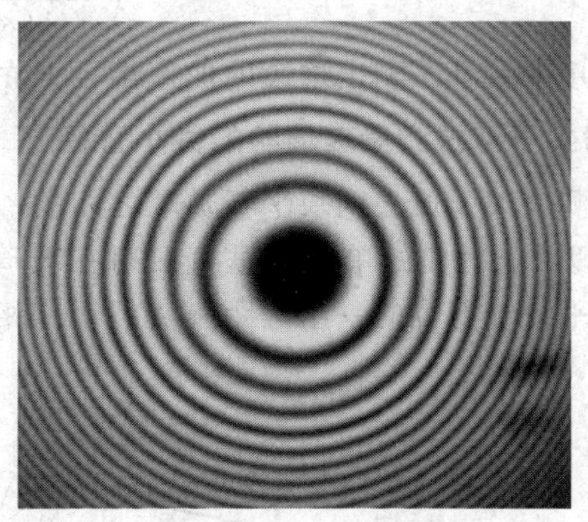

图 5-11-4 牛顿环

牛顿环是由于光的干涉产生的。在透镜和平板玻璃之间有一层很薄的空气层，通过透镜的单色光一部分在透镜和空气层交界面的上表面反射，另一部分通过空气层在平板玻璃上表面和空气层下表面反射，这两部分反射光符合相干条件，产生干涉现象。空气层下表面反射光线在反射前、后都要经过空气层，设 e 是空气层的厚度，因光线是垂直入射的，且透镜的曲率半径 R 很大，所以它在空气层中的光程为 $2e$。此外，由于光从光疏媒质到光密媒质的交界面上反射时发生半波损失，因此上述两部分反射光的光程差为

$$\delta=2e+\frac{\lambda}{2}$$

根据光的干涉理论形成暗条纹的条件为

$$2e+\frac{\lambda}{2}=(2K+1)\frac{\lambda}{2},\ K=0,\ 1,\ 2,\ \cdots \tag{5-11-2}$$

形成明条纹的条件为

$$2e+\frac{\lambda}{2}=2K\ \frac{\lambda}{2},\ K=0,\ 1,\ 2,\ \cdots \tag{5-11-3}$$

因从透镜中心向外空气层的厚度 e 逐渐增加，这样就交替地满足明条纹和暗条纹的条件。凡厚度相同处的各点，处在同一个同心环上，故可看到一簇明、暗相间的圆环。如图 5-11-4 所示，根据几何关系可得

$$e=\frac{r^2}{2R}\quad 或\quad e_K=\frac{r_K^2}{2R} \tag{5-11-4}$$

式中，e_K 和 r_K 是第 K 个暗环处空气层的厚度和暗环的半径。

从式(5-11-2)和式(5-11-4)得第 K 个暗环的半径为(常用暗环实验)

$$r_K=\sqrt{KR\lambda} \tag{5-11-5}$$

若已知单色光的波长为 λ，测定出第 K 个暗环半径 r_K 后，从式(5-11-5)就可以计算出透镜的曲率半径 R。但由于玻璃的弹性形变，平凸透镜和平板玻璃不可能很理想地只以一点接触，所以用测得的两个暗环的半径 r_m 和 r_n 的差计算 R，所得结果比较准确。因此由式(5-11-5)得

$$R=\frac{r_m^2-r_n^2}{(m-n)\lambda}$$

又因环心的位置不易确定，故可用暗环的直径 D 替换，得

$$R=\frac{D_m^2-D_n^2}{4(m-n)\lambda} \qquad (5-11-6)$$

这是用牛顿环法测定透镜的曲率半径 R 的计算公式。

2. 劈尖干涉法测量玻璃丝的微小直径 d

将被测玻璃丝放在两块平板玻璃之间的一端，由此形成劈尖形空气隙，如图 5－11－5 所示。现以波长为 λ 的单色光垂直照射在玻璃板上，则在空气隙的上表面形成干涉条纹，该条纹是平行于劈棱的一组等距离直线，且相邻两条纹所对应的空气隙厚度之差 Δi 为半个波长。

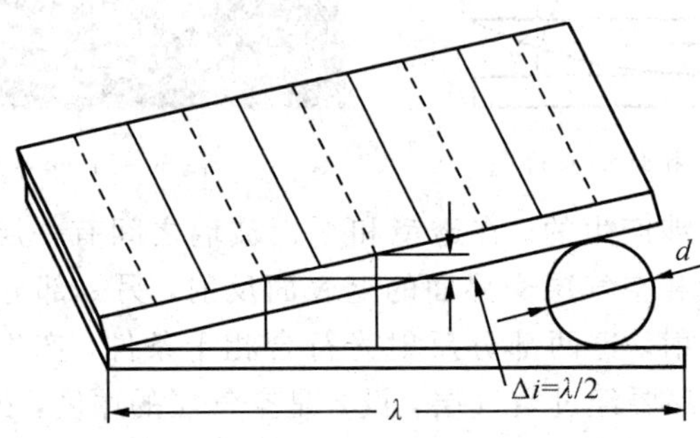

图 5－11－5　劈尖干涉

若距劈棱 l 处劈尖的厚度为 d(即玻璃丝的直径)，单位长度中含的条纹数为 n，则

$$d=nl\frac{\lambda}{2} \qquad (5-11-7)$$

若 λ 已知，在测量出 n、l 等值后，则玻璃丝的直径 d 即可求得。

四、实验内容

1. 用牛顿环法测定透镜的曲率半径 R

牛顿环装置和透光反射镜的安放如图 5－11－2 所示。单色光源放在反射镜前方和反射镜等高。移动显微镜，使透光反射镜正对光源，显微镜视场达到最亮。调节调焦旋钮对牛顿环聚焦，使环纹清晰。并适当移动牛顿环装置，使牛顿环圆心处在视场正中央。根据式(5－11－6)：

$$R=\frac{D_m^2-D_n^2}{4(m-n)\lambda}$$

测定了第 m 环和第 n 环牛顿环的直径后，即可求出透镜的曲率半径 R。但为了提高测量结果的准确性，本实验采用逐差法处理数据，这样就要依次测出第 6 级到第 15 级各环的直径。

根据逐差法，把 10 个数据分成两组，第 6 级到第 10 级为一组，第 11 级到第 15 级为一组(依次类推)。求出两组对应项的 $D_m^2-D_n^2$ 的平均值。根据式(5－11－6)，计算出透镜的曲率半径 R。

2. 用劈尖干涉法测量玻璃丝的微小直径 d

将牛顿环装置换成劈尖装置，这部分实验同样用逐差法处理数据，具体方案由学生自

拟。当测出玻璃丝距劈棱的距离 l 和单位长度的条纹数 n 后，根据式(5-11-7)即可求出玻璃丝的直径 d。

3. 原始数据记录与处理

将数据记录在表 5-11-1 中。

表 5-11-1 牛顿环法测定透镜的曲率半径记录表

$\lambda=589.3$ nm　　　$L_{标}=$　　　$N_{标}=$

级数	$N_{测}$	直径 D	D^2	$D_m^2-D_n^2$	$\Delta(D_m^2-D_n^2)$	$(\Delta(D_m^2-D_n^2))^2$
6						
7						
8						
9						
10						
11						
12						
13						
14						
15						
				$\overline{D_m^2-D_n^2}=$		$\Sigma=$

(1) 计算透镜的曲率半径 R 和测量误差。

(2) 用劈尖干涉法测量玻璃丝的微小直径 d，数据表格由学生自拟。计算玻璃丝的直径 d 和测量误差。

五、问题与讨论

(1) 如果牛顿环中心不是一个暗点而是一个亮点(亮斑)，这是什么原因引起的？对测量有影响吗？试证明。

(2) 在牛顿环实验中，如果平板玻璃上有微小的凸起，那么将导致牛顿环条纹发生畸变。试问该处的牛顿环将局部内凹还是局部外凸？为什么？

实验 5.12 光栅衍射

光的衍射现象是光的波动性的一种表征。研究光的衍射不仅能加深对光的波动特性的理解，而且对现代光学实验技术的学习也大有帮助，如光谱分析、晶体分析、光信息处理等领域，光的衍射已成为一种重要的研究手段和方法。本实验研究光栅衍射现象及其规律。

一、实验目的

(1) 了解光栅的主要特征，掌握光栅衍射的规律。

(2) 观察光栅衍射光谱。

(3) 用光栅衍射原理测定光栅常数。

(4) 用光栅测定汞原子光谱部分谱线的波长。

二、实验器材

实验器材有分光计、低压汞灯、复制光栅等。

三、实验原理

1. 全息光栅

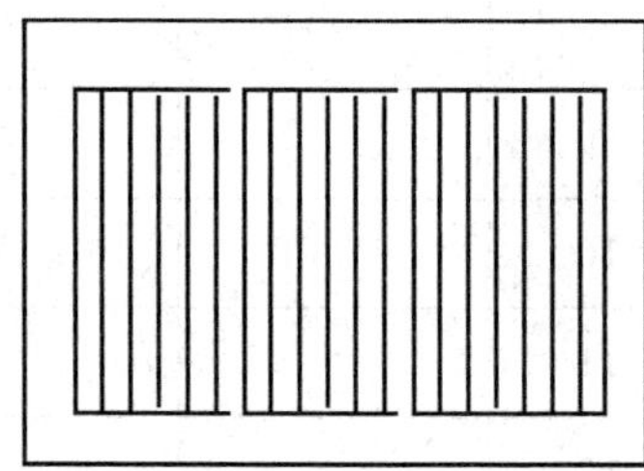

图 5-12-1　衍射光栅

衍射光栅是根据多缝衍射的原理制成的一种光学元件。它实际上是一组相互平行、等宽、等间距的狭缝(或刻痕)构成的，是单缝的组合体，如图 5-12-1 所示。衍射光栅通常分为透射光栅和平面反射光栅。透射光栅是用金刚石刻刀在平面玻璃上刻许多平行线制成的，被刻画的线是光栅中不透光的间隙；而平面反射光栅则是在磨光的硬质合金上刻许多平行线。目前使用的光栅主要通过以下方法获得：

(1) 用精密的刻线机在玻璃或镀在玻璃上的铝膜上直接刻画得到。

(2) 用树脂在优质母光栅上复制。

(3) 采用全息照相的方法制作全息光栅。

实验室中通常使用的光栅是由上述原刻光栅复制而成的，一般每毫米约 250～600 条线。本实验室使用的是透射式全息光栅。因为光栅衍射条纹狭窄、细锐，分辨本领比棱镜高，所以常用光栅作为摄谱仪、单色仪等光学仪器的分光元件，用来测定谱线波长、研究光谱的结构和强度等。另外，光栅还应用于光学计量、光通信及信息处理等。

光栅有一个重要参数即光栅常数，光栅上的刻痕起着不透光的作用，两刻痕之间相当于透光狭缝。若 a 为刻痕的宽度，b 为狭缝间宽度，$d=a+b$ 为相邻两狭缝上相应两点之间的距离，称为光栅常数。它是光栅基本常数之一。光栅常数 d 的倒数 $1/d$ 称为光栅密度，即光栅的单位长度上的条纹数，如某光栅密度为 1000 条/毫米，即每毫米上刻有 1000 条刻痕。

2. 光栅衍射

光栅上的刻痕起着不透光的作用，当一束平行光照射在光栅上时，各狭缝的光线因衍射而向各方向传播，经过透镜汇聚相互产生干涉，并在透镜的焦平面上形成一系列被相当宽的暗区隔开的间距不同的明、暗条纹。这些条纹就叫做光栅衍射后的光谱线。

如图 5-12-2 所示，设光栅常数 $d=AB$ 的光栅 G，有一束平行光以与光栅的法线成 i 角的方向入射到光栅上，产生衍射。从 B 点作 BC 垂直于入射光 CA，再作 BD 垂直于衍射光 AD，AD 与光栅法线所成的夹角为 φ。如果在这方向上由于光振动的加强而在 F 处产生

了一个明条纹，其光程差 $CA+AD$ 必等于波长的整数倍，即

$$d(\sin\varphi \pm \sin i)=k\lambda \tag{5-12-1}$$

式中，λ 为入射光的波长。当入射光和衍射光都在光栅法线同侧时，式(5-12-1)括号内取正号；在光栅法线两侧时，式(5-12-1)括号内取负号。

如果入射光垂直入射到光栅上，即 $i=0$，则式(5-12-1)变成

$$d\sin\varphi_k=k\lambda \tag{5-12-2}$$

式中，$k=0$、±1、±2、±3、…、k 为衍射级数；φ_k 为第 k 级谱线的衍射角。

如果入射光为一束复色光垂直入射，经光栅后在 $k=0$ 处，$\varphi_k=0$，各色光叠加在一起呈原色，称为中央明条纹。在中央明条纹的两侧，同一级数的光按波长由短向长散开而形成彩色谱线，即为该入射光光栅衍射谱线。

本实验室提供的光源为低压汞灯，它的每级有 4 条特征谱线：紫色 4358 Å、绿色 5461 Å、黄色 5770 Å 和 5791 Å。如图 5-12-3 所示，$k=0$ 为中央明条纹，$k=\pm1$ 在中央明纹两侧各有 4 条谱线。如果光栅的分辨率足够好的话，可以观察到 $k=\pm2$、±3 的各组谱线。

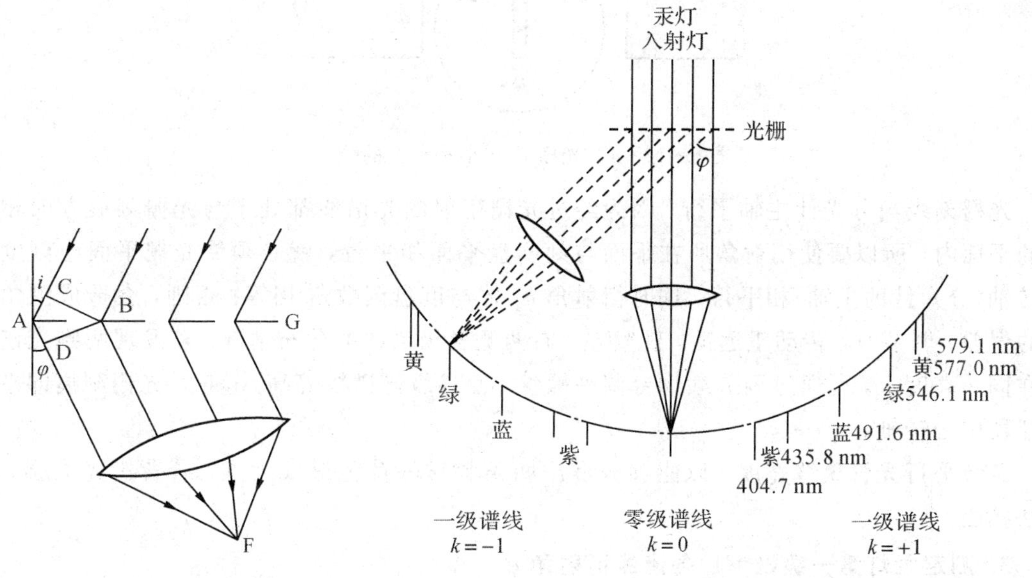

图 5-12-2　光栅衍射　　　图 5-12-3　汞灯的光栅光谱示意图

如果已知入射光的波长，用分光计测出衍射角 φ_k，则可根据式(5-12-2)的光栅方程求出光栅常数 d；反之，如果已知光栅常数 d，用分光计测出第 k 级谱线中某一明条纹的衍射角 φ_k，则同样可用式(5-12-2)计算出该明条纹所对应的单色光的波长。

本实验已知绿光波长 $\lambda=5461$ Å，测出相应的衍射角，计算出光栅常数；再根据得到的光栅常数，通过实验中测出的另外一条紫光和两条黄光的衍射角，求出紫光和两条黄光的波长。

四、实验内容

1. 调整分光计

为了满足平行光入射的条件及能够测准谱线的衍射角，分光计应处在待测状态。也就

是说，分光计的调整应使望远镜能接收平行光，平行光管能发射平行光，并使二者的主光轴同轴等高垂直于分光计的主轴，载物平台平面与仪器主轴垂直。详细调整步骤参阅实验5.10的相关内容。

2. 调节光栅

将光栅平面与平行光管的光轴垂直。将光栅按图5-12-4所示放置在载物台上，光栅平面垂直于a、b连线，移动望远镜使之与平行光管共轴，光栅光谱的中央明条纹与叉丝竖线重合。以光栅平面作为反射面，仅调节载物台水平调节螺丝a或b(注意：望远镜、平行光管的倾斜度调节螺钉已调好，不能再变动)，使从光栅平面反射回来的绿色十字像与分划板上方叉丝重合。此时，叉丝竖线、狭缝像、亮十字像竖线三者在铅垂方向重合，说明光栅入射光的入射角为0°。然后旋紧游标制动螺丝，锁定游标盘。

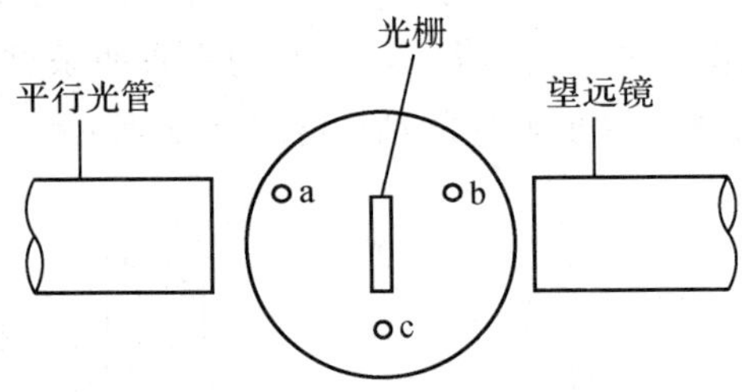

图5-12-4　光栅G在小平台上的位置

光栅刻线与分光计主轴平行。因为经过光栅衍射的光谱线都处于与光栅刻痕方向相垂直的平面内，所以要使衍射角所在平面与刻度盘平面相平行，就必须使光栅平面与刻度盘的转轴(分光计的主轴)相平行，这时衍射角 φ_k 才与度盘读数 φ_k' 相等；否则，会造成测角读数的误差。调节时，转动望远镜，观察左、右两侧各级谱线的分布情况。若发现两侧光谱线不在同一高度上，可通过调节载物台调平螺丝c使各级光谱线等高。这时，光栅刻痕即平行于仪器中心转轴。

调节平行光管狭缝宽度，以能够分辨出两条紧靠的黄色谱线为准。若背影光太强，可设法挡去。

3. 测定汞灯第一级($k=1$)各谱线衍射角 φ_k

入射光垂直于光栅的平面时，对于同一波长的光，对应于同一 k 级左、右两侧的衍射角是相等的。为了提高精度，一般是测量零级中央条纹的左、右各对应级次的衍射夹角 $2\varphi_k$，然后算出 φ_k。为测量方便，一般从－1级的黄光开始向＋1级方向转动望远镜，逐条谱线依次测出其所在的角位置，直到测完＋1级的两条黄光位置为止；进行第二次测量时，转动刻度盘120°左右，再从－1级的黄光开始向＋1级方向测出各谱线所在的角位置；然后进行第三次测量。

4. 求光栅常数和光谱波长

(1) 以汞灯绿色光谱线的波长 $\lambda=5461$ Å 作为理论真值，由测得的衍射角求出光栅常数 d。

(2) 用已求出的 d 值，分别测定汞灯的两条黄线和一条紫线的波长。

五、数据记录与处理

1. 原始数据记录

将原始数据填入表 5-12-1 中。

表 5-12-1　原始数据记录表

分光计型号：　　　　　仪器编号：　　　　分度值：　　　　实验原始测量数据记录

测量次数 i			1		2		3	
光源	级数	颜色	θ	θ'	θ	θ'	θ	θ'
汞灯	−1	黄Ⅱ						
		黄Ⅰ						
		绿光						
		紫兰						
	0	复色						
	+1	紫兰						
		绿光						
		黄Ⅰ						
		黄Ⅱ						
钠灯	−1	黄Ⅱ						
		黄Ⅰ						
	0	复色						
	+1	黄Ⅰ						
		黄Ⅱ						
钠灯	出射(光)线极限							
	入射(光)线位置							

2. 数据处理

(1) 根据绿光的波长计算出光栅常数及标准偏差(不确定度)。

(2) 计算紫光、黄Ⅰ和黄Ⅱ光各谱线的波长和标准偏差(不确定度)。先根据表5-12-1 中测得的紫、黄Ⅰ和黄Ⅱ各谱线的原始数据，分别求出它们的衍射角。再根据上面求出的光栅常数 d，利用光栅方程，计算出紫、黄Ⅰ和黄Ⅱ各谱线的波长 λ 及标准偏差(不确定度)。

六、思考题

(1) 光栅光谱与棱镜光谱有哪些不同？

（2）在光栅衍射实验中垂直入射的光是复合光，不同波长的光为什么能分开？中央透射光是什么光？

实验 5.13　电偶极子电场的描述及描绘模拟心电图

心电图是临床上诊断心脏疾病的重要依据之一，本实验用电流场模拟偶极子及心电偶极子静电场，并模拟描绘心电图曲线。

一、实验目的

（1）通过静止电偶极子电场等势面的描记，了解电偶极子电场中电势分布的情况。

（2）了解心电矢量的活动和心电图的产生。

（3）掌握用曲线表示实验结果的方法。

二、实验器材

实验器材有稳压直流电源、电场描绘板、电流计、尖端电极两个、探针两个、导电纸、导线 4 根、复写纸、白纸、坐标纸等。

描记偶极子电场的装置如图 5-13-1 所示，将导电纸、复写纸、白纸依序套好，并固定在电场描绘板上，分别将与电源的正极和负极相连的两尖端电极置于导电板的 A、B 两点。把探针 C 和 D 分别用导线接在电流计(G)的两个接线柱上，把 D 置于电场中某一点(如线轴的垂线上的 O 点)，C 置于电场中的另一点，移动 C，直至电流计(G)指针不发生偏转为止，此时 C 电极所在的点即是与 D 等电势的点。按同样的方法可找到若干个与 D 点等电势的点，通过这一组点描出平滑的曲线，即一条等势线。

在做心电图模拟时连接电路如图 5-13-2 所示。C、D 探针模拟心电图机的电极，并分别放于导电纸上的 E、F 两点，作某一导程连接。A、B 电极连接电源，A 接负电极并固定在导电纸上的 O 点；B 接正极并在导电纸上沿模拟心脏线上各指定点移动。A、B 两点间可模拟心电偶的大小和方向的变化。心电偶的变化将引起 E、F 两点的电势变化，从而在电流表上反映出来。

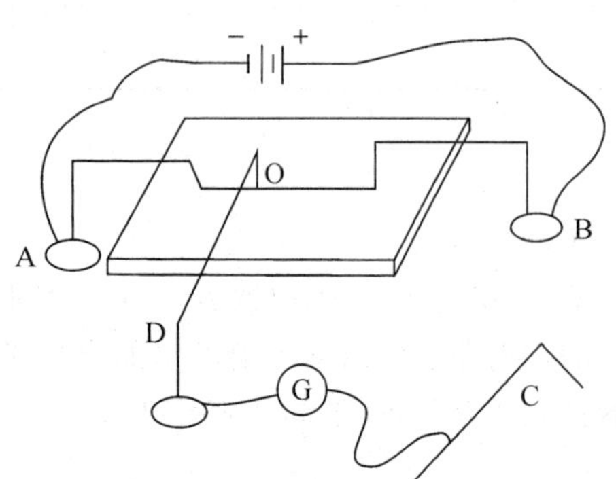

图 5-13-1　描记偶极子电场的装置

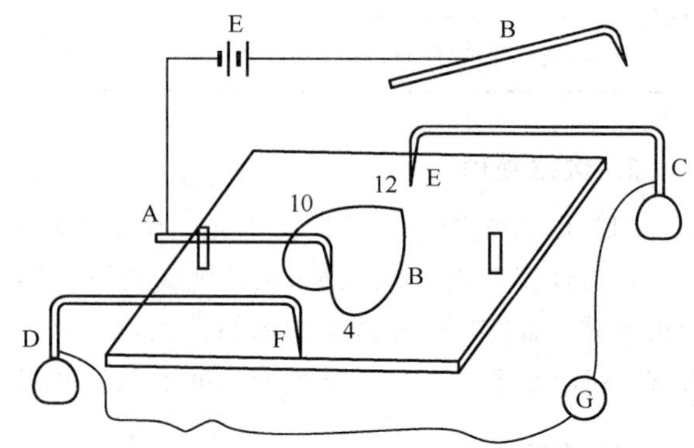

图 5-13-2　模拟心电图的电路

三、实验原理

1. 静止电偶极子电场等势线描记

电场是电荷周围空间存在的一种特殊物质，电场的性质可用电势及电场强度来描述，利用电力线和等势面可以形象地表示出电场的分布情况，同一等势面上各点的电势相等。如果将两探针用导线接在电流计的两接线柱上，两探针置于同一等势面的任意两点上，则电流计中无电流通过。根据这一道理可以描出电场中一系列等势面。

由实验 5.7 中的分析可知，直接对静止电荷在空间建立的静电场进行研究是有困难的，本实验同样采用模拟法，创建一个稳衡电流场来模拟静止电偶极子电场，即把尖端电极分别与电源的正极和负极相连，然后置于导电纸的 A 和 B 两点。这两个电极在导电纸平面上产生的平面电场与两个等量异号电荷(电偶极子)产生的电场，就其等势面(在这里是等势线)的分布来说，是相类似的。图 5-13-3 表示一电偶极子，$-q$ 和 $+q$ 之间的距离为 L。我们考虑距电偶极子中心 O 为 r_M 的一点 M。

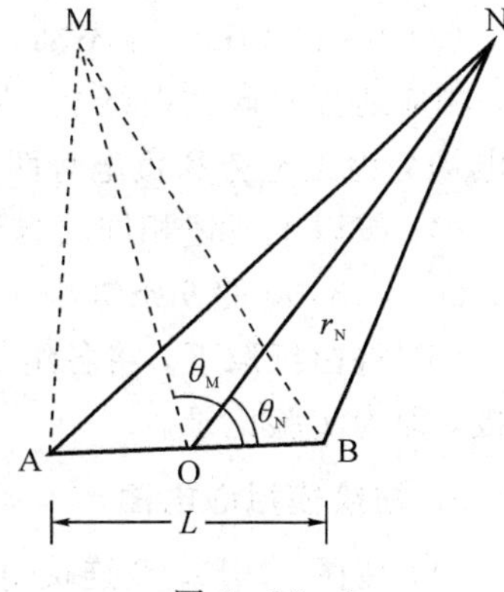

图 5-13-3

在 $r_M \gg L$ 时，M 点的电势为

$$U_M = \frac{KP}{r_M^2}\cos\theta_M$$

式中，$K = 9\times10^9\ \text{N}\cdot\text{m}^2\cdot\text{C}^{-2}$；$P = qL$ 称为偶极距；θ_M 为 M 点到 O 点的连线与 $-q$ 到 $+q$ 连线之间的夹角。同理，N 点的电势为 $U_N = \frac{KP}{r_N^2}\cos\theta_N$，则 M 和 N 两点的电势差为

$$U_{MN} = \frac{KP}{r_M^2}\cos\theta_M - \frac{KP}{r_N^2}\cos\theta_N$$

2. 描绘模拟心电图

大量医疗实践证明，肌肉兴奋有肌电，心脏跳动时有心电，大脑活动有脑电等，即人体组织每一活动都伴随有电现象。从电学的观点来看，在心脏活动的时候，大量心肌细胞极化形成电偶——心电偶。这一心电偶的大小和方向随时间有规律变化，由于人体含有大量的电解质溶液——体液，它具有良好的导电性，因此心电偶引起的电场变化可借助于体液传到身体表面。如果用导线将体表的两个部分接于心电图上，就能把心电记录下来，并描出曲线，该曲线图叫做心电图。接在心电图机上体表的两个部位组成一个“导程”，如右手和左手组成“第一导程”，右手和左足组成“第二导程”，左手和左足组成“第三导程”等。不同的两个部位之间相对电势的变化不同，因此不同导程的心电图曲线也不同。图 5-13-4 是右手和左足接法的心电图波形，通过它可了解心跳的频率、心脏病的一种节律和心肌状态等情况，所以在医学临床上常用来作为辅助诊断方法。

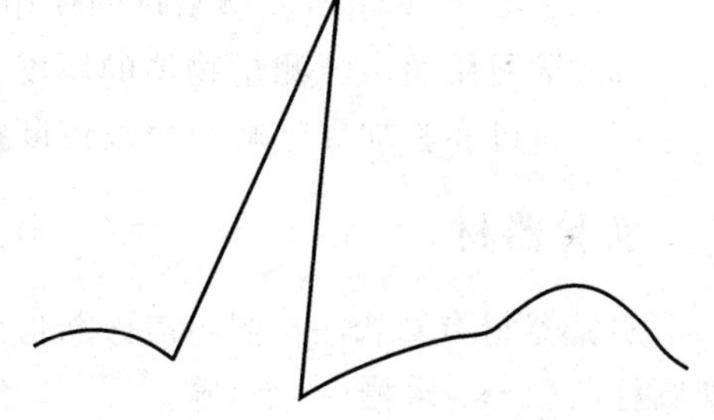
图 5-13-4 心电图波形

四、实验内容和步骤

1. 静止电偶极子电场等势线描记

（1）按图 5－13－1 连接装置仪器，让 A、B 两点相距 8.00 cm，并分成 8 等份，其分点为－3.00、－2.00、－1.00、0.00、1.00、2.00、3.00。

（2）把探头 D 放在 A、B 连线的中点 O，在导线纸上移动探针 C，找出电流表不发生偏转的点，把探针 C 按一下，并通过复写纸印在白纸上，白纸上就产生一印痕点。

（3）保持 D 在 O 点不动，用上述方法在 A、B 连线的两旁各找 3～4 个与 O 点等势的点，相应地都复印在白纸上。通过这两组点可作出一条通过 O 等势线(零势线)，它将偶极子电场分为正电势和负电势两个半区。

（4）按以上所述相同的方法和步骤，依次分别作出通过 1.00、2.00、3.00 和－1.00、－2.00、－3.00 的 6 条等势线。

（5）将白纸取下，将各组等势点用铅笔连成平滑曲线即为电场中的等势线，并标出正、负极，即为实验记录。

2. 描绘模拟心电图

（1）按图 5－13－2 连接电路：固定探头 C、D 与电流计 G 串联后放在导电纸上的 E、F 两点(模拟右手和左足位置)相当于心电图机的两个电极。将 A、B 电极与电源串联(A 连接电源的负极)相当于心电偶，A 放在导电纸上模拟心脏 O 点保持不动。

（2）将电极分别放于导电纸上模拟心脏上标定的点(0、4、8、12、16、20、24)，从而模拟心电偶随时间产生大小和方向的变化，观察电流计上所对应的读数，把各读数记录下来。

（3）以电流计的数值为纵坐标，以 0、4、8、12、16、20、24 为横坐标，连接各点所得的曲线即为模拟心电图曲线，并作为实验记录。

实验 5.14　用超声波探测深度和厚度

一、实验目的

（1）学习 A 型超声波诊断仪的使用。

（2）学习用超声波测量物体的厚度。

（3）通过实验加深理解超声波诊断疾病的原理。

二、实验器材

实验器材有 CTS－5 型超声诊断仪(一台)、医用探头(一个)、探头接线(一条)、有机玻璃圆柱(三个)、水槽(一个)等。

三、实验原理

超声仪中的标距电路产生的标距脉冲直接显示在荧光屏上，如图 5－14－1 所示。它是用来标示时间的，其振荡频率为 75 kHz，周期为 13.3×10^{-6} s。所以在荧光屏面板上两个相邻的标距脉冲(即每小格宽度)相当于时间 13.3×10^{-6} s，这个时间也就是超声波在水中传播 1 cm 往返所需要的时间。

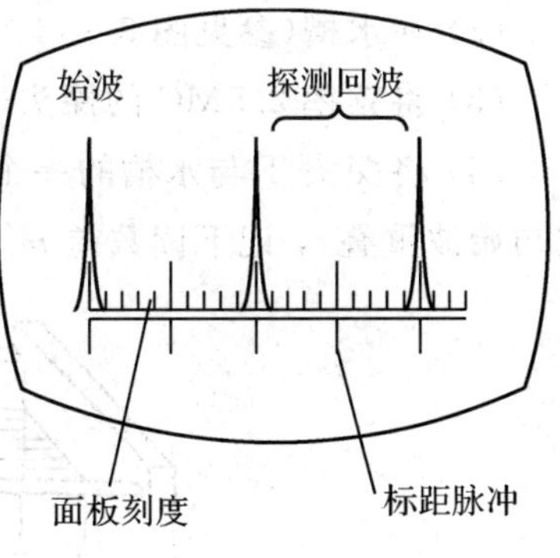

图 5-14-1 标距脉冲显示

测量物体的厚度时，将探头与被测物体的一个端面用耦合剂(如水)耦合。当超声波在物体中传播时，超声波在被测物的射入面与射出面处均产生回波，在射入面处的回波与在射出面处的回波被同一探头接收，并按先后显示在荧光屏的不同位置上，两回波(严格地说是两组回波)相隔的时间 t 可由它们之间的标距脉冲条数来表示。若其间有 n 条标距脉冲，则 $t=n\times13.3\times10^{-6}$ s，t 就是超声波在被测物体中传播时往返“厚度距离”一次所需的时间。设超声波在某物体中传播的速度是 C，则该物体的厚度为

$$S=\frac{C}{2}n\times13.3\times10^{-6} \tag{5-14-1}$$

在实际测量时，我们并不直接数脉冲条数，而是利用面板上的刻度尺进行读数的。如果两回波间有 m 根刻线，相邻两标距脉冲间有 m'根刻线，则两回波间就有$\frac{m}{m'}$个标距脉冲，因此物体的厚度为

$$S=\frac{1}{2}C\times\frac{m}{m'}\times13.3\times10^{-6} \tag{5-14-2}$$

式中，$\frac{1}{2}C\times13.3\times10^{-6}$一般称为定标值；$m'$为显示比，则

$$S=m\times\text{定标值}/\text{显示比} \tag{5-14-3}$$

由定标值的定义可知，定标值与超声波在被测物体中的传播速度有关，不同的被测物质对应有不同的定标值。由$\frac{1}{2}C\times13.3\times10^{-6}$定出定标值。

在测量时，要使欲观测的各回波均适当地一同显示在荧光屏上，需要调节深度的“粗调”和“微调”旋钮。在调节这两个旋钮时，标距脉冲在荧光屏上的间距也就随之变长或变短，因而显示比也就改变了。所以在测量时，首先要在被测的各回波均适当地显示在荧光屏上的情况下确定显示比 m'；然后读出射入面处与射出面处两回波在面板刻度尺上的读数差 m(m'与 m 的单位相同)，将 m 和定出的定标值、显示比代入式(5-14-3)，即可算出被测物体的厚度。

四、实验内容和步骤

1. 测水的深度

(1) 接通电源，按仪器使用说明把“辉度”、“聚焦”、“移位”调整好；把“增益”置于“6”、“抑制”置于“5”的位置；把“输出”置于最大；把“深度”粗调置于“30 cm”，再细微调整“深度微调”，使显示比为 1。

(2) 在水槽(参见图 5-14-2)中放入 2/3 容积的水。

(3) 将频率 2.5MC 的探头通过连接线与“输出Ⅰ”接好，并将“频率”旋钮置于 2.5MC。

(4) 将探头 T 与水槽的一个端面耦合如图 5-14-2 所示(在此情况下，射入面处的回波与始波重叠)，记下读数差 m'。

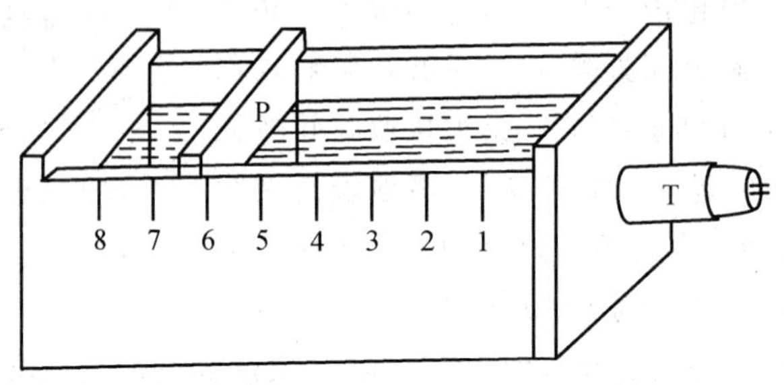

图 5-14-2　水槽

(5) 将水槽挡板 P 放入槽中，并分别将 P 置于水中距探头 2、4、6 cm 处，在荧光屏上观察波形并记录始波与回波在刻度尺上的读数 m'。

(6) 原始数据记录。

$$显示比=1，定标值=\frac{1}{2}C_{水}\times 13.3\times 10^{-6}=1\ \text{cm}$$

将原始数据记录于表 5-14-1 中。

表 5-14-1　原始数据记录表

挡板与探头的距离/cm	2	4	6	8	10
始波与回波读数差 m/cm					
水的深度 $S=m\times 1$(cm)					

2. 测有机玻璃的厚度

将高矮不同的三个有机玻璃圆柱分别立于桌面上，放少量清水在它的上端面作为声耦合剂，将探头轻轻接触圆柱的上断面观察波形，调节深度“粗调”和“微调”，使入、出回波适宜地显示在荧光屏上，并在表 5-14-2 记录下显示比和入、出回波在刻度尺上的读数差 m。

原始数据记录为

$$显示比=\qquad\qquad；定标值=\frac{1}{2}C_{玻}\times 13.3\times 10^{-6}=2.10\ \text{cm}$$

表 5-14-2　数据记录表

有机玻璃圆柱	始波与回波的读数差 m	厚度$=\dfrac{m\times 定标值}{显示比}$
大		
中		
小		

补充说明：超声波诊断仪的使用说明

1. 开机前注意事项

(1) 仪器的工作电压为 220 V。

(2) 配用电源稳压器，使仪器稳定工作。

(3) 仪器应接好可靠地线。

(4) 探头晶片切勿摩擦和振动。

2. 调节程序

(1) 接好电源线。

(2) 将输出连线与探头连接好。

(3) 接通电源开关，荧光屏刻板既有亮光指标，经 1～2 min 后调节“辉度”旋钮，便能看到扫描基线的显示，其清晰度可调“聚焦”和“辅助聚焦”旋钮，基线位置可调节“垂直移位”和“水平移位”，使基线与荧光屏刻度板标尺重叠。

(4) 面板上的“深度粗调”、“深度微调”用以调节测量深度范围，作一般诊断时，“深度粗调”可置于 30 cm 一挡；探查浅部需展宽分析可置于 10 cm 一挡；探查深度较大时，可置于 100 cm 一挡，观察深度可达一米左右。

(5) “增益”旋钮用来调节仪器的灵敏度，一般可置于“6”左右，“抑制”旋钮一般置于“5”即可。

(6) “输出调节”用以调节发射强度，并能略微改变仪器的灵敏度。当“输出调节”较小时，始脉冲宽度变窄，便于浅部探测，在一般使用中置于“10”即可。

(7) 探头与人体或物体接触时，如果存在空隙，超声波能量将大大降低，所以应在探查部位的表面涂上少量石蜡油、甘油、蓖麻油等声耦合剂。

(8) 探查方法。一般常用的探查方法是直接接触法，探查时探头与人体表面之间一定要涂上耦合剂，使超声波能传入人体组织。

间接探测的方法是探头与人体表面没有直接接触，用不漏液的圆筒容器置于被探查部位，中间充满水，水置于探头与体表之间进行探查，这种方法对浅表部位的诊断较为适用。

第六章　综合性物理实验

实验6.1　热电转换技术的观测

热电转换技术是非电量电测技术中应用范围十分广泛的一种，它是把热学量（主要是温度等）通过传感器转换为电学量（电能）来进行测量的技术，是用传感元件的电磁参数随温度的变化而变化的特性来实现测量目的的。

典型的热电式传感器有热电隅、热电阻和热敏电阻等。热敏电阻是其阻值对温度变化非常敏感的一种半导体元件，具有体积小、灵敏度高、使用方便等特点。半导体热敏电阻在自动控制、自动检测及现代电子产品中被广泛用于温控、遥控和测点温、表面温度、温差等。本实验用惠斯通电桥测量在不同温度下热敏电阻的阻值，并运用曲线改直作图方法求热敏电阻的温度系数。

一、实验目的

（1）了解单臂电桥测电阻的原理，初步掌握惠斯通电桥的使用方法。

（2）了解热敏电阻的温度特性和测温时的实验条件，测定热敏电阻材料常数及温度系数。

（3）学会单对数坐标纸的使用及通过曲线改直图解法处理数据求得经验公式的方法。

二、实验器材

实验器材有EH-3物理实验仪、加热器、惠斯通单臂箱式电桥、被测热敏电阻、水银温度计、量热器（装冰、水混合物）、导线等和YJ-WC-1温度传感器特性测定仪（如图6-1-1所示）。

图6-1-1　YJ-WC-1温度传感器特性测定仪

1. EH－3 数字化热学实验仪的调节与使用方法

EH－3 数字化热学实验仪的面板设置如图 6－1－2 所示。该仪器背板的下方自左向右有带保险装置的电源插座、加热保险丝插座、加热盘 4 芯电缆连接座。该仪器有一配套的加热器，加热器加热的温度可由该仪器的有关挡数自动设定，且达设定温度后的保温温度可由该仪器自动控制。

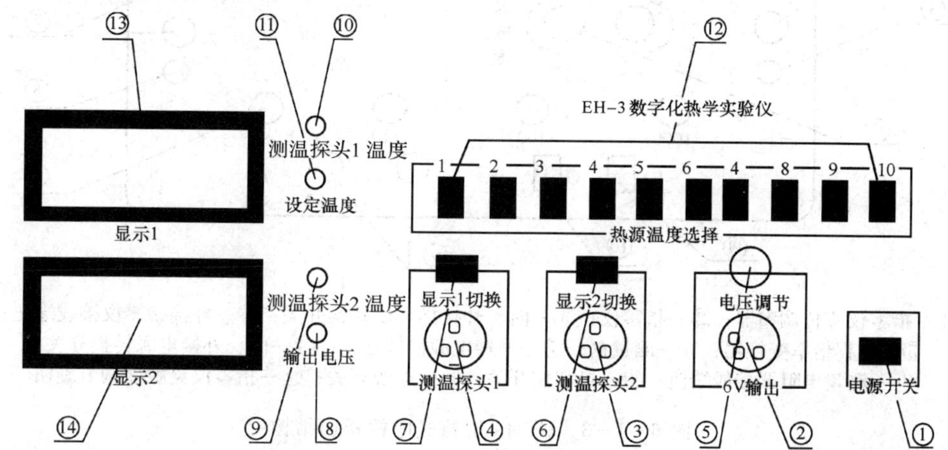

①—电源开关；②—6V输出插座；③—测温探头2插座；④—测温探头1插座；⑤—6V电压输出调节；⑥—测温探头2温度显示/输出电压显示切换开关；⑦—测温探头1温度显示/温度设定切换开关；⑧—输出电压指示灯；⑨—测温探头2显示指示灯；⑩—测温探头1显示指示灯；⑪—温度设定指示灯；⑫—温度设定选择开关；⑬—显示(表头)1；⑭—显示(表头)2

图 6－1－2　EH－3 数字化热学实验仪面板结构

EH－3 数字化热学实验仪的操作与使用方法如下：在仪器背板上连接好电源线，用 4 芯专用电缆线从背板与加热器相连；再连接好探头①和②，且把各探头插入被测温度区中(探头放加热器中)，插上电源，打开电源开关①，显示 1⑬和 2⑭应显示各探头所在区域的温度。

热源温度设定：按下开关⑦，显示 1⑬即指示热源(加热盘)的当前设定温度(粗略值，准确值由测温探头或用其他温度计测定)，可通过组合开关⑫选择所需热源的温度，此时指示灯⑪亮。若未选择任一挡，则显示 1 显示“0”。

测温：弹起开关⑦，显示 1 显示探头 1 测得的温度(即热源温度)，此时指示灯⑩亮、⑪暗；再弹起开关⑥，显示 2 显示探头 2 测得的温度(即热源温度)，此时指示灯⑨亮。

6 V 直流电压输出调节：把 2 芯电缆线插入②，按下开关⑥，显示输出电压的大小，此时指示灯⑧亮、⑨暗。可通过调节旋钮⑤改变输出电压的大小。

2. QJ24a 型箱式电桥的调节与使用方法

QJ24a 型箱式电桥面板结构如图 6－1－3 所示。QJ24a 型箱式电桥调节与使用方法如下。

(1) 打开该仪器底部电池盒盖，按极性装两节 1 号电池及一节 9V6F22 叠成电池(老师已做好)。仪器水平放置，打开仪器盖，若内、外 0 接指零仪转换开关③扳向“外接”，则内附指零仪断路，电桥由外接指零仪接线端钮④接入外接指零仪。若内、外接指零仪转换开关③扳向“内接”，则内附指零仪接入电桥线路，再调整指零仪零位调整器①使指零仪指零位。

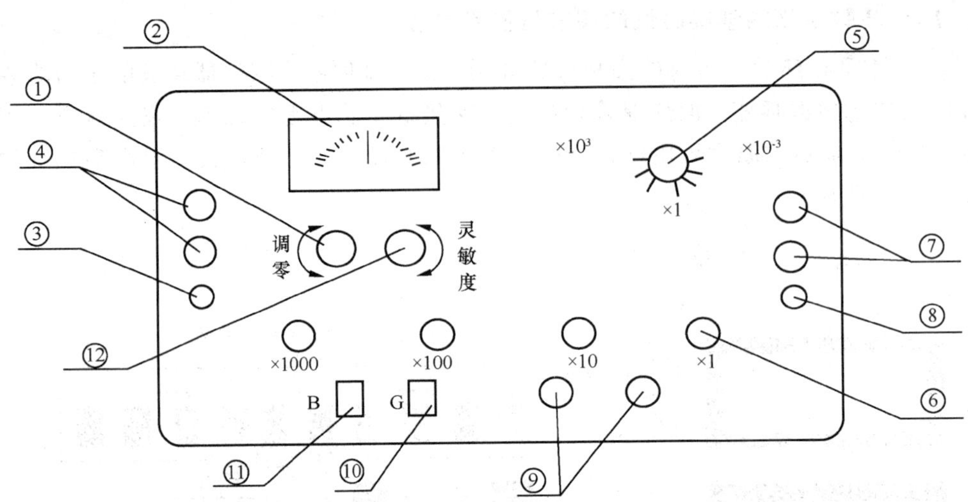

①—指零仪零位调整器；②—指零仪；③—内、外接指零仪转换开关；④—外接指零仪接线端钮；⑤—量程倍率变换器；⑥—测量盘；⑦—外接电源接线端钮；⑧—内、外接电源转换开关；⑨—测量电阻器接线端钮；⑩—指零仪开关；⑪—电源开关；⑫—指零仪灵敏度调节旋钮

图 6-1-3　GJ24a 型箱式电桥板面结构

(2) 内、外接电源转换开关⑧扳向“外接”，则由外接电源接线端钮⑦接入外接电源；若内、外接电源转换开关⑧扳向“内接”，则电桥内附电源接入电桥线路。在外接电源时，若采用提高电源电压的方法增加电桥线路的灵敏度，则对外接电源的电压值不能超过表 6-1-1 所示的规定。

表 6-1-1

量程倍率	×0.001	×0.01	×0.1	×1	×10	×100	×1000
有效量程	1～11.11 Ω	10～111.1 Ω	100～1111 Ω	1～11.11 kΩ	10～111.1 kΩ	100～1111 kΩ	1～11.11 MΩ
精度等级	0.5	0.2	0.1	0.1	0.1	0.2	1
电源电压	4.5 V				6 V	15 V	

(3) 被测电阻接到测试电阻接线端钮⑨，若被测电阻小于 10 kΩ，一般可使用内附指零仪、电源进行测量。开始测量时，可逆时钟方向旋动指零仪灵敏度调节旋钮⑫，以减小指零仪灵敏度。当大致测定到电阻值后再增大灵敏度。若测量时，转动测量盘难以分辨指零仪读数时，此时需外接高灵敏度的指零仪。

(4) 调节量程倍率变换器⑤，根据表 6-1-1 及测试电阻器估算值选择适当的程量倍率，按下指零仪开关按钮⑩，随后接通电源开关按钮⑪，看指零仪的偏转方向，如果指针向“+”方向偏转，表示测试电阻器大于估算值，即增加测量盘示值，使指零仪趋向于零位。如果指零仪仍偏向于“+”边，可增加量程倍率，再调节测量盘使指零仪趋向于零位。若指针向“-”方向偏转，表示测试电阻小于估算值，即减小测量盘示值使指零仪趋向于零位。当测量盘示值减少到 1000 Ω时，指零仪仍然偏向“-”边，则可减少量程倍率，再调节测量盘使指零仪趋向于零位。

当指零仪指零位时，电桥平衡，测得电阻值可由下式求得

测试电阻值＝量程倍率×测量盘示值之和

(5) 仪器使用完毕后，将内、外接指零仪转换开关③和内、外接电源转换开关⑧扳向外接。

3. QJ23a 型(市电式)直流单臂电桥的调节与使用方法

QJ23a 型(市电式)直流单臂电桥面板结构和 QJ24a 型箱式电桥面板结构是一样的，它们的区别是，QJ23a 型使用的是市电，而 QJ24a 型使用的是电桥内附电源。故 QJ23a 型在使用内、外接电源转换开关⑧时扳向“外接”，则由外接电源转换开关⑦接入外接电源，在外接电源时，若采用提高电源电压方法增加电桥线路灵敏度，则对外接电源的电压值也不能超过表 6－1－1 中的规定。

4. YJ－RZ－4A 温度传感器特性测定仪

YJ－RZ－4A 温度传感器特性测定仪的加热装置和面板图分别如图 6－1－4 及图 6－1－5 所示。

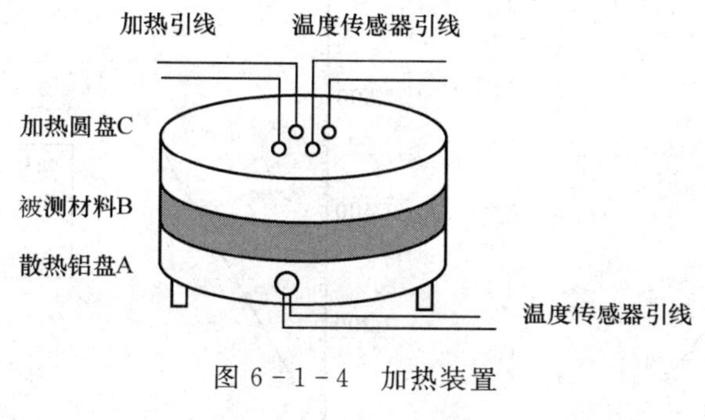

图 6－1－4　加热装置

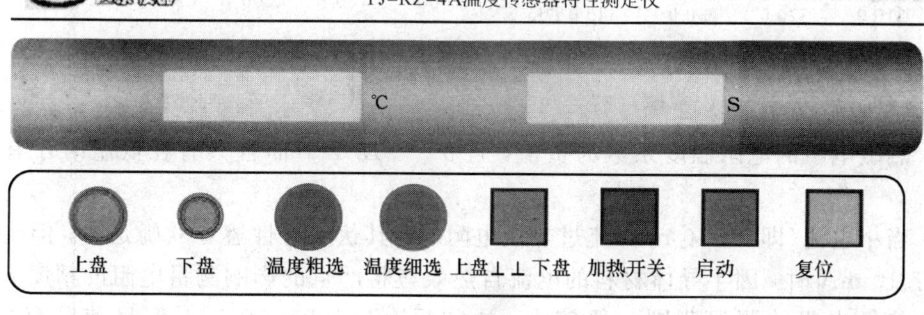

图 6－1－5　YJ－RZ－4A 温度传感器特性测定仪面板图

三、实验原理

1. 半导体热敏电阻

半导体热敏电阻是利用半导体材料的电阻随温度的变化而变化的性质制成的。它的电阻温度系数为负，且电阻随温度的变化范围较大。所以半导体热敏电阻具有电阻温度系数大、体积小、重量轻、热惯性小、结构简单等优点，可接较长引线而不需补偿，且价格便宜。

半导体热敏电阻(简称热敏电阻)的电阻值与温度的关系呈曲线状，如图 6－1－6 所示。

其关系式为

$$R_T = R_0 e^{B(1/T - 1/T_0)}$$

式中，R_T为该热敏电阻在热力学温度 T 时的电阻值；R_0为热敏电阻处于热力学温度 T_0时的阻值；常数 B 由材料和制造工艺决定。但若对上式两边取自然对数，可得

$$\ln R_T = \ln R_0 + B\left(\frac{1}{T} - \frac{1}{T_0}\right)$$

即 $1/T$、$\ln R_T$ 关系曲线是一条直线，如图 6-1-7 所示。该直线的斜率 $k=B$，直线的截距 $b=\ln R_0$。

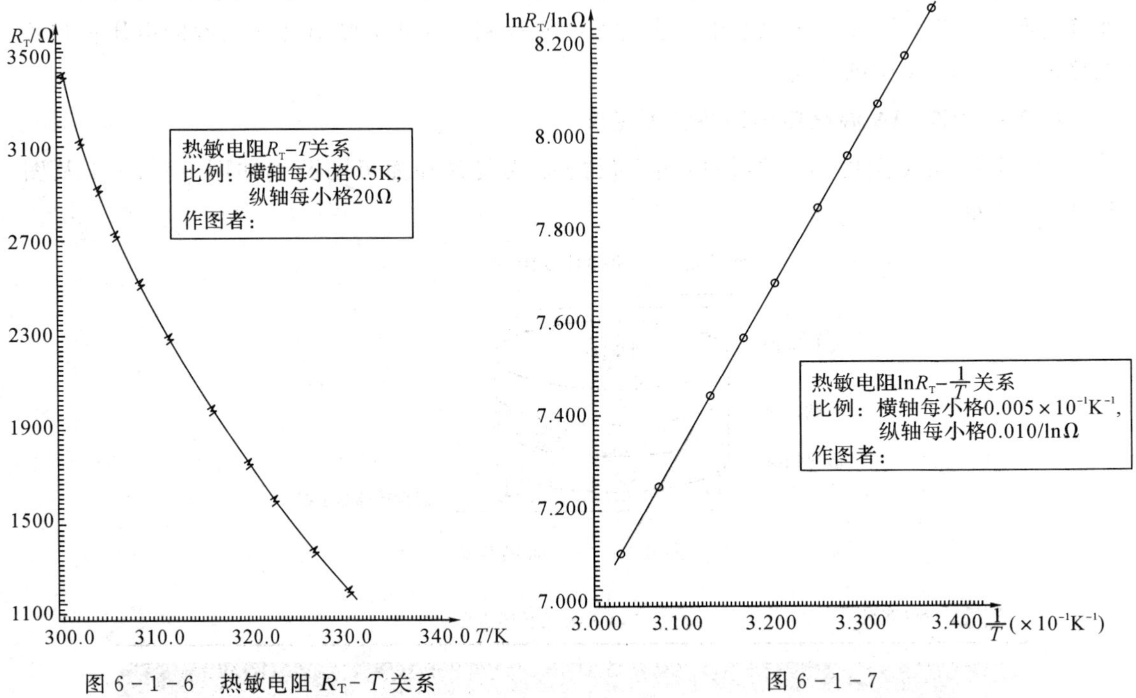

图 6-1-6　热敏电阻 R_T-T 关系　　　　图 6-1-7

1）热敏电阻的主要特性

（1）热敏电阻的电阻温度系数为负值，且 $\alpha=-B/T^2$，而且只有在低温时才有较高的数值。

（2）当小电流（即 0～10 mA）流过热敏电阻时，其伏安特性遵守欧姆定律；但当流过的电流大于 10 mA 时，因半导体材料的电流自热效应将严重的影响测量电阻的精度。

（3）热敏电阻的测温范围一般较小，通常只有－100～300℃。但目前已有（ZrO_2＋Y_2O_3）系列的珠状热敏电阻能承受 650～2200℃的高温。

2）热敏电阻的应用

热敏电阻常被用于测量温度，热敏电阻温度计具有测量准确度高、测量范围宽、能远距离测量等优点。其原理是基于金属或半导体材料的电阻值随温度变化而变化的，利用辅助电路及仪器测量出热电阻的阻值，从而得到与电阻值相应的温度值。早期的热敏温度计是指针式的，近期发展为数字式的，其测量温度的范围也进一步扩大。一般常用的金属电阻温度计是用铜、铂制成的，铜热电阻温度计的测量范围为－50～150℃；铂热电阻温度计的测量范围为－200～850℃，精度都为 0.4℃。

热敏技术在其他行业也有很好的应用，如1995年后，热敏打印机逐步成为收款机配件中的新宠，其打印原理是通过发热体直接使热敏纸变色来产生印迹的。它具有结构简单、体积小巧、重量轻，功耗低，打印速度快(15行/秒)，字体美观、清晰(16×16或24×24点阵)，无噪声，使用寿命超长等特点，其使用寿命是针式打印机的4～5倍；它还具有免维护，无需更换色带或墨粉，字体颜色深浅可调节等优点。

2. 半导体的电阻及其与温度关系的理论解释

以硅为例，简单地介绍一下半导体的导电机理。硅是4价元素，硅原子的最外层有4个价电子。在构成晶体时，每个硅原子的4个价电子和相邻原子的价电子组成共价键。图6-1-8给出了这种结构的二维模型，图中圆圈表示晶格上的原子，斜线代表共价键(价电子)。这是一种比较稳定的结构，在没有外来扰动的情况下，这里是不存在导电的载流子的。但是实际上的晶体是没有如此完善的，除了必定会含有极少量的杂质和缺陷外，还会有各种不同的原因会导致晶格完整性的破坏，致使有的电子脱离共价键，有可能在晶体中自由运动。与此同时，在缺电子的共价键上出现了空着的位置(叫做空穴)。这种空的共价键有可能从邻近的键上获得一个电子，从而形成另一个空着的键(这就是空穴的移动)。于是空着的键也可以自由移动，并且相当于一个带正电的电荷的移动，我们称之为空穴。

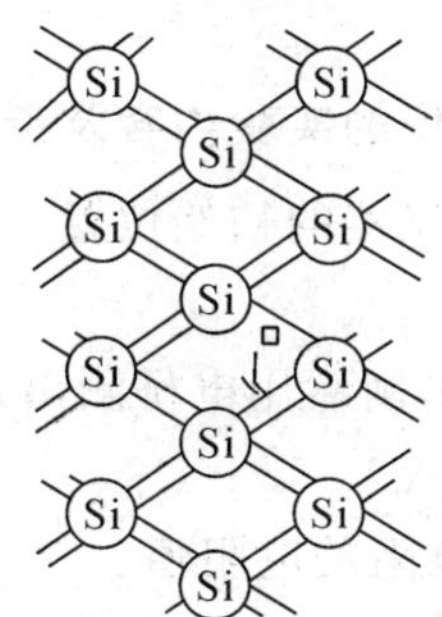

图6-1-8　硅的共价键结构示意图

当有外电场作用时，离开共价键的电子向与电场相反的方向漂移，形成了电子电流；空穴则向着与电场相同的方向漂移，形成空穴电流。这两个电流之总和就是半导体导电的电流。

然而和金属具有一定的电阻一样，在半导体中传导的电流就更不是“畅通无阻”了。其根本原因在于电子要离开共价键而产生可自由运动的“电子-空穴对”是有条件的。没有足够的能量，电子就摆脱不了共价键的束缚，因而在半导体中只存在有限数量的载流子。这是形成半导体电阻的主要因素。

热振动可以使某些电子摆脱共价键的束缚，破坏共价键，形成电子-空穴对。提高半导体的温度，使热振动激烈起来，可以急剧地增加载流子的数目，因而使其电阻明显下降。理论推导证明，半导体的电导率与温度的关系大致可以写成

$$\sigma = Ae^{-\frac{E_g}{2KT}}$$

式中，E_g是使电子摆脱共价键束缚所需要的能量，称为“禁带宽度”；K是玻尔兹曼常数；T是绝对温度；A为系数。系数A虽然与温度T也有关，但其变化远不如指数部分那么快，故在温度变化范围不大时可近似为常数。

对上式取倒数，就得到半导体电阻率与温度的关系为

$$\rho=B e^{\frac{E_g}{2KT}}$$

对于一定的半导体电阻元件来说，存在关系

$$R_T=C e^{\frac{E_g}{2KT}}$$

式中，R_T 为半导体电阻在温度 T 时的电阻值。以上两式中的 B 和 C 都是与 A 相似的常数系数。对上式的两边取自然对数可得

$$\ln RT=\ln C+\frac{E_g}{2KT}$$

由此可见，半导体电阻的电阻值与绝对温度的倒数成指数关系，但其电阻的对数与绝对温度的倒数成线性关系。

温度越低，半导体材料中的载流子("电子-空穴对")的数量越少，故其电阻越大；随着半导体材料温度的升高，半导体材料中的电子和离子的热运动加剧，受热激化，使参与导电的载流子数目增加，故导电性能随之变好，而使其电阻变小，即半导体材料的温度越高，其电阻值越小。

四、实验内容、步骤及注意事项

1. 使用 EH－3 数字化热学实验仪的实验内容及步骤

(1) 合理布置仪器，正确预置各仪器的初始位置，正确连接实验电路。

(2) 测量。

① 把热敏电阻放在冰水中达热平衡后用电桥测出其阻值，读记冰水的温度 t 及电桥示数 R_N 和电桥比率系数 C。

② 测量在室温下的室温、热敏电阻的电阻值。

③ 给加热器送电加热升温，调节好直流稳压电源：把 EH－3 数字化热学实验仪(简称 EH－3 实验仪)和检流计的电源插头都插入电源插座中，把 K_6 拨向开，EH－3 实验仪的指示灯亮，把 N_1 旋至指第 2 挡，K_7 指向稳压，调节 N_2 粗调钮指 30 V，把直流输出开关 K_5 指开，调 N_3 钮使 V_2 表指 3 V。再把 K_7 指控温，这时 EH－3 实验仪以 V_1 表指示的电压值对盘式加热器送电加热，当 V_1 表未指 25 V 以上时，可调 N_4 微调钮使 V_2 指 25～28 V 间均可。把热敏电阻的标称值或用万用表测定的电阻值按 4 位有效数字预置在测量盘 R_N 上，再选择正确的比例系数 C 并预置到比例盘上。调节电桥上的检流计零点调节钮，使该检流计指针严格指零。

④ 把热敏电阻放入加热器孔中(注意：要一直插到底)，待它彻底与加热系统达热平衡后，再依次测量、记录加热系统温度 t、电桥示数 R_N 和电桥比率系数 C。

⑤ 再依次分别把热源温度选择拨至第 4、6、8、10(或 11)挡并待系统达恒温后分别测量、记录各挡时的加热系统温度 t、电桥示数 R_N 和电桥比率系数 C。

2. 使用 YJ－RZ－4A 温度传感器特性测定仪的实验内容及步骤

(1) 安装好实验装置，连接好电缆线，打开电源开关。

(2) 将"测量选择"开关按到"上盘⊥"挡，顺时针调节"温度粗选"和"温度细选"旋钮到底，打开加热开关，加热指示灯发亮(加热状态)，同时观察恒温加热盘的温度变化。当恒温

加热盘温度即将达到所需温度(如 50.0℃)时，逆时针调节“温度粗选”和“温度细选”旋钮使指示灯闪烁(恒温状态)，仔细调节“温度细选”使恒温加热器温度恒定在所需的温度(如 50.0℃)。待温度稳定在所需温度(如 50.0℃)时，将热敏电阻插入恒温腔中，引线接入直流电桥，测出此温度时热敏电阻的电阻值。

(3) 重复以上步骤，分别设定温度为 50.0℃、60.0℃、70.0℃、80.0℃、90.0℃、100.0℃，测出热敏电阻在上述温度点时的电阻值，将原始数据进行记录。

3. 注意事项

(1) 供电电源插座必须良好接地。

(2) 在整个电路连接好之后才能打开电源开关。

(3) 严禁带电插、拔电缆插头。

(4) 注意仪器的成套性，即加热盘、下盘传感器与温度传感器特性测定仪主机须成套使用。

五、实验数据记录及处理

1. 实验的原始数据

(1) 仪器参数记录表如表 6-1-2 所示。

表 6-1-2　仪器参数记录表

仪器名称	规格型号	仪器编号	量程	精度等级	分度值	仪器误差
箱式电桥						
实验仪						

(2) 实验测量数据记录表如表 6-1-3 所示。

表 6-1-3　实验测量数据记录表

N_1 挡数	显示温度 T/℃	箱式电桥	
		C	R_N/Ω
冰水			
室温			
3			
5			
7			
9			
11			

2. 热敏电阻温度特性曲线测量的数据处理

(1) 测量数据填入表 6-1-4 中。

表 6-1-4　实验数据处理表

仪器所指挡数	加热器达恒温时的温度数			R_t 或 R_T (　　)	$\ln R_T$
	t/℃	T/K	$1/T$		
冰、水混合物					
室温					
3					
5					
7					
9					
11					

(2) 作出 R_t-t 曲线。在毫米方格坐标纸上以温度 t 或 T 为横轴、R_t(或 R_T)为纵轴，以对应的(t, R_t)或(T, R_T)为坐标，按照作图规则和要求画出曲线。

(3) 作出 $\ln R_T-1/T$ 直线图。由图形求出直线的斜率 k、直线的截距 b、直线的斜率 $k=B$、直线的截距 $b=\ln R_0$，从而确定了被测热敏电阻的阻值和温度的关系。

六、问题与讨论

(1) 本实验的测量误差来自哪些方面？为了减少或消除这些误差，在实验中采取了哪些对应措施？

(2) 半导体和金属的电阻率与温度的关系有何异同？

补充说明：其他热电式传感器介绍

1. 热电阻

有关热电阻的介绍参见实验 7.6 中相关内容。

2. 热电偶

热电偶是热能-电势能的转换器，其输出量为热电势，可用于温度的测量。

如图 6-1-9 所示，热电偶是由两种不同的金属导体材料 A 和 B 相接触后构成的。若把结点 1 放在恒定不变的低温槽中，叫做冷点或叫参考点；结点 2 放在被测点即高温场中，叫做点或测温端。若两结点的温度不同，则就会有温差电动势产生。

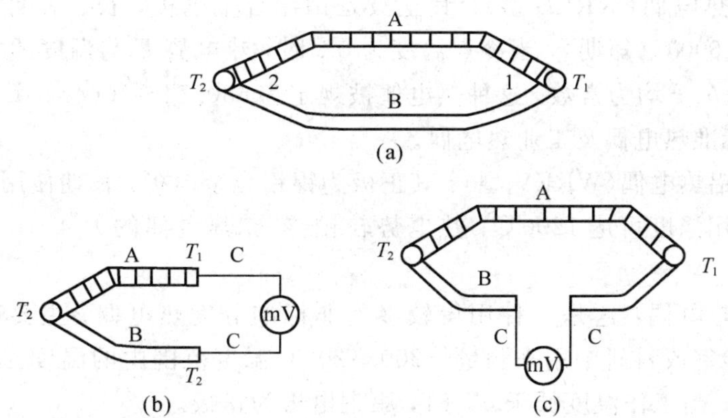

图 6-1-9

在热电偶系统中两种金属的结点处，由于导体内部自由电子的密度不同，电子扩散的结果会产生接触电势差，且热点和冷点的总接触电势差为

$$\delta_{E_{AB}}=E_{AB}(T_2)-E_{AB}(T_1)=\frac{K}{e}(T_2-T_1)\ln\frac{n_A}{n_B}$$

式中，K 为玻尔兹曼常数；e 为电子电量；n_A 和 n_B 分别为金属 A 和 B 的自由电子密度。

另外，单一导体两端的温度不同，则在导体的内部也会产生电势叫做温差电势。在热电偶回路中，两种金属的总温差电势为

$$\begin{aligned}\delta_{E'_{AB}} &= E'_A(T_2, T_1)-E'_B(T_2, T_1)=\int_{T_1}^{T_2}\sigma_A\,dt-\int_{T_1}^{T_2}\sigma_B\,dT\\ &=\int_{T_1}^{T_2}(\sigma_A-\sigma_B)\,dT\end{aligned}$$

式中，σ_A、σ_B 分别为两种导体的汤姆逊系数。

热电偶产生的温差电势 $E_{AB}(T_2, T_1)$ 是由两种导体的总接触电势差和总温差电势的和组成的。

$$\begin{aligned}E_{AB}(T_2,T_1) &= \delta_{E_{AB}}+\delta_{E'_{AB}}=\frac{K}{e}(T_2-T_1)\ln\frac{n_A}{n_B}+\int_{T_1}^{T_2}(\sigma_A-\sigma_B)\,dT\\ &=\int(T_2)-\int(T_1)\end{aligned}$$

实际运用中，总是把冷点放在恒温场中，假如其温度是已知的或可测的；热点放在被测温场中，这样 $E_{AB}(T_2, T_1)$ 仅为一个温度的函数，即

$$E_{AB}(T_2,T_1)=\int(T)-C$$

1）热电偶的温度定标

用实验的方法找出热电偶热点温度与热电势差的对应关系曲线，叫做热电偶的温度定标。当在实验中分别测出多组对应的热点温度、温差电势的实验数据后，再由所测数据作出热电偶的定标曲线，经过定标后的热电偶，就是一个测温的热电偶温度计。

当热电偶回路中接入第三种金属导体时，如果第三种金属两端的接入点温度相同，则热电偶冷、热两点的电势差不变。所以图 6-1-9(b)、(c)与(a)是等效的。

2）热电偶的种类

常用热电偶按其材料的不同可分为如下 3 种：

(1) 铂铑-铂热电偶(WRLB 型):其正极是铂铑合金电极,长、短期工作温度分别为1300℃(长期)和 1600℃(短期),当冷点温度为 0℃时,热电势 E_t 与温度的关系为 $R_t = a + bt + ct^2$,式中 a、b、c 均为常数。这种热电偶被规定为 630.74～1064.43℃范围内复现国际温标,又可制成标准热电偶及工业热电偶。

(2) 镍铬-镍铝热电偶(WREV 型):其正极为镍铬合金电极;长期使用的工作温度可达900℃,短时间使用温度可达 1200℃;热电势较铂铑-铂热电偶的大 4～5 倍,且刻度线性更好。

(3) 铜-康铜热电偶:这是一种用得较多的非标准分度热电偶,主要适合在低温下使用,一般是在实验室或科研中用来测量－200～200℃温度范围内的温度。其热点温度大于0℃时,铜为正极;当工作温度低于 0℃时,康铜电极为正极。

各类热电偶中,镍铝-考铜热电偶(WREV 型)的热电势最大。在从 600℃～0℃时,有66.4 mV,而一般热电偶在 100℃～0℃时,有 1～4mV。

3) 热电偶的校准

(1) 用比较法校准热电偶。在实际测温中,由 $\varepsilon = C(t - t_0)$ 所表示的电动势 ε 与温度差 $t - t_0$ 的关系略显粗糙,较精确的方法是先用实验的方法,分别用热电偶和标准温度计同时测出冷、热点的温度及温差电动势,用这样的方法把在热电偶的测温范围内每相隔 10℃(5℃、1℃等温度间距,随需要而定)测量一点,测出很多组数据。并分别使温度由小到大、再由大到小的两个方向对各测点各测一组数据;而后求出各测点对应数据的平均值,再求出校准误差、画出校准曲线。这样可使热电偶的测量精度提高。

(2) 利用纯金属定点法校准热电偶。根据纯金属在熔化或凝固的过程中的温度不随环境温度的变化而改变,而形成一个相对的平衡点,这样的平衡点的温度对不同的金属材料,温度的高低也不同,只要分别选择多种纯金属材料,并使其熔化和凝固,分别用热电偶测出这些平衡点与 0℃的温差电势来确定标准温度点。这样的测量分度相当准确,已被定为国际温标的重要复现,作为校准的基准,一般用于准确度要求极高的温度校正分度。

(3) 恒温差分度法校准热电偶。这种方法也是比较法的一种,其不同处是把被校热电偶的冷、热两端点分别置于不同的恒温槽中,测出其温差电动势,再用精密温度计测出各恒温槽的温度后进行比较与修正,参见表 6－1－5。

表 6－1－5　铜-康铜热电偶的温差电动势理论值与温差关系表

冷热点温差/℃	0.0	10.0	20.0	30.0	40.0	50.0	60.0
温差电动势/mV	0.000	0.389	0.787	1.194	1.610	2.035	2.468
冷热点温差/℃	70.0	80.0	90.0	100.0	110.0	120.0	130.0
温差电动势/mV	2.909	3.357	3.813	4.277	4.749	5.227	5.712
冷热点温差/℃	140.0	150.0	160.0	170.0	180.0	190.0	200.0
温差电动势/mV	6.204	6.702	7.207	7.719	8.236	8.759	9.288

实验 6.2　多普勒效应综合实验

当波源和接收器之间有相对运动时，接收器接收到波的频率与波源发出的频率不同的现象称为多普勒效应。多普勒效应在科学研究、工程技术、交通管理及医疗诊断等各方面都有十分广泛的应用。例如，原子、分子和离子由于热运动使其发射和吸收的光谱线变宽，称为多普勒增宽。在天体物理和受控热核聚变实验装置中，光谱线的多普勒增宽已成为一种分析恒星大气及等离子体物理状态的重要测量和诊断手段。基于多普勒效应原理的雷达系统已广泛应用于导弹、卫星、车辆等运动目标速度的监测。在医学上利用超声波的多普勒效应来检查人体内脏的活动情况、血液的流速等。电磁波(光波)与声波(超声波)的多普勒效应原理是一致的。本实验既可研究超声波的多普勒效应，又可利用多普勒效应将超声探头作为运动传感器，研究物体的运动状态。

一、实验目的

(1) 测量超声接收器运动速度与接收频率之间的关系，验证多普勒效应，并由 $f-V$ 关系直线的斜率测量声速。

(2) 利用多普勒效应测量物体运动过程中多个时间点的速度，验证牛顿第二定律。

(3) 测量简谐振动的周期等参数，并与理论值比较。

二、实验器材

实验器材有多普勒效应综合实验仪、超声波发射/接收器、导轨、运动小车、光电门、砝码等。

多普勒效应综合实验仪(简称实验仪)采用菜单式操作，显示屏显示菜单及操作提示，由方向键“▲▼▶◀”选择菜单或修改参数，按“确认”键后实验仪执行。操作者只需按提示即可完成操作。

三、实验原理

根据声波的多普勒效应公式，当声源与接收器之间有相对运动时，接收器接收到的频率 f 为

$$f=f_0\frac{v+V_1\cos\alpha_1}{v-V_2\cos\alpha_2} \tag{6-2-1}$$

式中，f_0 为声源发射频率；v 为声速；V_1 为接收器运动速率；α_1 为声源与接收器连线和接收器运动方向之间的夹角；V_2 为声源运动速率；α_2 为声源与接收器连线和声源运动方向之间的夹角。

若声源保持不动，运动物体上的接收器沿声源与接收器连线方向以速度 V 运动，则从式(6-2-1)可得接收器接收到的频率应为

$$f=f_0\left(1+\frac{V}{v}\right) \tag{6-2-2}$$

当接收器向着声源运动时，V 取正，反之取负。

若 f_0 保持不变，以光电门测量物体的运动速度，并由仪器对接收器接收到的频率自动计数，根据式(6-2-2)，作 $f-V$ 关系图可直接验证多普勒效应，且由实验点作直线，其斜率应为 $k=\frac{f_0}{v}$，由此可计算出声速 $v=\frac{f_0}{k}$。

由式(6-2-2)可解出

$$V=v\left(\frac{f}{f_0}-1\right) \tag{6-2-3}$$

若已知声速 v 及声源频率 f_0，通过设置使仪器以某种时间间隔对接收器接收到的频率 f 采样计数，由微处理器按式(6-2-3)计算出接收器运动速度，由显示屏显示 $V-t$ 关系图或查阅有关测量数据，即可得出物体在运动过程中的速度变化情况，进而对物体运动状况及规律进行研究。

四、实验内容

1. 实验仪的预调节

(1) 安装实验装置如图 6-2-1 所示。开机后，由温度计读出室温，输入实验仪中，这是因为计算物体运动速度时要代入声速，而声速是温度的函数。

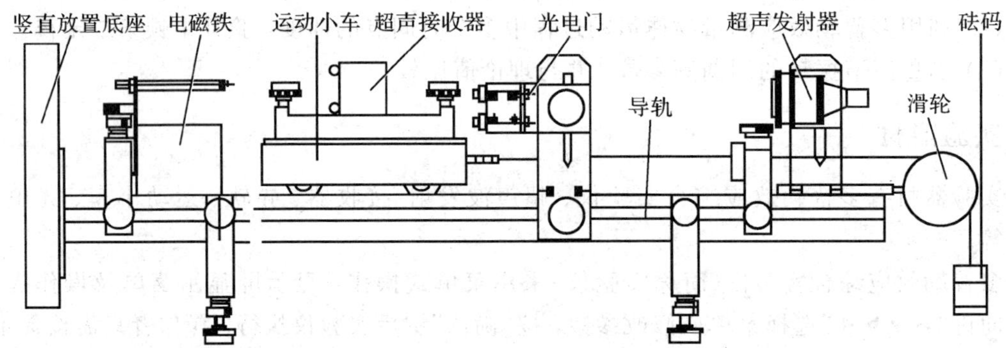

图 6-2-1　多普勒效应验证及测量小车水平运动安装图

第二个界面要求对超声发生器的驱动频率进行调谐。调谐时将所用的发射器与接收器接入实验仪，两者相向放置，用“▶”键调节发生器的驱动频率，以接收器谐振电流最大作为谐振的判断依据。

(2) 调节导轨的支撑脚，使导轨保持水平。

2. 验证多普勒效应并计算声速

将水平运动的超声发射/接收器及光电门、电磁铁按实验仪上的标示接入实验仪。调谐后，在实验仪的工作模式选择界面中选择“多普勒效应验证实验”，确认后进入测量界面。

用“▶”键输入测量次数“6”，用“▼”键选择“开始测试”，再次按“确认”键使电磁铁释放，光电门与接收器处于工作准备状态。

改变砝码质量或推动小车以不同的速度通过光电门后，显示屏会显示小车通过光电门时的平均速度与此时接收器接收到的平均频率，并可用“▼”键选择是否记录此次数据，按“确认”键即进入下一次测试。

完成测量次数后，显示屏会显示 $f-V$ 关系与一组测量数据，观察 $f-V$ 关系是否成直线。用“▼”翻阅数据并记入数据表6-2-1中，用作图法或线性回归法计算 $f-V$ 关系直线的斜率 k，由 k 计算声速 v 并与声速的理论值比较。

声速理论值由 $v_0=331\sqrt{(1+t/273)}$ (m/s)计算，t 表示室温。

表6-2-1　多普勒效应的验证与声速的测量　（$f_0=$　　　，$t=$　　　）

测量数据							直线斜 k/(1/m)	声速测量值	声速理论值	百分误差
次数										
V/(m/s)										
f/Hz										

用作图法求直线斜 k。

3. 研究匀变速直线运动，验证牛顿第二定律

安装实验装置如图6-2-2所示。将小车与质量为 m 的砝码托及砝码用细绳相连，悬挂于滑轮的两端，测量前小车吸在电磁铁上，测量时电磁铁释放小车，系统在外力作用下加速运动。运动系统的总质量为 $M+m$，所受合力为 $(M+m)g$，其中 M 为小车质量，m 为砝码质量。

根据牛顿第二定律，系统的加速度应为

$$a=\frac{m}{M+m}g \qquad (6-2-4)$$

用天平称量小车、砝码托及砝码质量，每次取不同质量的砝码放于砝码托上，记录每次实验对应的 m。

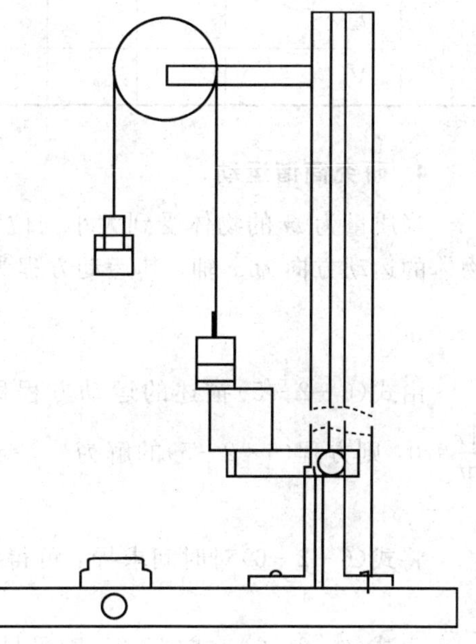

图6-2-2　匀变速运动安装示意图

将垂直运动的超声发射/接收器接入实验仪，在实验仪的工作模式选择界面中选择“频率调谐”调谐垂直运动超声发射/接收器的谐振频率，完成后回到工作模式选择界面，选择“变速运动实验测量”确认后进入测量设置界面。设置采样点总数为8，步距(测量的时间间隔)50 ms，用“▼”键选择“开始测试”，按“确认”键使电磁铁释放砝码托，同时实验仪按照设置的参数自动采样。在小车运动过程中，实验仪会每隔为50 ms自动测量一次小车的运动速度。

采样结束后显示 $V-t$ 直线，用“▶”键选择“数据”，观察测量到的数据。由于小车从静止到刚开始运动时速度较慢，因此测量到的速度误差很大，记录数据时不要从第一个点开始。将显示的采样次数及相应速度选择7组数据记入表6-2-2中。第 n 个测量到的速度对应的时间计算公式为 $t=(n-1)\times 50$ ms，其中50 ms是采样步距。

由记录的 t、V 数据求得 $V-t$ 直线的斜率即为此次实验的加速度 a。

改变砝码质量，再次测量。

将表6-2-2中计算出的加速度 a 作纵轴，$m/(M+m)$ 作横轴作图，若为线性关系，符合式(6-2-4)规律，即验证了牛顿第二定律，且直线斜率应为重力加速度。

表 6-2-2　匀变速直线运动的测量　　　($M=$　　　kg)

	n	2	3	4	5	6	7	8	加速度 $a/(\mathrm{m/s^2})$	m/kg	$\frac{m}{M+m}$
1	t_n										
	V										
2	t_n										
	V										
3	t_n										
	V										
4	t_n										
	V										

4. 研究简谐运动

当质量为 m 的物体受到大小与位移成正比、而方向指向平衡位置的力的作用时，若以物体的运动方向为 x 轴，其运动方程为

$$m\frac{\mathrm{d}^2x}{\mathrm{d}t^2}=-kx \tag{6-2-5}$$

由式(6-2-5)描述的运动方程称为简谐运动。当初始条件为 $t=0$，$x=-A_0$，$V=\frac{\mathrm{d}x}{\mathrm{d}t}=0$，则方程(6-2-5)的解为

$$x=-A_0\cos\omega_0 t \tag{6-2-6}$$

将式(6-2-6)对时间求导，可得简谐运动方程为

$$V=\omega_0 A_0\sin\omega_0 t \tag{6-2-7}$$

由式(6-2-6)、式(6-2-7)可见，当物体做简谐振动时，位移和速度都随时间周期变化，式中 $\omega_0=\sqrt{k/m}$ 为振动的角频率。

测量时仪器的安装如图 6-2-3 所示，将弹簧通过一段细线悬挂于电磁铁上方的挂钩孔中，垂直运动超声接收器的尾翼悬挂在弹簧上。若忽略空气阻力，根据胡克定律，作用力与位移成正比，悬挂在弹簧上的物体应做简谐振动，而式(6-2-5)中的 k 为弹簧的倔强系数。

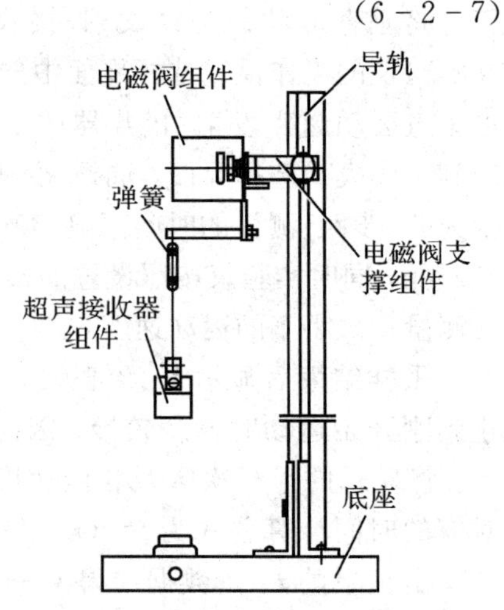

图 6-2-3　垂直简谐振动安装示意图

实验时先称量垂直运动超声接收器的质量 M，测量该接收器悬挂上之后弹簧的伸长量 Δx，并记入表 6-2-3 中，就可计算 k 及 ω_0。在测量简谐振动时，设置的采样点总数为 150 个，采样步距为 100 ms。

选择"开始测试"，将超声接收器从平衡位置下拉约

20 cm，松手让该接收器自由振荡，同时按“确认”键，让实验仪按设置的参数自动采样，采样结束后会显示如式(6-2-7)描述的速度随时间变化关系。查阅数据，记录第1次速度达到最大时的采样次数 N_{1max} 和第11次速度达到最大时的采样次数 N_{11max}，就可计算实际测量的运动周期 T 为

$$T=\frac{(N_{11max}-N_{1max})}{10}\times(100\ \text{ms})$$

其中，100 ms为采样步距。由 T 可计算出角频率 ω，并可计算 ω_0 与 ω 的百分误差。

表6-2-3　简谐振动的测量记录表

M	Δx	$k=\frac{mg}{\Delta x}$	$\omega_0=\sqrt{\frac{k}{m}}$	N_{1max}	N_{11max}	T	ω	百分误差 $(\omega-\omega_0)/\omega_0$

五、问题与讨论

当小车在导轨上运动时，不可避免地会受到摩擦力的作用，试分析摩擦力对实验结果的影响。

实验6.3　迈克尔逊干涉仪的调节与使用

迈克尔逊干涉仪是迈克尔逊为了验证是否存在“以太”而专门设计、制造的精密仪器。1883年在此仪器上完成了著名的迈克尔逊-莫雷实验，结果证明了光传播速度的不变性，从而否定了“以太”的存在，为近代物理学，特别是爱因斯坦提出的“相对论”的诞生和兴起开辟了道路，也奠定了实验基础。

迈克尔逊干涉仪在现代计量技术中有着广泛的应用。例如可用它测量光波的波长、微小长度及长度的微小改变量、折射率等；还可用来研究温度、压力对光传播的影响，检查光学元件表面的质量。现在科学家们还试图用它来探测引力波。

迈克尔逊由于研制了这种精密光学仪器——迈克尔逊干涉仪，并用此仪器进行了光谱度量学的研究，他因精确测出光速而荣获1907年度的诺贝尔物理学奖。

一、实验目的

(1) 了解迈克尔逊干涉仪的主要结构及工作原理，并学会其调节和使用方法。

(2) 调节并观察等倾及等厚干涉条纹，测量氦氖激光的波长。

(3) 学习用逐差法处理实验数据。

二、实验器材

实验器材有迈克尔逊干涉仪、氦氖激光器(包括氦氖激光电源和氦氖激光管)、毛玻璃等，如图6-3-1所示。

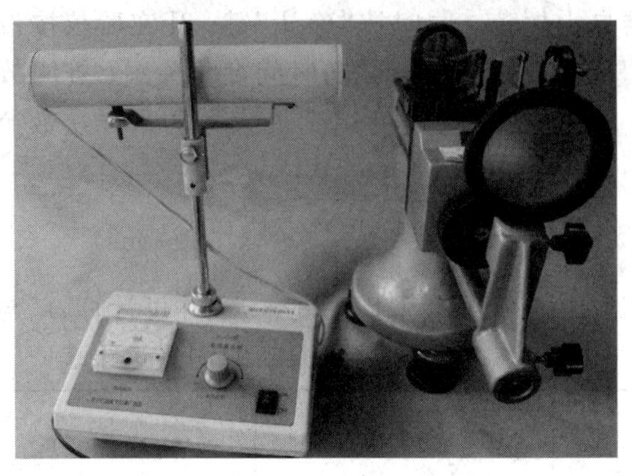

图 6-3-1　实验器材

三、实验原理

1. 迈克尔逊干涉仪的主要结构

迈克尔逊干涉仪的主要结构如图 6-3-2 所示。图中，①为底座②下的 3 个调节螺钉，调节它可改变台面的倾斜程度。台面上装有螺距严格为 1 mm 的精密丝杆③，丝杆的一端与精密齿轮连接，转动粗调手轮⑬和微调手轮⑮都可使丝杆转动，从而使丝杆上的全反射镜 $M_1$⑥沿导轨前、后移动。M_1在导轨上的位置数及移动的距离均可从台面左侧的毫米刻度尺、粗调手轮⑬旁窗口⑪中的刻度圆盘、微调手轮⑮的读数鼓轮上读出。全反射镜 $M_2$⑧固定在台面右侧，M_1和 M_2的背面都有 3 个调节螺钉⑦，调节它们可分别改变 M_1和 M_2镜面的倾斜度。M_2的左边有水平拉簧螺钉⑭，它能轻微改变 M_2的倾斜度，使干涉条纹的中心左、右移动；M_2的下边有垂直拉簧螺钉⑯，它能使干涉条纹的中心上、下移动。

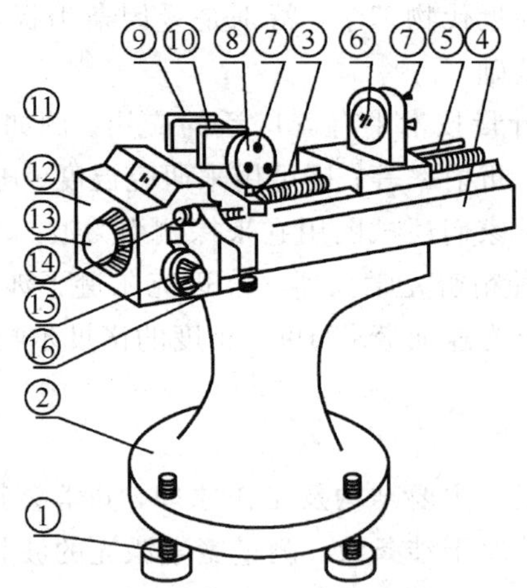

①、⑦—螺钉；②—底座；③—精密丝杆；④—导轨；⑤—丝杆⑥、⑧—全反射镜；
⑨—半反射板；⑩—补偿板；⑪、⑫—窗口；⑬—粗调手轮；
⑭—水平拉簧螺钉；⑮—微调手轮；⑯—垂直拉簧螺钉

图 6-3-2　迈克尔逊干涉仪结构图

2. 迈克尔逊干涉仪的基本光路及干涉的基本原理

迈克尔逊干涉仪的基本光路如图 6-3-3 所示。从光源 S 发出的光经扩束镜将光线扩束成一个比较理想的发散光束，射至与此光束成 45°倾斜的半反射玻璃板 G_1，折射到半反射膜(如图中的粗线所示)时，将光线分成两束光：第一束光(图 6-3-3 中用①表示)是经半反射膜反射后，从 G_1 中射出，再垂直地入射到全反射镜 M_1 上的，又经 M_1 沿原路回到 G_1 的半反射膜上，然后出射至观察屏；第二束光是射至半反射膜上的光出射后经补偿板再垂直地入射到全反射镜 M_2 上的(参见图 6-3-3 中的②)，再沿原路反射至半反射膜，并与第一束光相遇后反射至观察屏。

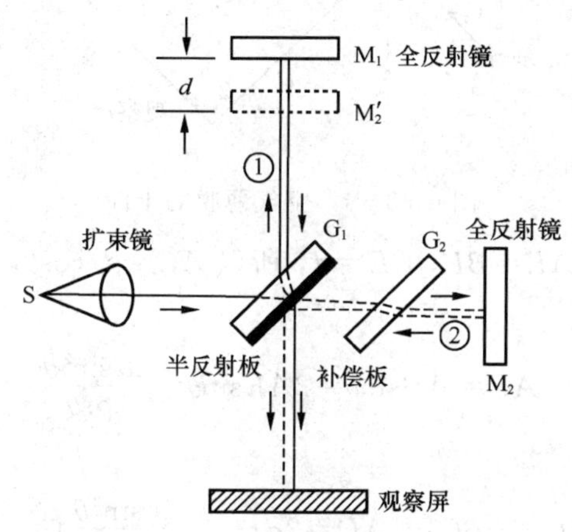

图 6-3-3　迈克尔逊干涉仪光路图

补偿板在光路中的作用是：因为分光后第一束光在 G_1 中走了一个来回后到达观察屏，而第二束光则没有，所以必须在第二束光的光路中加设一个补偿板，使第二束光来回在补偿板 G_2 中走过的光程，完全等于第一束光在 G_1 中来回走过的光程。这就要求 G_1 和 G_2 的材质和厚薄、形状都要严格相同，且两者严格平行地安置在光路中。

3. 仪器的读数原理

M_1 安置在仪器的导轨上，调节粗调手轮，它每转一圈则 M_1 在导轨上前后移动 1 mm，粗轮上的刻度圆盘等分为 100 个等分格，故粗轮每旋转 1 小格，M_1 在导轨上前后移动 0.01 mm；调节微调手轮旋转一圈，带动粗调手轮旋转一小格，微轮上的刻度圆盘等分为 100 个等分格，所以微调手轮每旋转一小格，M_1 在导轨上前后移动 0.0001 mm。最后再估读一位。故读记 M_1 在导轨上的位置时，应读记到 mm 的小数点后第 5 位数。这就是迈克尔逊干涉仪的读数原理。

4. 等倾干涉

在导轨方向有一个与 M_2 镜等光程的位置 M_2'，我们称为 M_2 镜在导轨上的虚像，如图 6-3-3 中所示。所以光束自 M_1 和 M_2 的反射相当于自 M_1 和 M_2' 的反射，由此可见在迈克尔逊干涉仪中产生的干涉与厚度为 d 的空气薄膜所产生的干涉是等效的。

所以，当 M_1 平行于 M_2' 即 M_1 垂直于 M_2(通过调节 M_1 和 M_2 背面的螺钉可达目的)时，在观察屏上可看到明、暗相间的圆形条纹，即等倾干涉条纹。

5. 利用等倾干涉条纹的变化，测量光波的波长 λ

调节 M_1 平行于 M_2'，即 M_1 垂直于 M_2 就得到等倾干涉条纹，如图 6-3-4 所示。若光源

S的光束以入射角为 θ 射向 M_1 和 M_2' 时，反射后形成两束平行光，它们的光程差 $\delta=(AC+BC)-AD$。

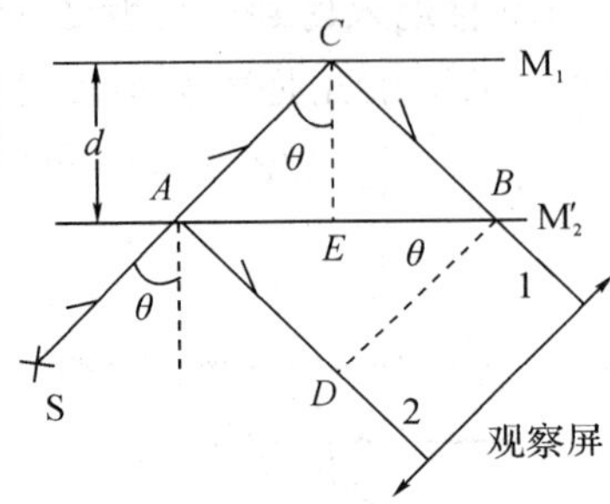

图 6-3-4　空气薄膜的干涉

可以证明，$AC=BC$，$AE=BE$，$CE=d$，所以 $AC=d/\cos\theta$，$AE=AC\sin\theta$。

因为

$$AD=AB\sin\theta=2AE\sin\theta=\frac{2d\sin^2\theta}{\cos\theta}$$

所以

$$\delta=(AC+BC)-AD=2d\left(\frac{1}{\cos\theta}-\frac{\sin^2\theta}{\cos\theta}\right)=2d\cos\theta \tag{6-3-1}$$

用透镜会聚从 M_1 和 M_2' 反射出来的1、2两光束，将在焦平面上产生干涉(即干涉定域于焦平面上)。若用扩展光源，则具有相同入射角 θ 的那些光线形成一圆锥面，产生圆形干涉条纹，这种干涉叫做等倾干涉，即倾角相等的光线经 M_1 和 M_2' 反射后的两光束相干构成同一级条纹。如果不用透镜聚焦，则在无穷远处形成等倾干涉条纹(即干涉定域于无穷远)，这时眼睛对无穷远调焦就可看到一系列同心圆条纹。第 k 级明条纹形成的条件是：光程差等于入射光波长的整数倍，即 $\delta=2d\cos\theta=k\lambda$。当 d 一定时，θ 越小则干涉条纹的直径越小，干涉条纹的级次越高。在环心处 $\theta=0°$，则干涉级次最高，这时 $\delta=2d\cos0°=k\lambda$，有 $\delta=2d=k\lambda$。

当改变 M_1 在导轨上的位置时，即改变了 d 的大小，对某一级条纹 k，$2d\cos\theta=k\lambda$，k 为定值。当 d 增大时，$\cos\theta$ 必减小，θ 必增大，该圆条纹向外扩大，干涉条纹中心有圆环“冒出”；继续移动 M_1 即 d 连续增大时，在观察屏上环心处不断“冒出”新的条纹，并向外扩散。反之，当 d 减小时，各圆环都依次由外向中心“收缩”成一点后消失。当 d 每变化 $\lambda/2$ 时，光程差 δ 变化一个波长 λ，则在环心处就有一个圆条纹产生或消失。当 M_1 在导轨上的位置移动的距离为 D 时，光程差的变化为 $\Delta\delta=2D=N\lambda$，所以 $D=N\lambda/2$。

此时就有 N 个圆环从环心产生或消失。所以只要读出 M_1 在导轨上移动的距离 D，并计数出对应产生或消失的条纹数 N，就可由下式求入射光波长 λ，即

$$\lambda=\frac{2D}{N} \tag{6-3-2}$$

这就是用迈克尔逊干涉仪测量波长的原理。

6. 观察等厚干涉条纹

当 M_1 和 M_2 偏离垂直，即 M_1 和 M_2' 偏离平行，有一小的夹角 α 时，则 M_1 和 M_2' 之间形

成一楔形空气薄层，如图 6-3-5 所示。由于 α 很小，用平行光照射时，将产生等厚干涉条纹，凡空气层厚度相同的点的光程差相同，并构成同一级干涉条纹。这些条纹是一系列等间距的平行直条纹(详见实验 5.11 相关内容)。

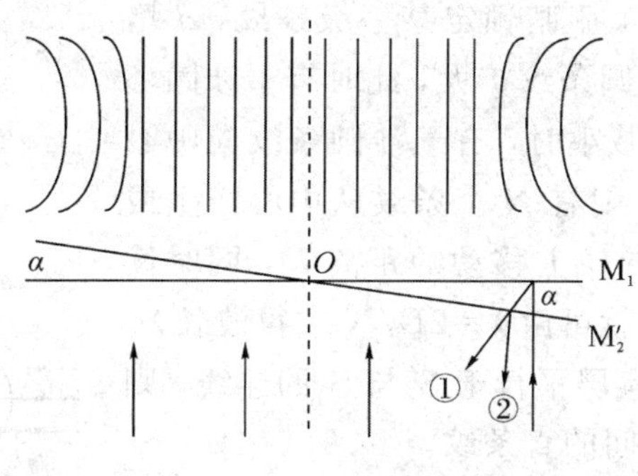

图 6-3-5　等厚干涉条纹

因为 α 很小，由式(6-3-1)得光程差

$$\delta=2d\cos\theta=2d\left(1-2\sin^2\frac{\theta}{2}\right)$$

所以

$$\delta\approx2d\left(1-\frac{\theta^2}{2}\right)=2d-d\theta^2 \tag{6-3-3}$$

在 M_1 和 M_2' 的交线上，$d=0$，即 $\delta=0$，因此在交线处产生一直条纹，叫做中央条纹。在中央条纹的左、右两旁靠近交线附近，由于 δ 和 d 都很小，式(6-3-3)中的 $d\theta^2$ 可忽略不计，所以

$$\delta=2d \tag{6-3-4}$$

在交线附近光束的入射角 θ 很小，可近似认为是平行光垂直入射，得到的是近似直条纹；在离交线较远处，$d\theta^2$ 项不能忽略，其影响较大，条纹发生显著弯曲，且离交线越远，弯曲程度越明显。如图 6-3-5 所示，这种等厚干涉条纹定域在 M_1 和 M_2' 镜面附近。把眼睛聚焦到镜面附近，即可看到干涉条纹。

若用白光作为光源，一般不出现干涉条纹。因为白光是复色光，不是单色光，其相干长度很小，且白光的彩色干涉条纹只能在光程差很小即 $d\approx0$ 附近的小范围内才能看到。

7. 非定域干涉

当用激光作为光源时，由于激光的平行性好、单色性好，因此激光通过短焦距透镜 L(扩束镜)后，会聚成一个强度很高的点光源 S，则 S 发出的球面发散光波照射在分光板 G_1 上。如图 6-3-6 所示，点光源 S 经 G_1 的半反射面成为虚像 S′，S′经 M_1、M_2' 分别成为虚像 S_1'、S_2'。S_1'、S_2' 是一对相干点光源，只要观察屏放在 S_1'、S_2' 发出的光波重叠区域内，就能看到干涉条纹。

(1) 当 M_1 与 M_2' 平行时，观察屏垂直于 S_1'、S_2' 的连线，对应的干涉条纹是一组同心圆环，其环心在观察屏与 S_1'、S_2' 连线的垂足上(即图 6-3-6 中的 A_0 点)。可以证明，由 S_1'、S_2' 到观察屏上任一点 A 两光束的光程差为

$$\delta=\overline{S_1'A}-\overline{S_2'A}\approx2d\cos\theta$$

式中，θ 为 S_2' 射到 A 点的光线与 M_1 法线之间的夹角；d 为 M_1、M_2 间的距离。上式与定域

情况的式(6-3-1)相同。当d不变时，若θ相同，则射到屏上的点的轨迹为圆，故干涉条纹是以A_0为中心的一组同心圆环，在圆环中心处$\theta=0°$，$\delta=2d$，干涉级次最高。采用与定域情况同样的分析，眼睛锁定某一级条纹，d增大时，$\cos\theta$变小，θ变大，该圆条纹扩大，此时有干涉圆环从中心“产生”。反之，当d减小时，有干涉圆条纹向中心“消失”。M_1移动距离为D，则有N个条纹从中心产生或消失。所以只要测出M_1在导轨上移动的距离D，同时读出产生或消失的条纹数N，就可由$\lambda=2D/N$求得波长λ。

(2) M_1与M_2'相交，观察屏平行于S_1'与S_2'的连线，则在屏上将看到一组明、暗相间的直条纹。

(3) M_1与M_2'既不平行也不相交，$\overline{S_1'S_2'}$既不平行也不垂直于观察屏，当M_1、M_2'距离较近时，在屏上看到一组弧形条纹；当M_1、M_2'距离较远时，在屏上看到一组近似同心圆条纹。

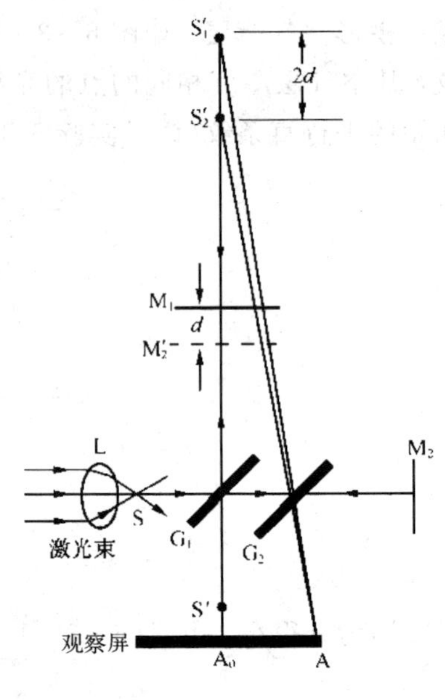

图 6-3-6

总之，干涉条纹是定域还是非定域的，取决于光源的大小，如果是点光源，则条纹是非定域的；如果是扩展光源，则条纹是定域的。

四、实验内容与步骤

首先对照图 6-3-2 熟悉迈克尔逊干涉仪结构，然后方可动手操作。

(1) 开启激光光源，让其以大约45°照射在分光板G_1的中央，并大致与固定反射镜M_2垂直，此时从屏上可看到从M_1、M_2反射回来的两排分立的光斑。

(2) 调节粗调手轮(顺旋时M_1朝远离G_1的方向移动；逆旋时M_1向G_1的方向移近)，使M_1的位置在导轨的31 mm左右。

(3) 调节M_1垂直于M_2。调节M_1和M_2背后的调节螺钉，使两排亮点中的最亮的点严格重合，这时在观察屏上似乎可见到有条纹在晃动；在光源和G_1之间放进毛玻璃，即可在观察屏上看到明、暗相间的等倾干涉圆环。否则要重新调节M_1和M_2背后的调节螺钉，直至见到圆环为止。

(4) 观察等倾干涉条纹的变化情况并解释变化的原因，观察迈克尔逊干涉仪的回程差。

顺旋微调手轮，应在屏上看一个一个的干涉圆环向环心依次收缩成一个黑斑后消失(或相反，从环心依次产生一个黑斑后扩散成圆环，并依次继续向外扩散)。然后逆旋微调手轮，这时因迈克尔逊干涉仪的回程差，屏上的干涉圆环并不改变，所以要先逆旋粗调手轮，看见观察屏上的干涉圆环开始变化后，再逆旋微调手轮，这时观察屏上的干涉圆环向相反的情况变化。记录以上的调节情况和条纹变化的情况，并做出解释。

再顺旋粗调手轮，看见观察屏上条纹变化后，又顺旋微调手轮，当圆环刚好收缩成一个黑斑而未消失(或刚好产生一个黑斑而未扩散)时，读记M_1在导轨上的位置数$L_{顺}$；然后逆旋微调手轮(注意此时不能逆旋粗调手轮)，当条纹不变化时，继续逆旋微调手轮，直到观察屏上的黑斑刚好消失(或刚好扩散)时，再读记M_1在导轨上的位置数$L_{逆}$，则此干涉仪的回程差等于$|L_{顺}-L_{逆}|$。

(5) 测量氦氖激光的波长 λ。顺旋微调手轮约几周后，再顺旋微调手轮，当某个圆环刚好收缩成一个黑斑而未消失(或刚好产生一个黑斑而未扩散)时，读记 M_1 在导轨上的位置数 L_0；继续顺旋微调手轮，当改变一个圆环时停旋稍许，心中记一个数。依次读记每改变 50 个条纹时 M_1 在导轨上的位置数 L_{50}、L_{100}、L_{150}、L_{200}、L_{250}、L_{300}、L_{350}、L_{400}、L_{450}。

(6) 观察等厚干涉条纹的变化情况并解释变化的原因。朝干涉圆环消失的方向先旋粗调手轮，当观察屏上的条纹变得很粗且只有两个左右的条纹时，说明 M_1 与 M_2' 已接近重合(完全重合的判断应是调到最后一个条纹消失后，再调时会新产生第一个条纹)，这时稍调 M_2 旁边的微调螺钉，使 M_1 与 M_2' 有一个很小的夹角，应在屏上可看到等间距的平行直条纹，这就是等厚干涉条纹。继续调节微调螺钉使该夹角稍增大和稍减小时，观察并记录条纹的变化情况；再调节微调手轮，使 M_1 在导轨上移动，观察并记录条纹的变化情况。

五、原始实验数据记录及处理

要求测多组数据，并用逐差法处理测量数据，求出 $\bar{\lambda}$、$\sigma_{\bar{\lambda}}$、E，并表示测量结果。

(1) 迈克尔逊干涉仪回程差测量的原始数据记录。

$L_{顺}=$　　　　　　；$L_{反}=$

(2) 测量氦氖激光波长 λ 的原始数据表参见表 6-3-1。

表 6-3-1　测量氦氖激光波长原始数据表

条纹改变数 N	M_1 位置数 L_i/mm	条纹改变数 N	M_1 位置数 L_i/mm
0		500	
50		550	
100		600	
150		650	
200		700	
250		750	
300		800	
350		850	
400		900	
450		950	

六、问题与讨论

(1) 按顺旋微轮和粗轮调好的机械零点，逆旋微轮能否测量，为什么？能否在逆旋微轮和粗轮的情况下调节迈克尔逊干涉仪的机械零点？若能调节，则怎样测量？调节迈克尔逊干涉仪的机械零点时，能否先调整标尺，再调整粗轮，最后调整微轮，为什么？

(2) 简述等倾干涉条纹的变化规律及解释。

① 顺旋微轮时干涉条纹的变化规律及解释？

② 逆旋微轮时干涉条纹的变化规律及解释？

实验 6.4 金属线膨胀系数的测定

在工程结构设计及材料加工、仪表制造过程中，都必须考虑物体的“热胀冷缩”现象。因为这些因素直接影响到结构的稳定性和仪表的精度。

金属的线膨胀是金属材料受热时，在一维方向上伸长的现象。线膨胀系数是选材的重要指标。特别是新材料的研制，都得对材料的线膨胀系数作测定。

一、实验目的

(1) 掌握一种测定线膨胀系数的方法和原理。

(2) 了解迈克尔逊干涉仪测量长度的微小改变量的原理和方法。

二、实验器材

实验器材有 SGR－1 型热膨胀实验仪、游标卡尺、金属试件等。

SGR－1 型热膨胀实验仪的主要技术指标如下：

He－Ne 激光器：功率约为 1 mW，波长为 632.8 nm。

数字测温最小分度：0.1℃。

试件尺寸：l＝150 mm，ϕ＝18 mm。

适宜升温范围：室温至 60℃。

温控仪工作环境：温度为 0～50℃，湿度为 85％以下，无腐蚀性气体。

SGR－1 型热膨胀实验仪装置如图 6－4－1 所示。它主要由 He－Ne 激光电源(简称激光电源)、He－Ne 激光管(简称激光管)、扩束器、分光板、固定镜、转向镜、移动镜、试样、加热电炉、测温传感器、数显温控仪等部分组成。

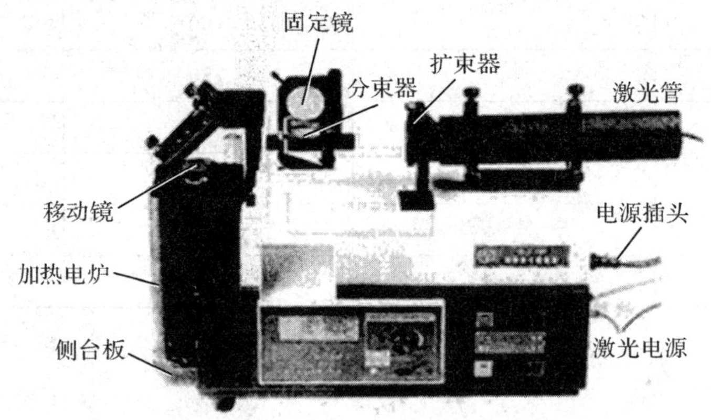

图 6－4－1 热膨胀实验仪

SGR－1 型热膨胀实验仪采用迈克尔逊干涉仪法测量微小长度的变化，其光路图如图 6－4－2 所示。从 He－Ne 激光器出射的激光束经过分束器(半反镜)后分成两束，分别由两个发射镜即定镜和动镜反射回来，由于分束器的作用，两束反射光在观察屏上会相遇并形成明、暗相间的同心圆环状干涉条纹。

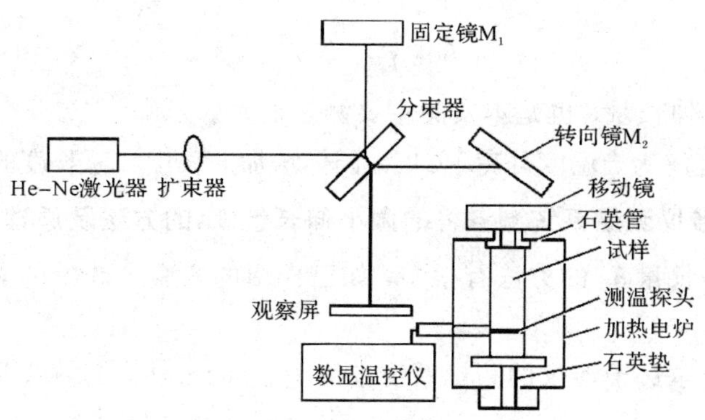

图 6-4-2　热膨胀实验仪光路图

数显温控仪的测温探头是通过热电传感器铂热电阻，取得代表温度信号的电阻值，经电桥放大器和非线性补偿器转换成与被测温度成正比的信号；而温度设定值使用"设定旋钮"调节，两个信号经选择开关和 A/D 转换器，可在数码管上分别显示测量温度和设定温度。仪器加热接近设定温度，通过继电器自动断开加热电路；在测量状态，显示当前探测到的温度。按下"暂停"按钮可手动停止加热，按下"加热"按钮可重新开始加热。不使用温度自动控制时，可将设定温度调节至 60℃以上。

试棒品种有：

硬铝：$\alpha=24.5\sim26.3\times10^{-6}$/℃(20～100℃)；

黄铜：$\alpha=20.6\times10^{-6}$/℃(标准值)(25～300℃)；

钢：$\alpha=12.7\times10^{-6}$/℃(标准值)(20～100℃)。

试棒尺寸：$L=150$ mm，$\varphi=18$ mm；适宜升温范围为室温至 60℃。

三、实验原理

1. 线膨胀系数的测量原理

当固体温度升高时，分子间的平均距离增大，其长度增加，这种现象称为线膨胀。长度的变化大小取决于温度的改变大小、材料的种类和材料原来的长度。实验表明，在一定的温度范围内，原长为 L 的物体，受热后其伸长量 δ_L 与其温度的增加量 δ_t 近似成正比，与原长 L 亦成正比。即

$$\delta_L=\alpha L\delta_t \tag{6-4-1}$$

式中，α 是固体的线膨胀系数。不同的材料，其线膨胀系数不同。对同一材料，α 本身与温度范围的不同而稍有差别。但从实用的观点来说，对于绝大多数的固体，在不太大的温度变化范围内可以把它看做常数。表 6-4-1 是几种常见材料的线膨胀系数。

表 6-4-1　几种材料线膨胀系数

材　料	铜、铁、铝	普通玻璃、陶瓷	锻钢	熔凝石英	蜡
α 数量级/(℃)$^{-1}$	$\times10^{-5}$	$\times10^{-6}$	$\times10^{-6}$	$\times10^{-7}$	$\times10^{-6}$

假设温度为 t_1 时杆长为 L，受热后温度达到 t_2 时杆伸长量为 δ_L，则该材料在温度 $t_1\sim t_2$ 间的线膨胀系数为

$$\alpha = \frac{\delta_L}{L(t_2 - t_1)} \tag{6-4-2}$$

式中，δ_L 是杆的微小伸长量，也是本实验主要测量的量。

式(6-4-2)可理解为当温度升高1℃时，固体增加的长度和原长度的比，单位为(℃)$^{-1}$。

2. 迈克尔逊干涉仪测量系统测量杆的微小伸长量 δ_L 的方法及原理

测量杆的微小伸长量 δ_L 的方法有很多，如已介绍的实验5.3中的光杠杆放大法和实验6.3中的方法等。

下面介绍用迈克尔逊干涉仪的测量系统来测量 δ_L 的方法，其测量原理请参阅实验6.3中相关内容的介绍。

迈克尔逊干涉仪实验中是移动镜在移动过程中干涉条纹数在改变，所以只要测量出当移动镜移动 δ_L 的距离中读出干涉条纹的改变数 δ_N，就能测量出光源的波长 λ。它们之间的关系式为

$$\delta_L = \frac{\delta_N \lambda}{2} \tag{6-4-3}$$

如图6-4-1所示，现已知He-Ne激光器的波长 $\lambda=632.8$ nm，试样从温度 t_1 升高到 t_2 的过程中，试样伸长而推动移动镜向上缓慢的移动，故使干涉条纹数在不断地改变。若干涉条纹数改变了 δ_N，则把式(6-4-3)代入式(6-4-2)即可求出线胀系数 α。

$$\alpha = \frac{\delta_L}{L(t_2 - t_1)} = \frac{\delta_N \lambda}{2L(t_2 - t_1)} \tag{6-4-4}$$

四、实验步骤

1. 安放试件

先用 M_4 长螺钉旋入试件一端的螺纹孔内，从试件架上提拉出来，横放在实验台上，再用卡尺测量并记录试件长度 L，将加热电炉从仪器侧面的台板上平移取下，手提 M_4 螺钉把试件送进加热电炉(注意：试件的测温孔与加热电炉侧面的圆孔一定要对准)。然后卸下螺丝，用平面镜背面石英管一端的螺纹件将平面镜与试件连接起来，在加热电炉体复位(从台板开口向里推到头)后，务必将测温探头穿过炉壁插入试件下半截的测温孔内，测温器手柄应紧靠加热电炉的外壳。从加热电炉内电阻丝引出的电缆插头应插入炉旁的插座上(参见图6-4-3)。炉体下部与侧台板之间用两个手钮锁紧。

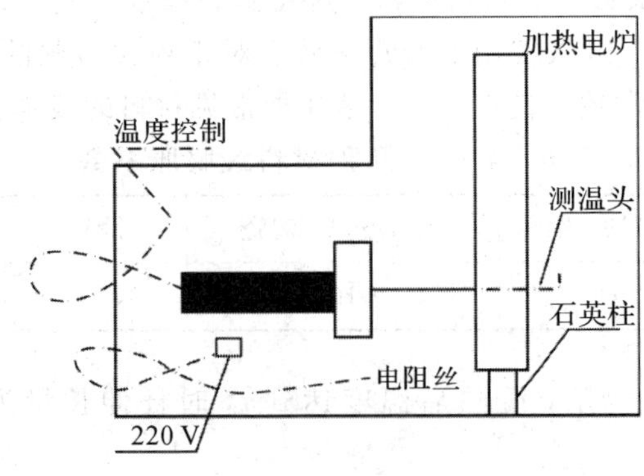

图6-4-3

2. 调节迈克尔逊干涉仪光路

接好 He－Ne 激光器的线路（正、负极不可颠倒），再接通仪器的总电源，按“激光”开关，拨开扩束器之后，调节 M_1 和 M_2 两个平面镜背后的螺丝，使观察屏上的两组光点中的两个最强的点重合，然后把扩束器转到光路中，观察屏上即出现干涉条纹，这时微调平面镜的方位，可将椭圆干涉环的环心调到视场的适中位置。对扩束器作二维调节，可纠正观察屏上光照的不均匀。

3. 测量方法

可采用按升高一定的温度（如 10℃）测量试件伸长量的方法；也可以采用按试件一定的伸长量（如由 50 或 100 个干涉环改变数算出的光程差），测出所需升高温度的方法。测量前，先将温控仪选择开关置于“设定”，转动设定旋钮，直到显示出预定温度值。就 α 有参考值或标准值的试棒而言，如果用后一种方法，须根据公式（6－4－2）和式（6－4－3）求出每计数 δ_N（如 100 或 50）个干涉环变化所对应的温升 t_2-t_1。此外，在准备自动控制加热温度时，还应考虑到在测量范围内通常要比设定温度约低 2.8℃时，加热电路被切断，所以可做如下估算：设定温度＝基础温度＋温升＋2.8℃。

设定温度后，将选择开关置于“测量”，记录试件初始温度 t_1，认准干涉图样中心的形态，按“加热”键，同时仔细默数干涉环的变化量；待达到预定数（如 50 环或 100 环）时，记录温度显示值 t；当接近和达到设定温度时，红灯亮（绿灯闪灭），加热电路自动切断。

一种样品测试完毕后，直接按“暂停”键，手控停止加热过程最便捷。当室温低于试件的线性变化温度范围时，可加热至所需温度，再开始实验测量。不用自动控制时，请将设定温度定在 60℃以上。

迈克尔逊干涉仪还能测绘线膨胀系数与温度变化的关系曲线，如以横轴标出 25～30℃温度变化（精确到 0.1℃），以纵轴标出线膨胀系数 δ_L（可按每 10 个干涉环变化计算长度，以μm 为单位），描点作图。

4. 更换试件

松开加热电炉下部的手钮，使炉体平移，离开侧台板。旋下移动镜，拔下测温头，再换上螺丝提手从炉内取出试件。用风冷法或其他方法，使加热电炉内温度降到最接近室温的稳定值，确认后，再安放被测试件，安放妥后通常需要重新调节光路。无论以前是自动还是手控切断加热电路，只要按一次“加热”键，即开始新一轮的加热过程。实验完毕，切断加热电炉的电源。

5. 实验室环境

本仪器宜在低照度实验室使用，室内应避免强烈的空气流动。地面和台面不可有较强的震动，实验室应保持安静。

五、注意事项

（1）He－Ne 激光束直射眼睛时可灼伤眼球，但它通过光学元件后射出的激光对人体无损害。He－Ne 激光管工作电压在千伏以上，启动电压更高，要注意用电安全。

（2）非必须时，实验前不要按“加热”开关，以免为恢复加热前温度而延误实验时间，或因短时间内温度忽升忽降而影响实验测量的准确度。实验中，每次加热前都需要静置一段时间观察温度显示，耐心等待试件入加热电炉后的热平衡状态。

(3) 为了避免体温传热对加热电炉内、外热平衡扰动的影响，不要用手抓握被测试件。

(4) 在平面镜与铜螺丝之间粘接的石英细管质脆易损，不能承受较大的扭力和拉力；加热电炉底上的石英垫不能承受试件落体的冲击；试样入炉与出炉必须用 M4 长螺钉做辅助工具。

(5) 在一般情况下，仪器分束器、扩束器和平面镜无须特殊照料，但在湿热季节或海滨地区则应注意保养，及时用脱脂棉浸乙醇乙醚混合液清除各种污染。若长时间不用，可卸下来放进干燥器内保存。

六、原始数据记录与处理

(1) 自拟表格记录所测量数据。

(2) 利用逐差法或最小二乘法处理数据，计算出被测金属杆的线膨胀系数 α。

(3) 计算线膨胀系数 α 的不确定度并写出结果表达式。

七、问题与讨论

(1) 实验中的误差来源主要有哪些？

(2) 试分析两根材料相同，粗细、长度不同的金属棒，在同样的温度变化范围内，它们的线膨胀系数是否相同？膨胀量是否相同，为什么？

(3) 试分析哪一个量是影响实验结果的主要因素？在操作时应注意什么？

实验 6.5　双光栅微弱振动测量

双光栅微弱振动测量仪在力学实验项目中用作音叉振动分析、微振幅(位移)测量和光拍研究等。

一、实验目的

(1) 利用光的多普勒频移形成光拍的原理，精确测量微弱振动位移的方法。

(2) 作出外力驱动音叉时的谐振曲线。

二、实验器材

实验器材有双光栅微弱振动测量仪、双踪示波器等。

双光栅微弱振动测量仪面板结构如图 6-5-1 所示。

在图 6-5-1 中，①为光电池座，在顶部有光电池盒，盒前有一小孔光阑；②是电源开关；③是光电池升降手轮；④为音叉座；⑤为音叉；⑥为粘于音叉上的光栅(动光栅)；⑦为静光栅架；⑧为半导体激光器；⑨为锁紧手轮；⑩是激光器输出功率调节；⑪是信号发生器输出功率调节；⑫是信号发生器频率调节；⑬是驱动音叉用耳机；⑭是频率显示窗口；⑮是三个输出信号插口，其中 Y_1 为拍频信号，Y_2 为音叉驱动信号，X 为示波器提供“外触发”扫描信号，可使示波器上的波形稳定。

可以看到，实验所需的激光源、信号发生器、频率计等已集成于一只仪器箱内，只需外配一台普通的双踪或单踪示波器即可。

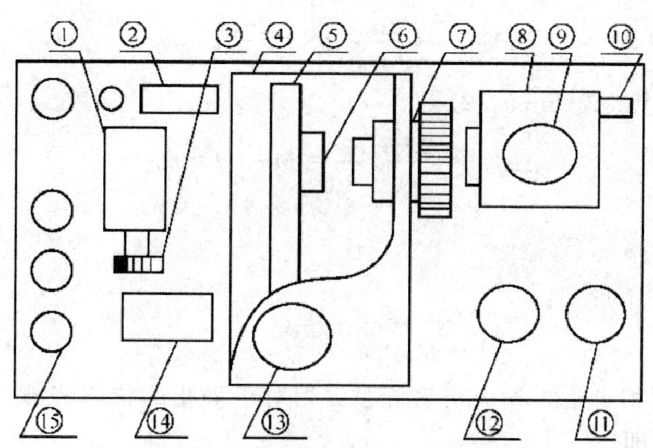

图 6-5-1 双光栅微弱振动测量仪面板

仪器技术指标：

测量精度：5 μm，分辨率为 1 μm；

激光器：λ=635 nm，0～3 mW；

信号发生器：100～1000 Hz，0.1 Hz 微调，0～500 mW 输出；

频率计：(1～999.9)Hz±0.1 Hz；

音叉：谐振频率为 500 Hz。

三、实验原理

1. 位相光栅的多普勒频移

当激光平面波垂直入射到位相光栅时，由于位相光栅上不同的光密和光疏媒质部分对光波的位相延迟作用，使入射的平面波变成出射时的折曲波阵面，如图 6-5-2 所示。由于衍射、干涉作用，在远场可以用光栅方程来表示为

$$d\sin\theta = n\lambda \tag{6-5-1}$$

式中，d 为光栅常数；θ 为衍射角；λ 为光波波长。

若光栅在 Y 方向以速度 V 移动着，则出射波阵面也以速度 V 在 Y 方向移动。从而在不同的时刻对应于同一级的衍射光线，它的波阵面上出发点，在 Y 方向也有一个 Vt 的位移量，如图 6-5-3 所示。

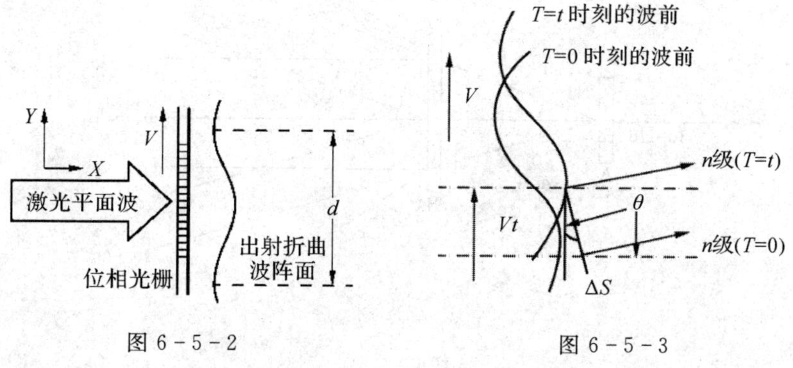

图 6-5-2　　图 6-5-3

这个位移量相应于光波位相的变化量为

$$\Delta\varphi(t)=\frac{2\pi}{\lambda}\cdot\Delta S=\frac{2\pi}{\lambda}Vt\sin\theta \tag{6-5-2}$$

把式(6-5-1)代入式(6-5-2)得

$$\Delta\varphi(t)=\frac{2\pi}{\lambda}Vt\ \frac{n\lambda}{d}=2n\pi\ \frac{V}{d}t=n\omega_d t \tag{6-5-3}$$

式中，$\omega_d=2\pi\ \dfrac{V}{d}$。

现把光波写成如下形式：

$$E=E_0\,e^{j(\omega_0 t+\Delta\varphi(t))}=E_0\,e^{j(\omega_0+n\omega_d)t} \tag{6-5-4}$$

显然，移动的位相光栅的 n 级衍射光波，相对于静止的位相光栅有一个多普勒频率，如图 6-5-4 所示，即

$$\omega_a=\omega_0+n\omega_d \tag{6-5-5}$$

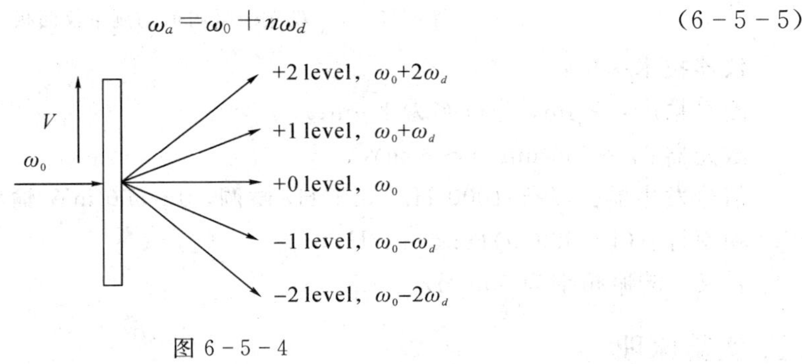

图 6-5-4

2. 光拍的获得与检测

光频率甚高，为了要从光频 ω_0 中检测出多普勒频移量，必须采用“拍”的方法，即要把已频移的和未频移的光束互相平行叠加以形成光拍。本实验形成光拍的方法是采用两片完全相同的光栅(A、B)平行紧贴，一片 B 静止，另一片 A 相对移动。激光通过双光栅后所形成的衍射光，即为两种以上光束的平行叠加。如图 6-5-5 所示，光栅 A 按速度 V_A 移动起频移作用，而光栅 B 静止不动只起衍射作用，故通过双光栅后出射的衍射光包含了两种以上不同频率而又平行的光束。

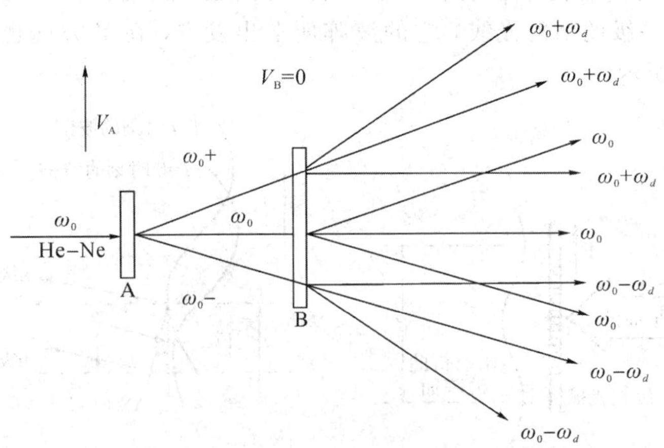

图 6-5-5

由于双光栅紧贴，激光束具有一定宽度，故该光束能平行叠加，这样直接而又简单地形成了光拍。当此光拍信号进入光电检测器，由于检测器的平方律检波性质，其输出光电流可由下述关系求得：

光束1：$$E_1=E_{10}\cos(\omega_0 t+\varphi_1)$$

光束2：$$E_2=E_{20}\cos[(\omega_0+\omega_d)t+\varphi_2]\quad（取 n=1）$$

光电流：$I=\xi(E_1+E_2)^2$（ξ为光电转换常数），即

$$\begin{aligned}I=\xi\{&E_{10}^2\cos^2(\omega_0 t+\varphi_1)+E_{20}^2\cos^2[(\omega_0+\omega_d)t+\varphi_2]\\&+E_{10}E_{20}\cos[(\omega_0+\omega_d-\omega_0)t+(\varphi_2-\varphi_1)]\\&+E_{10}E_{20}\cos[(\omega_0+\omega_d+\omega_0)t+(\varphi_1+\varphi_2)]\}\end{aligned}\tag{6-5-6}$$

因光波频率ω_0甚高，所以光电检测器只能反应式(6-5-6)中第三项拍频信号：$i_s=E_{10}E_{20}\cos(\omega_d t+(\varphi_2-\varphi_1))$。

光电检测器能测到的光拍信号的频率为拍频，即

$$F_{拍}=\frac{\omega_d}{2\pi}=\frac{V_A}{d}=V_A n_\theta\tag{6-5-7}$$

其中，$n_\theta=\dfrac{1}{d}$为光栅密度。本实验$n_\theta=100$条/mm。

3. 微弱振动位移量的检测

从式(6-5-7)可知，$F_{拍}$与光频率ω_0无关，且当光栅密度n_θ为常数时，其只正比于光栅移动速度V_A。如果把光栅粘在音叉上，则V_A是周期性变化的。所以光拍信号频率$F_{拍}$也是随时间而变化的，微弱振动的位移振幅为

$$A=\frac{1}{2}\int_0^{\frac{T}{2}}V(t)\,dt=\frac{1}{2}\int_0^{\frac{T}{2}}\frac{F_{拍}(t)}{n_\theta}dt=\frac{1}{2n_\theta}\int_0^{\frac{T}{2}}F_{拍}(t)\,dt$$

式中，T为音叉振动周期。$\int_0^{\frac{T}{2}}F_{拍}(t)\,dt$可直接在示波器的荧光屏上计算波形数，分别如图6-5-6、图6-5-7所示。因为$\int_0^{\frac{T}{2}}F_{拍}(t)\,dt$表示$T/2$内的波的个数，其不足一个完整波形的首数及尾数，需在波群的两端按反正弦函数折算为波形的分数部分，即

$$波形数=整数波形数+\frac{\arcsin a}{360°}+\frac{\arcsin b}{360°}$$

式中，a、b分别为波群的首尾幅度和该处完整波形的振幅之比。（波群指$T/2$内的波形，分数波形数包括满1/2个波形为0.5、满1/4个波形为0.25。）

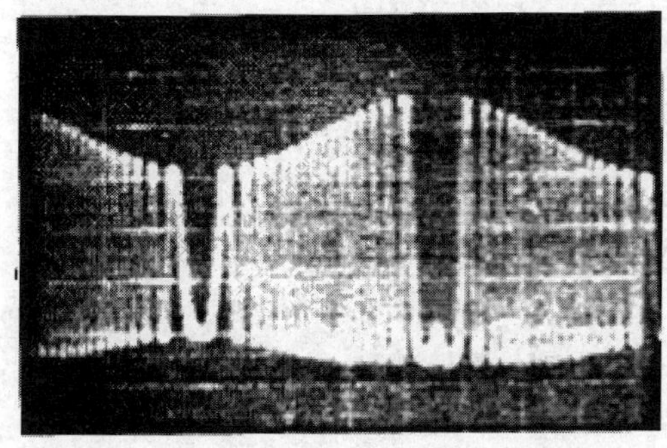

图6-5-6 单踪示波器显示的拍频波

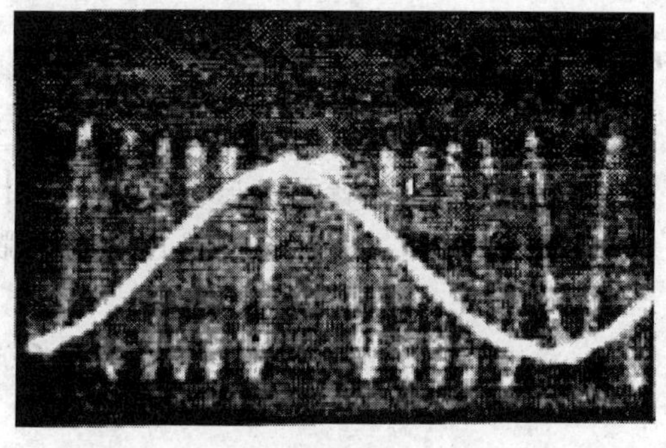

图6-5-7 双踪示波器显示的拍频波和音叉驱动波

四、实验步骤

1. 仪器连接

将双踪示波器的 Y_1、Y_2、X 外触发输入端接至双光栅微弱振动测量仪的 Y_1、Y_2（音叉激振信号，使用单踪示波器时此信号空置）、X（音叉激振驱动信号整形成方波，作为示波器"外触发"信号）的输出插座上，示波器的触发方式置于"外触发"；Y_1 的"V/格"置于 0.1～0.5 V/格；"时基"置于 0.2 ms/格；开启各自的电源。

2. 操作

(1) 几何光路调整。小心地取下"静光栅架"（不可擦伤光栅），微调半导体激光器的左右、俯仰调节手轮，让光束从安装静止光栅架的孔中心通过。调节光电池架手轮，让某一级衍射光正好落入光电池前的小孔内。锁紧激光器。

(2) 双光栅调整。小心地装上"静光栅架"，静光栅尽可能与动光栅接近（但不可相碰）。用一观察屏放于光电池架处，慢慢转动光栅架，务必仔细观察调节，使得两个光束尽可能重合。去掉观察屏，轻轻敲击音叉，在示波器上应看到拍频波。注意：若看不到拍频波，则将激光器的功率减小一些再试试。在半导体激光器的电源进线处有一只电位器，转动电位器即可调节激光器的功率。过大的激光器功率照射在光电池上将使光电池"饱和"而无信号输出。

(3) 音叉谐振调节。先将"功率"旋钮置于 6～7 点钟附近，调节"频率"旋钮（500 Hz 附近），使音叉谐振。调节时用手轻轻地按音叉顶部，找出调节方向。若音叉谐振太强烈，则将"功率"旋钮向小钟点方向转动，使在示波器上看到的 $T/2$ 内光拍的波数为 10～20 个较合适。

(4) 波形调节。光路粗调完成后，就可以看到一些拍频波，但欲获得光滑、细致的波形，还须仔细、反复地调节。稍稍松开固定静光栅架的手轮，试着微微转动光栅架，改善动光栅衍射光斑与静光栅衍射光斑的重合度，观察波形是否改善。在两光栅产生的衍射光斑重合区域中，不是每一点都能产生拍频波，所以光斑正中心对准光电池上的小孔时，并不一定都能产生好的波形，有时在光斑的边缘能产生好的波形，可以微调光电池架或激光器的"X－Y"微调手轮，改变一下光斑在光电池上的位置，观察波形是否改善。

(5) 测出外力驱动音叉时的揩振曲线。固定"功率"旋钮位置，小心调节"频率"旋钮，作出音叉的频率-振幅曲线。

(6) 改变音叉的有效质量，研究谐振曲线的变化趋势，并说明原因。（改变音叉的有效质量可用橡皮泥或在音叉上吸一小块磁铁。注意：此时信号输出功率不能改变。）

五、问题与讨论

(1) 如何判断动光栅与静光栅的刻痕已平行？

(2) 作外力驱动音叉谐振曲线时，为什么要固定信号功率？

(3) 本实验测量方法有何优点？测量微振动位移的灵敏度是多少？

实验 6.6　光 速 测 量

从 16 世纪伽利略第一次尝试测量光速以来，各个时期人们都采用最先进的技术来测量光速。现在，光在一定时间中走过的距离已经成为一切长度测量的单位标准，即“米的长度等于真空中光在 1/299 792 458 秒的时间间隔中所传播的距离”，光速也已直接用于距离的测量。光速还是物理学中一个重要的基本常数，许多其他常数都与它相关，例如光谱学中的里德堡常数，电子学中真空磁导率与真空电导率之间的关系，普朗克黑体辐射公式中的第一辐射常数、第二辐射常数、质子、中子、电子、μ 子等基本粒子的质量等常数都与光速 c 相关。正因为如此，巨大的魅力把科学工作者牢牢地吸引到这个课题上来，几十年如一日，兢兢业业地埋头于提高光速测量精度的事业中。

一、实验目的

(1) 掌握一种新颖的光速测量方法。

(2) 了解和掌握光调制的一般性原理和基本技术。

二、实验器材

实验器材有光速测量仪(电器盒、收/发透镜组、棱镜小车、带标尺导轨)，示波器等。

光速测量仪如图 6-6-1 所示。其主要技术指标为：全长为 0.8 m；可变光程为 0～1 m，移动尺最小读数为 0.1 mm；调制频率为 100 MHz，测量精度小于等于 1%(数字示波器测相)/测量精度小于等于 2%(通用示波器测相)。该光速测量仪的主要结构：LM2000A 光速仪全长为 0.8 m，由电器盒、收/发透镜组、棱镜小车、带标尺导轨等组成。电器盒采用整体结构，稳定、可靠，端面安装有收/发透镜组，内置收/发电子线路板。其侧面有二排 Q9 插座，如图 6-6-2 所示，Q9 座输出的是将收/发正弦波信号经整形后的方波信号，为的是便于用示波器来测量相位差。

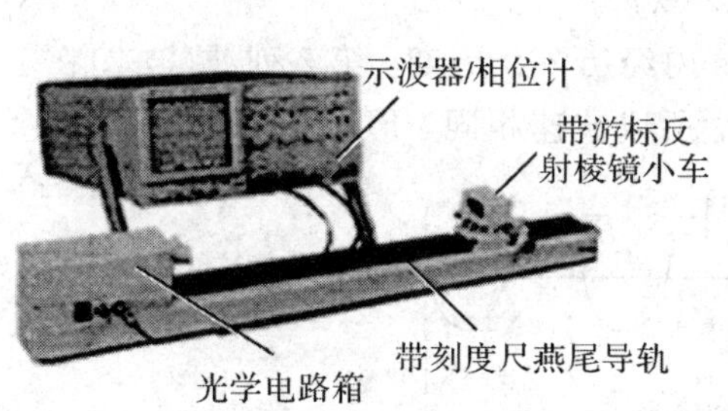

图 6-6-1　光速测量仪

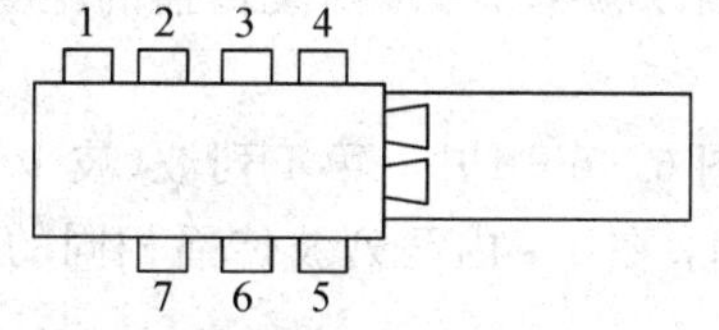

1和2：发送准信号(5V方波)
3：调制信号输入(模拟通信用)
4：测频
5和6：接收测相信号(5V方波)
7：接收信号电平(0.4～0.6V)

图 6-6-2　Q9 座接线图

棱镜小车上有供调节棱镜左、右转动和俯、仰的两只调节把手。由直角棱镜的入射光与出射光的相互关系可以知道，其实左、右调节时对光线的出射方向不起什么作用，在仪器上加此左、右调节装置，只是为了加深对直角棱镜转向特性的理解。

在棱镜小车上有一只游标，使用方法与游标卡尺相同，通过游标可以读至 0.1 mm，可进一步熟悉游标卡尺的使用。

光源和光学发射系统采用 GaAs 发光二极管作为光源。这是一种半导体光源，当发光二极管上注入一定的电流时，在 PN 结两侧的 P 区和 N 区分别有电子和空穴的注入，这些非平衡载流子在复合过程中将发射波长为 0.65 μm 的光，此即为载波，用机内主控振荡器产生的 100 MHz 正弦振荡电压信号控制加在发光二极管上的注入电流。当信号电压升高时，注入电流增大，电子和空穴复合的机会增加而发出较强的光；当信号电压下降时，注入电流减小，复合过程减弱，所发出的光强度也相应减弱。用这种方法实现对光强的直接调制。图 6－6－3 所示是发射与接收光学系统的原理图。发光管的发光点 S 位于物镜 L_1 的焦点上。

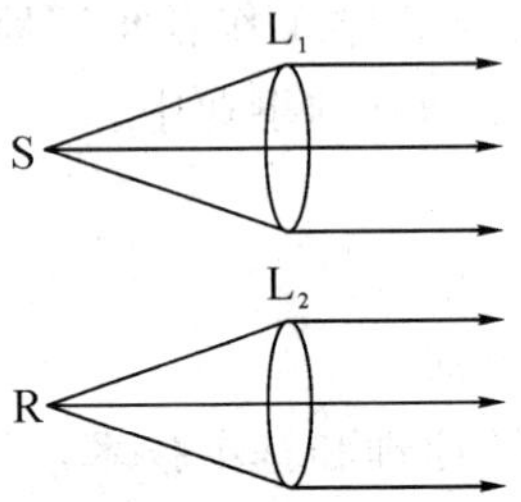

图 6－6－3　发射与接收光学系统原理图

光学接收系统中用硅光电二极管作为光/电转换元件，该光电二极管的光敏面位于接收物镜 L_2 的焦点 R 上，如图 6－6－3 所示。光电二极管产生的光电流大小随载波的强度而变化，因此在负载上可得到与调制波频率相同的电压信号，即被测信号。被测信号的相位对于基准信号落后了 $\phi=\omega t$，t 为往返一个测程所用的时间。

三、实验原理

1. 利用波长和频率测速度

任何波的波长是一个周期内波传播的距离。波的频率是 1 s 内发生了多少次周期振动；用波长乘以频率得 1 s 内波传播的距离即波速

$$C=\lambda f \qquad (6-6-1)$$

在图 6－6－4 中，第 1 列波（波 1）在 1 s 内经历 3 个周期，第 2 列波（波 2）在 1 s 内经历 1 个周期，在 1 s 内两列波传播相同的距离，所以波速相同，但波 2 的波长是波 1 的 3 倍。

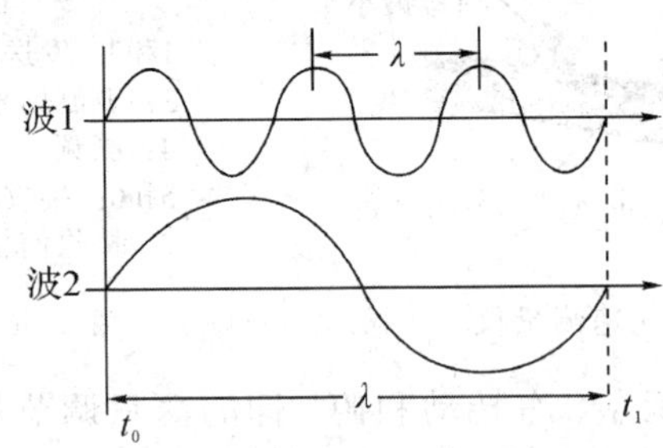

图 6－6－4　两列不同的波

利用这种方法，很容易测得声波的传播速度。但直接用来测量光波的传播速度，还存在很多技术上的困难，主要是光的频率高达 10^{14} Hz，目前的光电接收器中无法响应频率如此高的光强变化，迄今仅能响应频率在 10^8 Hz 左右的光强变化并产生相应的光电流。

2. 利用调制波波长和频率测量速度

如果直接测量河中水流的速度有困难，那么可以采用一种方法，周期性地向河中投放

小木块(f)，再设法测量出相邻两小木块间的距离(λ)，则依据公式(6-6-1)即可算出水流的速度。

周期性地向河中投放小木块，为的是在水流上做一特殊标记。我们也可以在光波上做一些特殊标记，称为“调制”。调制波的频率可以比光波的频率低很多，可以用常规器件来接收。与木块的移动速度就是水流流动的速度一样，调制波的传播速度就是光波传播的速度。调制波的频率可以用频率计精确测定，所以测量光速就转化为如何测量调制波的波长，然后利用公式(6-6-1)即可算得光传播的速度。

3. 相位法测定调制波的波长

波长为 0.65 μm 的载波，其强度受频率为 f 的正弦型调制波的调制，表达式为

$$I=I_0\left[1+m\cos 2\pi f\left(t-\frac{x}{c}\right)\right]$$

式中，m 为调制度；$\cos 2\pi f(t-x/c)$表示光在测线上传播的过程中，其强度的变化犹如一个频率为 f 的正弦波以光速 c 沿 x 方向传播，我们称这个波为调制波。调制波在传播过程中其相位是以 2π 为周期变化的。设测线上两点 A 和 B 的位置坐标分别为 x_1 和 x_2，当这两点之间的距离为调制波波长 λ 的整数倍时，该两点间的相位差为

$$\phi_1-\phi_2=\frac{2\pi}{\lambda}(x_2-x_1)=2n\pi$$

式中，n 为整数。反过来，如果我们能在光的传播路径中找到调制波的等相位点，并准确测量它们之间的距离，那么该距离一定是波长的整数倍。

设调制波由 A 点出发，经时间 t 后传播到 A′点，A 与 A′之间的距离为 $2D$，则 A′点相对于 A 点的相移为 $\phi=\omega t=2\pi f t$，如图 6-6-5(a)所示。然而用一个测相系统对 A 与 A′间的这个相移量进行直接测量是不可能的。为了解决这个问题，较方便的办法是在 A 与 A′的中点 B 设置一个反射器，由 A 点发出的调制波经反射器反射后返回 A 点，如图 6-6-5(b)所示。由图可见，光线由 A→B→A 所走过的光程亦为 $2D$，而且在 A 点，反射波的相位落后 $\phi=\omega t$。如果我们以发射波作为参考信号(以下称之为基准信号)，将它与反射波(以下称之为被测信号)分别输入到相位计的两个输入端，则由相位计可以直接读出基准信号和被测信号之间的相位差。当反射镜相对于 B 点的位置前、后移动半个波长时，这个相位差的数值改变 2π。因此只要前后移动反射镜，相继找到在相位计中读数相同的两点，该两点之间的距离即为半个波长。调制波的频率可由数字式频率计精确测定，由公式$C=\lambda f$可以获得光速值。

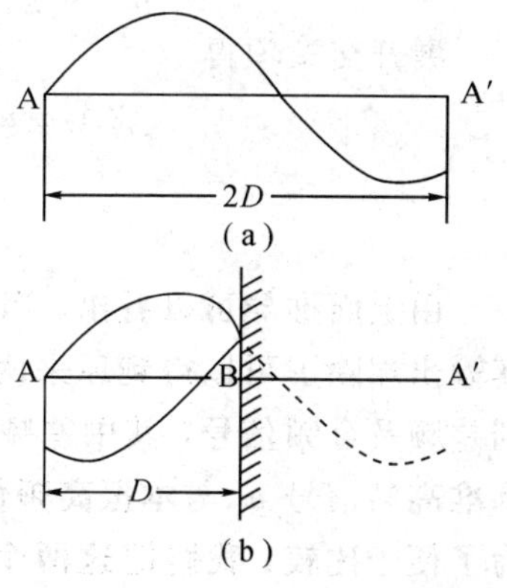

图 6-6-5　相位法测波长原理图

4. 差频法测量相位

在实际测相过程中，当信号频率很高时，测相系统的稳定性、工作速度及电路分布参量造成的附加相移等因素都会直接影响测相的精度，对电路的制造工艺要求也较苛刻，因此在高频下测相困难较大。例如，BX21 型数字式相位计中检相双稳电路的开关时间是 40 ns 左右，如果所输入的被测信号频率为 100 MHz，则信号周期 $T=1/f=10$ ns，比电路的开关时间要短，可以想象，此时电路根本来不及动作。为使电路正常工作，就必须大大提

高其工作速度。为了克服高频下测相遇到的困难，人们通常采用差频的办法，把被测高频信号转化为中、低频信号处理。这样做的好处是易于理解，因为两信号之间相位差的测量实际上被转化为两信号过零的时间差的测量，而降低信号频率 f 则意味着拉长了与被测的相位差 ϕ 相对应的时间差。

下面证明差频前、后两信号之间的相位差保持不变。

将两频率不同的正弦波同时作用于一个非线性元件(如二极管、三极管)时，其输出端包含有两个信号的差频成分。非线性元件对输入信号 x 的响应可以表示为

$$y(x)=A_0+A_1x+A_2x^2+\cdots \tag{6-6-2}$$

忽略上式中的高次项，我们将看到二次项产生混频效应。

设基准高频信号为

$$u_1=U_{10}\cos(\omega t+\phi_0) \tag{6-6-3}$$

被测高频信号为

$$u_2=U_{20}\cos(\omega t+\phi_0+\phi) \tag{6-6-4}$$

现在引入一个本振高频信号

$$u'=U_0'\cos(\omega' t+\phi_0') \tag{6-6-5}$$

在式(6-6-3)～式(6-6-5)中，ϕ_0 为基准高频信号的初位相，ϕ_0' 为本振高频信号的初位相，ϕ 为调制波在测线上往返一次产生的相移量。将式(6-6-4)和式(6-6-5)代入式(6-6-2)(略去高次项)有

$$y(u_2+u')\approx A_0+A_1u_2+A_1u'+A_2u_2^2+A_2u'^2+2A_2u_2u'$$

展开交叉项得

$$\begin{aligned}2A_2u_2u'&\approx 2A_2U_{20}U_0'\cos(\omega t+\phi_0+\phi)\cos(u't+\phi_0')\\&=A_2U_{20}U_0'(\cos((\omega+\omega')t+(\phi_0+\phi_0')+\phi)\\&\quad+\cos((\omega-\omega')t+(\phi_0-\phi_0')+\phi))\end{aligned}$$

由上面推导可以看出，当两个不同频率的正弦信号同时作用于一个非线性元件时，在其输出端除了可以得到原来两种频率的基波信号及它们的二次和高次谐波之外，还可以得到差频及合频信号，其中差频信号很容易和其他的高频成分或直流成分分开。同样的推导，基准高频信号 u_1 与本振高频信号 u' 混频，其差频项为 $A_2U_{10}U_0'\cos((\omega-\omega')t+(\phi_0-\phi_0'))$，为了便于比较，我们把这两个差频项写在一起：基准信号与本振信号混频后所得差频信号为

$$A_2U_{10}U_0'\cos[(\omega-\omega')t+(\phi_0-\phi_0')] \tag{6-6-6}$$

被测信号与本振信号混频后所得差频信号为

$$A_2U_{20}U_0'\cos[(\omega-\omega_0)t+(\phi_0-\phi_0')+\phi] \tag{6-6-7}$$

比较式(6-6-6)、式(6-6-7)可见，当基准信号、被测信号分别与本振信号混频后，所得到的两个差频信号之间的相位差仍保持为 ϕ。

本实验就是利用差频检相的方法，将 $f=100$ MHz 的高频基准信号和高频被测信号分别与本机振荡器产生的高频振荡信号混频，得到两个频率为 455 kHz、相位差依然为 ϕ 的低频信号，然后送到相位计中去比相。相位法测光速装置方框图如图 6-6-6 所示，图中的混频 1 用以获得低频基准信号，混频 2 用以获得低频被测信号。低频被测信号的幅值由示波器或电压表指示。

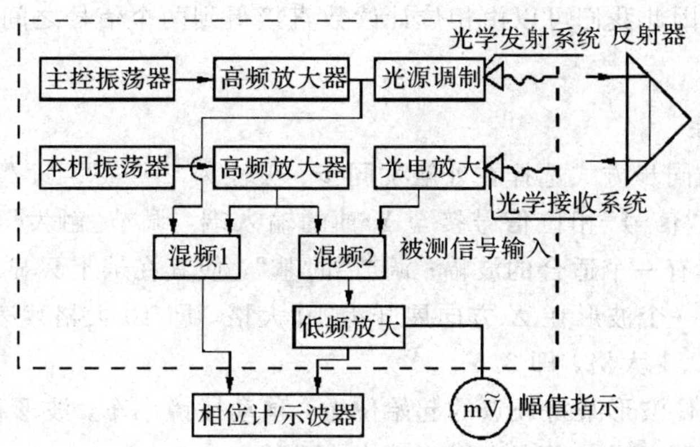

图 6-6-6　相位法测光速装置方框图

5. 数字测相

可以用数字测相的方法来检测“基准”和“被测”这两路同频正弦信号之间的相位差 ϕ。如图 6-6-7 所示，我们用 $u_1=U_{10}\cos\omega_L t$ 和 $u_2=U_{20}\cos(\omega_L t+\phi)$ 分别代表差频后的低频基准信号和低频被测信号。将 u_1 和 u_2 分别送入通道 1 和通道 2 进行限幅放大，整形成为方波和 u_1' 和 u_2'；然后令这两路方波信号去启/闭检相双稳，使检相双稳输出一列频率与两被测信号相同、宽度等于两信号过零的时间差(因而也正比于两信号之间的相位差 ϕ)的矩形脉冲 u_0，将此矩形脉冲积分(在电路上即是令其通过一个平滑滤波器)得到

$$\bar{u}=\frac{1}{T}\int_0^T u\mathrm{d}t=\frac{1}{2\pi}\int u\mathrm{d}(\omega_L t)=\frac{1}{2\pi}\int_0^{\phi}u\mathrm{d}(\omega_L t)=\frac{u}{2\pi}\phi \qquad (6-6-8)$$

式中，u 为矩形脉冲的幅值，其值为一常数。由式(6-6-8)可见，u_1' 检相双稳输出的矩形脉冲的直流分量(我们称之为模拟直流电压)与被测的相位差 ϕ 有一一对应的关系。BX21 型数字式相位计，是将这个模拟直流电压通过一个模数转换系统换算成相应的相位值，以角度数值

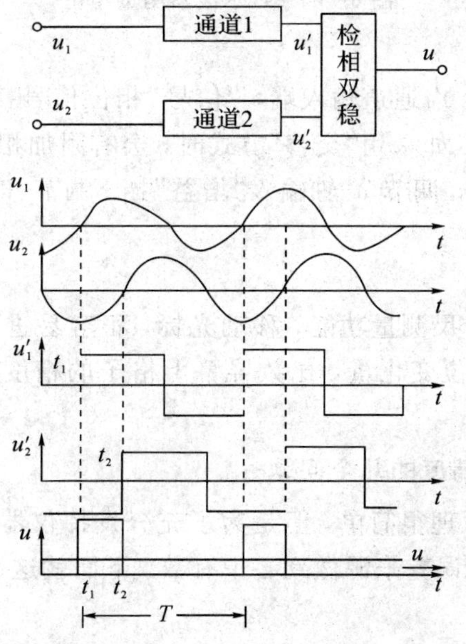

图 6-6-7　数字测相电路方框图及各点波形

用数码管显示出来。因此我们可以由相位计读数直接得到两个信号之间的相位差的读数。

6. 示波器测相

1）单踪示波器法

将示波器的扫描同步方式选择在外触发同步，极性为“+”或“-”，“参考”相位信号接至外触发同步输入端，“信号”相位信号接至 Y 轴的输入端，调节“触发”电平，使波形稳定；调节 Y 轴增益，使其有一个适合的波幅；调节“时基”，使其在屏上只显示一个完整的波形，并尽可能地展开，如一个波形在 X 方向展开为 10 大格，即 10 大格代表为 360°，每 1 大格为 36°，可以估读至 0.1 大格，即 3.6°。

开始测量时，记住波形某特征点的起始位置，移动棱镜小车，波形移动，而移动 1 大格即表示参考相位与信号相位之间的相位差变化了 36°。

有些示波器无法将一个完整的波形正好调至 10 大格，此时可以按下式求得参考相位与信号相位的变化量，如图 6-6-8 所示。

$$\Delta\phi=\frac{r}{r_0}\cdot 360°$$

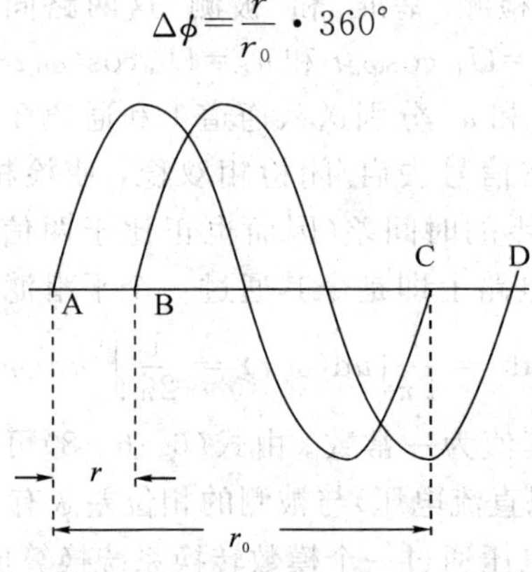

图 6-6-8 示波器测量相位

2）双踪示波器法

将“参考”相位信号接至 Y_1 通道输入端，“信号”相位信号接至 Y_2 通道，并用 Y_1 通道触发扫描，显示方式为“断续”（如采用“交替”方式时，会有附加相移）。

与单踪示波法操作一样，调节 Y 轴输入“增益”挡，调节“时基”挡，使在屏幕上显示一个完整的大小适合的波形。

3）数字示波器法

数字示波器具有光标卡尺测量功能，移动光标，很容易进行 T 和 ΔT 的测量，然后按 $\Delta\phi=(\Delta T/T)\cdot 360°$ 求得相位变化量，比数屏幕上格子的精度要高得多。信号线连接等操作同上。

7. 影响测量准确度和精度的几个问题

用相位法测量光速的原理很简单，但是为了充分发挥仪器的性能，提高测量的准确度和精度，必须对各种可能的误差来源做到心中有数。下面就这个问题作一些讨论。

由式(6-6-1)可知

$$\frac{\Delta c}{c}=\sqrt{\left(\frac{\Delta\lambda}{\lambda}\right)^2+\left(\frac{\Delta f}{f}\right)^2}$$

式中，$\Delta f/f$ 为频率的测量误差。由于电路中采用了石英晶体振荡器，其频率稳定度为 $10^{-6}\sim10^{-7}$，故本实验中光速测量的误差主要来源于波长测量的误差。下面我们将看到，仪器中所选用的光源相位一致性的好坏、仪器电路部分的稳定性、信号强度的大小及米尺准确度、噪声等诸因素都直接影响波长测量的准确度和精度。

1）电路稳定性

我们以主控振荡器的输出端作为相位参考原点来说明电路稳定性对波长测量的影响。如图 6-6-9 所示，ϕ_1、ϕ_2 分别表示发射系统和接收系统产生的相移，ϕ_3、ϕ_4 分别表示混频电路Ⅱ和Ⅰ产生的相移，ϕ 为光在测线上往返传输产生的相移。由图看出，基准信号 u_1 到达测相系统之前相位移动了 ϕ_4，而被测信号 u_2 在到达测相系统之前的相移为 $\phi_1+\phi_2+\phi_3+\phi$，这样和 u_1 之间的相位差为 $\phi_1+\phi_2+\phi_3-\phi_4+\phi=\phi'+\phi$。其中 ϕ' 与电路的稳定性及信号的强度有关。如果在测量过程中 ϕ' 的变化很小以致可以忽略，则反射镜在相距为半波长的两点间移动时，ϕ' 对波长测量的影响可以被抵消掉；但如果 ϕ' 的变化不可忽略，显然会给波长的测量带来误差。设反射镜处于位置 B_1 时，u_1 和 u_2 之间的相位差为 $\Delta\phi_{B1}=\phi'_{B1}+\phi$；反射镜处于位置 B_2 时，u_2 与 u_1 之间的相位差为 $\Delta\phi_{B1}=\phi'_{B2}+\phi+2\pi$。那么，由于 $\phi'_{B1}\neq\phi'_{B2}$，因而给波长带来的测量误差为 $(\phi'_{B1}-\phi'_{B2})/(2\pi)$。若在测量过程中被测信号强度始终保持不变，则其变化主要来自电路的不稳定因素。

电路不稳定造成的 ϕ' 变化是较缓慢的。在这种情况下，只要测量所用的时间足够短，就可以把 ϕ' 的缓慢变化作线性近似，按照图 6-6-10 中 $B_1-B_2-B_1$ 的顺序读取相位值，以两次 B_1 点位置的平均值作为起点测量波长。用这种方法可以减小由于电路不稳定给波长测量带来的误差。

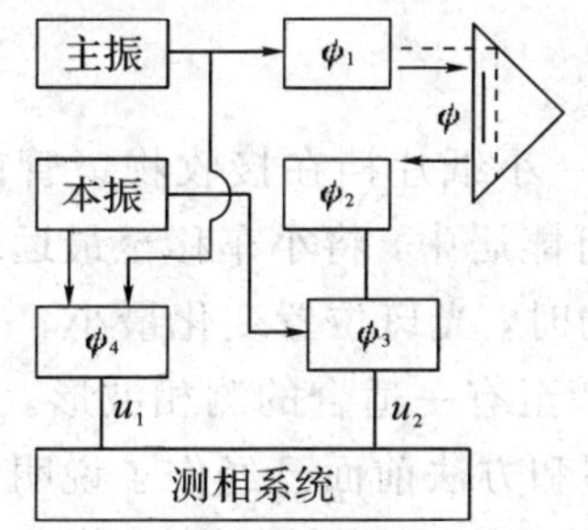

图 6-6-9　电路系统的附加相移

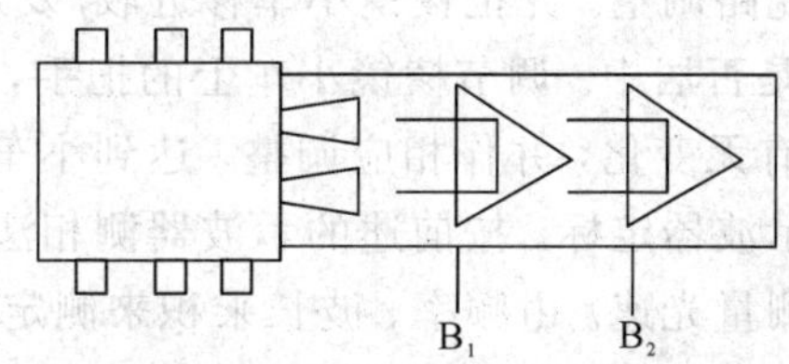

图 6-6-10　消除随时间作线性变化的系统误差

2）幅相误差

上面谈到 ϕ' 与信号强度有关，这是因为被测信号强度不同时，图 6-6-7 所示的电路系统产生的相移量 ϕ_1、ϕ_2、ϕ_3 可能不同，因而 ϕ' 发生变化。通常把被测信号强度不同给相位测量带来的误差称为幅相误差。

3）照准误差

本仪器采用的 GaAs 发光二极管并非是点光源而是成像在物镜焦面上的一个面光源。由于光源有一定的线度，故发光面上各点通过物镜而发出的平行光有一定的发散角 θ。图 6-6-11 示意地画出了光源有一定线度时的情形。图中，d 为面光源的直径，L 为物镜的直径，f 为物镜的焦距。由图看出，$\theta=d/f$。经过距离 D 后，发射光斑的直径 $MN=L+\theta D$。比如，设反射器处于位置 B_1 时所截获的光束是由发光面上 a 点发出来的光，反射器处

于位置 B_2 时所截获的光束是由 b 点发出的光。又设发光管上各点的相位不相同，在接通调制电流后，只要 b 点的发光时间相对于 a 点的发光时间有 67 ps 的延迟，就会给波长的测量带来接近 2 cm 的误差($c \cdot t = 3\times10^{10}\times67\times10^{-12}\approx2.0$)。我们把由于采用发射光束中不同的位置进行测量波长，而将测量波长的误差称为照准误差。为提高测量的准确度，应该在测量过程中进行细心的“照准”，也就是说尽可能截取同一光束进行测量，从而把照准误差限制到最小程度。

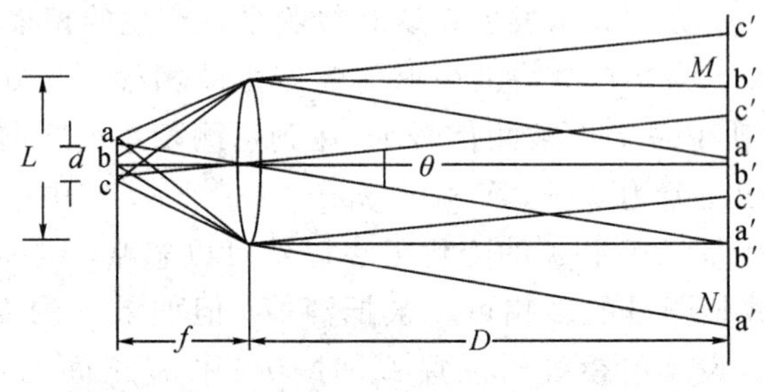

图 6-6-11　不正确照准引起的测相误差

4）米尺的准确度和读数误差

本实验装置中所用的钢尺准确度为 0.01%。

5）噪声

我们知道噪声是无规则的，因而它的影响是随机的。信噪比的随机变化会给相位测量带来偶然误差，提高信噪比及进行多次测量可以减小噪声的影响从而提高测量精度。

四、实验步骤

(1) 预热。光速仪和频率计须预热半小时再进行测量。

(2) 光路调整。先把棱镜小车移近收/发透镜处，用一小纸片挡在接收物镜管前，观察光斑位置是否居中。调节棱镜小车上的把手，使光斑尽可能居中，将小车移至最远端，观察光斑位置有无变化，并作相应调整，达到小车前、后移动时，光斑位置变化最小。

(3) 示波器定标。按前述的示波器测相法将示波器调至有一适合的测相波形。

(4) 测量光速。由频率、波长乘积来测定光速的原理和方法前面已经作了说明。在实际测量时主要任务是如何测得调制波的波长，其测量精度决定了光速值的测量精度。一般可采用等距测量法和等相位测量法来测量调制波的波长。在测量时要注意两点，一是实验值要取多次多点测量的平均值；二是我们所测得的是光在大气中的传播速度，为了得到光在真空中的传播速度，要精密地测定空气折射率后作相应修正。

① 测调制频率。为了匹配好，尽量用频率计附带的高频电缆线。调制波是用温补晶体振荡器产生的，频率稳定度很易达到 10^{-6}，所以在预热后正式测量前测一次就可以了。

② 等距测入法。在导轨上任取若干个等间隔点(参见图 6-6-12)，其坐标分别为 X_0、

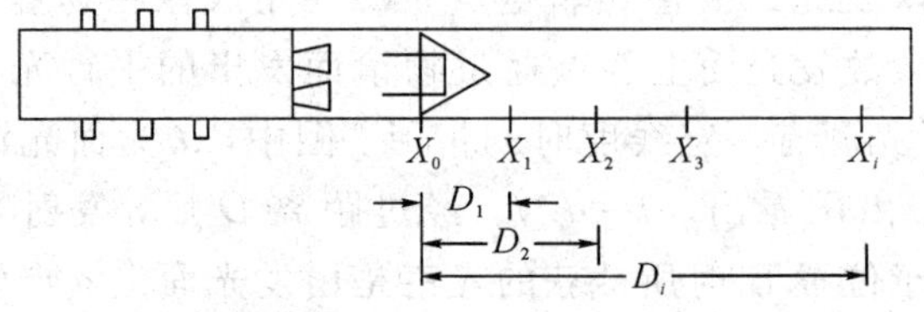

图 6-6-12

X_1、X_2、X_3，…X_i；$X_1-X_0=D_1$，$X_2-X_0=D_2$，…，$X_i-X_0=D_i$。移动棱镜小车，由示波器或相位计依次读取与距离 D_1、D_2、…相对应的相移量 ϕ_i。D_i 与 ϕ_i 间有

$$\frac{\phi_i}{2\pi}=\frac{2D_i}{\lambda}$$

$$\lambda=\frac{2\pi}{\phi_i}\cdot 2D_i$$

求得 λ 后，可利用 $\lambda\cdot f$ 得到光速 c；也可用作图法，以 ϕ 为横坐标、D 为纵坐标，作 $D-\phi$ 直线，则该直线斜率的 $4\pi f$ 倍即为光速 c。

为减小因电路系统附加相移量的变化给相位测量带来的误差，同样应采取 X_0—X_1—X_0 及 X_0—X_2—X_0 等顺序进行测量。操作时移动棱镜小车要快、准，若 X_0 位置的两次读数值相差 0.1 度以上，须重测。

③ 等相位测 λ。在示波器或相位计上取若干个整度数的相位点，如 36°、72°、108°等，在导轨上任取一点为 X_0，并在示波器上找出信号相位波形上一特征点作为相位差 0°位，拉动棱镜，至某个整相位数时停，迅速读取此时的距离值作为 X_1，并尽快将棱镜返回至 0°处再读取一次 X_0，并要求 0°时的两次距离读数误差不要超过 1 mm，否则须重测。依次读取相移量 ϕ_i 对应的 D_i 值，由

$$\lambda=\frac{2\pi}{\phi_i}\cdot 2D_i$$

计算出光速值 c。等相位法比等距离法有较高的测量精度。

五、问题与讨论

(1) 通过实验观察，你认为波长测量的主要误差来源是什么？

(2) 本实验所测定的是 100 MHz 调制波的波长和频率，能否把实验装置改成直接发射频率为 100 MHz 的无线电波并对它的波长和频率进行绝对测量，为什么？

(3) 如何将光速仪改成测距仪？

实验 6.7　密立根油滴实验

著名的美国物理学家密立根(Robert A. Millikan)在 1909 年到 1917 年期间所做的测量微小油滴上所带电荷的工作即油滴实验，是物理学发展史上具有重要意义的实验。这一实验的设计思想简明、巧妙，方法简单，而结论却具有不容置疑的说服力，因此该实验堪称物理实验的精华和典范。密立根在油滴实验工作上花费了近 10 年的心血，从而取得了具有重大意义的结果：① 证明了电荷的不连续性；② 测量并得到了元电荷即电子电荷，其值为 1.60×10^{-19} C。现公认 e 是元电荷，对其值的测量精度不断提高，目前给出最好的结果为

$$e=(1.602\ 177\ 33\pm0.000\ 000\ 49)\times10^{-19}\ \text{C}$$

正是由于油滴实验的巨大成就，他荣获了 1923 年的诺贝尔物理学奖。

多年来，物理学发生了根本的变化，而密立根油滴实验又重新站到实验物理的前列，近年来根据该实验的设计思想改进的用磁漂浮的方法测量分数电荷的实验，使古老的实验又焕发了青春，也就更说明密立根油滴实验是富有巨大生命力的实验。

一、实验目的

(1) 测量基本电荷的电量，验证电荷的不连续性。

(2) 了解 CCD 传感器、光学系统成像原理及视频信号处理技术的工程应用。

(3) 训练学生做物理实验应具有的严谨态度和坚韧不拔的科学精神。

二、实验器材

实验器材有 CCD 显微密立根油滴仪等。CCD 显微密立根油滴仪，如图 6-7-1 所示。

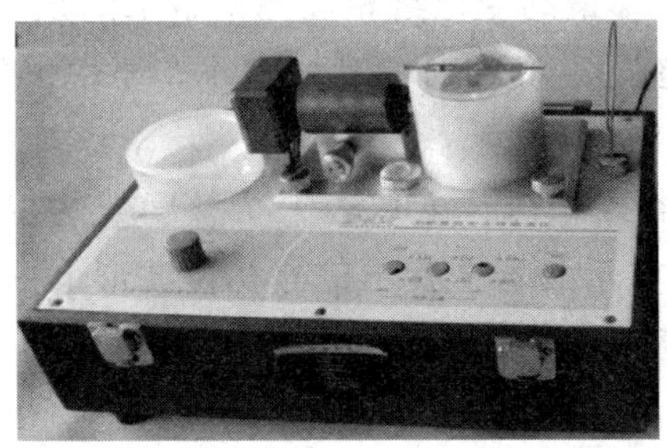

图 6-7-1　CCD 显微密立根油滴仪

CCD 显微密立根油滴仪由主机、CCD 成像系统、油滴盒、监视器等部件组成。其中，主机包括可控高压电源、计时装置、A/D 采样、视频处理等单元模块。CCD 成像系统包括 CCD 传感器、光学成像部件等。油滴盒包括高压电极、照明装置、防风罩等部件。监视器是视频信号输出设备。CCD 显微密立根油滴仪结构示意图如图 6-7-2 所示。

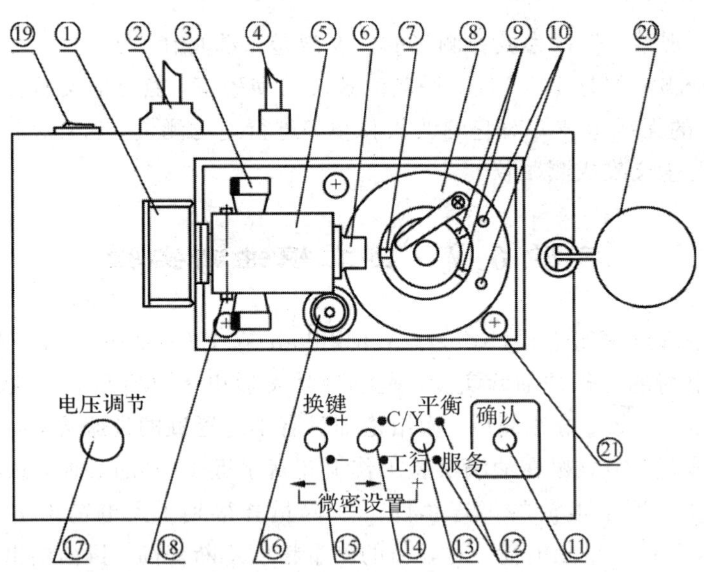

①—CCD 盒；②—电源插座；③—调焦旋钮；④—Q9 视频接口；⑤—光学系统；⑥—镜头；⑦—观察孔；⑧—上极板压簧；⑨—进光孔；⑩—光源；⑪—确认键；⑫—状态指示灯；⑬—平衡/提升切换键；⑭—0V/工作切换键；⑮—定时开始/结束切换键；⑯—水准泡；⑰—电压调节旋钮；⑱—紧定螺钉；⑲—电源开关；⑳—油滴管收纳盒安放环；㉑—调平螺钉(3 颗)

图 6-7-2　CCD 显微密立根油滴仪结构示意图

CCD模块及光学成像系统用来捕捉暗室中油滴的像，同时将图像信息传给主机的视频处理模块。实验过程中可以通过调焦旋钮来改变物距，使油滴的像清晰地呈现在CCD传感器的窗口内。

电压调节旋钮可以调整极板之间的电压，用来控制油滴的平衡、下落及提升。

定时开始/结束键用来计时；0V/工作键用来切换仪器的工作状态；平衡/提升键可以切换油滴平衡或提升状态；确认键可以将测量数据显示在屏幕上，从而省去了每次测量完成后手工记录数据的过程，使操作者把更多的注意力集中到实验本质上来。

油滴盒是一个关键部件，具体构成如图6-7-3所示。

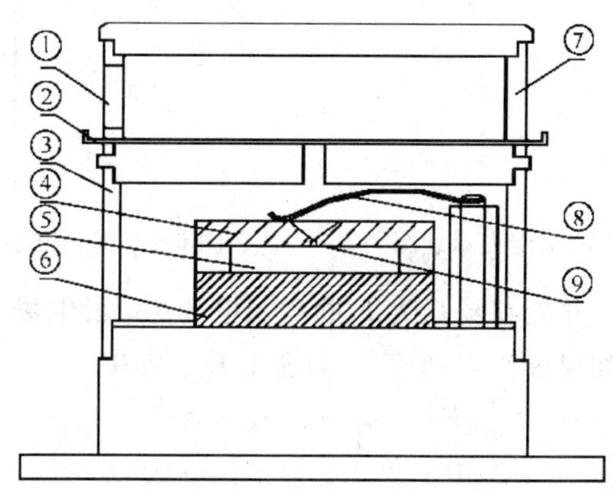

①—喷雾口；②—进油量开关；③—防风罩；④—上极板；⑤—油滴室；
⑥—下极板；⑦—油雾杯；⑧—上极板压簧；⑨—落油孔

图6-7-3　油滴盒装置示意图

上、下极板之间通过胶木圆环支撑，三者之间的接触面经过机械精加工后可以将极板间的不平行度、间距误差控制在0.01 mm以下。这种结构基本上消除了极板间的"势垒效应"及"边缘效应"，较好地保证了油滴室处在匀强电场之中，从而有效地减小了实验误差。

胶木圆环上开有两个进光孔和一个观察孔，光源通过进光孔给油滴室提供照明，而成像系统则通过观察孔捕捉油滴的像。照明由带聚光的高亮发光二极管提供，其使用寿命长、不易损坏；油雾杯可以暂存油雾，使油雾不至于过早地散逸；进油量开关可以控制落油量；防风罩可以避免外界空气流动对油滴的影响。

三、实验原理

密立根油滴实验测定电子电荷的基本设计思想是使带电油滴在测量范围内处于受力平衡状态。按运动方式分类，油滴法测电子电荷分为动态测量法和平衡测量法。

1. 动态测量法(选做)

考虑重力场中一个足够小油滴的运动，设此油滴半径为 r、质量为 m_1，空气是黏滞流体，故此运动油滴除重力和浮力外还受黏滞阻力的作用。由斯托克斯定律，黏滞阻力与物体运动速度成正比。设该油滴以速度 v_f 匀速下落，则有

$$m_1 g - m_2 g = K v_f \tag{6-7-1}$$

式中，m_2 为与油滴同体积的空气质量；K 为比例系数；g 为重力加速度。油滴在空气及重力场中的受力情况如图 6-7-4 所示。

图 6-7-4　重力场中油滴受力示意图　　　　图 6-7-5　电场中油滴受力示意图

若此油滴带电荷为 q，并处在场强为 E 的均匀电场中，设电场力 qE 方向与重力方向相反，如图 6-7-5 所示。如果油滴以速度 v_r 匀速上升，则有

$$qE = (m_1 - m_2) g + K v_r \tag{6-7-2}$$

由式(6-7-1)和式(6-7-2)中消去 K，可解出 q 为

$$q = \frac{(m_1 - m_2) g}{E v_f}(v_f + v_r) \tag{6-7-3}$$

由式(6-7-3)可以看出，要测量油滴上携带的电荷 q，需要分别测量出 m_1、m_2、E、v_f、v_r 等物理量。

由喷雾器喷出的小油滴的半径 r 是微米数量级，直接测量其质量 m_1 也是困难的，为此希望消去 m_1，而代之以容易测量的量。设油与空气的密度分别为 ρ_1、ρ_2，于是半径为 r 的油滴的视重为

$$m_1 g - m_2 g = \frac{4}{3}\pi r^3 (\rho_1 - \rho_2) g \tag{6-7-4}$$

由斯托克斯定律可知，黏滞流体对球形运动物体的阻力与物体速度成正比，其比例系数 K 为 $6\pi\eta r$，此处 η 为黏度，r 为物体半径。于是可将式(6-7-4)代入式(6-7-1)，有

$$v_f = \frac{2 g r^2}{9\eta}(\rho_1 - \rho_2) \tag{6-7-5}$$

因此

$$r = \left(\frac{9\eta v_f}{2g(\rho_1 - \rho_2)}\right)^{\frac{1}{2}} \tag{6-7-6}$$

以此代入式(6-7-3)并整理得到

$$q = 9\sqrt{2}\pi\left(\frac{\eta^3}{(\rho_1 - \rho_2) g}\right)^{\frac{1}{2}} \frac{1}{E}\left(1 + \frac{v_r}{v_f}\right) v_f^{\frac{3}{2}} \tag{6-7-7}$$

因此，如果测量出 v_r、v_f 和 η、ρ_1、ρ_2、E 等宏观量即可得到 q 值。

考虑到油滴的直径与空气分子的间隙相当，空气已不能看做连续介质，其黏度 η 需作相应的修正

$$\eta' = \frac{\eta}{1+\frac{b}{pr}}$$

式中，p 为空气压强；b 为修正常数，$b=0.00823\ \text{N/m}(6.17\times10^{-6}\ \text{m}\cdot\text{cmHg})$。因此

$$v_f = \frac{2gr^2}{9\eta}(\rho_1-\rho_2)\left(1+\frac{b}{pr}\right) \tag{6-7-8}$$

当精度要求不是太高时，常采用近似计算的方法先将 v_f 值代入式(6－7－6)，计算得

$$r_0 = \left(\frac{9\eta v_f}{2g(\rho_1-\rho_2)}\right)^{\frac{1}{2}} \tag{6-7-9}$$

再将此 r_0 值代入 η' 中，并以 η' 代入式(6－7－7)，得

$$q = 9\sqrt{2}\pi\left(\frac{\eta^3}{(\rho_1-\rho_2)g}\right)^{\frac{1}{2}}\frac{1}{E}\left(1+\frac{v_r}{v_f}\right)v_f^{\frac{3}{2}}\left(\frac{1}{1+b/(pr_0)}\right)^{\frac{3}{2}} \tag{6-7-10}$$

实验中常常固定油滴运动的距离，通过测量油滴在距离 s 内所需要的运动时间来求得其运动的速度，且电场强度 $E=\frac{U}{d}$，d 为平行板间的距离，U 为所加的电压，因此，式(6－7－10)可写成

$$q = 9\sqrt{2}\pi d\left(\frac{(\eta s)^3}{(\rho_1-\rho_2)g}\right)^{\frac{1}{2}}\frac{1}{U}\left(\frac{1}{t_f}+\frac{1}{t_r}\right)\left(\frac{1}{t_f}\right)^{\frac{1}{2}}\left(\frac{1}{1+b/(pr_0)}\right)^{\frac{3}{2}} \tag{6-7-11}$$

式(6－7－11)中有些量和实验仪器及条件有关，选定之后在实验过程中保持不变，如 d、s、$(\rho_1-\rho_2)$ 及 η 等，将这些量与常数一起用 C 代表，可称为仪器常数。于是式(6－7－11)简化成

$$q = C\frac{1}{U}\left(\frac{1}{t_f}+\frac{1}{t_r}\right)\left(\frac{1}{t_f}\right)^{\frac{1}{2}}\left(\frac{1}{1+b/(pr_0)}\right)^{\frac{3}{2}} \tag{6-7-12}$$

由此可知，测量油滴上的电荷，只体现在 U、t_f、t_r 的不同。对同一油滴，t_f 相同，U 与 t_r 的不同，标志着电荷的不同。

2. 平衡测量法

平衡测量法的出发点是使油滴在均匀电场中静止在某一位置，或在重力场中做匀速运动。

当油滴在电场中平衡时，油滴在两极板间受到的电场力 qE、重力 m_1g 和浮力 m_2g 达到平衡，从而静止在某一位置，即

$$qE = (m_1-m_2)g$$

油滴在重力场中作匀速运动时，情形同动态测量法，将式(6－7－4)、式(6－7－9)和 $\eta' = \frac{\eta}{1+\frac{b}{pr}}$ 代入式(6－7－11)并注意到 $\frac{1}{t_r}=0$，则有

$$q = 9\sqrt{2}\pi d\left(\frac{(\eta s)^3}{(\rho_1-\rho_2)g}\right)^{\frac{1}{2}}\frac{1}{U}\left(\frac{1}{t_f}\right)^{\frac{3}{2}}\left(\frac{1}{1+b/(pr_0)}\right)^{\frac{3}{2}} \tag{6-7-13}$$

3. 元电荷的测量方法

测量油滴上带的电荷的目的是找出电荷的最小单位 e。为此可以对不同的油滴，分别测出其所带的电荷值 q_i，它们应近似为某一最小单位的整数倍，即油滴电荷量的最大公约数，或油滴带电量之差的最大公约数，即为元电荷。

实验中常采用紫外线、X 射线或放射源等改变同一油滴所带的电荷，测量油滴上所带电荷的改变值 Δq_i，而 Δq_i 值应是元电荷的整数倍，即

$$\Delta q_i = n_i e \tag{6-7-14}$$

其中，n_i 为一整数。也可用作图法求 e 值，根据式(6-7-14)，e 为直线方程的斜率，通过拟合直线即可求得 e 值。

四、实验内容

学习控制油滴在视场中的运动，并选择合适的油滴测量元电荷。要求至少测量 5 个不同的油滴，对每个油滴的测量次数应在 3 次以上。

1. 调整油滴实验仪

(1) 水平调整。调整实验仪底部的旋钮(顺时针旋转仪器升高，逆时针旋转仪器下降)，通过水准仪将实验平台调平，使平衡电场方向与重力方向平行以免引起实验误差。极板平面是否水平决定了油滴在下落或提升过程中是否发生前、后、左、右的漂移。

(2) 喷雾器调整。将少量钟表油缓慢地倒入喷雾器的储油腔内，使钟表油湮没提油管下方，油不要太多，以免实验过程中不慎将油倾倒至油滴盒内堵塞落油孔。将喷雾器竖起，用手挤压气囊，使得提油管内充满钟表油。

(3) 仪器硬件接口连接。

① 主机接线：电源线接交流 220 V/50 Hz；Q9 视频输出接监视器视频输入(IN)。

② 监视器：输入阻抗开关拨至 75 Ω，Q9 视频线缆接 IN 输入插座。电源线接 220 V/50 Hz交流电压。前面板调整旋钮自左至右依次为左/右调整、上/下调整、亮度调整、对比度调整。

(4) 实验仪联机使用。

① 打开实验仪电源及监视器电源，监视器出现欢迎界面。

② 按任意键，监视器出现参数设置界面，首先设置实验方法，然后根据该地的环境适当设置重力加速度、油密度、大气压强、油滴下落距离。“←”表示左移键，“→”表示为右移键，“+”表示数据设置键。

③ 按“确认”键出现实验界面，将工作状态切换至“工作”，红色指示灯亮，将“平衡/提升切换”键设置为“平衡”。

(5) CCD 成像系统调整。从喷雾口喷入油雾，此时监视器上应该出现大量运动油滴的像。若没有看到油滴的像，则需调整调焦旋钮或检查喷雾器是否有油雾喷出，直至得到油滴清晰的图像。

2. 熟悉实验界面

在完成参数设置后，按“确认”键，监视器显示实验界面(参见图 6-7-6)。不同的实验方法，实验界面是有一定差异的。

		(极板电压)(经历时间)
0		(电压保存提示栏)
		(保存结果显示区) (共5格)
		(下落距离设置栏)
(距离标志)		(实验方法栏)
		(仪器生产厂家)

图 6-7-6 实验界面示意图

极板电压：实际加到极板的电压，显示范围为 0～9999 V。

经历时间：定时开始到定时结束所经历的时间，显示范围为 0～99.99 s。

电压保存提示栏：将要作为结果保存的电压，每次完整的实验后显示。当保存实验结果后(即按下确认键)自动清零。显示范围同极板电压。

保存结果显示区：显示每次保存的实验结果，共计 5 次，显示格式与实验方法有关，如图 6-7-7 所示。

平衡法：(平衡电压)(下落时间)　　动态法：(提升电压)(平衡电压)(上升时间)(下落时间)

图 6-7-7

当需要删除当前保存的实验结果时，按下“确认”键 2 s 以上，当前结果被清除(不能连续删)。

下落距离设置栏：显示当前设置的油滴下落距离。当需要更改下落距离的时候，按住“平衡/提升切换”键 2 s 以上，此时距离设置栏被激活(动态法 1 步骤和 2 步骤之间不能更改)，通过 + 键(即平衡、提升键)修改油滴下落距离，然后按“确认”键确认修改。距离标志做相应变化。

距离标志：显示当前设置的油滴下落距离，在相应的格线上做数字标记，显示范围为 0.2～1.8 mm。

实验方法栏：显示当前的实验方法(平衡法或动态法)，在参数设置画面一次设定。预改变实验方法，只有重新启动仪器(关、开仪器电源)。对于平衡法，实验方法栏仅显示“平衡法”字样；对于动态法，实验方法栏除了显示“动态法”以外还显示即将开始的动态法步骤。如将要开始动态法第一步(油滴下落)，实验方法栏显示“1 动态法”。同样，当做完动态法第一步骤，即将开始做第二步骤时，实验方法栏显示“2 动态法”。

仪器生产厂家：显示生产厂家。

3. 选择适当的油滴并练习控制油滴

1) 平衡电压的确认

仔细调整平衡电压旋钮使油滴平衡在某一格线上，等待一段时间，观察油滴是否飘离格线，若其向同一方向飘动，则需重新调整；若其基本稳定在格线或只在格线上下作轻微的布朗运动，则可以认为其基本达到了力学平衡。由于油滴在实验过程中处于挥发状态，在对同一油滴进行多次测量时，每次测量前都需要重新调整平衡电压，以免引起较大的实验误差。事实证明，同一油滴的平衡电压将随着时间的推移有规律地递减，且其对实验误差的贡献很大。

2）控制油滴的运动

选择适当的油滴，调整平衡电压，使油滴平衡在某一格线上，将“0 V”/工作切换键”切换至“0 V”，绿色指示灯点亮，此时上、下极板同时接地，电场力为零，油滴将在重力、浮力及空气阻力的作用下作下落运动。当由滴下落到有 0 标记的刻度线时，立刻按下“定时开始”键，同时计时器开始记录油滴下落的时间；待油滴下落至有距离标志（例如 1.6）的格线时，立即按下“定时结束”键，同时计时器停止计时。经历一小段时间后，“0 V/工作切换”键自动切换至“工作”（“平衡/提升切换键处于“平衡”），此时油滴将停止下落，可以通过确认键将此次测量数据记录到屏幕上。

将“0 V/工作切换”键切换至“工作”，红色指示灯点亮，此时仪器根据平衡或提升状态分两种情形：若置于“平衡”，则可以通过平衡电压调节旋钮调整平衡电压；若置于“提升”，则极板电压将在原平衡电压的基础上再增加 200 V 的电压，用来向上提升油滴。

3）选择适当的油滴

要做好油滴实验，所选的油滴体积要适中，大的油滴虽然明亮，但一般带的电荷多，其下降或提升太快，不容易测量准确；太小则受布朗运动的影响明显，测量时涨落较大，也不容易测量准确。因此应该选择质量适中而带电不多的油滴。建议选择平衡电压在 150～400 V 之间、下落时间在 20 s（当下落距离为 2 mm 时）左右的油滴进行测量。

具体操作：将定时器置为“结束”，工作状态置为“工作”，平衡/提升键置为“平衡”，通过调节电压平衡旋钮将电压调至 400 V 以上，喷入油雾，此时监视器出现大量运动的油滴，观察上升较慢且明亮的油滴，然后降低电压，使之达到平衡状态。随后将“0 V/工作切换”键置为“0 V”，油滴下落，在监视器上选择下落一格的时间 2 s 左右的油滴进行测量。确认键用来实时记录屏幕上的电压值及计时值。当记录为 5 组后，按下“确认”键，在界面的左面将出现 $\bar{V}$（表示 5 组电压的平均值）、$\bar{t}$（表示 5 组下落时间的平均值）、$\bar{Q}$（表示该油滴的 5 次测量的平均电荷量）的数值，若需继续实验，按“确认”键。

4. 正式测量

实验可选用平衡测量法（推荐）、动态测量法及改变电荷法（第三种方法所用射线源用户自备）。实验前仪器必须水平调整。

1）平衡测量法

（1）开启电源，进入实验界面将“0 V/工作切换”键切换至“工作”，红色指示灯点亮，将“平衡/提升切换”键置于“平衡”。

（2）通过喷雾口向油滴盒内喷入油雾，此时监视器上将出现大量运动的油滴。选取适当的油滴，仔细调整平衡电压，使其平衡在某一起始格线上（参见图 6－7－8）。

（3）将“0 V/工作切换”键切换至“0 V”，此时油滴开始下落，当油滴下落到有“0”标记的格线时，立即按下“定时开始”键，同时计时器启动，开始记录油滴的下落时间。

（4）当油滴下落至有距离标记的格线时（例如 1.6），立即按下“定时结束”键，同时计时器停止计时（如无人为干预，经过一小段时间后，“0 V/工作切换”键自动切换至“工作”，油滴将停止移动），此时可以通过“确认”键将测量结果记录在屏幕上。

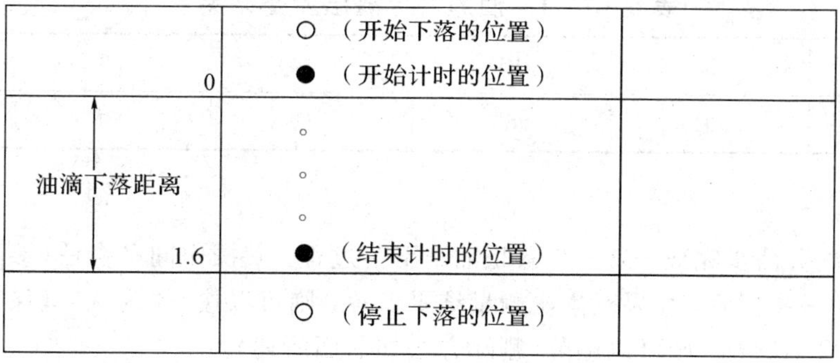

0	○（开始下落的位置） ●（开始计时的位置）	
油滴下落距离 1.6	◦ ◦ ◦ ●（结束计时的位置）	
	○（停止下落的位置）	

图 6-7-8 平衡法示意图

(5) 将"平衡/提升切换"键置于"提升"，油滴将被向上提升，当回到高于有"0"标记格线时，将"平衡/提升切换"键置回"平衡"状态，使其静止。

(6) 重新调整平衡电压，重复(3)～(5)步骤，并将数据记录到屏幕上(平衡电压 V 及下落时间 t)。当达到 5 次记录后，按"确认"键，界面的左面出现实验结果。

(7) 重复(2)～(6)步骤，测出油滴的平均电荷量。

至少测 5 个油滴，并根据所测得的平均电荷量 $\bar{Q}$ 求出它们的最大公约数，即为基本电荷 e 值(需要足够的数据统计量)。根据 e 的理论值，计算出 e 的相对误差。

平衡法依据的公式为

$$q=9\sqrt{2}\pi d\left(\frac{(\eta s)^3}{(\rho_1-\rho_2)g}\right)^{\frac{1}{2}}\frac{1}{U}\left(\frac{1}{t_f}\right)^{\frac{3}{2}}\left[\frac{1}{1+\frac{b}{pr_0}}\right]^{\frac{3}{2}}$$

其中

$$r_0=\left(\frac{9\eta s}{2g(\rho_1-\rho_2)t_f}\right)^{\frac{1}{2}}$$

d 为极板间距，$d=5.00\times10^{-3}$ m；

η 为空气黏滞系数，$\eta=1.83\times10^{-5}$ kg·m^{-1}·s^{-1}；

s 为下落距离，依设置，默认 1.6 mm(默认 2.00 mm)；

ρ_1 为油的密度，$\rho_1=981$ kg·m^{-3}(20℃)；

ρ_2 为空气密度，$\rho_2=1.2928$ kg·m^{-3}(标准状况下)；

g 为重力加速度，$g=9.794$ m·s^{-2}(成都)；

b 为修正常数，$b=0.008\ 23$ N/m(6.17×10^{-6} m·cmHg)；

p 为标准大气压强，$p=101\ 325$ Pa(76.0 cmHg)；

U 为平衡电压；

t_f 为油滴的下落时间。

注：① 由于油的密度远远大于空气的密度，即 $\rho_1\gg\rho_2$，因此 ρ_2 相对于 ρ_1 来讲可忽略不计(当然也可代入计算)。

② 标准状况是指大气压强 $P=101\ 325$ Pa、温度 $t=20$℃、相对湿度 $\phi=50\%$ 的空气状态。实际大气压强可由气压表读出。

③ 油的密度随温度变化的关系如表 6-7-1 所示。计算出各油滴的电荷后，求它们的最大公约数，即为基本电荷 e 值(需要足够的数据统计量)。

表 6-7-1　油的密度随温度变化关系

T/℃	0	10	20	30	40
ρ/(kg·m^{-3})	991	986	981	976	971

2）动态法

(1) 动态法分两步完成，第一步骤是油滴下落过程，其操作同平衡法(参看平衡法相关内容)。完成第一步骤后，如果对本次测量结果满意，则可以按下“确认”键保存这个步骤的测量结果；如果不满意，则可以删除(删除方法如前面所述)。

(2) 第一步骤完成后，油滴处于距离标志格线以下。通过“0 V/工作切换”键、“平衡/提升切换”键配合使油滴下偏距离标志格线一定距离(参见图 6-7-9)。然后调节电压调节旋钮加大电压，使油滴上升。当油滴到达距离标志格线时，立即按下“定时开始”键，此时计时器开始计时。当油滴上升到“0”标记格线时，立即按下“定时结束”键，此时计时器停止计时，但油滴继续上移。然后调节电压调节旋钮再次使油滴平衡于“0”格线以上。如果对本次实验结果满意，则按下“确认”键保存本次实验结果。

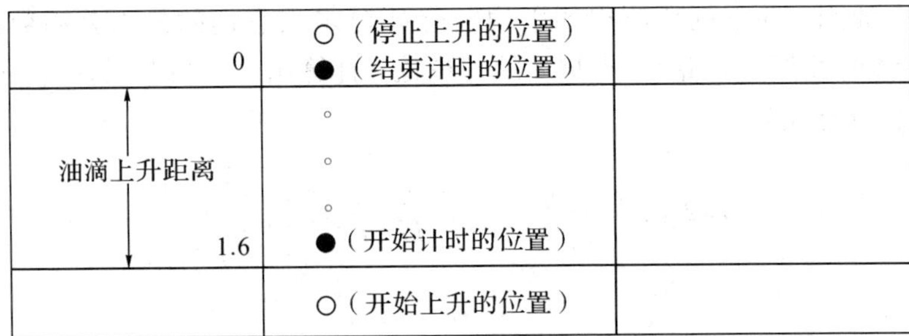

图 6-7-9　动态法示意图

(3) 重复以上步骤完成 5 次完整的实验，然后按下“确认”键，出现实验结果画面。动态测量法是分别测量出下落时间 t_f、提升时间 t_r 及提升电压 U，并代入式(6-7-11)即可求得油滴带电量 q。(选做)

平衡法和动态法实验结果格式如图 6-7-10 所示。

平衡法实验结果格式

实验结果
$\overline{U}_1$ (V) (平均平衡电压)
$\overline{T}_1$ (s) (平均下落时间)
Q E-19(C) （电量）

动态法实验结果格式

实验结果
$\overline{U}_2$ (V) （平均提升电压）
$\overline{T}_1$ (s) （平均下落时间） $\overline{T}_2$ (s) （平均上升时间）
Q E-19(C) （电量）

图 6-7-10

五、注意事项

(1) CCD盒、紧定螺钉、摄像镜头的机械位置不能变更，否则会对像距及成像角度造成影响(参见图6-7-2)。

(2) 仪器使用环境：温度为0～40℃的静态空气中。

(3) 注意调整进油量开关(参见图6-7-3)，应避免外界空气流动对油滴测量造成影响。

(4) 仪器内有高压，实验人员避免用手接触电极。

(5) 实验前应对仪器油滴盒内部进行清洁，防止异物堵塞落油孔。

(6) 注意仪器的防尘保护。

六、分析思考题

(1) 为什么必须使油滴作匀速运动或静止？实验中如何保证油滴在测量范围内作匀速运动?

(2) 怎样区别油滴上电荷的改变和测量时间的误差?

(3) 实验中，油滴在水平方向运动甚至消失的原因是什么?

(4) 测得各油滴电荷q求最大公约数，用了什么简化方法?

实验6.8　全息照相

全息术是利用光的干涉和衍射原理，将物体发射的特定光波以干涉条纹的形式记录下来，并在一定的条件下使其再现，形成原物体逼真的立体像。由于记录了物体的全部信息(振幅和相位)，因此称为全息术或全息照相。

全息术是英国科学家丹尼斯·加伯(Dennis Gabor)在1948年为提高电子显微镜的分辨率，在布喇格(Bragg)和泽尼克(Zemike)工作的基础上提出的。由于需要高度相干性和高强度的光源，直到1960年激光出现，以及1962年利思(Leith)和厄帕特尼克斯(Vaptnieks)提出离轴全息图以后，全息术的研究才进入一个新的阶段，相继出现了多种全息方法，开辟了全息应用的新领域，成为光学的一个重要分支。

全息术发展到现在可以分为四代：第一代是用水银灯记录同轴全息图。这是全息术的萌芽时期，其主要问题是再现像和共轭像不能分离，以及没有好的相干光源。第二代是用激光记录、激光再现，以及利思和厄帕特尼克斯提出离轴全息图，把原始像和共轭像分离。第三代是激光记录白光再现的全息术。其主要有反射全息、像全息、彩虹全息及合成全息。使全息术在显示方面显出其优越性。第四代即当前所致力的研究方向，是企图利用白光记录全息图，已初步做了一些工作。

一、实验目的

(1) 了解全息照相的基本原理和实验装置。

(2) 掌握拍摄全息图的实验方法。

(3) 学会全息片的再现观察，了解全息照相的特点。

二、实验器材

实验器材有 LYW－26 型光学实验平台(包括防震台、分束镜、反射镜、扩束镜、底片夹、载物台、光开关等)、He－Ne 激光器、被摄物、显影液、定影液、水盘、软夹等。

三、实验原理

全息照相分为两步：波前记录和波前再现。波前记录是将物体射出的光波与另一光波——参考光波相干涉，用照相的方法将干涉条纹记录下来，称为全息图或全息照片；这一过程叫做造图过程。全息图具有光栅状结构，当用原记录所用的参考光或其他相干光照射全息图时，光通过全息图后发生衍射，其衍射光波与物体光波相似，构成物体的再现像。

1. 全息图的记录

全息图记录的一般光路如图 6－8－1 所示。激光器输出的光束用分束器①分为两束：反射的一束经全反镜⑥反射到全息底片⑤上作为参考光；透射的一束经全反镜②反射到物体上，再经物体表面漫反射，作为物光射到全息底片上。参考光与物光相干涉，在这种干涉场中的全息底片经曝光、显影和定影处理以后，就将物光波的全部信息(振幅和相位)以干涉条纹的形式记录下来，这就是波前记录过程。所得到的全息图实际是一种较复杂的光栅结构。

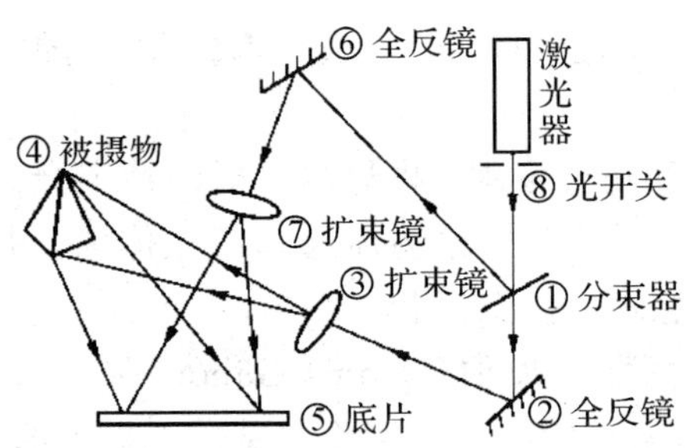

图 6－8－1　全息图记录的一般光镜

2. 全息图的再现

拍摄好的全息底片放回原光路中，用参考光波照射全息片时，经过底片衍射后得到零级光波，从底片透射而出；另外在两侧有正一级衍射和负一级衍射光波存在。人眼迎着正一级衍射光看去，可看到一个与被拍物体完全一样的立体的无失真的虚像；在负一级位置上，可用屏接收到一个实像，称为共轭像，如图 6－8－2 所示。

3. 全息图的特点

全息照相有以下几个特点：

(1) 三维立体像。因为记录的是光波的全部信息，即振幅与相位同时记录在全息片上。

(2) 全息照片可以分割。打碎的全息照片仍能再现出原被拍物体的全部图像。因为任一小部分全息图记录的干涉图像是由物体所有点漫射来的光与参考光相干涉而成的。

(3) 全息图的亮度随入射光的强弱而变化。再现光愈强，像的亮度愈大；反之就暗。

(4) 一张全息片可以多次曝光，可以转动底片角度拍摄多次。再现时作同样转动，不同角度会出现不同图像。也可以不转动底片而改变被拍物的状态进行多次曝光，再现时可观察到状态的变化情况。

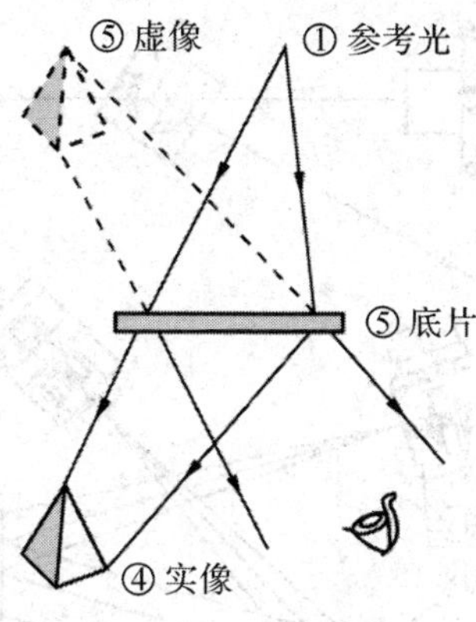

图 6-8-2

4. 在拍摄全息图时，物光和参考光的光程差Δ等于零最理想

当物光和参考光在底片上任一点相遇时，光强度 I 仅依赖于两束光的光程差Δ。当 $\Delta=d_2-d_1=k\lambda$ 时，光强度 I 最大，得亮条纹；当 $\Delta=d_2-d_1=(k+1/2)\lambda$ 时，光强度 I 最小，得暗条纹。其中 k 为整数。而干涉条纹的调制度定义为

$$M=\frac{I_{\max}-I_{\min}}{I_{\max}+I_{\min}}$$

当 $M=1$ 时，调制度最好。而 M 与光程差Δ及激光管模数 n 是奇数还是偶数有关。若激光管长为 L，而 L 在 200～300 mm 之间时，可以认为是单纵模，$n=1$。因此计算出 $\Delta=0$ 时，干涉条纹在奇数或偶数时 M 都为 1，调制度最好。当然，$\Delta=2kL$ 时，也可得到同样的结果。但在光路调节中，后者较麻烦，一般不用。所以，我们采用 $\Delta=0$ 这个光程差。实际上，在调节光路中，不能严格达到光程差为零，只要 $\Delta<0.5\sim2$ cm 时，即可拍出很好的全息照片。

5. 提高全息图衍射效率的途径

衍射效率可分为两大类型。由杨氏衍射原理获得的衍射效率属于振幅型(吸收型)；由折射率变化获得的衍射效率属于相位型。全息潜像用显、定影处理时，一般获得振幅型，其中相位型成分很低。因为振幅型衍射效率受干版颗粒大小、全息图的处理工艺及拍照时的参、物光比等因素影响，反差不能太大，衍射效率只有 6%左右。要提高衍射效率，采用漂白处理，使振幅型变化为相位型。另外，在底片处理工艺中，采用非漂白的相位型显影。因为相位型显影使围绕显影核中心形成的银聚团足够小，处于亚微观状态。那么这种银颗粒本身就可以逐渐变成透明体，从而产生折射率变化，形成相位型衍射。当然还可以采用其他非银盐干版作为全息照相记录介质来提高衍射效率。除此之外，还可以用高衍射效率的其他材料记录全息图。

四、实验内容

1. 实验装置

本实验在 LYW-26 型光学实验平台操作，如图 6-8-3 所示。

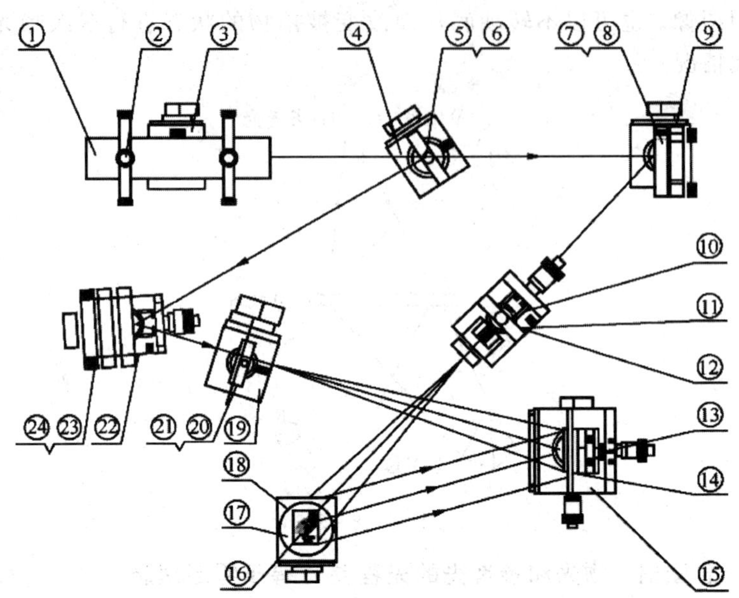

①—He-Ne 激光器 L(LTG-9)；②—激光器架(LTZ-52)；③—通用底座(LTZ-01)；
④—升降调节座(LTZ-02)；⑤—分束器；⑥—透镜架(LTZ-08)；⑦—二维架(LTZ-07)；
⑧—平面镜 M_1；⑨—通用底座(LTZ-01)；⑩—二维平移底座(LTZ-03)；⑪—扩束器($f'=4.5$ mm)；
⑫—透镜架(LTZ-08)；⑬—干版架(LTZ-12)；⑭—全息干版(调光时用白板)；
⑮—三维平移底座(LTZ-04)；⑯—拍摄物体；⑰—载物台(LTZ-20)；⑱—通用底座(LTZ-01)；
⑲—升降调节座(LTZ-02)；⑳—扩束器($f'=6.2$ mm)；㉑—旋转透镜架；㉒—二维平移底座(LTZ-03)；
㉓—平面镜 M_2；㉔—二维架(LTZ-07)

图 6-8-3 LYW-26 型光学实验平台

2. 实验步骤

(1) 按图 6-8-3 所示的位置安放好各器件，拿下 L_1 和 L_2，调等高。

(2) 使物光束与参考光束的光程近似相等，两者夹角在 30°～40°之间。

(3) 调 M_1 的倾角，使光束射在物的中间部位；调 M_2 的倾角，使参考光束射在全息干版(暂以白板代替)的中部。

(4) 加入 L_1，调其支架并前、后移动，使扩束镜恰好照全物体；加入 L_2，调其支架并前、后移动，使参考光束对准白屏，与物光束的光强比在 5∶1～10∶1 之间。

(5) 将各磁性座指向 ON，关闭照明灯，安装全息干版后进行曝光，时间可控制在 10～15 s。在弱绿光下显影和定影，时间的长短主要取决于药方的成分和药液的温度。

(6) 将清水冲过又经干燥处理的全息片面对扩束的激光，观察虚像和实像。

五、注意事项

(1) 实验时不能身靠木框，曝光过程中要保持安静。

(2) 实验操作时要细心、动作要轻，在装底片前应仔细检查光路。

(3) 冲洗干版时要注意观察底片颜色以掌握反差。

(4) 光学元件表面要注意防尘、防水气，不可任意触摸。

六、思考题

(1) 全息照相与普通照相有什么不同？为了拍出一张较理想的全息图，应具备哪些实验条件？

(2) 全息片的主要特点是什么？

补充说明

为便于理解，一般是以单色平面波进行分析的，但实际上是用单色球面波进行拍摄的，因此有进一步定量分析的必要。

设球面光波的复数表达式为

$$\mu(x,y,z,t)=A(x,y,z)\mathrm{e}^{-\mathrm{j}[\omega t-\phi(x,y,z)]}$$

其中，因子 $\mathrm{e}^{-\mathrm{j}\omega t}$ 表示光场随时间的变化，在讨论单色光时可以不明显地写出。这样，光场的空间分布可以用复振幅$\widetilde{U}(x,y,z)$表示

$$\widetilde{U}(x,y,z)=A(x,y,z)\mathrm{e}^{\mathrm{j}\phi(x,y,z)}$$

式中，$A(x,y,z)$和 $\phi(x,y,z)$分别表示空间某点的振幅和相位。

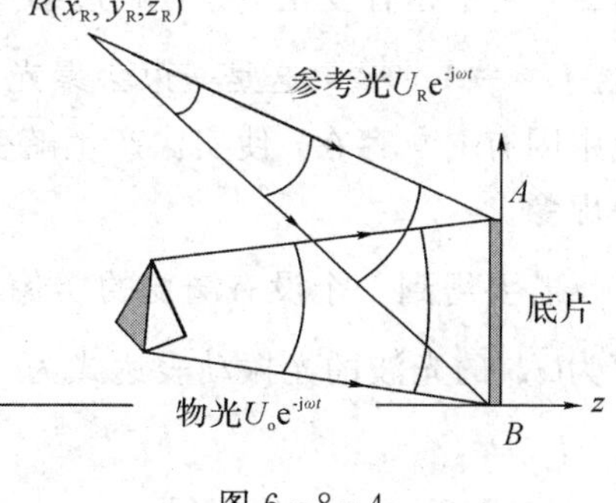

图 6-8-4

将全息底片放在 $x-y$ 平面上（即 $z=0$），如图 6-8-4 所示，令 $A=1$，参考光的源点在$R(x_R，y_R，z_R)$，从这一点发出的球面波复振幅为

$$\widetilde{U}_R(x，y，z)=\frac{1}{|\boldsymbol{r}-\boldsymbol{R}|}\mathrm{e}^{\left(\mathrm{j}\frac{2\pi}{\lambda}|\boldsymbol{r}-\boldsymbol{R}|\right)} \qquad (6-8-1)$$

其中，$\boldsymbol{R}$ 为空间某一点的位置矢量。在底片所在平面($z=0$)上，光场分布为

$$\widetilde{U}_R(x，y，o)=\frac{1}{\sqrt{(x-x_R)^2+(y-y_R)^2+z_R^2}}\mathrm{e}^{\left[\mathrm{j}\frac{2\pi}{\lambda}\sqrt{(x-x_R)^2+(y-y_R)^2+z_R^2}\right]}$$

或简单写为

$$\widetilde{U}(x，y，o)=\widetilde{U}_R(x,y)=A_R(x,y)\mathrm{e}^{\mathrm{j}\phi_R(x,y)} \qquad (6-8-2)$$

物光在底片上的复振幅可写为

$$\widetilde{U}_o(x,y)=A_o(x,y)\mathrm{e}^{\mathrm{j}\phi_0(x,y)}$$

因此，在全息底片上总的光强分布为

$$I(x,y)=[\boldsymbol{U}_R(x,y)+\boldsymbol{U}_o(x,y)](\boldsymbol{U}_R^*(x,y)+\boldsymbol{U}_o^*(x,y)]$$

其中，$\boldsymbol{U}^*$ 表示 $\boldsymbol{U}$ 的复数共轭。

$$\widetilde{U}^*(x，y)=A(x，y)\mathrm{e}^{-\mathrm{j}\phi(x,y)}$$

$$I(x,y)=A_R^2+A_o^2+A_RA_o\mathrm{e}^{\mathrm{j}(\phi_0-\phi_R)}+A_RA_o\mathrm{e}^{-\mathrm{j}(\phi_0-\phi_R)} \qquad (6-8-3)$$

式中，等号右边第一、二项分别为参考光和物光分别照到底片上的光强；后两项由物光和参考光干涉产生，作为干涉条纹记录在底片上。

记录全息片时，要适当控制底片的曝光量和显影时间，使显影后底片的振幅的透过率和曝光量成线性关系，即

$$T(x, y)=T_o-KI(x, y)$$

式中，T_o、K 是常数；$T(x, y)$为底片上某点的透过率。

将显影、定影后的全息底片放回原来记录时的位置上，并以从 **R** 发出的球面波作为再现光照在全息片上，则透过全息底片在 $z=0$ 平面上的复振幅分布为

$$\widetilde{U}(x,y)=T(x,y)\widetilde{U}_R(x,y,o)=T_o\widetilde{U}_R(x,y)-KI(x,y)\widetilde{U}_R(x,y)$$

将式(6-8-2)和式(6-8-3)代入上式，得

$$\widetilde{U}(x,y)=(T_o-KA_R^2-KA_o^2)\widetilde{U}_R(x,y)-KA_R^2A_o e^{j\phi_0}-KA_R^2A_o e^{j(2\phi_R-\phi_0)}$$

式中，等号右面第一项是近似衰减了的重现光，也就是零级衍射波；第二项 $KA_R^2A_o e^{j\phi_0}=KA_R^2\widetilde{U}_o$，其中 A_R 可近似地看做常数，这一项代表一级衍射光，它与记录全息时照在底片上的物光$\widetilde{U}_o$一样(只差一系数)。眼睛从右边向底片看时，好像在原物处(原物已取走)依然有一个与原物完全一样的三维物体存在。这是一个没有畸变、放大率为 1 的虚像，如图 6-8-5 所示。若再现光不是原来的参考光，这一项仅与$\widetilde{U}_o$近似成正比，产生的像就会有畸变，大小亦有变化。等号右边第三项 $KA_R^2A_o e^{j(2\phi_R-\phi_0)}$ 是-1 级衍射波，它包含物光的共轭波。$\widetilde{U}_o^*=A_o e^{-j\phi_0}$，这是一束会聚光，形成一个深度、左右、上下均倒反的实像。同时，这一项中因有 $e^{i2\phi_R}$ 存在，使实像产生畸变。在一定条件下，-1 级衍射形成的不是实像，而是另一虚像。

若要得到一个没有畸变的实像，则应以原参考光的共轭光波$\widetilde{U}_R^*$ 来照明全息片。复振幅为$\widetilde{U}_R^*$ 的光波的光振动表达式为

$$\mu=\widetilde{U}_R^* e^{-j\omega t}$$

将式(6-8-1)代入得

$$\mu=\frac{1}{|\boldsymbol{r}-\boldsymbol{R}|}e^{\left[-j\left(\frac{2\pi}{\lambda}|\boldsymbol{r}-\boldsymbol{R}|+\omega t\right)\right]}$$

对于某一固定相位面，$\frac{2\pi}{\lambda}|\boldsymbol{r}-\boldsymbol{R}|+\omega t=$常数。显然，$|\boldsymbol{r}-\boldsymbol{R}|$愈小，即愈接近 **R** 点处，$t$ 愈大。可见，这是一束会聚的球面波，从玻璃面进入底片，会聚在 $R(x_R, y_R, z_R)$点。容易证明 $\boldsymbol{U}_R^*$ 中的第三项是 $KA_R^2\widetilde{U}_o^*$，恰好与原来物光的共轭波复振幅 $\boldsymbol{U}_o^*$ 成正比，这时在原来被拍物的位置形成一个无像差的实像，如图 6-8-6 所示。而此时相对应的第二项给出一个畸变的虚像(或实像)。

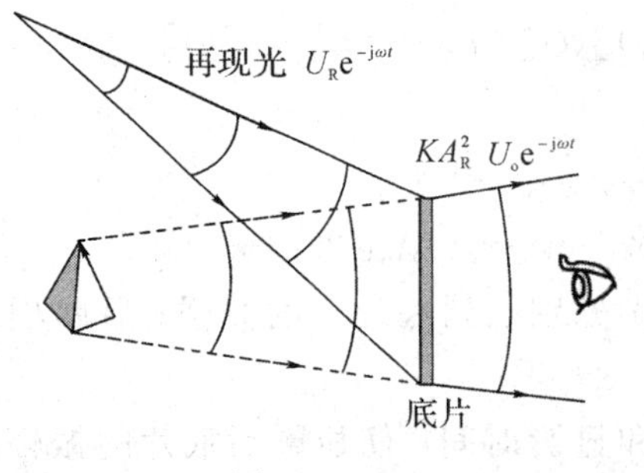

图 6-8-5

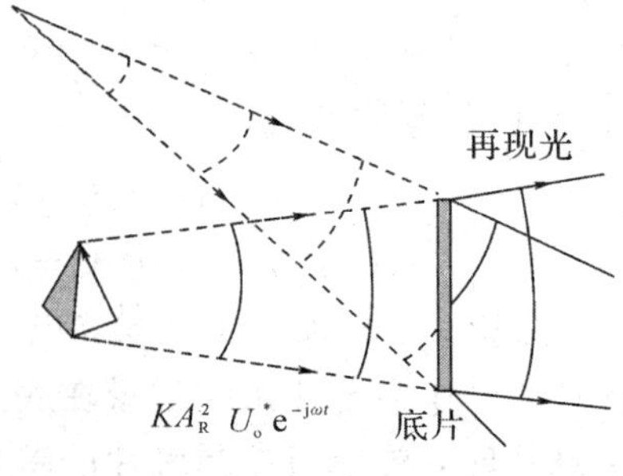

图 6-8-6

实际上，由于底片乳胶厚度往往比干涉条纹大很多，因此不能把全息照片看做二维光栅，而是一个三维光栅。如果考虑到三维光栅的作用，则＋1级和－1级衍射不能同时存在。

实验6.9　制作全息光栅

光栅是重要的分光元件之一，由于它的分辨率优于棱镜，因而许多光学仪器中都采用光栅代替棱镜作为分光的主要元件，如单色仪、光谱仪、摄谱仪等。此外，光栅在现代光学中的应用日趋广泛，如在光通信中用作光耦合器，光互连中用作互连元件，激光器中用作选频元件，光信息处理用作编码器、调制器、滤波器等。全息光栅制作技术是在20世纪60年代随着全息技术的发展而出现的，和传统刻画光栅相比它具有以下优点：光谱中无鬼线，杂散光少，分辨率高，有效孔径大，生产效率高，价格便宜等。目前，全息光栅在某些方面已经取代刻画光栅，在光栅家族中占有了一席之地。

一、实验目的

（1）掌握用全息方法制作光栅的基本原理。

（2）掌握全息实验光路基本调整方法和一维光栅制作技巧。

（3）了解全息光栅的基本特性和测试方法。

（4）初步了解全息记录介质——卤化银乳胶的特性和干板的处理方法。

二、实验器材

实验器材有LYW-26光学实验平台等。

三、实验原理

若使全息照相光路中的物光波和参考光波都是平面波，则制成的全息图就是一块全息光栅。如图6-9-1所示，激光束通过由扩束透镜L_1和长焦距凸透镜L_2组成的扩束系统后，形成平行光束，经过分束器分成两路：一路透射光波直达全息干版H，另一路反射光波经平面镜M再反射到H。该两路光波夹角为θ，在感光面上相干叠加，形成等间距的干涉直条纹。干版经曝光、显影、定影、漂白、烘干等处理后，所获得的全息光栅由下式决定它的光栅常量(周期)d。

$$2d\sin\frac{\theta}{2}=\lambda \tag{6-9-1}$$

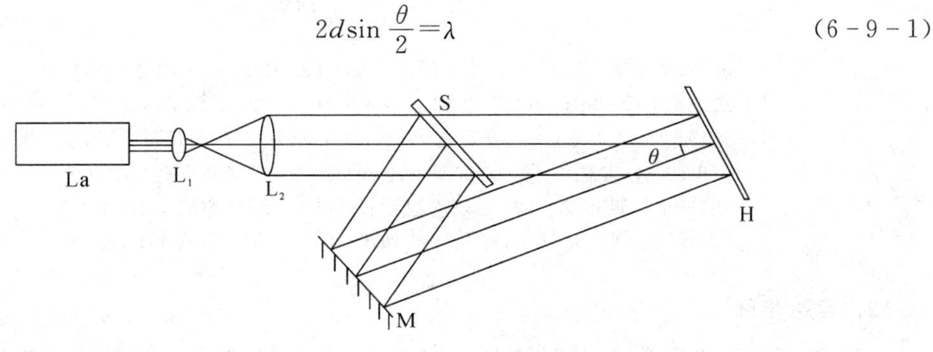

图6-9-1　全息光栅图

式中，λ 是激光波长。式(6－9－1)称为光栅方程。d 的倒数即为光栅的空间频率 f_0。由光栅方程和全息光栅记录光路可知，只要改变 θ 角，就能控制光栅的周期 d。

设定光栅方程 $d\sin(\theta/2)=k\lambda$ 中的光栅常量 d(例如 1/100 mm)，并在光路中确定相应的 θ 角。为此我们需要在全息干板处放置一开孔小白屏，在小白屏 P_1 背后安置另一个白屏 P_2，接收透过小白屏中心圆孔形成的两个光点 a 和 b(参见图 6－9－2)，用直尺测量出 x 和 l，由几何关系

$$x=2l\tan\theta$$

计算出 θ，再对照光栅方程，调节 M_2 和 M 达到或接近所需 θ 值为止。也可在 P_1 处放置一透镜，在后焦平面处放置一白屏，测量白屏上的两个光点 a 和 b，根据上式计算 θ。

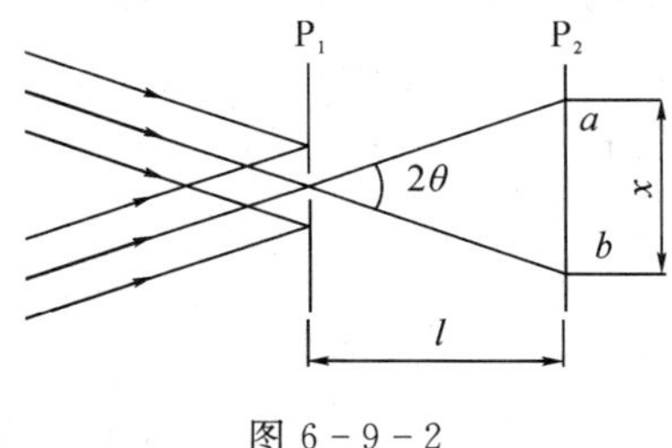

图 6－9－2

四、实验内容

1. 实验装置

本实验在 LYW－26 型光学实验平台操作，如图 6－9－3 所示。

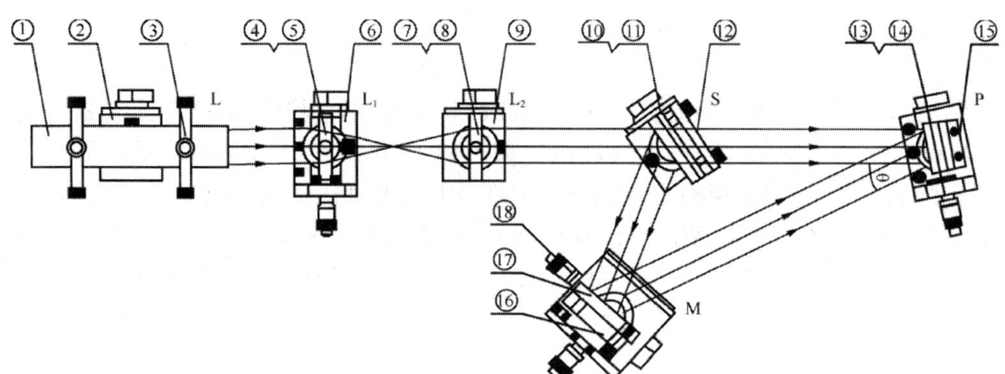

①—He-Ne激光器L (LTG-9)；②—通用底座(LTZ-01)； ③—激光器架(LTZ-52)；
④—透镜架(LTZ-08)；⑤—扩束器L_1(f = 4.5 mm)；⑥—二维平移底座(LTZ-03)；
⑦—透镜架(LTZ-08)；⑧—准直透镜L_2(f=225 mm)；⑨—升降调节座(LTZ-02)；
⑩—5:5分束器S；⑪—二维架(LTZ-07)；⑫—升降调节座(LTZ-02)；
⑬—干版架(LTZ-12)；⑭—全息干版；⑮—二维平移底座(LTZ-03)；
⑯—二维架(LTZ-07)；⑰—平面镜；⑱—三维平移底座(LTZ-04)

图 6－9－3

2. 实验步骤

(1) 设定全息光栅常量 d(例如 100 L/mm)，代入式(6－9－1)估算两光束夹角 θ(精确到 0.5°甚至 1°即可)。

(2) 参照图 6-9-1 布置光路。先不加扩束装置(L_1和L_2)，按估算的θ角，使两光束在H面(暂用小白屏代替全息干版)交叠。

(3) 在光路中加入透镜L_1和L_2(扩束的光斑应在H面重合)，然后取下小白屏。

(4) 在暗室环境，将裁好的全息干版装在干版架上，静置1 min以后，曝光约0.5 s，然后可在绿色安全灯下显影、停显和定影。在正常采光下水洗、漂白、风干或烘干。

(5) 用显微镜观察制成的全息光栅的结构。

(6) 用细激光束垂直入射全息光栅HG(参见图 6-9-4)，在白屏P上观察衍射现象(清晰的光斑可视为夫琅禾费衍射图样)。测量HG至P之间的距离l和±1级衍射斑之间的距离e，根据式(6-9-1)计算出光栅常量，并与原先设定的数值作比较。

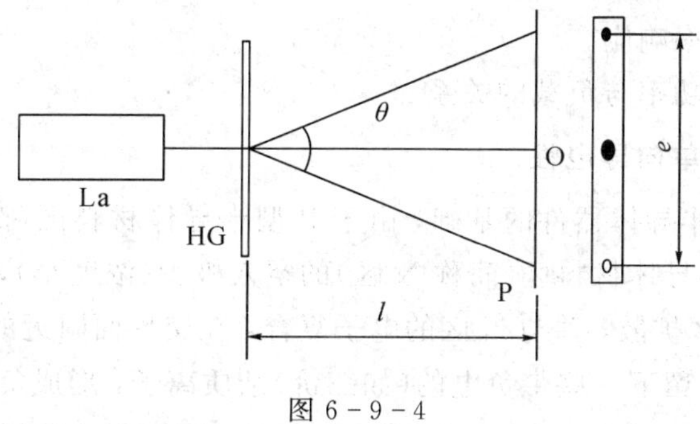

图 6-9-4

五、问题与讨论

给出你的实验结论、体会和对此实验的建议。

实验 6.10　硅光电池特性研究

光电池是一种光电转换元件，它不需外加电源而能直接把光能转换为电能。光电池的种类很多，常见的有硒、锗、硅、砷化镓、氧化铜、氧化亚铜、硫化铊、硫化镉等。其中最受重视、应用最广的是硅光电池。硅光电池是根据光生伏特效应而制成的光电转换元件。它有一系列的优点：性能稳定，光谱响应范围宽，转换效率高，线性响应好，使用寿命长，耐高温、辐射，光谱灵敏度和人眼灵敏度相近等。所以，它在分析仪器、测量仪器、光电技术、自动控制、计量检测、计算机输入/输出、光能利用等很多领域用作探测元件，并得到广泛应用，在现代科学技术中有十分重要的地位。通过实验对硅光电池的基本特性和简单应用做初步的了解和研究，对使用日益广泛的各种光电器件具有十分重要的意义。

一、实验目的

(1) 掌握PN结形成原理及其单向导电性等工作机理。

(2) 了解LED发光二极管的驱动电流和输出光功率的关系。

(3) 掌握硅光电池的工作原理及负载特性。

二、实验器材

实验器材有THKGD-1型硅光电池特性实验仪、函数信号发生器、双踪示波器等。

三、实验原理

目前半导体光电探测器在数码摄像、光通信、太阳电池等领域得到广泛应用，硅光电池是半导体光电探测器的一个基本单元，深刻理解硅光电池的工作原理和具体使用特性可以进一步领会半导体 PN 结原理、光电效应理论和光伏电池产生机理。THKGD－1 型硅光电池特性实验仪主要由半导体发光二极管恒流驱动单元、硅光电池特性测试单元等组成。利用它可以进行以下实验内容：

(1) 硅光电池输出短路时光电流与输入光信号的关系。

(2) 硅光电池输出开路时产生的光伏电压与输入光信号的关系。

(3) 硅光电池的频率响应。

(4) 硅光电池输出功率与负载的关系。

1. PN 结的形成及单向导电性

PN 结是构成各种半导体器件的基础，由于 P 型半导体材料区(简称 P 区)有大量的空穴(浓度大)，而 N 型半导体材料区(简称 N 区)的空穴极少(浓度小)，因此空穴要从浓度大的 P 区向浓度小的 N 区扩散，并与 N 区的电子复合，在交界面附近的空穴扩散到 N 区，在交界面附近一侧的 P 区留下一些带负电的(如三价)杂质离子，形成负空间电荷区。同样，N 区的自由电子也要向 P 区扩散，并与 P 区的空穴复合，在交界面附近一侧的 N 区留下一些带正电的(如五价)杂质离子，形成正空间电荷区。这些离子是不能移动的，因而在 P 型半导体和 N 型半导体交界面两侧形成一层很薄的空间电荷区(也称为耗尽层)，这个空间电荷区就是 PN 结，如图 6－10－1 所示。

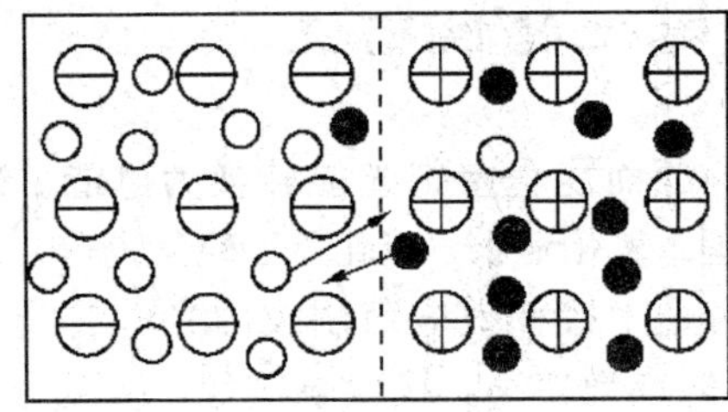

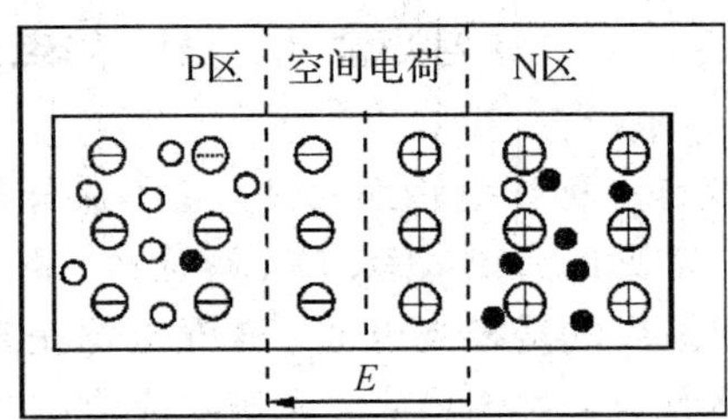

图 6－10－1　PN 结示意图

正、负空间电荷在交界面两侧形成一个电场，称为内电场，其方向从带正电的 N 区指向带负电的 P 区，如图 6－10－1 所示。由 P 区向 N 区扩散的空穴在空间电荷区将受到内电场的阻力，而由 N 区向 P 区扩散的自由电子也将受到内电场的阻力，即内电场对多数载流子(P 区的空穴和 N 区的自由电子)的扩散运动起阻挡作用，所以空间电荷区又称为阻挡层。

空间电荷区的内电场对多数载流子的扩散运动起阻挡作用，这是一个方面；但另一方面，内电场对少数载流子(P 区的自由电子和 N 区的空穴)则可推动它们越过空间电荷区，进入对方区域。少数载流子在内电场作用下有规则的运动称为漂移运动。

扩散和漂移是相互联系的，又是相互矛盾的。在开始形成空间电荷区时，多数载流子的扩散运动占优势，但在扩散运动进行过程中，空间电荷区逐渐加宽，内电场逐步加强，于是在一定条件下(例如温度一定)，多数载流子的扩散运动逐渐减弱，而少数载流子的漂移运动则逐渐增强。最后，载流子的扩散运动和漂移运动达到动态平衡，P区的空穴(多数载流子)向右扩散的数量与N区的空穴(少数载流子)向左漂移的数量相等；对自由电子也是这样。达到平衡后，空间电荷区的宽度基本上稳定下来，PN结就处于相对稳定的状态。

上面讨论的是PN结在没有外加电压的情况，这时半导体中的扩散和漂移处于动态平衡。下面讨论在PN结上加外部电压的情况。

若在PN结上加正向电压，即外电源的正极接P区、负极接N区，也称为正向偏置。此时外加电压在PN结中产生的外电场和内电场的方向相反，扩散和漂移运动的平衡被破坏。外电场驱使P区的空穴进入空间电荷区抵消一部分负空间电荷，同时N区的自由电子进入空间电荷区抵消一部分正空间电荷。于是整个空间电荷区变窄，内电场被削弱，多数载流子的扩散运动增强，形成较大的扩散电流(正向电流)，PN结处于导通状态。PN结导通时呈现的电阻称为正向电阻，其数值很小，一般为几欧到几百欧。在一定范围内，外电场愈强，正向电流(由P区流向N区的电流)愈大，这时PN结呈现的电阻很低。正向电流包括空穴电流和电子电流两部分。空穴和电子虽然带有不同极性的电荷，但由于它们的运动方向相反，因此电流方向是一致的。外电源不断地向半导体提供电荷，使电流得以维持。

若在PN结上加反向电压，即外电源的正极接N区、负极接P区，也称为反向偏置。此时外加电压在PN结中产生的外电场和内电场方向一致，也破坏了扩散和漂移运动的平衡。外电场驱使空间电荷区两侧的空穴和自由电子移动，使得空间电荷增强，空间电荷区变宽，内电场增强，使多数载流子的扩散运动很难进行。但另一方面，内电场的增强也加强了少数载流子的漂移运动，在外电场的作用下，N区中的空穴越过PN结进入P区，P区中的自由电子越过PN结进入N区，在电路中形成反向电流(由N区流向P区的电流)。由于少数载流子数量很少，因此反向电流不大，即PN结呈现的反向电阻很高，可以认为PN结基本上不导电，处于截止状态。此时的电阻称为反向电阻，其数值很大，一般为几千欧到十几兆欧。又因为少数载流子是由于价电子获得热能(热激发)挣脱共价键的束缚而产生的，所以温度变化时少数载流子的数量也随之变化，环境温度愈高，少数载流子的数量愈多，温度对反向电流的影响较大。

由以上分析可知，PN结具有单向导电性。在PN结上加正向电压时，PN结电阻很低，正向电流较大，PN结处于正向导通状态；加反向电压时，PN结电阻很高，反向电流很小，PN结处于截止状态。

图6-10-2是半导体PN结在零偏、负偏、正偏下的耗尽区，当P型和N型半导体材料结合时，由于P型半导体材料空穴多、电子少，而N型半导体材料电子多、空穴少，结果P型半导体材料中的空穴向N型半导体材料这边扩散，N型半导体材料中的电子向P型半导体材料这边扩散，扩散的结果使得结合区两侧的P型区出现负电荷、N型区带正电荷，从而形成一个势垒，由此而产生的内电场将阻止扩散运动的继续进行，当两者达到平衡时，在PN结两侧形成一个耗尽区。耗尽区的特点是无自由载流子，呈现高阻抗。当PN结反偏时，外加电场与内电场方向一致，耗尽区在外电场作用下变宽，使势垒加强；当PN结正偏时，外加电场与内电场方向相反，耗尽区在外电场作用下变窄，势垒削弱，使载流子扩散运动继续形成电流，此即为PN结的单向导电性，电流方向是从P指向N。

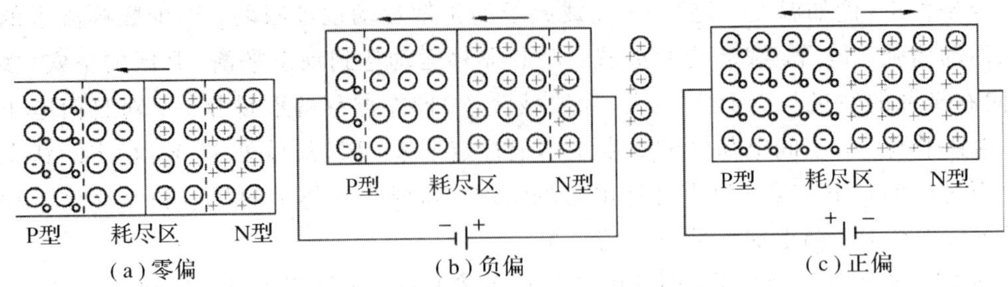

图 6-10-2　PN结在零偏、负偏、正偏下的耗尽区

2. LED的工作原理

当某些半导体材料形成的PN结加正向电压时，空穴与电子在PN结复合时将产生特定波长的光，发光的波长与半导体材料的能级间隙 E_g 有关。发光波长 λ_p 可由下式确定：

$$\lambda_p = \frac{hc}{E_g} \tag{6-10-1}$$

式中，h 为普朗克常数；c 为光速。在实际的半导体材料中，能级间隙 E_g 有一个宽度，因此发光二极管发出光的波长不是单一的，其发光波长宽度一般在 25～40 nm，其随半导体材料的不同而有差别。发光二极管输出光功率 P 与驱动电流 I 的关系由下式确定：

$$P = \frac{\eta E_P I}{e} \tag{6-10-2}$$

式中，η 为发光效率；E_P 为光子能量；e 为电子电荷常数。

输出光功率与驱动电流成线性关系，当电流较大时，由于PN结不能及时散热，输出光功率可能会趋向饱和。系统采用的发光二极管驱动和调制电路框图如图 6-10-3 所示。本实验用一个驱动电流可调的红色超高亮度发光二极管作为实验用光源。信号调制采用光强度调制的方法，光强度调节器用来调节流过LED的静态驱动电流，从而改变发光二极管的发射光功率。设定的静态驱动电流调节范围为 0～20 mA，对应面板上的光发送强度驱动显示值为 0～2000 单位。正弦调制信号经电容、电阻网络及运放、跟随、隔离后耦合到放大环节，与发光二极管静态驱动电流叠加后使发光二极管发送随正弦波调制信号变化的光信号，如图 6-10-4 所示。变化的光信号可用于测定光电池的频率响应特性。

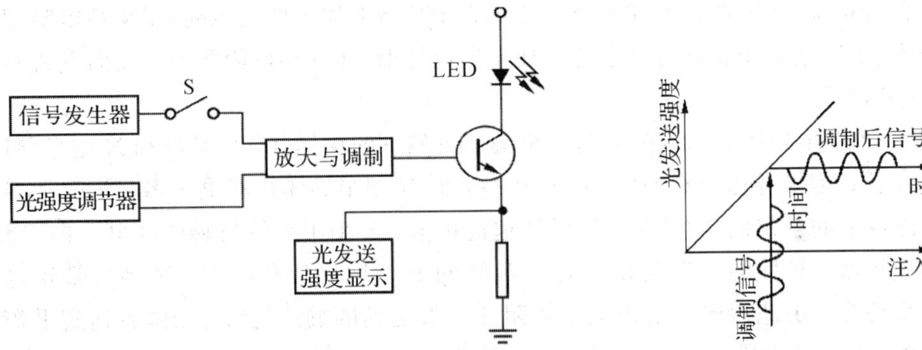

图 6-10-3　发送光的设定、驱动和调制电路框图　　图 6-10-4　LED正弦信号调制原理

3. 光电池的工作原理

光电转换器件主要是利用物质的光电效应，即当物质在一定频率的照射下，释放出光

电子的现象。当光照射金属、金属氧化物或半导体材料的表面时，会被这些材料内的电子所吸收，如果光子的能量足够大，吸收光子后的电子可挣脱原子的束缚而溢出材料表面，这种电子称为光电子；这种现象称为光电子发射，又称为外光电效应。有些物质受到光照射时，其内部原子释放电子，但电子仍留在物体内部，使物体的导电性增强，这种现象称为内光电效应。

光电二极管是典型的光电效应探测器，具有量子噪声低、响应快、使用方便等优点，广泛用于激光探测器。外加反偏电压与结内电场方向一致，当 PN 结及其附近被光照射时，就会产生载流子(即电子-空穴对)。PN 结区内的电子-空穴对在势垒区电场的作用下，电子被拉向 N 区、空穴被拉向 P 区而形成光电流。同时，势垒区一侧一个扩展长度内的光生载流子先向势垒区扩散，然后在势垒区电场的作用下也参与导电。当入射光强度变化时，光生载流子的浓度及通过外回路的光电流也随之发生相应的变化，这种变化在入射光强度很大的动态范围内仍能保持线性关系。

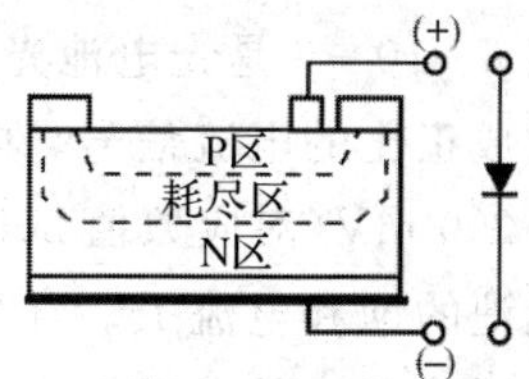

图 6-10-5 光电池结构示意图

硅光电池是一个大面积的光电二极管，它被设计用于把入射到它表面的光能转化为电能，因此，可用作光电探测器和光电池，被广泛用于太空和野外便携式仪器等的能源。

光电池的基本结构如图 6-10-5 所示，当半导体 PN 结处于零偏或负偏时，在它们的结合面耗尽区存在一内电场。

当没有光照射时，光电二极管相当于普通的二极管。其伏安特性为

$$I=I_s(e^{\frac{qU}{kT}}-1) \qquad (6-10-3)$$

式中，I 为流过二极管的总电流；I_s为反向饱和电流；$q=1.602\times10^{-19}$C 为电子电荷；$k=1.38\times10^{-23}$J/K 为玻尔兹曼常量；T 为工作绝对温度(室温取 300K)；U 为加在二极管两端的电压(零偏时 $U=0$，本实验中负偏时 $U=-5$ V)。对于外加正向电压，I 随 U 指数增长，称为正向电流；当外加电压反向时，在反向击穿电压之内，反向饱和电流基本上是个常数。

当有光照时，入射光子将把处于介带中的束缚电子激发到导带，激发出的电子-空穴对在内电场作用下分别飘移到 N 区和 P 区，当在 PN 结两端加负载时就有一光生电流流过负载。流过 PN 结两端的电流可由下式确定：

$$I=I_s(e^{\frac{qU}{kT}}-1)+I_p \qquad (6-10-4)$$

式中，I 为流过硅光电池的总电流；I_s为反向饱和电流；U 为 PN 结两端电压；T 为工作绝对温度；I_p为产生的反向光电流。

式(6-10-4)表示硅光电池的伏安特性。从式中可以看到，当硅光电池处于零偏时，$U=0$，$e^{\frac{qU}{kT}}=1$，流过 PN 结的电流 $I=I_p$；当硅光电池处于负偏时(在本实验中取 $U=-5$ V)，$e^{\frac{qU}{kT}}\to0$，流过 PN 结的电流 $I=I_p-I_s$。因此，当硅光电池用作光电转换器时，硅光电池必须处于零偏或负偏状态。

比较式(6-10-3)和式(6-10-4)可知，硅光电池的伏安特性曲线相当于把普通二极管的伏安特性曲线向下平移。

硅光电池处于零偏或负偏状态时，产生的光电流 I_p与输入光功率 P_i有以下关系：

$$I_p = RP_i \tag{6-10-5}$$

式中，R 为响应率。R 值随入射光波长的不同而变化，对不同材料制作的硅光电池 R 值分别在短波长和长波长处存在一截止波长，在长波长处要求入射光子的能量大于材料的能级间隙 E_g，以保证处于介带中的束缚电子得到足够的能量被激发到导带，对于硅光电池其长波截止波长为 $\lambda_c = 1.1\ \mu m$，在短波长处也由于材料有较大吸收系数使 R 值很小。

图 6-10-6 是光电池光电信号接收端的工作原理框图，光电池把接收到的光信号转变为与之成正比的电流信号，再经 I/V 转换模块把光电流信号转换成与之成正比的电压信号，以 200 mV(对应数值 2000)的毫伏表显示。比较光电池零偏和反偏时的信号，就可以测定光电池的饱和电流 I_s。当发送的光信号被正弦信号调制时，则光电池输出电压信号中将包含正弦信号，据此可通过示波器测定光电池的频率响应特性。

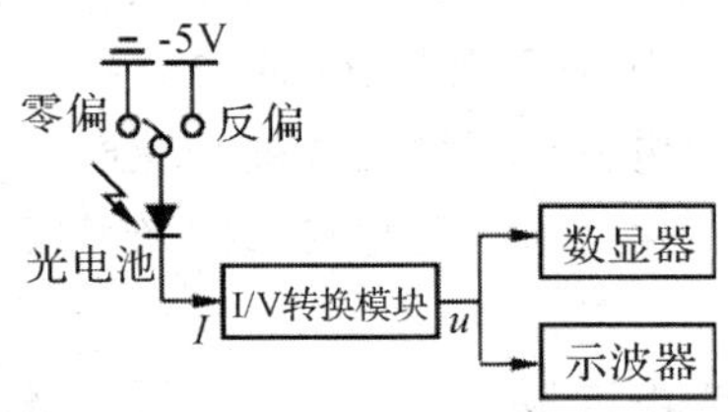

图 6-10-6　光电信号接收框图

4. 光电池的负载特性

光电池作为电池使用。在内电场作用下，入射光子由于内光电效应把处于介带中的束缚电子激发到导带而产生光伏电压，在光电池两端加一个负载就会有电流流过，当负载很小时，电流较小而电压较大；当负载很大时，电流较大而电压较小。实验时可改变负载电阻 R_L 的值来测定硅光电池的伏安特性。

四、实验内容与步骤

(1) 硅光电池零偏和负偏时光电流与输入光信号关系特性的测定。如图 6-10-7(a)连线，将硅光电池输出端连接到 I/V 转换模块的输入端，将 I/V 转换模块的输出端连接到数显电压表头的输入端，打开仪器电源；调节发光二极管静态驱动电流，其调节范围为 6～15 mA(相应于发光强度指示为 600～1500)，将功能转换开关分别打到零偏和负偏，分别测定硅光电池在零偏和负偏时光电流与输入光信号的关系。实际测得的是电压值，记录 10 组数据，计算出电压之差，然后根据 I/V 转换模块的采样电阻值(标在 I/V 转换模块区域)可计算硅光电池的反向饱和电流 I_s。

(2) 硅光电池输出接恒定负载时产生的光伏电压与输入光信号关系的测定。如图 6-10-7(b)连线，将功能转换开关打到“负载”处，将硅光电池输出端连接负载电阻(取 10 kΩ)和数显电压表，从 0.5～9.5 mA(指示为 50～950)调节发光二极管静态驱动电流，测定硅光电池输出电压随输入光强度变化的关系曲线。

(3) 硅光电池伏安特性的测定。如图 6-10-7(b)所示，测量当负载在输入光强度不变(驱动电流分别取 5 mA 和 15 mA)和负载在 1 kΩ～8 kΩ 的范围内变化时，光电池的输出电压随负载电阻变化关系曲线。在坐标纸上同一个坐标系内画出 $U-R$ 曲线。

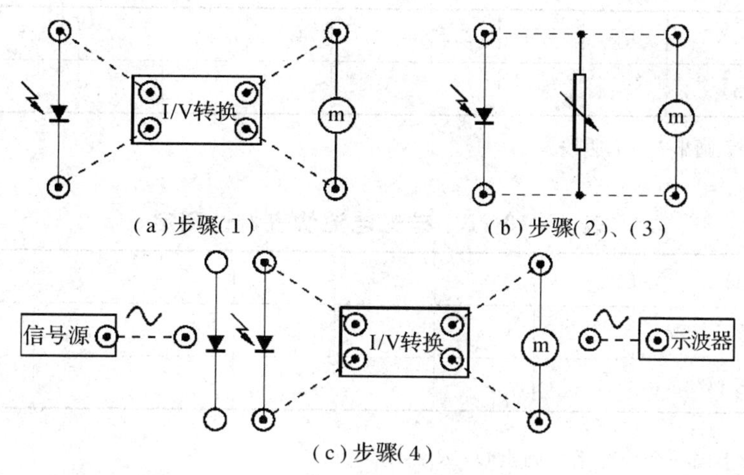

图 6-10-7 实验连线图

(4) 硅光电池频率响应的测定。

幅频特性：放大倍数的大小(即输入、输出正弦电压幅度之比)随频率变化的特性。

上限截止频率：信号频率上升到一定程度，放大倍数数值也将减小，使放大倍数数值等于 0.707 倍最大值$|A_m|$的频率称为上限截止频率 f_H。

将功能转换开关打到“零偏”处，将硅光电池的输出连接到 I/V 转换模块的输入端，如图 6-10-7(c)所示。令 LED 驱动电流为 10 mA(指示为 1000)，在信号输入端加正弦调制信号，使 LED 发送调制的光信号，保持输入正弦信号的幅值不变，调节函数信号发生器频率，用示波器观测并记录发送光信号的频率变化时，硅光电池输出信号幅值的变化，记录幅值最大值 A_m 及其对应的频率 f_m，计算出上限截止频率对应的幅值 $A_H=0.707$ mV，通过改变信号发生器输出频率测定硅光电池的截止频率 f_H，测定硅光电池在零偏条件下的幅频特性，即幅值 A 与频率 f 的关系。

五、数据记录与处理

将实验数据分别记录在表 6-10-1～表 6-10-4 中。

表 6-10-1 硅光电池零偏和负偏时光电流与输入光信号关系特性测定采样电阻 R_{IV}=

驱动电流 I/mA	6	7	8	9	10	11	12	13	14	15
$U_{零偏}$/mV										
$U_{负偏}$/mV										
ΔU/mV										

$$\Delta\overline{U}=U_{零偏}-U_{负偏}=I_s=\frac{\Delta\overline{U}}{R_{IV}}=$$

表 6-10-2　硅光电池输出接恒定负载时产生的光伏电压与输入光信号关系测定负载：10 kΩ

驱动电流 I/mA	0.5	1.5	2.5	3.5	4.5	5.5	6.5	7.5	8.5	9.5
输出电压 U/mV										

注：在坐标纸上画出 $U-I$ 曲线。

表 6-10-3　硅光电池伏安特性测定

负载 R/kΩ	1	2	3	4	5	6	7	8
5 mA 输出电压 U/mV								
15 mA 输出电压 U/mV								

注：在坐标纸上同一个坐标系内画出 $U-R$ 曲线。

表 6-10-4　硅光电池频率响应的测定(零偏)驱动电流 $I=10$ mA，**幅值(示波器上** Vamp)
最大值 $A_0=$　　mV，上限截止频率对应幅值 $A_H=0.707A_0=$　　mV，上限截止频率 $f_H=$　　Hz

频率 f/kHz	1	10	15	20	25	30	35	40	45	50	55	60
幅度 A/mV												

注：在坐标纸上画出幅频特性 $A-f$ 曲线。

六、思考题

(1) 光电池在工作时为什么要处于零偏或负偏？

(2) 光电池对入射光的波长有何要求？

实验 6.11　探针测量半导体或金属薄膜电阻率

一、实验目的

(1) 熟悉四探针法测量半导体或金属薄膜电阻率的原理。

(2) 掌握四探针法测量材料电阻率的方法。

二、实验器材

实验器材有四探针组件、SB118 精密直流电流源、PZ158A 直流数字电压表等。

三、实验原理

金属薄膜材料是支持现代高新技术不断发展的重要材料之一，已经被广泛地应用在微电子器件、微驱动器/微执行器、微型传感器中。金属薄膜的电阻率是金属薄膜材料的一个重要的物理特性，是科研开发和实际生产中经常要测量的物理特性，对金属薄膜电阻率的测量也是四端法测量低电阻材料电阻率的一个实际的应用，它比传统的四端子法测量金属丝电阻率的实验更贴近现代高新技术的发展。

直流四探针法(简称四探针法)也称为四电极法，主要用于半导体材料或超导体等的低电阻率的测量。使用的仪器及与样品的接线如图 6－11－1 所示。由图可见，测试时 4 根金属探针(1～4)与样品表面接触，外侧两根 1、4 为通电流探针，内侧两根 2、3 为测电压探针。由电流源输入小电流使样品内部产生压降，同时用高阻抗的静电计、电子毫伏计或数字电压表测量出其他二根探针的电压即 U_{23}(V)。

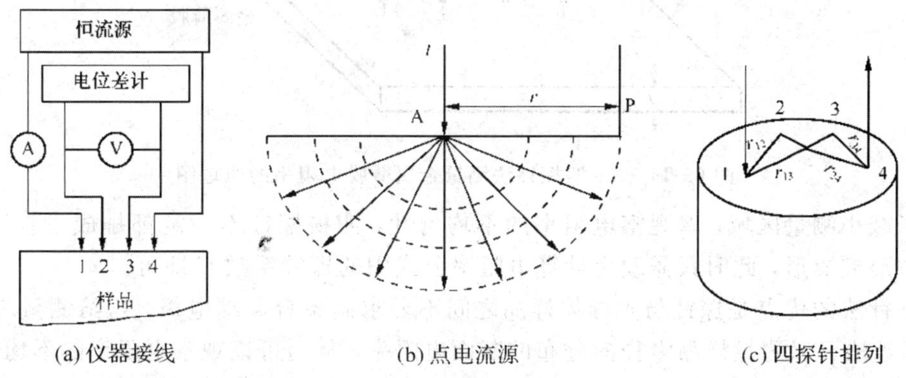

(a) 仪器接线　　(b) 点电流源　　(c) 四探针排列

图 6－11－1　四探针法测量原理示意图

若一块电阻率为 ρ 的均匀半导体样品，其几何尺寸相对于探针间距来说可以看做半无限大，当探针引入的点电流源的电流为 I，由于均匀半导体内恒定电场的等位面为球面，则在半径为 r 处等位面的面积为 $2\pi r^2$，电流密度为

$$j=\frac{I}{2\pi r^2} \tag{6-11-1}$$

根据电导率与电流密度的关系可得

$$E=\frac{j}{\sigma}=\frac{I}{2\pi r^2\sigma}=\frac{I\rho}{2\pi r^2} \tag{6-11-2}$$

则距点电荷 r 处的电势为

$$U=\frac{I\rho}{2\pi r} \tag{6-11-3}$$

该半导体样品内各点的电势应为 4 个探针在该点形成电势的矢量和。通过数学推导可得四探针法测量电阻率的公式为

$$\rho=\frac{U_{23}}{I}\cdot 2\pi\left(\frac{1}{r_{12}}-\frac{1}{r_{24}}-\frac{1}{r_{13}}+\frac{1}{r_{34}}\right)^{-1}=C\frac{U_{23}}{I} \tag{6-11-4}$$

式中，$C=2\pi\left(\frac{1}{r_{12}}-\frac{1}{r_{24}}-\frac{1}{r_{13}}+\frac{1}{r_{34}}\right)^{-1}$ 为探针系数，单位为 cm；r_{12}、r_{24}、r_{13}、r_{34} 分别为相应探针间的距离，如图 6－11－1(c)所示。若四探针在同一平面的同一直线上，其间距分别为 S_1、S_2、S_3，且 $S_1=S_2=S_3=S$ 时，则

$$\rho=\frac{U_{23}}{I}\cdot 2\pi\left(\frac{1}{S_1}-\frac{1}{S_1+S_2}-\frac{1}{S_2+S_3}+\frac{1}{S_3}\right)^{-1}=\frac{U_{23}}{I}2\pi S \tag{6-11-5}$$

这就是常见的直流等间距四探针法测电阻率的公式。四探针法测量金属薄膜电阻率的原理如图 6－11－2 所示。

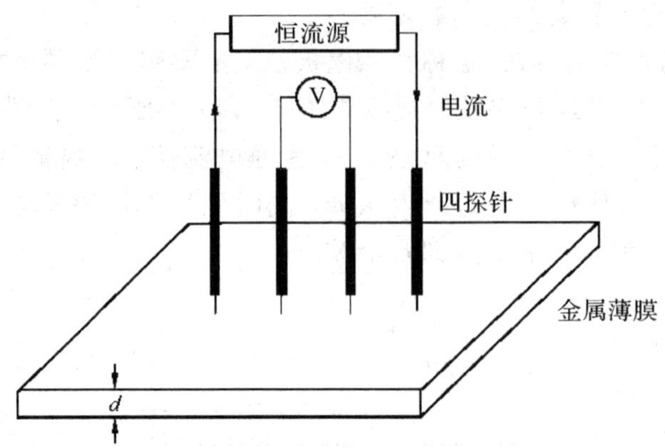

图 6-11-2 四探针法测量金属薄膜电阻率的原理图

为了减小测量区域，以观察电阻率的不均匀性，四根探针不一定都排成一直线，而可排成正方形或矩形，此时只需改变计算电阻率公式中的探针系数 C 即可。

四探针法的优点是探针与半导体样品之间不要求制备合金结电极，这给测量带来了方便。四探针法可以测量样品沿径向分布的断面电阻率，从而可以观察电阻率的不均匀情况。由于这种方法可迅速、方便、无破坏地测量任意形状的样品且精度较高，适合于大批生产中使用。但由于该方法受针距的限制，很难发现小于 0.5 mm 两点电阻的变化。

根据样品在不同电流(I)下的电压值(U)计算出该样品的电阻值及电阻率。例如某一种金属薄膜样品，在其面积为无限大或远大于四探针中相邻探针的间距时，金属薄膜的电阻率 ρ_F 可以由以下式算出。

$$\rho_F=\frac{\pi}{\ln 2}\times\frac{U}{I}\times d$$

式中，d 是金属薄膜的膜厚；I 是流经金属薄膜的电流，即恒流源提供的电流；U 是电流流经金属薄膜时产生的电压。上式只是金属薄膜电阻率的计算公式，并不能用于金属薄膜电阻率微观机理的解释。

四、实验内容与步骤

(1) 预热。打开 SB118 精密直流电流源和 PZ158A 直流数字电压表的电源的开关，使仪器预热 15 min。

(2) 放置被测样品。首先拧动四探针支架上的铜螺柱，松开四探针与小平台的接触，将样品放置于小平台上；然后拧动铜螺柱，使四探针的所有针尖同样品薄膜有良好的接触即可。

注意：① 在拧动四探针架上的铜螺柱时，用手扶住四探针架，不要让四探针在样品表面滑动，以免探针的针尖滑伤样品薄膜。

② 在拧动四探针支架上的铜螺柱时，不要拧得过紧，以免四探针的针尖严重刺伤样品薄膜，只要四探针的所有针尖同样品薄膜有良好的接触即可。

(3) 联机。将四探针的 4 个接线端子分别正确地接入相应的位置，即接线板上最外面的端子对应于四探针的最外面两根针，应接在 SB118 的电流输出孔上；而接线板上内侧的两个端子对应于四探针的内侧的两根针，接在 PZ158A 电压表的输入孔上。四探针法测量金属薄膜电阻率的原理图如图 6－11－2 所示。

注意：在连接 SB118 前，应先将其电流输出调节到零；PZ158A 可选择在 0.2 V 或 2 V 量程。

（4）测量。使用 SB118 电流源部分，选择合适的电流输出量程，以及适当调节电流（粗调及细调），可以在 PZ158A 上测量出样品在不同电流下的电压值。

注意：① 在切换电流量程时，应先将电流输出调至近零，以免造成电流对样品的冲激。

② 在选择电流时，对某些样品，最大的电流值对应的电压值一般不超过 5 mV，若流过样品薄膜的电流太大，将导致样品发热，从而影响测量。

③ 在某一电流值下测量电压时，可分别测量正、反向电压（通过按下电流源的正向或反向按键来实现），再取其大小的平均值。

④ 调换被测样品时，一定要把 SB118 的电流调为零。

（5）分别测量不同膜厚的金薄膜或银薄膜的$\frac{U}{I}$，应用公式计算出它们的电阻率。

（6）实验完成后，先关上各仪器的电源，然后把测量样品从样品台取下来，整理好工作台面。

五、原始数据记录

将原始数据记录在表 6－11－1 中。

表 6－11－1 金属薄膜电阻率测量原始数据记录表 **膜厚：**

电流 I/mA	正向电压 U_+/mV	反向电压 U_-/mV	$U=\frac{1}{2}(U_+ + U_-)$

第七章　设计性物理实验

一、开设设计性物理实验的教学目的

为了进一步培养学生分析问题、研究问题和解决实际问题的能力，本书设置了部分设计性物理实验。设计性物理实验是在学生具有一定的基础实验知识、实验技能及数据处理能力的基础上把所学到的物理知识、电子技术及微机应用知识和技能，运用到解决问题或实际测量中。通过独立分析问题、解决问题，使学生把知识转化为能力，为今后的毕业设计、写科研成果报告、学术论文，以及开展科学实验研究做基础训练。设计性物理实验是衡量和考查学生掌握物理实验基本功的有效手段，也是培养和提高学生发现问题、解决问题能力的重要途径。学生在设计及实施实验的过程中，要查阅大量的有关资料，比较若干个不同的方案，自己动脑设计出符合实验逻辑和物理原理的操作步骤等，将真正体会到学以致用的乐趣。

本章安排了“设计伏安法测电阻”等 6 个设计性物理实验题目，全部属于基础物理实验内容。

进行设计性物理实验时，首先要做好三点预备工作：实验方案的选择、实验仪器的选择和配套及实验条件的选取。

二、设计性物理实验方案的选择

实验方案的选择包括实验原理和方法的选择。实验原理是实验的理论依据，实验原理和实验方法是紧密联系在一起的，选用不同的实验原理就有不同的实验方法，同一实验原理也可能有不同的实验方法。如重力加速度的测量原理就有单摆原理和自由落体原理；转动惯量的测定既可以用刚体转动定律，也可以用三线摆原理；而电阻的测量，根据欧姆定律和基尔霍夫定律有伏安法和比较法(电桥法和电位差计法)等。

学生应根据自己的选题，查阅有关文献和资料，收集各种实验原理和实验方法(即根据被测量和可测量之间的关系，找出各种可能使用的实验方法)，然后比较各种实验方法的优劣性(如实验精确度、使用条件，以及在学校实验室所能提供的仪器条件下的可行性等)，最后确定一种具体实施方案。例如“测定金属杨氏模量，要求相对误差 $E \leqslant 5\%$”，通过查阅资料发现可采用的方法很多，如拉伸法、梁弯曲法、共振法等，每种方案都是针对不同的研究对象得出的，有其适用条件和特点。因此，需要根据研究对象和实验精度要求，考虑现有的仪器设备、实验环境条件等进行综合分析，来确定具体实施方案。如果研究对象是金属丝，则可采用拉伸法；若研究对象是金属棒或金属型材料，可考虑选用梁弯曲法或共振法。

三、设计性物理实验的一般程序

设计性物理实验一般程序如图 7-0-1 所示。

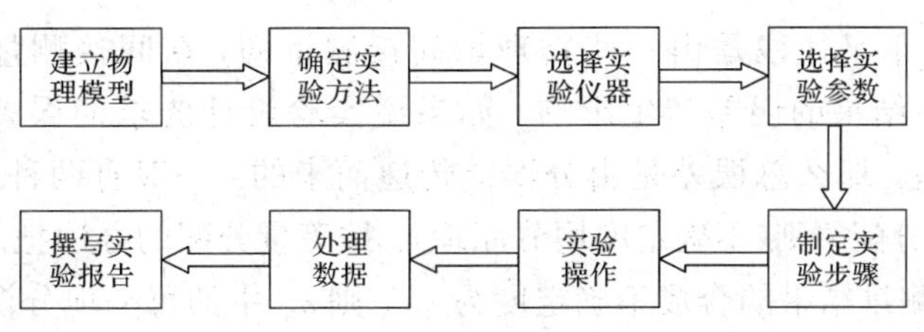

图 7-0-1　设计性物理实验一般程序

1. 建立物理模型

根据实验对象的物理性质，研究与实验对象相关的物理过程原理及过程中各物理量之间的关系，推导数学公式。

例如，测量兰州地区的重力加速度 g，测量精度要求为 $E_g=\frac{\sigma_g}{g}\leqslant 0.5\%$。

物理模型建立过程：首先考虑什么物理现象或物理过程与 g 有关？我们学习过自由落体运动、物体在斜面上的滑动、抛体运动、单摆……

我们拿出自由落体运动和单摆两个物理过程来考虑，建立一个自由落体运动的物理模型，根据自由落体运动规律，物体以 v_0 的初速度沿铅垂方向下降 h 高度，所用时间为 t，则 $g=2\frac{h-v_0t}{t^2}$。或者建立一个单摆的物理模型，根据单摆的运动规律，若单摆摆长为 L，振动周期为 T，则 $T=2\pi\sqrt{\frac{L}{g}}$，该公式适用条件如下：

(1) 系小球的细线的质量比小球质量小很多。

(2) 小球的直径比细线的长度小很多。

(3) 小球在重力作用下做小角度摆动等，周期才满足公式。

考虑到单摆模型可测 n 个周期的累积摆动时间，对于摆长 $L=1$ m 的单摆，振动周期 T 约为 2 s，若累计测 50 个周期，则时间间隔达 100 s 左右。而自由落体模型只能测一个单程的时间与位移，当下落行程 h 为 2 m 时，所需时间 t 只有 0.6 s 左右，这就对计时仪器的精度提出了很高的要求。

显然，采用单摆模型方案既简单又准确。

2. 确定实验方法

一个实验中可能要测量多个物理量，而每个物理量又都可能有多种测量方法。例如，在测量温度时，可以使用水银温度计、热电偶、热敏电阻等多种器具；测量电压时，可以用万用表、数字电压表、电位差计、示波器等。

必须根据被测对象的性质和特点，罗列各种可能的实验方法，分析各种方法的适用条件，比较各种方法的局限性及可能达到的实验精度等因素，并考虑各种方法实施的可能性、优缺点，综合后做出选择。一般情况下，为减小误差应尽可能采取等精度的多次测量；对于等间隔、线性变化的实验数据的处理可采用逐差法、最小二乘法等。

3. 选择实验仪器

1) 误差的等量分配原则(不确定度均分原理)与误差的不等量分配原则

设计性物理实验一般都对实验结果有设计要求，即实验的精度或者误差要达到设计要求的范围；而实验结果又往往是由一些物理量间接测量的，在间接测量中，每个独立测量量的误差都会对最终结果的误差产生影响。如果说实验设计要求的误差是总误差，独立测量量的误差是分误差，那么总误差是由分误差传递而来的。一般有两种分配总误差的方法：

（1）误差的等量分配原则（不确定度均分原理）：按等量分配的办法把总误差平均地分配到每一项分误差上。若测量结果的合成不确定度为 σ_N，则 σ_N 中的每一项分误差都要大致相等。

（2）误差的不等量分配原则即差额平均法。差额是指设计要求的总误差的平方减去按最佳方案所需要的各项分误差最小值平方的和之差，把差额按分误差个数平均地加到各分误差平方上后再开平方求得各分误差所分配的误差大小。

差额平均法分配误差的知识可参阅实验 7.2 中设计题 2。一般推荐使用误差的等量分配原则。

2）选择测量仪器

通过被测的间接测量量与各直接测量量的函数关系导出不确定度传递公式，并按照“误差的等量分配原则（不确定度均分）”原理，将对间接测量量的不确定度要求分配给各直接测量量，由此选择精度和量程适合的仪器。

注意：“不确定度均分”只是一个原则上的分配方法，对于具体情况还可具体处理。

比如，由于条件限制，某一物理量测量的不确定度稍大，继续降低不确定度又比较困难，这时可以允许该量的不确定度大一些，而将其他物理量的测量不确定度降得更低，以保证合成不确定度达到设计要求。另外，由有效数字运算法则可知，所选测量仪器的测量精度（有效数字位数）应大致相同。为了合理使用仪器，达到相应的测量精度，在选择仪器时应根据实际情况，兼顾仪器的等级和量程，使仪器的量程略大于测量值即可。

4. 选择实验参数

在实验方法及仪器选定的情况下，选择有利的测量条件可最大限度地减小系统误差。

如用单摆测重力加速度时，我们选用的实验装置必须满足：球要小，可看成质点；线要轻，可忽略摆线质量；摆角要小于 5°，以满足公式 $T=2\pi\sqrt{L/g}$ 的要求。

又如一般电表读数的最有利条件是选取电表刻度盘的 2/3 附近的区域。

另外，环境条件如温度、湿度、气压、射线、电磁场、振动等，对仪器的正常工作都会有一定的影响，也会引起系统误差，所以选定合适的测量环境与实验参数也是不可忽视的。

四、设计性物理实验的要求

为了保证设计性物理实验的顺利进行，首先要求学生在进入实验室前认真准备，查阅文献和资料，要按实验设计要求写好“实验方案”。实验方案的主要内容如下：

（1）确定实验项目或题目（项目内容不宜过大、过多，应在实验时间段内能够完成），拟出具体实验方法，阐述实验原理，画出必要的原理图；推证有关理论公式；估算出相关参数。

（2）本方案所用实验仪器（不应超出“可供选择实验仪器”范围）。

（3）设计出合适的测量方案，并拟出初步实验步骤（尽可能详细）。

（4）实验注意事项。

（5）列出数据记录表格。

（6）提出数据处理方法。

然后，在进入实验室开始实验之前，必须按照实验室要求的时间提前将设计方案提交到指导教师处进行审核，并与指导教师讨论，经同意后自行完成实验，并在实验中检验和完善自己的设计。

最后，写出完整的设计性物理实验报告。报告格式仍与前面一致，其内容如下：

(1) 实验题目。

(2) 实验目的。

(3) 实验原理(含原理图和理论公式)。

(4) 实验仪器。

(5) 实验内容与步骤。

(6) 实验数据记录及处理。

(7) 分析与讨论。对实验结果进行分析、评估，并总结进行简单设计性物理实验的体会。

(8) 参考资料。列出设计实验方案时所参考的所有资料。设计性物理实验报告的重点应放在实验原理及方法的叙述、实验仪器的选择及对最后结果的分析与讨论上。

五、科学实验设计应遵循的原则

(1) 实验方案的选择：最优化原则。

(2) 测量方法的选择：误差最小原则和最小代价率原则。

(3) 测量仪器的选择：误差均分原则。

(4) 测量条件的选择：最有利原则。

六、科学实验的基本程序

(1) 选择科研课题。每年国家各部门、各省市都会下达各种科研课题供大家选择。特别是本单位的生产、工作、工程、技术上的各种难题，或是对原有生产流程、生产工艺进行改革和创新，或是设计新产品、研究新技术等均有大量的课题内容供自己选择。自己应从众多课题中选取能够独自完成的课题，或是自己参加到科研课题组去。

(2) 制定设计要求。凡上级有关部门下达的科研课题，一般都在课题书中提出了各课题的要求。这里所讲的制定设计要求是对自己拟定的课题而言的。本来各课题的设计要求都是越高，完成后的成果越大。但并非所有的课题的要求都是越高越好。课题的要求越高，完成的难度越大，所需的课题经费也越多，这样有可能使课题很难起步，或起步后极难完成，影响了快出成果。以生产或工作中的难题为例，拟定其设计要求时，只要能解决实际问题，应尽量把设计要求定至最低。这样完成课题的难度小，经费相对来说要少。于是起步会早，完成会快，能早见成效。若完成后，自己认为还有能力提高一步，使其达到国内先进水平，就可再拟题。这时已是今非昔比了，领导和同事都已看到了你解决了难题的成绩，能再提高一步是求之不得的事，一定会从各方面大力支持。待又达目的后还有能力达到世界先进水平，就再拟题，达到多出成果、快出成果的目的。所以分三步走比一步登天要好得多。

(3) 广泛查找资料。要完成一个科研课题，单靠自己已经掌握的知识还不够，必须借鉴他人的经验或教训，为自己的课题服务。所以凡对完成该课题有关的国内、外所有资料，不管其是否有用都全部收集。再对全部资料认真翻阅、筛选，整理出有用的资料供参考。并把所有资料按实验方法的不同分门别类，按达到的精度水平不同归档。

(4) 选择实验方法。完成课题可能有很多方法，分别对各种方法进行认真、仔细的分析和研究，进行深入细致的论证，找出既能完成此课题的设计要求，又要尽量最简单、最经济的方法。只有这样，课题花钱最少，就能尽快起步；成本最低，才具有最大的竞争能力。

(5) 写出实验原理。把所选定的实验方法的原理，用精辟、简练的语言写清楚，并推导出有关的计算公式。

(6) 选择实验仪器。按照所选择的实验方法和原理，及所要达到的设计要求，恰当地选择实验仪器，其选择原则与选择实验方法相类似，即只要能达到实验要求，尽量选用最简单、最经济的仪器，降低课题的费用。并非所有实验的仪器精度越高越好，只要能保证测量精度就行。尽量采用本单位现有的仪器和能借用的仪器来降低课题费用。对必须采购的仪器，先在充分调研的基础上提出最佳(即用最少的钱买到最好的货)采购计划，并写清仪器设备名称、规格、型号、精度、量程、生产厂家、单价、台套数、金额、到货日期。到货后，及时验收、安装、调试。

(7) 确定实验内容，拟定测量条件、实验步骤及注意事项。为了顺利地进行实验，在实验前必须安排好所有实验内容，设计好每个内容的实验步骤，每一步要写清楚注意事项，使实验能井然有序地进行。特别是各种测量方法、各种测量仪器都有它的测量条件和要求，都要一一列出，在实验中都要满足这些条件，达到这些要求。

(8) 精心实验，严格操作，仔细、认真测量，如实记录实验数据。以误差分析的思想指导实验，并贯穿于实验的始终。“边调节观察、边测量分析，边处理数据求结果”，随时找出设计中的问题，充分完善设计内容。不断修改设计报告，使自己的设计达最佳状态。

(9) 写出科研论文或科研报告。

(10) 组织专家鉴定会，写出鉴定书申报专利。若研制的是新产品或新技术，应根据产品或技术所达到的水平高度聘请相应的知名专家召开鉴定会，写出鉴定书，并及时申报专利。对新产品还应写出设备、产品的使用说明书，内容主要包括设备的主要结构、工作原理、主要技术条件、主要技术参数、使用方法及注意事项、维护保养方法等。凡属机密的内容及参数还要注意保密。

(11) 投产试销或技术转让。

七、设计性物理实验举例

设计题 1 在用测长法测量长方体体积中，若长方体的长 $A\approx 50$ cm、宽 $B\approx 4$ cm、高 $C\approx 8$ mm，要求所测体积 V 的最后结果有四位有效数字，选择分别测量长、宽、高的仪器。

设计方案：

(1) 仪器选择。

要求所测体积 V 的最后结果有四位有效数字，按照实验数据处理取位原则，因 A、B、C 直接测量值与最后结果体积 V 的关系式是乘/除法形式，所以各直接测量值都要有四位且只要有四位有效数字即可。故先粗选测量 A、B、C 的仪器如下：

对于 A：$A\approx 50\ \text{cm}=500.0\ \text{mm}$，其中最后一位是可疑数，故用米尺单次测量即可。

对于 B：$B\approx 4\ \text{cm}=40.00\ \text{mm}$，其中最后一位是可疑数，故用 10 分游标卡尺单次测量即可，没有必要用千分尺测量。但用米尺测量的精度不够。

对于 C：$C\approx 8\ \text{mm}=8.000\ \text{mm}$，其中最后一位是可疑数，故只能用千分尺单次测量。

用米尺和游标卡尺都达不到实验要求。

(2) 验证所选实验仪器是否达设计要求。

由 $V=ABC\approx 500.0\times 40.00\times 8.000=160.00\times 10^3\ \text{mm}^3$，此体积值是中间结果，取两位可疑数，即比最后结果四位有效数字多取一位，取五位有效数字。

若用米尺单次测量 A，则 $\sigma_A=0.5\delta_A/\sqrt{3}=0.5\times 1/\sqrt{3}=0.29\ \text{mm}$。

若用10分游标卡尺单次测量 B，则 $\sigma_B=0.5\delta_B/\sqrt{3}=0.5\times 0.1/\sqrt{3}=0.029\ \text{mm}$。

若用千分尺单次测量 C，则 $\sigma_C=0.5\delta_C/\sqrt{3}=0.5\times 0.01/\sqrt{3}=0.0029\ \text{mm}$。

$$E=\left[\left(\frac{\sigma_A}{A}\right)^2+\left(\frac{\sigma_B}{B}\right)^2+\left(\frac{\sigma_C}{C}\right)^2\right]^{\frac{1}{2}}=\left[\left(\frac{0.29}{500}\right)^2+\left(\frac{0.029}{40}\right)^2+\left(\frac{0.0029}{8.0}\right)^2\right]^{\frac{1}{2}}=0.10\%$$

$$\sigma_V=VE=160\times 0.10\%=0.16\ \text{cm}^3$$

测量结果为 $V=(160.0\pm 0.2)\text{cm}^3$，$E=0.10\%$。体积最后结果的末位数与 σ_V 的首位数对齐，即近似为 $160.0\ \text{cm}^3$，只有四位有效数字，符合设计要求。

设计题2 已知长圆柱的长 $L\approx 30\ \text{cm}$、外径 $D\approx 6\ \text{mm}$，要求测量它的体积，且使所测结果的相对误差 $E\leqslant 0.5\%$。请选择实验方法，写出实验内容、步骤及注意事项。

设计方案：

(1) 实验方法的选择。

测量固体体积的方法共有4种：量筒法、质量密度法、流体静力称衡法、测长法。下面对每个方法进行论证，选择其中既能达设计要求，又是最简单、最经济的方法。

① 量筒法。

量筒法原理简单，即选一适量且不浸润到被测固体中的液体放入量筒中，读记此时液体的容积 V_1，再把被测固体放入量筒中，要求被测固体不露出液面，读记此时的容积数 V_2，则被测固体的体积 $V=V_2-V_1$。

测量误差估算：$V=\pi LD^2/4\approx 3.141\,59\times 30\times 0.36/4=8.482\ \text{cm}^3$。

因为要求 $E\leqslant 0.5\%$，所以 $\sigma_V\leqslant VE\approx 8.482\times 0.5\%=0.042\ \text{cm}^3$。即要求所测体积结果的绝对误差应小于或等于 $0.042\ \text{cm}^3$。

但一般通用量筒中分度值最小的为 $1\ \text{cm}^3$，若取

$$\sigma_{仪}=\frac{0.5\delta_V}{\sqrt{3}}=\frac{0.5\times 1}{\sqrt{3}}=0.29\ \text{cm}^3\gg\sigma_V$$

故通用仪器达不到设计要求。

若为此实验专门设计一个专用量筒，则拿一内径为8 mm的直量筒，这时容积为每 $1\ \text{cm}^3$ 的直量筒高度 h 为

$$h=\frac{1\times 4}{(\pi D^2)}=\frac{4}{(3.141\,59\times 0.64)}=1.99\ \text{cm}$$

若该筒上以米尺原则刻度，则量筒的分度值 $\delta_V=1/19.9=0.050\ \text{cm}^3$。

$$\sigma_{仪}=\frac{0.5\delta_V}{\sqrt{3}}=\frac{0.5\times 0.05}{\sqrt{3}}=\frac{0.5\times 0.050}{\sqrt{3}}=0.014\ \text{cm}^3<0.042\ \text{cm}^3$$

故所设计的量筒能达设计要求。

但为了一个这样小的实验，去专门设计和制造一个专用量筒，这从经济上来讲很不合算。故通过以上论证，可先把量筒法排除，看是否有其他简单的方法可选。

② 质量密度法。

实验原理：若被测物体的密度处处均匀且已知，假设为 ρ，则只要用物理天平测量出其质量 m，因为 $\rho=m/V$，所以 $V=m/\rho$ 可求。

实验条件：被测体的材料要纯净，因为密度严格为已知值的物质均是严格纯净的物质，或严格按某一定组分比例的合金。而一般的被测体由于加工的原因，都或多或少会含有一定的杂质，故其密度与标准值有差异，但到底相差多少，虽可用化学分析的方法求得，但这又把问题搞复杂了。特别是由于加工中，被测体内部有沙眼或气孔，这虽然也可用无损探伤(如磁力探伤仪、X 射线探伤仪、超声波探伤仪等仪器)检测，但它只能检测出缺陷的部位及大致长度，而无法测定出气孔的体积。这都会给测量结果带来较大的误差，而误差的大小又无法估算，故该方法只能排除。

③ 流体静力称衡法。

流体静力称衡法(参见实验 5.1 相关内容)的测量误差用物理天平就能保证达到要求，但是在实验中却很麻烦，如被测体长度约 30 cm，因装液体的烧杯高度有限，测量时若被测体不能弯折就很困难；若其能弯折，从理论上讲其体积不会改变，但弯折后使被测体变形，也很难恢复到原状。故这种方法也只能排除。

④ 测长法。

(a) 测量原理及条件：若被测物体为规则几何体(测量条件)，则只要用测长工具分别测出被测体与其体积有关的尺寸，如长圆柱体的长度和外径，再由 $V=\pi LD^2/4$ 求出其体积。

(b) 测量仪器的选择：由 $V=\pi LD^2/4$ 和 $E\leqslant 0.5\%$ 可得

$$E=\left[\left(\frac{\sigma_L}{L}\right)^2+\left(\frac{2\sigma_D}{D}\right)^2\right]^{\frac{1}{2}}\leqslant 0.5\%$$

所以
$$\left[\left(\frac{\sigma_L}{L}\right)^2+\left(\frac{2\sigma_D}{D}\right)^2\right]\leqslant 0.005^2=25\times 10^{-6}$$

若按等量分配的办法把总误差平均地分配到每一项(共两项)分误差上，得

$$\frac{\sigma_L}{L}=\frac{2\sigma_D}{D}\leqslant\sqrt{\frac{25\times 10^{-6}}{2}}=0.0035 \qquad (7-0-1)$$

由式(7-0-1)可得所测长度的绝对误差为

$$\sigma_L\leqslant 0.0035L\approx 0.0035\times 300=1.1\ \text{mm}$$

由式(7-0-1)还可得所测外径的绝对误差为

$$\sigma_D\leqslant\frac{0.0035D}{2}\approx 0.0035\times\frac{6}{2}=0.011\ \text{mm}$$

米尺的仪器误差为

$$\sigma_{仪}=\frac{0.5\delta_L}{\sqrt{3}}=\frac{0.5\times 1}{\sqrt{3}}=0.29\ \text{mm}<1.1\ \text{mm}$$

故选用米尺单次测量长圆柱体的长 L 即可达到设计要求，而没有必要选用卡尺或千分尺去测量。

千分尺的仪器误差为

$$\sigma_{仪}=\frac{0.5\delta_D}{\sqrt{3}}=\frac{0.5\times 0.01}{\sqrt{3}}=0.0029\ \text{mm}<0.011\ \text{mm}$$

故要选用千分尺测量长圆柱体的外径 D 才可达到设计要求，测量单次即可。

(2) 实验内容、步骤及注意事项。

用米尺测量长圆柱体的长 L，按前面计算，采用单次测量就可达设计要求，但由于长圆柱体在加工中，它的两个端面不可能严格平行，即其各处的长度不可能严格相等，因此为了减少各处的长度不严格相等所带来的测量误差，不能采用单次测量，而要进行多次测量，即把一圆周内约等分为 6 处，每处用米尺各测一长度。测量时还要保证长圆柱体的轴线平行于米尺的刻度准线。

若米尺的某端线即为米尺的零线，则由于米尺端线在长期使用中可能受到的磨损而带来零点误差，故测量时不能以此端线作为测量起点。又因为米尺刻度不可能严格均匀，为了减少米尺刻度不均匀性所带来的仪器误差，所以凡用米尺多次测量同一被测量时不要只以同一刻度线作为测量起点，而要以不同的刻度线作为测量起点，且所有测量起点要比较均匀地分布在整个米尺上。这样可减少或消除米尺刻度不均匀性所带来的仪器误差，还要注意估读一位数和消除视差。

按上述设计，用千分尺测量长圆柱体的外径 D，测量一次就可达设计要求。但由于长圆柱体在加工中，其外径不可能处处相等，故要把长圆柱体的整个长度范围内等分为 5 处，每处各测量一次；同样由于加工的原因，长圆柱体各处的横截面不可能是一个标准圆，即可能带椭圆，故又要在每一处的相互垂直的两个方向上各测量一次，即共测量 10 次外径 D，来消除或减少因长圆柱体各处的外径不相等和各处的横截面可能带椭圆所带来的测量误差。

使用千分尺测量时应注意读记其零点示值，消除零点误差。同时每次测量都要保证有一定大小的测量力，且每次测量力的大小相同。测量时千分尺要卡正在外径的位置，而不应是弦的位置。读数时要消除视差，且要估读。测量完毕时，在测砧和测微螺杆间要留有一定的间距。

设计题 3　用单摆法测量重力加速度 g。已知单摆的摆长 $L\approx 1$ m，振动周期 $T\approx 2$ s，要求所测结果的相对误差 $E\leqslant 0.06\%$，请选择测量 L、T 的仪器。

设计方案：

可供选择的测量仪器有：机械秒表，分度值为 $\delta_t=0.1$ s，$\sigma_{仪}=0.5\delta_t/\sqrt{3}$；数字毫秒计，分度值为 $\delta_t=0.1$ ms，$\Delta_{仪}=\delta_t$。

选择测量仪器：由 $g=4\pi^2 L/T^2$ 和 $E\leqslant 0.06\%$ 可得所测 g 的相对误差的计算公式为

$$E=\left[\left(\frac{\sigma_L}{L}\right)^2+\left(\frac{2\sigma_T}{T}\right)^2\right]^{\frac{1}{2}}\leqslant 0.06\%$$

若按等量分配原则，取

$$\frac{\sigma_L}{L}=\frac{2\sigma_T}{T}\leqslant\sqrt{\frac{0.0006^2}{2}}=0.000\,42 \tag{7-0-2}$$

由式(7-0-2)可得

$$\sigma_L\leqslant L\times 0.000\,42=1000\times 0.000\,42=0.42\ \text{mm}$$

米尺的仪器误差为

$$\sigma_{仪}=\frac{0.5\delta_L}{\sqrt{3}}=\frac{0.5\times 1}{\sqrt{3}}=0.29\ \text{mm}<0.42\ \text{mm}$$

故用米尺单次测量单摆摆长可达到设计要求，没有必要用精度更高的仪器测量。

由式(7-0-2)还可得

$$\sigma_T \leqslant \frac{T\times 0.000\ 42}{2}=\frac{2\times 0.000\ 42}{2}=0.000\ 42\ \text{s}$$

机械秒表的仪器误差为

$$\sigma_{仪}=\frac{0.5\delta_t}{\sqrt{3}}=\frac{0.5\times 0.1}{\sqrt{3}}=0.029\ \text{s} \gg 0.000\ 42\ \text{s}$$

所以不能选择机械秒表测量周期 T。

数字毫秒计的仪器误差为

$$\sigma_{仪}=\frac{\delta_t}{\sqrt{3}}=\frac{0.0001}{\sqrt{3}}=0.000\ 058\ \text{s} \ll 0.000\ 42\ \text{s}$$

故要用数字毫秒计单次测量周期可达到设计要求。

但真的机械秒表不能测量周期吗？或者说，用机械秒表测量周期不能达到所规定的设计要求吗？单摆是一个很古老的实验，而数字毫秒计只是近几十年的新产品，以前肯定是用机械秒表测量周期 T，问题的关键是怎样去测量。若用秒表测量一次时间只包含一个周期，则肯定达不到设计要求；若用秒表测量一次时间 t 内包含 n 个周期能否达设计要求呢？回答是肯定的，现在证明如下：

因为 $t=nT$，所以 $\sigma_t=n\sigma_T$，即 $\sigma_T=\sigma_t/n$。现要求 $\sigma_T\leqslant 0.000\ 42$ s，而 $\sigma_t=0.029$ s，所以只要 $\sigma_T=\sigma_t/n\leqslant 0.000\ 42$，即

$$n\geqslant\frac{\sigma_t}{0.000\ 42}=\frac{0.029}{0.000\ 42}=69.05$$

这就是说，只要用机械秒表测量一次时间内包含 70 个或 70 个以上周期就可以达到设计要求。同时还说明，若用机械秒表测量一次时间，使包含更多的周期数时，则可达更高的要求。这就充分说明使用精度较低的仪器，同时采用科学的测量方法，就有可能测量出精度很高的测量结果。

实验 7.1　设计伏安法测量电阻

一、实验目的

(1) 了解进行科学实验的基本程序，掌握设计性物理实验的过程。

(2) 学会根据设计要求和所能提供的实验条件，合理选择实验方法、实验仪器、实验条件和仪器测量条件，写出相应的实验原理和主要仪器设备的工作原理，正确拟定实验步骤及注意事项。

(3) 掌握伏安法测量电阻的方法及原理，了解其理论方法误差的来源并能对其修正；学会电阻伏安特性曲线的测量方法和作图方法。

(4) 能按照自己的设计完成实验，并善于在实验中发现和更正自己在设计中存在的问题，随时完善设计内容。

二、实验原理

(1) 设计伏安法测量电阻原理。

(2) 伏安法测量电阻的典型电路图。

(3) 伏安法测量电阻的系统误差修正。

① 电流表内接法及内接法系统误差修正公式的推导。

② 电流表外接法及外接法系统误差修正公式的推导。

(4) 电阻的伏安特性曲线。

① 测量电阻的伏安特性曲线的方法。

② 电阻伏安特性曲线的作图方法。

实验原理部分内容参阅实验 5.8 相关内容。

三、设计伏安法测量电阻举例

可供选择的仪器如下：

(1) 电源：直流稳压电源，0～30 V，粗调钮每隔 3 V 一挡；干电池，每节为 1.5 V。

(2) 电压表：量程 U_m 为 0～2.5～5～15～30 V 等；等级 S_m，各量程都只有 0.5 级；内阻 R_{Ug} 为每 1 V 量程 200 Ω。

(3) 电流表：各量程电流表的等级都只有 0.5 级，其量程数及对应的内阻数如表 7-1-1 所示。

表 7-1-1

量程 I_m	100 μA	500 μA	1000 μA	2.5 mA	5 mA	15 mA	150 mA
内阻 R_{Ig}/Ω	1200	560	300	78	58	2.4	0.3

(4) 滑线变阻器：可供选择的滑线变阻器的主要技术参数如表 7-1-2 所示。

表 7-1-2

全电阻大小 R_0/Ω	10.7	22.1	105	240	1 k	14.68 k
额定电流 I_{max}/A	4.5	4.5	2	1	0.5	0.1

设计题 1　设计伏安法测量电阻中，要求用 0～13 V 的电压测量标称值为 95 Ω 线性电阻的伏安特性曲线和电阻值，且使所测结果的相对误差 $E \leqslant 0.8\%$，请选择测量仪器和测量条件。

设计方案：

(1) 电源的选择。

选择原则是电源的输出电压 $E \geqslant U_{测max}$，且又尽量接近 $U_{测max}=13$ V。由可供选择的电源中可知，电源选择直流稳压电源 0～30 V，粗调钮指第 15V 挡。

(2) 所测电压、电流相对误差大小的分配。

先不考虑系统误差的修正公式，而直接由 $R=U/I$、$E \leqslant 0.8\%$ 可推导出所测电阻结果相对误差的计算公式为

$$E=\left[\left(\frac{\sigma_U}{U}\right)^2+\left(\frac{\sigma_I}{I}\right)^2\right]^{\frac{1}{2}} \leqslant 0.8\%$$

若按等量分配法把总误差平均地分配到每一个分误差上，则得

$$\frac{\sigma_U}{U}=\frac{\sigma_I}{I}=\sqrt{\frac{(0.8\%)^2}{2}}=0.0057 \tag{7-1-1}$$

(3) 电压表的选择。

① 量程的选择原则：$U_m \geqslant U_{测max}$，且又尽量接近于 $U_{测max}$，由可供选择的电压表量程中可知，选择 $U_m = 15$ V 为最好。此时电压表内阻为

$$R_{Ug} = 200 \times 15 = 3000\ \Omega$$

② 等级的选择：由式(7-1-1)可知所测 U 的标准偏差为

$$\sigma_U \leqslant U_{测max} \times 0.0057 = 13 \times 0.0057 = 0.074\ \text{V}$$

用 σ_U 代替 $\sigma_测$，则所选电压表仪器的算术偏差为

$$\Delta_仪 = \sqrt{3}\sigma_测 = \sqrt{3}\sigma_U \leqslant 0.074 \times \sqrt{3} = 0.13\ \text{V}$$

用所选仪器的算术偏差代替仪器校准误差取绝对值后其中的最大值，得到所选电压表仪器的标称误差为

$$r_m = \frac{|\delta_U|_{max}}{U_m} = \frac{\Delta_仪}{U_m} \leqslant \frac{0.13}{15} = 0.87\%$$

由电压表的标称误差与等级的关系表可知，$r_m \leqslant 0.87\%$ 属于 1.0 级电压表，但 $0.88\% \leqslant r_m \leqslant 1.0\%$ 也属于 1.0 级电压表而不符合要求，且电压表表盘上只标等级数，其标称误差数并未给出，故电压表不能选择 1.0 级，而只能选择 0.5 级。

(4) 电流表的选择。

① 先估算所测电流的近似值，即 $I_{测max} \approx U_{测max}/R_X = 13/95 = 0.1368$ A。

② 电流表量程的选择：$I_m \geqslant I_{测max}$，又尽量接近于 $I_{测max} = 136.8$ mA，由可供选择的电流表量程可知，电流表量程 I_m 选择 150 mA 为最好。

③ 由表 7-1-1 中可查得该电流表的内阻 $R_{Ig} = 0.3\ \Omega$。

④ 电流表等级的选择：由式(7-1-1)可知，所测电流 I 的标准偏差为

$$\sigma_I \leqslant I_{测max} \times 0.0057 = 136.8 \times 0.0057 = 0.78\ \text{mA}$$

用 σ_I 代替 $\sigma_测$，则所选电流表仪器的算术偏差为

$$\Delta_仪 = \sqrt{3}\sigma_测 = \sqrt{3}\sigma_I \leqslant 0.78 \times \sqrt{3} = 1.4\ \text{mA}$$

用所选仪器的算术偏差代替仪器校准误差取绝对值后其中的最大值，得所选电流表仪器的标称误差为

$$r_m = \frac{|\delta_I|_{max}}{I_m} = \frac{\Delta_仪}{I_m} \leqslant \frac{1.4}{150} = 0.93\%$$

由电流表的标称误差与等级的关系表可知，$r_m \leqslant 0.93\%$ 属于 1.0 级电流表，但 $0.94\% \leqslant r_m \leqslant 1.0\%$ 也属于 1.0 级电流表而不符合要求，且电流表表盘上只标等级数，其标称误差数并未给出，故电流表只能选择 $S_m = 0.5$ 级。

(5) 电路中电流表连接方法的选择。

伏安法测量电阻中，当 $R_{Ig} \leqslant R_X$ 时，电流表内接较好，$R_{Ug} \geqslant R_X$ 时，电流表外接较好。但当 R_{Ig}、R_{Ug} 与 R_X 相当怎么连接呢？可由总的判断方法确定，即 $\sqrt{R_{Ig}R_{Ug}} < R_X$ 时，电流表内接较好；当 $\sqrt{R_{Ig}R_{Ug}} > R_X$ 时，用电流表外接较好。现 $\sqrt{R_{Ig}R_{Ug}} = \sqrt{3000 \times 0.3} = 30\ \Omega < R_X = 95\ \Omega$，故选择用电流表内接法。

(6) 滑线变阻器调控电路的选择。

原则上首先在保证能够测量的条件下，再考虑节省电能。因为要测伏安特性曲线，一般要从 $0 \sim U_{测max}$ 测量多组数据，而限流电路无法使负载上的电压调到零，故不能选择限流

电路，只能选择分压电路。

（7）实验电路的设计。

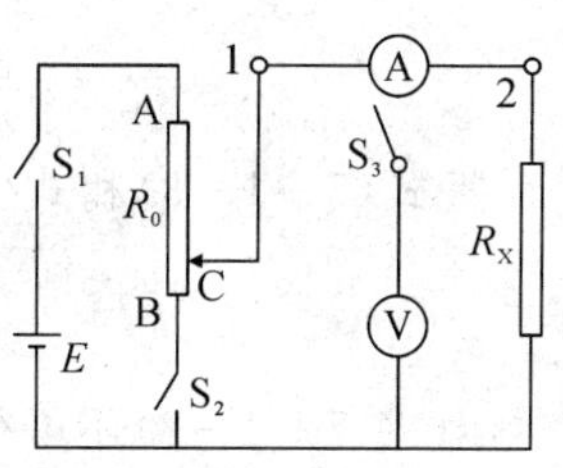

图 7-1-1　实验电路图

如图 7-1-1 所示，S_2闭合则滑线变阻器采用分压电路，S_3扳向 1 点即为电流表内接法。

（8）负载电阻 R_L 的计算。

负载电阻 R_L 是指实验电路中的测量指示部分和被测研究对象两部分的总电阻。这里就是被测电阻 R_X 与电流表内阻 R_{Ig} 串联后，再与电压表内阻 R_{Ug} 并联以后的总电阻，故

$$R_L=\frac{1}{1/(R_{Ig}+R_X)+1/R_{Ug}}=\frac{1}{1/(0.3+95)+1/3000}=92.4\ \Omega$$

（9）滑线变阻器全电阻 R_0 的选择。

选择 R_0时，应遵循：

① 考虑电路的调节范围，要使负载上的电压能调节到电压测量值中的最小值；

② 再考虑调控电路的细调程度和线性调节的程度，要求实验电路的特征参数 $K\geqslant 2$。这里选择的是分压调控电路，不管滑线变阻器全电阻 R_0的大小为多少，只要当滑线变阻器的滑动点 C 与 B 点重合时，负载上的电压和电流都能调到零，故此条可不考虑。而只需考虑分压电路的细调程度和线性调节的程度，要求实验电路的特征参数 $K=R_L/R_0\geqslant 2$ 即可。

故

$$R_0\leqslant\frac{R_L}{2}=\frac{92.4}{2}=46.2\ \Omega$$

由表 7-1-2 可知，有 22.1 Ω 和 10.7 Ω 供选用，这时应选择符合要求中的最大者较省电，故 R_0 取 22.1 Ω，$I_{max}=4.5$ A。

（10）$I_{总max}$的估算。

如图 7-1-1 所示，当滑线变阻器的 C 点与 A 点重合时，总电路的总电流有最大值，故

$$I_{总max}=\frac{E}{\dfrac{1}{1/R_0+1/R_L}}=E\left(\frac{1}{R_0}+\frac{1}{R_L}\right)=15\left(\frac{1}{22.1}+\frac{1}{92.4}\right)=0.841\ \text{A}\ll I_{max}=4.5\ \text{A}$$

所以，实验中不会烧坏滑线变阻器。

（11）电压表与电流表测量条件的选择。

因设计时选择电流表内接法，故由电流表内接法的系统误差修正公式有 $R_X=(U-IR_{Ig})/I$，又设计要求 $E\leqslant 0.8\%$，所以

$$E=\frac{\left[(I\sigma_U)^2+(U\sigma_I)^2\right]^{\frac{1}{2}}}{I(U-IR_{Ig})}\leqslant 0.8\%$$

按等量分配原则取

$$\frac{I\sigma_U}{I(U-IR_{Ig})}=\frac{U\sigma_I}{I(U-IR_{Ig})}\leqslant\sqrt{\frac{(0.8\%)^2}{2}}=0.0057$$

由上式中的等号可得

$$I\sigma_U=U\sigma_I \qquad (7-1-2)$$

由所选电压表的 $U_m=15$ V、$S_m=0.5$ 级得

$$\sigma_U=\sigma_{仪}=\frac{U_mS_m\%}{\sqrt{3}}=\frac{15\times 0.5\%}{\sqrt{3}}=0.043\ \text{V} \qquad (7-1-3)$$

由所选电流表的 $I_m=150$ mA、$S_m=0.5$ 级得

$$\sigma_I=\sigma_{仪}=\frac{I_m S_m\%}{\sqrt{3}}=\frac{150\times 0.5\%}{\sqrt{3}}=0.43\ \text{mA} \tag{7-1-4}$$

把式(7-1-3)和式(7-1-4)代入式(7-1-2)得

$$U=\frac{I\sigma_U}{\sigma_I}=\frac{I\times 0.043}{0.000\,43}=100I \tag{7-1-5}$$

由式(7-1-2)还可得

$$\frac{\sigma_U}{U-IR_{Ig}}\leqslant 0.0057 \tag{7-1-6}$$

$$R_{Ig}=0.3\ \Omega \tag{7-1-7}$$

把式(7-1-4)、式(7-1-5)、式(7-1-7)代入式(7-1-6)得

$$I\geqslant\frac{0.043}{0.0057\times(100-0.3)}=0.075\,67\ \text{A} \tag{7-1-8}$$

所以

$$U=100I\geqslant 100\times 0.075\,67=7.567\ \text{V}$$

得到电压表和电流表的测量条件为

$$U\geqslant 7.567\ \text{V},\ I\geqslant 0.075\,67\ \text{A}=75.67\ \text{mA}$$

(12) 由所选仪器和测量条件，对测量结果相对误差进行估算。

由电流表内接法有

$$I_{测}=\frac{U}{R_X+R_{Ig}}=\frac{13}{95+0.3}=0.1364\ \text{A}$$

$$E=\frac{[(I\sigma_U)^2+(U\sigma_I)^2]^{\frac{1}{2}}}{I(U-IR_{Ig})}=\frac{[(136.4\times 0.043)^2+(13\times 0.43)^2]^{\frac{1}{2}}}{136.4(13-0.1364\times 0.3)}=0.46\%<0.8\%$$

故已达到设计要求。

设计题 2 设计伏安法测电阻中，要求用 4.5 V 的电压测标称值为 1500 Ω 线性电阻的阻值，且使所测结果的相对误差 $E\leqslant 0.6\%$，请选择测量仪器和测量条件。(其中，假如电压表内阻为每 1 V 量程 10 000 Ω，其余可供选择的仪器与设计题 1 相同)

设计方案：

(1) 电源的选择。

电源的输出电压 $E\geqslant U_{测}$，且又尽量接近于 $U_{测}=4.5$ V，所以电源选择直流稳压电源粗调钮旋指 6 V 挡。

(2) 所测电压、电流相对误差大小的分配。

先不考虑系统误差的修正公式而直接由 $R=U/I$、$E\leqslant 0.6\%$ 得

$$E=\left[\left(\frac{\sigma_U}{U}\right)^2+\left(\frac{\sigma_I}{I}\right)^2\right]^{\frac{1}{2}}\leqslant 0.6\%$$

若按等量分配法把总误差平均地分配到各个误差上，得

$$\frac{\sigma_U}{U}=\frac{\sigma_I}{I}=\sqrt{\frac{(0.6\%)^2}{2}}=0.0042 \tag{7-1-9}$$

(3) 电压表的选择。

① 电压表量程的选择原则：$U_m\geqslant U_{测\max}$，且又尽量接近于 $U_{测}=4.5$ V，由可供选择的

电压表量程中可知，选择 $U_{m}=5$ V 为最好。

② 电压表等级的选择：由式(7-1-9)可知，所测 U 的标准偏差为

$$\sigma_{U} \leqslant U_{测} \times 0.0042 = 4.5 \times 0.0042 = 0.019\ \text{V}$$

用 σ_{U} 代替 $\sigma_{测}$，则所选电压表仪器的算术偏差为

$$\Delta_{仪} = \sqrt{3}\sigma_{测} = \sqrt{3}\sigma_{U} \leqslant 0.019 \times \sqrt{3} = 0.033\ \text{V}$$

用所选电压表仪器的算术偏差代替仪器校准误差取绝对值后其中的最大值，得所选电压表仪器的标称误差为

$$r_{m} = \frac{|\delta_{U}|_{max}}{U_{m}} = \frac{\Delta_{仪}}{U_{m}} \leqslant \frac{0.033}{5} = 0.66\%$$

由电压表的标称误差与等级的关系表可知，$r_{m} \leqslant 0.66\%$ 属于 1.0 级电压表，但 $0.67\% \leqslant r_{m} \leqslant 1.0\%$ 也属于 1.0 级电压表而不符合要求，且电压表表盘上只标等级数，其标称误差数并未给出，故电压表不能选择 1.0 级，而只能选择 0.5 级。

电压表内阻为 $R_{Ug}=10\ 000 \times 5=50\ 000\ \Omega$。

(4) 电流表的选择。

① 先估算所测电流的近似值，即

$$I_{测max} \approx \frac{U_{测max}}{R_{X}} = \frac{4.5}{1500} = 0.003\ 00\ \text{A} = 3\ \text{mA}$$

② 电流表量程的选择：$I_{m} \geqslant I_{测max}$，且又尽量接近于 $I_{测max}=0.003\ 00$ A$=3.00$ mA，再由可供选择的电流表量程中可知，电流表量程 I_{m} 选择 5 mA 为最好。

③ 由表 7-1-1 中可查得该电流表的内阻 $R_{Ig}=58\ \Omega$。

④ 电流表等级的选择：由式(7-1-9)可知所测电流 I 的标准偏差为

$$\sigma_{I} \leqslant I_{测max} \times 0.0042 = 13.00 \times 0.0042 = 0.013\ \text{mA}$$

用 σ_{I} 代替 $\sigma_{测}$，则所选电流表仪器的算术偏差为

$$\Delta_{仪} = \sqrt{3}\sigma_{测} = \sqrt{3}\sigma_{I} \leqslant 0.013 \times \sqrt{3} = 0.023\ \text{mA}$$

用所选电流表仪器的算术偏差代替仪器校准误差取绝对值后其中的最大值，得所选电流表仪器的标称误差为

$$r_{m} = \frac{|\delta_{I}|_{max}}{I_{m}} = \frac{\Delta_{仪}}{I_{m}} \leqslant \frac{0.023}{5} = 0.46\%$$

由电流表的标称误差与等级的关系表可知，$r_{m} \leqslant 0.46\%$ 属于 0.5 级电流表，但 $0.47\% \leqslant r_{m} \leqslant 0.5\%$ 也属于 0.5 级电流表而不符合要求，且电流表表盘上只标等级数，其标称误差数并未给出，故电流表只能选择 $S_{m}=0.2$ 级。但现在只有 0.5 级的电流表，有必要买一个价格很贵(等级提高一档价格约加倍)的电流表吗？下面用不等量分配法来重新选择电表的等级 S_{m}。

(5) 不等量分配法(即差额平均法)选择电表的等级。

假如所选电压表的量程 $U_{m}=5$ V，精确度等级为 $S_{m}=0.5$ 级，电压的测量值为 $U_{测}=4.5$ V，则所测电压 $U_{测}$ 的相对误差为

$$E_{U} = \frac{\sigma_{仪}}{U_{测}} = \frac{U_{m}S_{m}\%}{\sqrt{3}U_{测}} = \frac{5 \times 0.5\%}{\sqrt{3} \times 4.5} = 0.0032 \tag{7-1-10}$$

假如所选电流表的量程 $I_{m}=5$ mA，精确度等级为 $S_{m}=0.5$ 级，电流的测量值为 $I_{测}=$

3.00 mA，则所测电流 $I_{测}$ 的相对误差为

$$E_I=\frac{\sigma_{仪}}{I_{测}}=\frac{I_m S_m\%}{\sqrt{3}I_{测}}=\frac{5\times0.5\%}{\sqrt{3}\times3.0}=0.0048 \quad (7-1-11)$$

差额是指设计要求的总误差的平方减去按最佳方案所需要的各项分误差最小值平方的和之差，即

$$差额=E^2-(E_U^2-E_I^2)=0.006^2-0.0032^2-0.0048^2=2.7\times10^{-6} \quad (7-1-12)$$

差额平均法是指把差额按分误差个数平均地加到各分误差平方上后再开平方求得各分误差所分配的大小，即取

$$E_U=\frac{\sigma_U}{U_{测}}\leqslant\left[\frac{2.7\times10^{-6}}{2}+0.003\ 22\right]=0.0034 \quad (7-1-13)$$

$$E_I=\frac{\sigma_I}{I_{测}}\leqslant\left[\frac{2.7\times10^{-6}}{2}+0.004\ 82\right]=0.0049 \quad (7-1-14)$$

重新选择电压表等级：由式(7-1-13)可得

$$\sigma_U=U_{测\max}\times0.0034=4.5\times0.0034=0.015\ \text{V}$$

$$\Delta_{仪}=\sqrt{3}\sigma_U\leqslant0.015\times\sqrt{3}=0.026\ \text{V}$$

$$r_m\leqslant\frac{\Delta_{仪}}{U_m}=\frac{0.026}{5}=0.52\%$$

故电压表选择 0.5 级。

重新选择电流表等级：由式(7-1-14)可得

$$\sigma_I=I_{测\max}\times0.0049=3\times0.0049=0.015\ \text{mA}$$

$$\Delta_{仪}=\sqrt{3}\sigma_I\leqslant0.015\times\sqrt{3}=0.026\ \text{mA}$$

$$r_m\leqslant\frac{\Delta_{仪}}{I_m}=\frac{0.026}{5}=0.52\%$$

故电流表选择 0.5 级。

(6) 电路中电流表连接方法的选择。

伏安法测量电阻中，当 $\sqrt{R_{Ig}R_{Ug}}<R_X$ 时，用电流表内接较好；当 $\sqrt{R_{Ig}R_{Ug}}>R_X$ 时，用电流表外接较好。现 $\sqrt{R_{Ig}R_{Ug}}=\sqrt{500\ 00\times58}=1703\ \Omega>R_X=1500\ \Omega$，所以采用电流表外接法。

(7) 滑线变阻器调控电路的选择。

① 考虑电路的调节范围，要使负载上的电压能调节到电压测量值中的最小值。

② 综合考虑调控电路的细调程度和线性调节的程度，要求实验电路的特征参数 $K\geqslant2$。这里因只测量一组 U、I 值，滑线变阻器用限流或分压电路均可测量，但分压电路比限流电路多接了一条分路，在同样的测量条件下，会多浪费一些电能，故按节省电能的原则，应选择限流电路为最好。

(8) 实验电路的设计。

实验电路如图 7-1-1 所示，S_2 断开即为限流电路，S_3 扳向 2 点即为电流表外接法。

(9) 负载电阻 R_L 的计算。

负载电阻 R_L 是指实验电路中的测量指示部分和被测研究对象两部分的总电阻。这里因为选择电流表外接法就是被测电阻 R_X 与电压表内阻 R_{Ug} 并联后，再与电流表内阻 R_{Ig} 串联以后的总电阻，故

$$R_L=\frac{1}{\frac{1}{R_X}+\frac{1}{R_{Ug}}}+R_{Ig}=\frac{1}{\frac{1}{1500}+\frac{1}{50\ 000}}+58=1514\ \Omega$$

(10) 滑线变阻器的选择。

① 考虑电路的调节范围，要使负载上的电压能调节到电压测量值中的最小值。

② 综合考虑调控电路的细调程度和线性调节的程度，要求实验电路的特征参数 $K\geqslant 2$。这里选择的是限流调控电路，由限流电路的调节范围可知，当图 7-1-1 中滑线变阻器的 C 点与 B 点重合时，负载 R_L 上的电压有最小值 U_{Lmin}，且 $U_{Lmin}\leqslant U_{测min}=4.5$ V，所以

$$U_{Lmin}=\frac{ER_L}{R_L+R_0}\leqslant U_{测max}=4.5\ \text{V}$$

故

$$R_0\geqslant\left(\frac{E}{R_L/U_{测}}\right)-R_L=6\times\frac{1514}{4.5}-1514=505\ \Omega$$

由限流电路的细调程度和线性调节的程度要求可知，

$$R_0\leqslant\frac{R_L}{2}=\frac{1514}{2}=757\ \Omega$$

但在 505 Ω$\leqslant R_0\leqslant$757 Ω 的区间内没有可供选择的 R_0 值，这时要优先考虑第一个条件 $R_0\geqslant$ 505 Ω，故选择 $R_0=1000$ Ω，$I_{max}=0.5$ A。

(11) 总电路总电流最大值 $I_{总max}$ 的估算。

限流电路中，当滑动点 C 与 A 点重合时，总电路中的总电流有最大值 $I_{总max}$，且 $I_{总max}=\frac{E}{R_L}=\frac{6}{1514}=0.00\ 396\ \text{A}\ll I_{max}=0.5$ A，所以滑线变阻器在使用中不会烧坏。

(12) 电流表与电压表测量条件的选择。

由电流表外接有 $R_X=\frac{U}{I-U/R_{Ug}}$，$E\leqslant 0.6\%$可得

$$E=R_{Ug}\frac{[(I\sigma_U)^2+(U\sigma_I)^2]^{\frac{1}{2}}}{U(IR_{Ig}-U)}\leqslant 0.6\%$$

按已介绍不等量分配的比例，则由式(7-1-13)、式(7-1-14)取

$$E_U=\frac{R_{Ug}I\sigma_U}{U(IR_{Ig}-U)}\leqslant 0.0034 \tag{7-1-15}$$

$$E_I=\frac{R_{Ug}U\sigma_I}{U(IR_{Ig}-U)}\leqslant 0.0049 \tag{7-1-16}$$

由式(7-1-15)、式(7-1-16)中的等号可得

$$\frac{I\sigma_U}{0.0034}=\frac{U\sigma_I}{0.0049} \tag{7-1-17}$$

由电压表量程选择为 $U_m=5$ V，电压表精确度等级 $S_m=0.5$ 级，可得

$$\sigma_U=\frac{U_mS_m\%}{\sqrt{3}}=\frac{5\times 0.5\%}{\sqrt{3}}=0.014\ \text{V} \tag{7-1-18}$$

由电流表量程选择为 $I_m=5$ V，电流表精确度等级 $S_m=0.5$ 级，可得

$$\sigma_I=\frac{I_mS_m\%}{\sqrt{3}}=\frac{5\times 0.5\%}{\sqrt{3}}=0.014\ \text{mA} \tag{7-1-19}$$

把式(7－1－18)、式(7－1－19)代入式(7－1－17)得

$$U=\frac{0.0049\times 0.014I}{0.0034\times 0.000\,014}=1441.2I \tag{7-1-20}$$

由式(7－1－16)还可得

$$\frac{R_{\mathrm{Ug}}\sigma_{\mathrm{I}}}{IR_{\mathrm{Ig}}-U}\leqslant 0.0049 \tag{7-1-21}$$

$$R_{\mathrm{Ug}}=50\,000\ \Omega \tag{7-1-22}$$

把式(7－1－19)、式(7－1－20)、式(7－1－22)代入式(7－1－21)得

$$I\geqslant\frac{50\,000\times 0.000\,014}{(50\,000-1441.2)\times 0.0049}=0.002\,942\ \mathrm{A}=2.942\ \mathrm{mA}<I_{测}=3\ \mathrm{mA}$$

所以

$$U=1441.2I\geqslant 1441.2\times 0.002\,942=4.240\ \mathrm{V}<U_{测}=4.5\ \mathrm{V}$$

电流表与电压表的测量条件为：$I\geqslant 2.942$ mA，$U\geqslant 4.240$ V。

(13) 由所选仪器和测量条件对所测结果相对误差大小的估算。

由电流表外接有

$$I_{测}=\frac{U}{R_{\mathrm{X}}}+\frac{U}{R_{\mathrm{Ug}}}=\frac{4.5}{1500}+\frac{4.5}{50\,000}=0.003\,09\ \mathrm{A}$$

$$\begin{aligned}E&=\frac{R_{\mathrm{Ug}}\left[(I\sigma_{\mathrm{U}})^2+(U\sigma_{\mathrm{I}})^2\right]^{\frac{1}{2}}}{U(IR_{\mathrm{Ig}}-U)}\\&=\frac{50\,000\times\left[(0.003\,09\times 0.014)^2+(4.5\times 0.000\,014)^2\right]^{\frac{1}{2}}}{4.5(0.003\,09\times 50\,000-4.5)}\\&=0.57\%<0.6\%\end{aligned}$$

故已达到设计要求。

四、设计性物理实验作业

学习了伏安法测电阻的设计方法后，完成下列设计项目，在做伏安法测量电阻实验时必须带详细的设计过程，没有设计方案的，原则上不能按时做伏安法测量电阻实验。

1. 设计实验项目

在下面可供选择的仪器范围内，根据题目要求设计用伏安法测量下列各电阻。

(1) 设计用 2 V 的电压测量标称值为 850 Ω 线性电阻的阻值，要求所测电阻结果的相对误差 $E_{\mathrm{R}}\leqslant 0.8\%$。

(2) 设计用 0～2.5 V 的电压测量标称值为 2600 Ω 线性电阻的伏安特性曲线，要求所测电阻结果的相对误差 $E_{\mathrm{R}}\leqslant 0.8\%$。

2. 可供选择的器材

(1) 电源：晶体管直流稳压电源，其输出电压的规格为 0～30 V 连续、可调，粗调钮每隔 3 V 一挡。

(2) 电压表。

① 量程 U_{m}：分别有 0～2.5～3～5～10～15 V 可供选择。

② 等级 S_{m}：各量程的电压表都只有 0.5 级可供选择。

③ 内阻 R_{Ug}：各量程电压表内阻都等于各自量程数乘 200 Ω，即

$$R_{Ug}=200\times U_m \quad (\Omega)$$

（3）电流表。

① 量程 I_m 及等级 S_m。

② 内阻 R_{Ig}，如表 7-1-3 所示（各量程的电流表都只有 0.5 级可供选择）。

表 7-1-3　可供选择的电流表量程及其内阻

量程 I_m	100 μA	200 μA	500 μA	1000 μA	2.5 mA	5 mA	15 mA	30 mA	75 mA	150 mA
内阻 R_{Ig}/Ω	1200	1100	560	300	78	58	2.4	1.2	0.6	0.3

（4）滑线变阻器：可供选择的主要技术参数如表 7-1-4 所示。

表 7-1-4　可供选择的滑线变阻器主要技术参数表

全电阻大小 R_0/Ω	14.58 k	1 k	240	105	22.1	10.7
额定电流 I_{max}/A	0.1	0.5	1	2	4.5	4.5

实验 7.2　设计用电位差计校准电表

一、设计任务

（1）设计用电位差计校准量程 U_m＝3 V、等级 S_m＝0.5 级、刻度盘有 150 个最小等分格的电压表。

（2）设计用电位差计校准量程 I_m＝2.5 mA、等级 S_m＝0.5 级、内阻 R_{Ig}＝78Ω、刻度盘有 100 个最小等分格的电流表。

二、实验器材

实验器材有 UJ24 型电位差计（简称电位差计），直流稳压电源为 0～30 V，粗调钮每相隔 3 V 有一挡；分压器，假如分压器的输出端钮分别有×2、×5、×10、×20、×50 等挡；标准电阻，其标称值分别有 1、10、100、1000、10 000 等；开关、导线若干，可供选择的滑线变阻器的规格如表 7-2-1 所示。

表 7-2-1

R_0/Ω	10.7	22.1	105	240	1 k	14.68 k
I_{max}/A	4.5	4.5	2	1	0.5	0.1

已知：UJ24 型电位差计的分度值 δ_U＝0.000 01 V、等级 S_m＝0.02 级，电位差计仪器的标准偏差计算公式为 $\sigma_U=\sigma_仪=\dfrac{U_示\ S_m\%+0.5\Delta_U}{\sqrt{3}}$，电压表与电流表仪器标准偏差计算公式为 $\sigma_X=\dfrac{X_m S_m\%}{\sqrt{3}}$。

三、设计方案

设计思路：首先要证明 UJ24 型电位差计能校准给定的电压表与电流表，然后设计校准电路图，并正确选择有关仪器参数，拟定校准步骤。

设计题 1　设计用 UJ24 型电位差计校准量程 $U_m=3$ V、等级 $S_m=0.5$ 级、刻度盘有 150 个最小等分格的电压表。

设计方案：

(1) 证明 UJ24 型电位差计能校准量程 $U_m=3$ V、等级 $S_m=0.5$、刻度盘有 150 个最小等分格的电压表。

电压表的仪器误差 $\sigma_{仪}=\dfrac{U_m S_m\%}{\sqrt{3}}=\dfrac{3\times 0.5\%}{\sqrt{3}}=0.0087$ V，即该表不管所测电压的大小如何，其每个测量值的测量误差 $\sigma_U=\sigma_{仪}=0.0087$ V。而电位差计所测电压的测量误差 $\sigma_{测}$ 与 $U_{测}$ 本身的大小有关，$U_{测}$ 越大，$\sigma_{测}$ 越大，反之越小。当校准表满刻度点时，$U_{测}\approx 3.000\ 00$ V，故

$$\sigma_{测}=\frac{3.0\times 0.02\%+0.5\times 0.000\ 01}{\sqrt{3}}=0.00\ 035\ \text{V}\ll\sigma_{仪}=0.0087\ \text{V}$$

由此不难得出其他各测点用电位差计测量的误差只可能小于满度点的测量误差，所以电位差计完全可校准该电压表。

(2) 实验电路如图 7-2-1 所示，把 D、F 点分别接电位差计即可。

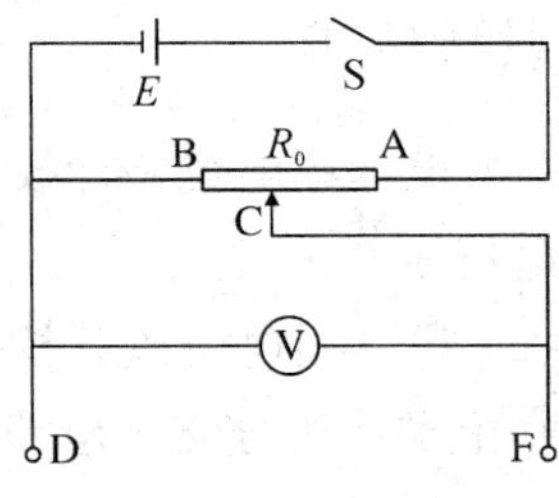

图 7-2-1

(3) 仪器选择如下：

① 电源选择直流稳压电源 0～30 V 的粗调选择 3 V 挡。

② 滑线变阻器调控电路的选择。因为要从电压表零点开始测起，故只能选择分压电路，限流电路无法使负载上的电压调至零而无法采用。

③ 滑线变阻器全电阻大小 R_0 的选择。由分压电路的细调程度和线性调节的程度要求实验电路的特征参数 $K=R_L/R_0\geqslant 2$，电压表的内阻为每 1 V 量程 200 Ω，故电路的负载电阻为 $R_L=200\times 3=600$ Ω，所以滑线变阻器全电阻大小 $R_0\leqslant R_L/2=600/2=300$ Ω。由可供选择滑线变阻器的 R_0 可知，符合条件的有 240、105、22.1、10.7 Ω 四种，因在实验条件相同的情况下，电阻越大越省电，故应选用 R_0 为 240 Ω 的滑线变阻器，其额定电流 $I_{max}=1$ A。

④ 使用中当滑线变阻器的滑动点 C 与 A 重合时，总电路中的总电流有最大值，且 $I_{总max}=\dfrac{E}{\dfrac{1}{1/R_0+1/R_L}}=E\left(\dfrac{1}{R_0}+\dfrac{1}{R_L}\right)=3\left(\dfrac{1}{240}+\dfrac{1}{600}\right)=0.0175\ \text{A}\ll I_{总max}=1$ A，所以滑线变阻器不会被烧坏。

⑤ 分压器的选择。因被校电压表的量程为 $U_m=3$ V，而电位差计的程量只有 1.611 10 V，所以电位差计只能校准电压表的 0～80.5 格(即 0～(3/150)×80.5=1.61 V)之内的点。而从 80.5～150.0 格的所有的点要借助分压器分压之后才能校准，这时应把电路中的 D、F 两点接分压器的两输入端钮，选择分压器输出端钮挡数的方法是被测点的电压值除以挡数

应小于或等于电位差计的量程，且又尽量接近其量程即可。因为电压表量程为$U_m = 3$ V，所以由 3/挡数≤1.611 10V，即挡数≥3/1.611 10=1.86，由分压器可供选择的挡数中，应选择符合条件中的最小挡，即选择×2 挡为最好。

四、校准步骤及注意事项

电位差计与检流计、标准电池、工作电源的连接电路、检流计的调零及使用方法、标准电池的标准电动势修正方法、电位差计本身的校准与测量方法都与实验 5.6 中所述内容相同，这里不再重述。

(1) 按有关要求预置好各仪器中的各开关、各旋钮初始位置，合理布置有关仪器，正确连接电路，调节好检流计机械零点。

(2) 读记标准电池中温度计的温度 t，查出标准电池在此温度 t 下的标准电动势的修正值 $\Delta\varepsilon_t$，求出此时的标准电动势 ε_t，科学地调节标准电动势补偿电阻 R_N 校准电位差计，使工作回路中的工作电流严格等于 0.0001 A。

(3) 调节辅助电路中的滑线变阻器的滑动点 C，使电压表严格指满度 150.0 小格时，把电路中的 D、F 两点分别接分压器的两输入端钮，其输出端钮(其中一钮选×2 挡)接电位差计的未知 1 或 2，先把电位差计的测量盘预置到 3/2=1.5 V；再按照电位差计的初测方法，测量此时电压表的校正值，要读记此时的 $U_{测}$。注意：读记 $U_{测}$ 的同时，必观察电压表的指针是否还严格指 150.0 小格，否则重新测量。

(4) 调节滑动点 C 使电压表依次严格指 140.0、130.0、120.0、110.0、100.0、90.0 小格时，每次都重新校正电位差计后，按电压表校正点电压的理论值除以 2 所得的电压值预置在电位差计的测量盘上，再按电位差计首次测量的方法测量，并分别读记各被校点的校正值。

(5) 撤出分压器，把辅助电路图的 D、F 两点直接连接电位差计的未知 1 或 2，依次调节滑线变阻器的滑动点 C，使电压表依次分别严格指 80.0、70.0、60.0、50.0、40.0、30.0、20.0、10.0、0.0 小格时，按各校正点的电压理论值依次预置在电位差计的测量盘上，再分别按重校、初测的方法测量和读记各校准点电压的校正值。

(6) 按电压由小到大的方向和以上介绍的校准、测量的方法，依次分别把以上各校准点从电压表的零点再校准到满度点。

(7) 全部数据测量完毕后，检查、验算所有数据是否有反常的地方，若有，则应对其重测，直到所有数据都正常后为止，关电源，拆除线路，整理仪器。

五、数据记录与处理

数据处理可参阅实验 5.5 已介绍的处理方法及原则，求出各校准点电压的校正值、校正值的平均值以及各点的校准误差，画出校准曲线；求出被校电压表的标称误差，确定被校电压表经校准后的精确度等级。

设计题 2 设计用 UJ24 型电位差计校准量程 $I_m = 2.5$ mA、等级 $S_m = 0.5$ 级、内阻 $R_{Ig} = 78\ \Omega$、刻度盘有 100 个最小等分格的电流表。

设计方案：

(1) 用电位差计校准电流表的辅助电路图如图 7-2-2 所示。

(2) 仪器选择：

① 选择电源。因为电位差计测量电压的上限值为 1.611 10 V，所以电源选择直流稳压电源 0～30 V 粗调钮指 3 V 挡，并调节微调钮，使输出电压调至后面将计算的所测电压的最大值或比最大值稍大一点即可。

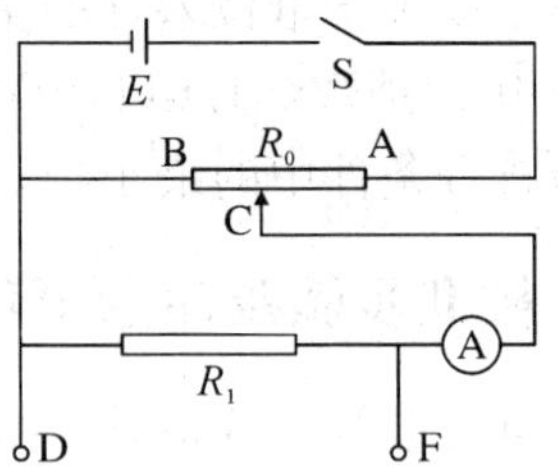

图 7-2-2　辅助电路图

② 标准电阻标称值的选择。校准电流表的最大电流值即满刻度值等于其量程数，校准时，标准电阻中所流过的电流与电流表中的电流完全相同，这是因为它与电位差计相连的两线中在测量调整后无分电流。所以流过标准电阻中电流的最大值 $I_{标max}=I_m$，要求标准电阻两端电压的最大值要小于或等于电位差计的上限值，且尽量接近其上限值，即

$$U_{标max}=I_{标max}\times R_{标}\leqslant 1.611\ 10\ \text{V},\ I_{标max}=0.0025\ \text{A}$$

所以

$$R_{标}=\frac{U_{标max}}{I_{标max}}\leqslant\frac{1.611\ 10}{0.0025}=644.44\ \Omega$$

由于标准电阻的标称值只有 $1\times10\ N(\Omega)$，其中 N 为 $-4\sim4$ 之间的整数且包括 0，应选择符合条件中的最大值，所以 $R_{标}$ 要选择 100 Ω，则

$$U_{标max}=I_{标max}\times R_{标}=0.0025\times100=0.25\ \text{V}$$

③ 滑线变阻器的调控电路和全电阻大小 R_0 的选择。

由于校准电流表必从零点至满刻度间每相隔 10 个小格校准一点，而限流电路不可能使负载上的电流调至零，故无法采用，只能选择分压电路。

选择滑线变阻器的 R_0 大小。先求负载电阻 R_L，由图 7-2-2 所示辅助电路的负载电阻 $R_L=R_{标}+R_{Ig}=100+78=178\ \Omega$，分压电路选择 R_0 时只需考虑其细调程度和线性调度的程度，要求电路的特征参数 K 为

$$K=\frac{R_L}{R_0}=\frac{178}{R_0}\geqslant2$$

所以

$$R_0\leqslant\frac{R_L}{2}=\frac{178}{2}=89\ \Omega$$

在可供选择的滑线变阻器参数表 7-2-1 中，应选择符合此条件中的最大者，即 R_0 选用 22.1 Ω，其额定电流为 $I_{max}=4.5$ A。

要证明所选滑线变阻器在给定条件的任何情况下使用都不会被烧坏，只要证明所选滑线变阻器在给定条件下，在使用中的任何情况下流过滑线变阻器的总电流最大值 $I_{总max}\leqslant$所选滑线变阻器的额定电流 I_{max} 即可。在使用中，当滑线变阻器的滑动点 C 与 A 重合时，总电路中的总电流有最大值，且

$$I_{总max}=\frac{E}{\dfrac{1}{1/R_0+1/R_L}}=E\left(\frac{1}{R_0}+\frac{1}{R_L}\right)=3\left(\frac{1}{22.1}+\frac{1}{178}\right)=0.1189\ \text{A}\ll I_{max}=4.5\ \text{A}$$

所以滑线变阻器不会被烧坏。

(3) 证明电位差计能校准给定的电流表。

电流表各测点的测量误差，不管其测量值的大小如何，都等于电流表的仪器误差，即

$$\sigma_I=\sigma_{仪}=\frac{I_m\times S_m\%}{\sqrt{3}}=\frac{2.5\times 0.5\%}{\sqrt{3}}=0.0072\ \text{mA}=7.2\ \mu\text{A}$$

前面已求出电位差计校准所给电流表满刻度时所测电压的最大值为

$$U_{标\max}=I_{标\max}\times R_{标}=0.0025\times 100=0.25\ \text{V}$$

其测量误差为

$$\sigma_{测}=\frac{U_{标\max}\times S_m\%+0.5\times\delta_V}{\sqrt{3}}=\frac{0.25\times 0.02\%+0.5\times 0.000\ 01}{\sqrt{3}}=0.000\ 032\ \text{V}$$

由 $I_{标\max}=U_{标\max}/R_{标}$ 可推导出测量电流的最大误差计算公式为

$$\sigma_{I标\max}=\frac{\sigma_{U标\max}}{R_{标}}=\frac{\sigma_{测}}{R_{标}}=\frac{0.000\ 032}{100}=0.000\ 000\ 32\ \text{A}=0.32\ \mu\text{A}\ll\sigma_I=7.2\ \mu\text{A}$$

可以证明，校准所有其他各点的测量误差都小于校准满刻度点的测量误差，电位差计能校准给定的电流表。

校准电流表的步骤、注意事项及数据记录与处理：校准电流表的步骤、注意事项可参照设计题 1 的有关内容自己拟定，这里不再重复。校准后的数据处理要求与实验 5.5 中校准电压表的要求相同，不再重述。

实验 7.3　设计利用单摆测量重力加速度

一、设计任务

利用单摆测量重力加速度 g，要求测量相对误差(相对不确定度)小于 1.0%，并分析摆角、空气阻力、细绳质量、周期计时方法对测重力加速度的影响。

二、实验器材

实验器材有单摆(长度可调)、米尺、秒表(0.01 s)、游标卡尺等。

三、设计原理及要点提示

一根不可伸长的细线，上端悬挂一个小球。当细线质量比小球的质量小很多，而且小球的直径又比细线的长度小很多时，此种装置称为单摆，如图 7－3－1 所示。如果把小球稍微拉开一定的距离，小球在重力作用下可在垂直平面内做往复运动。一个完整的往复运动所用的时间称为一个周期。当摆动的角度小于 5°时，设小球的质量为 m，其质心到摆的支点 O 的距离为 L(摆长)，作用在小球上的切向力的大小为 $mg\sin\theta$，它总指向平衡点 O'。若 θ 角很小，则 $\sin\theta\approx\theta$，切向力的大小为 $mg\theta$，按牛顿第二定律，质点的运动方程为

$$ma_{切}=-mg\theta,\quad mL\frac{d^2\theta}{dt^2}=-mg\theta$$

$$\frac{d^2\theta}{dt^2}=-\frac{g}{L}\theta \qquad (7-3-1)$$

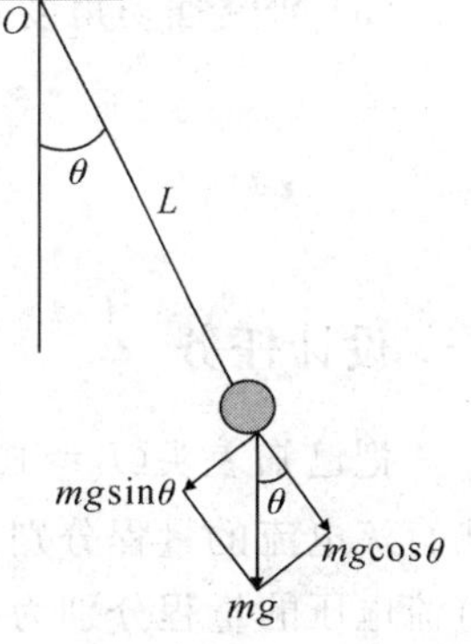

图 7－3－1

这是一简谐运动方程(参阅普通物理学中的简谐振动)，可

知该简谐振动角频率 ω 的平方等于 g/L，由此得出 $\omega=2\pi/T=\sqrt{g/L}$。可以证明单摆的周期 T 满足下面公式

$$T=2\pi\sqrt{\frac{L}{g}} \tag{7-3-2}$$

$$g=4\pi^2\frac{L}{T^2} \tag{7-3-3}$$

式中，L 为单摆长度，单摆长度是指上端悬挂点到球心之间的距离；g 为重力加速度。如果测量得出周期 T、单摆长度 L，利用式(7－3－3)可计算出当地的重力加速度 g。

式(7－3－3)的不确定度传递公式为

$$\frac{u(g)}{g}=\sqrt{\left[\frac{u(L)}{L}\right]^2+\left[2\frac{u(t)}{t}\right]^2} \tag{7-3-4}$$

从式(7－3－4)可以看出，在 $u(L)$、$u(t)$ 大体一定的情况下，增大 L 和 t 对测量 g 有利。

当摆动角度 θ 较大($\theta>5°$)时，单摆的振动周期 T 和摆动的角度 θ 之间存在下列关系：

$$T=2\pi\sqrt{\frac{L}{g}}\left[1+\left(\frac{1}{2}\right)^2\sin^2\frac{\theta}{2}+\left(\frac{1}{2}\right)^2\left(\frac{3}{4}\right)^2\sin^4\frac{\theta}{2}+L\right]$$

一般在实验上确定单摆做简谐振动的最大摆角的方法是微小偏差准则，即系统误差小于实际测量一个周期所产生系统误差的 1/3。如果实验中测量周期的秒表仪器的误差为 0.01 s，即最小可分辨时间为

$$|\Delta T|=|T_0-T|=2\pi\sqrt{\frac{L}{g}}\left(\frac{1}{4}\sin^2\frac{\theta_0}{2}\right)<\frac{1}{3}\times 0.01$$

如果取 $g=9.8\ \mathrm{m/s^2}$，$L=65.0\ \mathrm{cm}$，代入上式解得 $\theta_0<10.72°$，即单摆的最大摆角小于 10.72°。在实验精度内，单摆的实际振动才可视为简谐振动，而且摆长不同，单摆做简谐振动的最大摆角也不同。

研究在不同摆长、不同摆角、不同振动次数计时所测量的重力加速度。在要求的相对误差(相对不确定度)小于 1.0％的前提下，确定测量条件。

四、实验内容

(1) 研究单摆振动周期与单摆长度的关系，并测定 g 值。

(2) 对同一单摆长度 L，测出小球摆动不同个周期所用的时间。

(3) 研究摆动角度 θ 和振动周期 T 之间的关系。

实验 7.4 设计万用电表

一、设计任务

把已知表头($I_g=100\ \mu\mathrm{A}$、$R_g=1200\ \Omega$、$S_m=0.5$ 级)改装，设计为一简单万用表。其中测直流电流的量程分别为 500、1000 μA 和 2.5、5、10、15、30、50、100、150、500 mA；测直流电压的量程分别为 2.5、3、5、10、15、30、50、75、100、300、600V；测直流电阻的欧姆表挡数分别为×1、×10、×100、×1 k、10 k。

二、实验器材

实验器材有微安表、标准电流表、标准电压表、直流电源、滑线变阻器、电阻(多个)、电阻箱、单刀双掷开关、导线等。

三、设计原理及要点提示

在实验5.5中，我们已经进行了单量程的电流表、电压表、欧姆表的改装与校准，以此为基础列式计算各量程、各挡数所要串联或并联电阻的理论值，并设计一个最简单的电路原理总图。

1. 求改/扩各量程电流表时并联电阻的理论值

(1) $R_1=R_{S1理}=\dfrac{R_g}{(I_m/I_g)-1}=\dfrac{1200}{(500/100)-1}=300.00\ \Omega$。

(2) $R_2=R_{S2理}=\dfrac{R_g}{(I_m/I_g)-1}=\dfrac{1200}{(1000/100)-1}=133.33\ \Omega$。

(3) $R_3=R_{S3理}=\dfrac{R_g}{(I_m/I_g)-1}=\dfrac{1200}{(2.5/0.1)-1}=50.00\ \Omega$。

(4) $R_4=R_{S4理}=\dfrac{R_g}{(I_m/I_g)-1}=\dfrac{1200}{(5/0.1)-1}=24.49\ \Omega$。

(5) $R_5=R_{S5理}=\dfrac{R_g}{(I_m/I_g)-1}=\dfrac{1200}{(10/0.1)-1}=12.12\ \Omega$。

(6) $R_6=R_{S6理}=\dfrac{R_g}{(I_m/I_g)-1}=\dfrac{1200}{(15/0.1)-1}=8.05\ \Omega$。

(7) $R_7=R_{S7理}=\dfrac{R_g}{(I_m/I_g)-1}=\dfrac{1200}{(30/0.1)-1}=4.01\ \Omega$。

(8) $R_8=R_{S8理}=\dfrac{R_g}{(I_m/I_g)-1}=\dfrac{1200}{(50/0.1)-1}=2.40\ \Omega$。

(9) $R_9=R_{S9理}=\dfrac{R_g}{(I_m/I_g)-1}=\dfrac{1200}{(100/0.1)-1}=1.20\ \Omega$。

(10) $R_{10}=R_{S10理}=\dfrac{R_g}{(I_m/I_g)-1}=\dfrac{1200}{(150/0.1)-1}=0.80\ \Omega$。

(11) $R_{11}=R_{S11理}=\dfrac{R_g}{(I_m/I_g)-1}=\dfrac{1200}{(500/0.1)-1}=0.24\ \Omega$。

2. 求改/扩各量程电压表串联电阻的大小

(1) $R_{12}=R_{P1理}=R_g\left(\dfrac{U_m}{I_gR_g}-1\right)=1200\left[\left(\dfrac{2.5}{0.0001\times1200}\right)-1\right]=23\ 800.0\ \Omega$。

(2) $R_{13}=R_{P2理}=R_g\left(\dfrac{U_m}{I_gR_g}-1\right)=1200\left[\left(\dfrac{3}{0.0001\times1200}\right)-1\right]=28\ 800.0\ \Omega$。

(3) $R_{14}=R_{P3理}=R_g\left(\dfrac{U_m}{I_gR_g}-1\right)=1200\left[\left(\dfrac{5}{0.0001\times1200}\right)-1\right]=48\ 800.0\ \Omega$。

(4) $R_{15}=R_{P4理}=R_g\left(\dfrac{U_m}{I_gR_g}-1\right)=1200\left[\left(\dfrac{10}{0.0001\times1200}\right)-1\right]=98\ 800.0\ \Omega$。

(5) $R_{16}=R_{P5理}=R_g\left(\frac{U_m}{I_gR_g}-1\right)=1200\left[\left(\frac{15}{0.0001\times1200}\right)-1\right]=148\ 800.0\ \Omega$。

(6) $R_{17}=R_{P6理}=R_g\left(\frac{U_m}{I_gR_g}-1\right)=1200\left[\left(\frac{30}{0.0001\times1200}\right)-1\right]=298\ 800.0\ \Omega$。

(7) $R_{18}=R_{P7理}=R_g\left(\frac{U_m}{I_gR_g}-1\right)=1200\left[\left(\frac{50}{0.0001\times1200}\right)-1\right]=498\ 800.0\ \Omega$。

(8) $R_{19}=R_{P8理}=R_g\left(\frac{U_m}{I_gR_g}-1\right)=1200\left[\left(\frac{75}{0.0001\times1200}\right)-1\right]=748\ 800.0\ \Omega$。

(9) $R_{20}=R_{P9理}=R_g\left(\frac{U_m}{I_gR_g}-1\right)=1200\left(\frac{100}{0.0001\times1200}-1\right)=998\ 800.0\ \Omega$。

(10) $R_{21}=R_{P10理}=R_g\left(\frac{U_m}{I_gR_g}-1\right)=1200\left(\frac{300}{0.0001\times1200}-1\right)=2\ 998\ 800\ \Omega$。

(11) $R_{22}=R_{P11理}=R_g\left(\frac{U_m}{I_gR_g}-1\right)=1200\left(\frac{600}{0.0001\times1200}-1\right)=5\ 998\ 800\ \Omega$。

3. 改装各挡数欧姆表并联和串联电阻参数的计算

(1) 改装×1挡欧姆表并联和串联电阻参数的计算。

欧姆表的综合内阻 $R_Z=10\times挡数=10\times1=10\ \Omega$；$E=1.5\ \text{V}$，计算欧姆表中总电路总电流的最大值 $I_{总\max}=\frac{E}{R_Z}=\frac{1.5}{10}=0.15\ \text{A}$；先把表头改/扩量程为150 mA的电流表，即并联电阻为 $R_{23}=R_{S12理}=\frac{R_g}{(I_m/I_g)-1}=\frac{1200}{(150/0.1)-1}=0.80\ \Omega$；若电源内阻 $R_内=0.5\ \Omega$，则串联电阻

$$R_{24}=R_{P12理}=R_Z-\frac{R_{S12理}R_g}{(R_{S12理}+R_g)}-R_内=10-0.80\times\frac{1200}{(0.80+1200)}-0.5=8.70\ \Omega$$

(2) 改装×10挡欧姆表并联和串联电阻参数的计算。

欧姆表的综合内阻 $R_Z=10\times挡数=10\times10=100\ \Omega$；$E=1.5\ \text{V}$，计算欧姆表中总电路总电流的最大值 $I_{总\max}=\frac{E}{R_Z}=\frac{1.5}{100}=0.015\ \text{A}$；先把表头改/扩量程为15 mA的电流表，即并联电阻为 $R_{25}=R_{S13理}=\frac{R_g}{(I_m/I_g)-1}=\frac{1200}{(15/0.1)-1}=8.05\ \Omega$；若电源内阻 $R_内=0.5\ \Omega$，则串联电阻

$$R_{26}=R_{P13理}=R_Z-\frac{R_{S13理}R_g}{(R_{S13理}+R_g)}-R_内=100-8.05\times\frac{1200}{(8.05+1200)}-0.5=91.50\ \Omega$$

(3) 改装×100挡欧姆表并联和串联电阻参数的计算。

欧姆表的综合内阻 $R_Z=10\times挡数=10\times100=1000\ \Omega$；$E=1.5\ \text{V}$，计算欧姆表中总电路总电流的最大值 $I_{总\max}=\frac{E}{R_Z}=\frac{1.5}{1000}=0.0015\ \text{A}$；先把表头改/扩量程为1.5 mA的电流表，即并联电阻为 $R_{27}=R_{S14理}=\frac{R_g}{(I_m/I_g)-1}=\frac{1200}{(1.5/0.1)-1}=85.71\ \Omega$；若电源内阻 $R_内=0.5\ \Omega$，则串联电阻

$$R_{28}=R_{P14理}=R_Z-\frac{R_{S14理}R_g}{(R_{S14理}+R_g)}-R_内=1000-85.71\times\frac{1200}{(85.71+1200)}-0.5=919.50\ \Omega$$

(4) 改装×1k 挡欧姆表并联和串联电阻参数的计算。

欧姆表的综合内阻 $R_Z=10\times$挡数$=10\times1000=10\ 000\ \Omega$；$E=1.5$ V，计算欧姆表中总电路总电流的最大值 $I_{总max}=\dfrac{E}{R_Z}=\dfrac{1.5}{10\ 000}=0.000\ 15$ A；先把表头改/扩量程为150 μA 的电流表，即并联电阻为 $R_{29}=R_{S15理}=\dfrac{R_g}{(I_m/I_g)-1}=\dfrac{1200}{(150/100)-1}=2400.0\ \Omega$；若电源内阻 $R_内=0.5\ \Omega$ 可忽略不计，则串联电阻

$$R_{30}=R_{P15理}=R_Z-\frac{R_{S15理}R_g}{(R_{S15理}+R_g)}=10\ 000-2400\times\frac{1200}{(2400+1200)}=9200.0\ \Omega$$

(5) 改装×10 k 挡欧姆表并联和串联电阻参数的计算。

欧姆表的综合内阻 $R_Z=10\times$挡数$=10\times10\ 000=100\ 000\ \Omega$；$E=12$ V，计算欧姆表中总电路总电流的最大值 $I_{总max}=\dfrac{E}{R_Z}=\dfrac{12}{100\ 000}=0.00012$ A；先把表头改/扩量程为120 μA 的电流表，即并联电阻为 $R_{31}=R_{S16理}=\dfrac{R_g}{(I_m/I_g)-1}=\dfrac{100\ 000}{(120/100)-1}=500\ 000.0\ \Omega$；若电源内阻 $R_内=0.5\ \Omega$ 可忽略不计，则串联电阻

$$R_{32}=R_{P16理}=R_Z-\frac{R_{S16理}R_g}{(R_{S16理}+R_g)}=100\ 000-500\ 000\times\frac{1200}{(500\ 000+1200)}=98\ 802.9\ \Omega$$

4. 总电路原理图设计

总电路原理图如图 7-4-1 所示，图中说明如下。

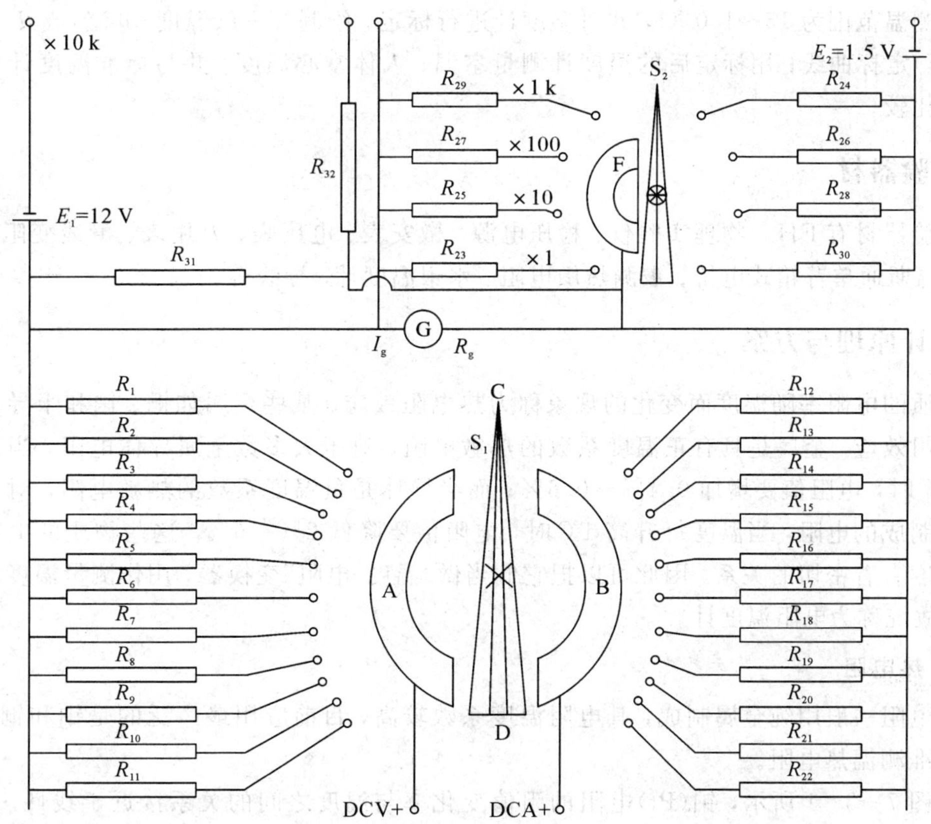

图 7-4-1　总电路原理图

（1）S_1旋钮图示位置处于断路状态，在转动中，C端只分别与各电阻接触，而不与A、B金属片接触；D端只与A、B金属片接触，而不与电阻接触，且C、D两点在旋柄内用导线相连。如当S_1旋指R_1相连时，则R_1通过C、D、B连通而与表头G并联、与$R_2 \sim R_{22}$断开，这就是500 μA量程电流表……当C旋指R_{12}时，R_{12}与C、D、A连通而与表头串联，这就是2.5 V量程的电压表……

（2）因为S_2所处位置为断路状态，当S_2旋指R_{23}时，R_{23}通过S_2与金属片F相连，使R_{23}与表头并联；再通过S_2与R_{24}连通，使R_{24}与表头串联，这就是×1挡欧姆表……

四、校准步骤及注意事项、数据记录与处理

校准改装万用表的步骤、注意事项、校准后的数据处理要求与实验5.5中校准单量程电流表、电压表及欧姆表的要求相同，不再重述。

实验7.5 电阻温度计的设计与标定

一、设计任务

要求利用金属材料和半导体材料制成的热敏电阻设计出一只能够测量常温的温度计。实验的测温范围为15～100 ℃，并对温度计进行标定，绘制$T-I$(温度-电流)或$T-U$(温度-电压)定标曲线；用标定后的温度计测量室温、人体掌心温度，并与标准温度计所测结果进行比较。

二、实验器材

实验器材有EH－物理实验仪、稳压电源、微安表、电压表、万用表、滑线变阻器、加热器、惠斯通单臂箱式电桥、被测热敏电阻、水银温度计、导线等。

三、设计原理与方案

物质的电阻率随温度而变化的现象称为热电阻效应。某些金属如铜、铂和半导体都具有热电阻效应。金属是具有正温度系数的热敏电阻，对于大多数金属导体电阻，当温度每升高1℃时，电阻值要增加0.4%～0.6%；而半导体是负温度系数的热敏电阻，对于半导体材料制成的电阻，当温度每升高1℃时，电阻值要降低2%～6%。这些物质的电阻与其自身温度有着密切的关系。因此可以把它们当做“温度-电阻”变换器，用作测量温度的敏感元件，故统称为电阻温度计。

1. 热电阻

热电阻一般用纯金属制成，其电阻温度系数较高，目前应用最广泛的是铂和铜，并已制成标准测温热电阻。

如图7－5－1所示，铂(Pt)电阻的阻值变化率与温度之间的关系接近于线性。在0～650℃范围内可用下式表示：

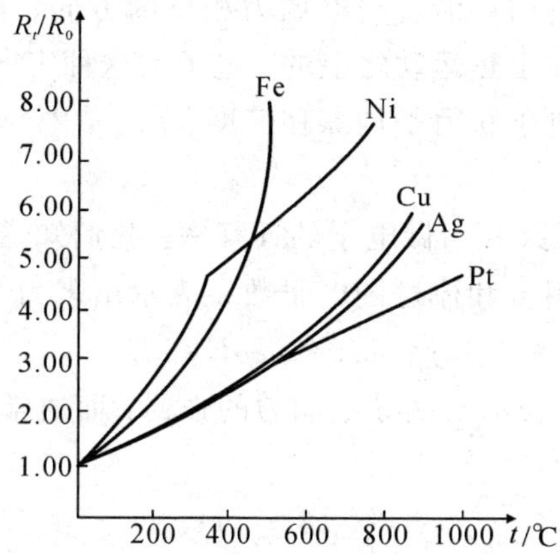

图 7-5-1　阻值变化率与温度的关系图

$$R_t=R_0(1+At+Bt^2)$$

在－200～0℃范围内则由下式表示：

$$R_t=R_0[1+At+Bt^2+C(t-100)^3]$$

式中，R_0 为 0 ℃时的电阻值，R_t 为 t ℃时的电阻值。

铂的物理化学性能非常稳定，是公认的工业用的电阻温度计材料。铂电阻在国际实用温标中取为在 13.81～630.7 K 范围内的复现温标。铂电阻的常用测量范围在－200～500 ℃。在 0 ℃以上时，铂电阻与温度之间的关系近似于直线，其电阻温度系数为 3.9×10^{-3}/℃。

但铂是贵重金属，所以在一些测量精度要求不很高、测温范围比较小(－50～150 ℃)的情况下常采用铜电阻。在上述温域内，铜电阻有很好的稳定性和较大的温度系数，其电阻值与温度的关系曲线接近于线性。铜电阻的主要缺点是，电阻率比铂的要小，约为铂的 1/5.8($\rho_{Cu}=0.017\times10^{-6}\ \Omega\cdot m$，$\rho_{Pt}=0.098\times10^{-6}\ \Omega\cdot m$)。

因此铜电阻使用的铜丝要求细而且长，从而使其机械强度降低，在温度较高(100 ℃以上)的浸蚀性介质中使用时的化学稳定性也较差。

在－50～150 ℃的温域内，铜电阻的阻值与温度的关系为

$$R_t=R_0(1+At+Bt^2+Ct^3)$$

按我国统一的设计标准，铜电阻的 R_0 值有 100 Ω 和 50 Ω 两种规格，其精度在－50～50 ℃温域内为±0.5 ℃，在 50～150 ℃温域内铜电阻与温度关系是线性的，即 $R_t=R_0(1+at)$。

2. 金属导体的电阻及其与温度关系的理论解释

金属最突出的特点之一是它们都具有优良的导电性能(故叫做良导体)，因此，金属的导电机理在早期曾成为理论研究的中心问题之一。1900 年特鲁德首先提出用金属中存在着可自由运动的电子来解释其导电性，后经洛伦兹等人的发展，形成了所谓金属的经典电子理论。

经典电子理论假定金属中存在有可以自由运动的电子和正离子。正离子构成晶格点阵，而自由电子则不断地在晶体中做不规则的热运动。这种自由电子满布于金属中，称为“电子气”。在通常情况下，由于热运动的无规则性，统计地说，向任何方向运动的电子数目都相等，因而金属中没有电流(即电子没有定向移动)。但当金属处于电场中时，每个自由

电子都受到电场力的作用，它们将沿着与电场力相反的方向、相对于晶格点阵做规则的漂移运动。当然这种运动是叠加于热运动之上的，电子的这种定向运动就形成了电流。

设在电场力的作用下，电子获得平均漂移速度

$$\bar{v}=\mu E$$

$\bar{v}$ 正比于电场强度 E，系数 μ 叫做电子的迁移率。我们知道，电流密度 j 是单位时间流过单位截面的电荷，这可以用 $\bar{v}$ 和流过的电子数 n 表示出来为

$$j=ne\bar{v}=ne\mu E=\sigma E$$

式中，$\sigma=ne\mu$ 称为电导率。σ 表示金属导电能力的强弱，而通常说的电阻率 ρ 定义为电导率的倒数，即

$$\rho=\frac{1}{\sigma}=\frac{1}{ne\mu}$$

电阻的含义是明确的，即阻碍电流的通过。根据经典电子理论，自由电子之所以在金属中不能畅通无阻，是因为自由电子在运动过程中互相碰撞并与晶格点阵上的正离子碰撞。这种碰撞(决定了 μ 的大小)是与温度有关的。经典电子理论推导出，σ 应与绝对温度 T 的平方根$\sqrt{T}$成正比，但这是与实验结果不相符的。在实验中会发现：金属的电阻(电阻率)并非与$\sqrt{T}$成正比，而是基本上正比于 T 的。

为了解释这一现象，就必须用新的观点来研究。事实上，电子在金属中的运动表现了强烈的波动特征。电子在晶格点阵中的运动就相当于德布罗意波(量子物理部分的知识)在晶格中间的传播。如果这种点阵具有严格的周期性，那么电子的运动就不会受到阻碍，金属将不存在电阻。然而，构成金属晶格点阵的离子存在着不规则的热运动，而且随着金属温度的升高，点阵上离子的热运动也越来越强烈，以致造成了不均匀性，破坏了晶格点阵的完整周期性。离子的这种热运动对运动电子的散射，使得金属具有一定的电阻。这是金属中自由电子的量子理论的结果。根据这一理论的推导，电子运动受离子热振动散射影响的大小是正比于绝对温度 T 的，这就比较好地解释了实验的结果。

不过，由于金属中总会含有一定的杂质和存在一定的缺陷，它们也会影响到金属的导电性，因此金属的电阻率与温度的关系也不是单纯线性的。通常我们可用这样一个经验公式表达电阻率与温度之间的关系，即

$$\rho_t=\rho[1+\alpha(t-t_0)]$$

式中，α 为金属材料的电阻温度系数，单位为 ℃$^{-1}$，一般指以某一温度为中心的某个范围内的平均温度系数。

对一段导体或一个电阻元件的电阻来说，不难导出

$$R_t=R_0[1+\alpha(t-t_0)]$$

$$R_t=R_0(1-\alpha t_0)+\alpha R_0 t$$

当 $t_0=0$ ℃时，上式有最简单的形式，即

$$R_t=R_0(1+\alpha t)$$

式中，R_0 为温度 $t=0$℃时的电阻值；R_t 为温度 t℃时的电阻值。由上式可知，因为等号右边一项为常数，所以其 R-t 曲线必是一条直线。由其斜率 k 及 R_0 即可求得 α。如果温度变化为 $\delta_t=t-t_0$，则相应的电阻改变量为 $\delta_R=R-R_0$，得

$$\alpha=\frac{\delta_R}{R_0\delta_t}$$

3. 热敏电阻

参阅实验6.1中相关内容。

4. 改装温度表实验

惠斯通电桥是采用平衡法精确测量电阻的，在研究所测试的热电阻的温度特性时，为使温度测量能连续进行，即能从电表上连续地反映出温度的变化，一般采用不平衡电桥来实现。

图7-5-2所示电桥中，如果R_t、R_1、R_2和R_3配合适当，可使电桥平衡，电流计G中无电流流过。若温度变化使R_t值变化，电桥处于不平衡状态，G中有电流流过。一定的温度t对应于一定的R_t，而R_t又对应于一定的I_g和G中的偏转量，所以只要事先对G标定，就可以根据G的偏转量连续地测量温度，因而可将微安表改装成温度表。由于I_g随t的变化是非线性的，因此所改装温度表刻度是非均匀的。

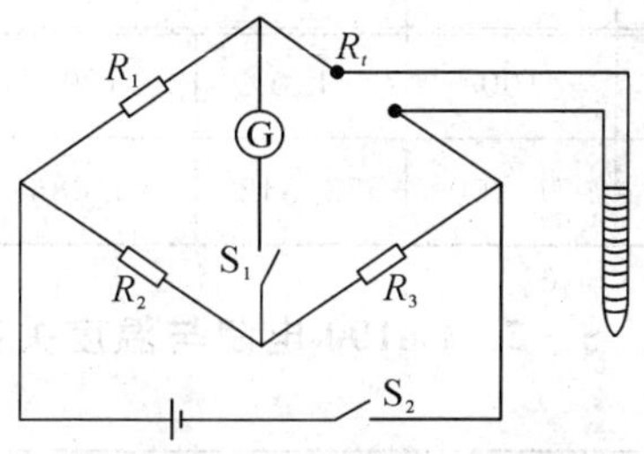

图7-5-2　实验电桥图

在非平衡电桥中，流过电流计的电流大小不仅和R_t的数值有关，而且还和电桥的电源输出电压的大小有关，电源电压的波动，会影响温度测量的正确度，所以电桥电源要用一定精度的稳压电源。另外对于R_1和R_2阻值的选择还必须满足以下条件，在电源电压一定的情况下，R_t为最大值时(即$t=100$ ℃时)，检流计的偏转不超过满度值。

四、实验步骤及注意事项

用非平衡电桥测量温度。

(1) 电阻连接。按照图7-5-2原理，将R_t处改为标准电阻箱接在箱式电桥R_X接线柱上。

(2) 标定。利用本实验补充说明表7-5-1中铜电阻(Cu50)R_t与t的关系对检流计(或微安表)进行标定(也可用热敏电阻阻值和温度关系对检流计标定)。调节箱式电桥$R_1:R_2=1:1$，从0 ℃开始标定，即将电桥的测量臂R_3取为50.0 Ω，然后取外接电阻箱的阻值为50.0 Ω可使电桥平衡，在G指针指零处，即为0 ℃。以后，保持R_1、R_2、R_3不变，依次取电阻箱的阻值为表7-5-1中所列的数值，例如54.285 Ω、56.426 Ω、…，并在G指针相应偏转的各个位置记下偏转格数，即相应的温度20 ℃、30 ℃、…。这样，在电阻箱换回为铜电阻R_t后，就可以由不平衡电桥中的电流计的偏转量直接读出所测的温度。本实验标定温度的范围为0～100 ℃。

(3) 检验。用标定好的电阻温度计，即将铜电阻 R_t 接到电桥的 R_X 处，对铜电阻 R_t 加温，可分别测量室温、手掌心温度及不同温度下的水温，同时可与水银温度计测量出的结果进行比较。

补充说明

铜电阻 R_t 与温度 t 的关系表分别如表 7-5-1 和表 7-5-2 所示。

表 7-5-1 Cu50 电阻与温度关系表

分度号：Cu50　　R_t(0℃)=50.00 Ω

t/℃	−50	−40	−30	−20	−10	−0		
R_t/Ω	39.242	41.400	43.555	45.706	47.854	50.000		
t/℃	0	10	20	30	40	50	60	70
R_t/Ω	50.000	52.144	54.285	56.426	58.565	60.704	62.842	64.981
t/℃	80	90	100	110	120	130	140	150
R_t/Ω	67.120	69.259	71.400	73.542	75.686	77.833	79.982	82.134

表 7-5-2 Cu100 电阻与温度关系表

分度号：Cu100　　R_t(0℃)=100.00 Ω

t/℃	−50	−40	−30	−20	−10	−0		
R_t/Ω	78.48	82.80	87.11	91.41	95.71	100.00		
t/℃	0	10	20	30	40	50	60	70
R_t/Ω	100.00	104.29	108.57	112.85	117.13	121.41	125.68	129.96
t/℃	80	90	100	110	120	130	140	150
R_t/Ω	134.24	138.52	142.80	147.08	151.37	155.67	156.96	164.27

实验 7.6 可供选择的设计性物理实验

本实验只给出了实验任务和实验要求，由于没有给出具体的测量原理和测量工具，因此测量的方法可能有很多种，这将给学生提供比较大的自由想象空间。学生可以根据自已具备的物理知识或查阅相关文献，提出设计方案，包括实验原理、实验中使用仪器的确定、测量的具体方法和实验步骤、数据的获取和处理等。

1. 测量固体的密度

设计任务：已知铝柱的直径约为 3 cm，高约为 3.5 cm，密度约为 2.7 g/cm^3，水的密度

$\rho_0=1.000\ g/cm^3$。要求测量圆柱体的密度，且测量的密度相对误差(相对不确定度)不大于0.4%，说明测量原理(用数学公式表示直接测量量和间接测量量)和方法以及如何选择测量工具，写出测量步骤。

2. 测量电风扇的转速

设计任务：提供家用电风扇，转速可以调节。要求设计两种不同的方法来测量电风扇的转速，写出实验原理(用数学公式表示直接测量量和间接测量量)、实验方法和实验步骤。

3. 利用光电等厚干涉实验仪测量微小物质的直径

设计任务：实验室提供自制的光电等厚干涉实验仪(仪器的原理、组成和使用参阅实验5.11相关内容)，要求测量微小物质如金属丝、玻璃片等的直径或厚度，说明实验原理(用数学公式表示直接测量量和间接测量量)、实验方法和实验步骤。

4. 测量液体表面的张力系数

设计任务：提供被测液体(水或油)，设计出两种不同的方法来测量被测液体的表面张力系数，写出实验原理(用数学公式表示直接测量量和间接测量量)、实验方法和实验步骤。

第八章　近代物理实验

实验 8.1　光电效应测量普朗克常数

量子理论是近代物理的基础之一，而光电效应则可以给量子理论以直观、鲜明的物理图像。1905 年爱因斯坦在普朗克量子假说的基础上圆满地解释了光电效应，约十年后密立根以精确的光电效应实验证实了爱因斯坦的光电效应方程，并测定了普朗克常数(公认值 $h=6.626\ 19\times10^{-34}\,\mathrm{J\cdot s}$)。爱因斯坦和密立根都因光电效应等方面的杰出贡献，分别于 1921 年和 1923 年获得了诺贝尔物理学奖。随着科学技术的发展，光电效应已经广泛应用于工农业生产、国防和许多科技领域，利用光电效应制成的光电器件(如光电管、光电池、光电倍增管等)已成为生产和科研中不可缺少的器件。所以，进行光电效应实验并通过实验求取普朗克常数，有助于学生理解量子理论和更好地认识普朗克常数 h 这个普适常数。

一、实验目的

(1) 了解光电效应的概念，掌握光电效应的基本规律。

(2) 通过光电效应实验，加深对光的量子性的理解。

(3) 测量光电管的弱电流特性，找出不同光频率下的截止电压。

(4) 验证爱因斯坦方程，并由此求出普朗克常数。

二、实验器材

实验器材有 GP-1X 型普朗克常数测定仪(包括普朗克常数测定的专用光电管、光源和汞灯管、滤色片(5 个)、光阑(2 个)、微电流测量放大器)，还可配用 X-Y 函数记录仪等。

光电效应测试仪基本结构如图 8-1-1 所示。其主要由 4 部分组成：光源、带有暗盒的光电管、滤色片，以及微电流测试仪(放大器)。

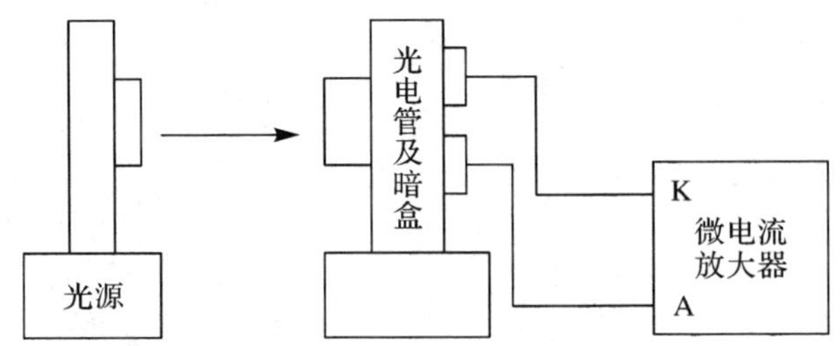

图 8-1-1　光电效应测试仪基本结构

(1) 光源采用 GGQ-50WHg 高压汞灯，在 302.3～872.0 nm 光谱范围内有 365.0、404.7、435.8、546.1、577.0 nm 等谱线可供使用。

(2) 仪器配有 5 片滤色片用于产生单色光，对应 5 条较强的 Hg 谱线，透射的波长分别为 365.0、405.0、436.0、546.0、577.0 nm。其有效通光孔径为 36 mm。

(3) 光电管光谱响应范围为 300.0～850.0 nm，最佳灵敏波长为(390.0±30.0)nm。当工作电压为 30 V 时，光照灵敏度为 75 μA/lm。

(4) 微电流测试仪通过电缆与光电管相连，用于测量光电管的微电流。电流表分 1、10、100 μA 三个量程。微电流测试仪能连续工作 8 h 以上。

三、实验原理

1. 光电效应及其基本规律

1887 年赫兹在验证电磁波的存在实验中意外地发现，一束入射光照射到金属表面时，会有电子从金属表面逸出，这个物理现象被称为光电效应；所产生的电子叫做光电子。

1888 年以后，哈耳瓦克斯、斯托列托夫、勒纳德等人对光电效应做了长时间的研究，并总结出了光电效应实验的基本实验事实。

(1) 在光谱成分不变的情况下，光电流(光电发射率)的大小与入射光的强度 P 成正比，如图 8-1-2 中的(a)、(b)所示。

(2) 光电子初动能的大小，随着入射光频率的增加而线性增加(参见图 8-1-2(d))，且与入射光的强度大小无关。

(3) 光电效应存在一个最小频率(又叫做截止频率)，当入射光的频率小于这个截止频率时，光电发射就不会出现(参见图 8-1-2(c))，且这个截止频率值与物质表面的成分有关。

(4) 电效应是瞬时效应，一经光线照射就立刻产生光电流；一旦光照停止，则光电流马上消失。

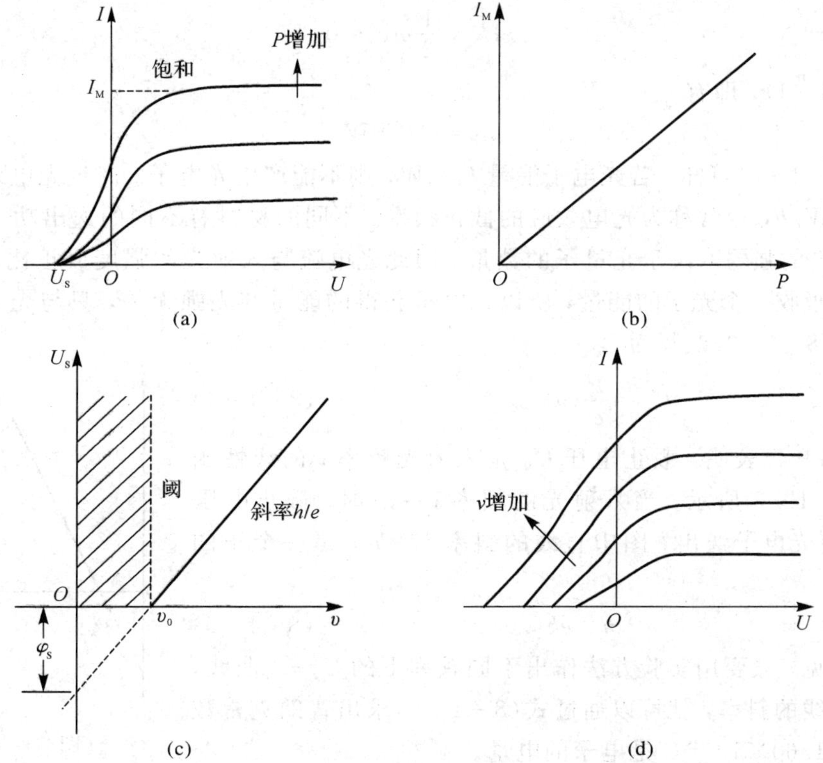

图 8-1-2

用麦克斯韦的经典电磁场理论无法对上述现象做出完美的解释。

2. 爱因斯坦光电效应方程

1905 年，爱因斯坦大胆地把 1900 年普朗克在进行黑体辐射研究过程中提出的辐射能量不连续观点应用于光辐射，提出了“光量子”概念，从而给光电效应以正确的理论解释。爱因斯坦的理论认为，对于频率为 ν 的光波，每个光子的能量为

$$E=h\nu$$

式中，h 为普适常数(即普朗克常数，它的公认值是 $h=6.626\times10^{-34}\,\text{J}\cdot\text{s}$)。

按照爱因斯坦的理论，光电效应的实质是当光子和电子相碰撞时，光子把全部能量传递给电子，电子所获得的能量，一部分用来克服金属表面对它的约束，其余的能量则成为该光电子逸出金属表面后的动能。爱因斯坦提出了著名的光电方程，即

$$h\nu=\frac{1}{2}mv^2+W \tag{8-1-1}$$

式中，ν 为入射光的频率；m 为电子的质量；v 为光电子逸出金属表面的初速度；W 为被光线照射的金属材料的逸出功；$\frac{1}{2}mv^2$ 为从金属逸出的光电子的最大初动能。

由式(8-1-1)可见，入射到金属表面的光频率越高，逸出的电子动能必然也越大，所以即使阴极不加电压也会有光电子落入阳极而形成光电流，甚至阳极电位比阴极电位低时也会有光电子落到阳极，直至阳极电位低于某一数值时，所有光电子都不能到达阳极，光电流才为零。这个相对于阴极为负值的阳极电位 U_0 被称为光电效应的截止电压。

显然，有

$$eU_0-\frac{1}{2}mv^2=0 \tag{8-1-2}$$

代入式(8-1-1)，即有

$$h\nu=eU_0+W \tag{8-1-3}$$

由式(8-1-3)可知，若光电子能量 $h\nu<W$，则不能产生光电子。产生光电效应的最低频率是 $\nu_0=W/h$，通常称为光电效应的截止频率。不同的材料有不同的逸出功，因而 ν_0 也不同。由于光的强弱取决于光量子的数量，因此光电流与入射光的强度成正比。又因为一个电子只能吸收一个光子的能量，所以光电子获得的能量与光强无关，只与光子的频率成正比，将式(8-1-3)改写为

$$U_0=\frac{h}{e}(\nu-\nu_0) \tag{8-1-4}$$

式(8-1-4)表明，截止电压 U_0 是入射光频率 ν 的线性函数，如图 8-1-3 所示，当入射光的频率 $\nu=\nu_0$ 时，截止电压 $U_0=0$，没有光电子逸出。图中直线的斜率 $k=h/e$ 是一个正的常数。

$$h=ek \tag{8-1-5}$$

由此可见，只要用实验方法作出不同频率下的 $U_0-\nu$ 曲线，并求出此曲线的斜率，就可以通过式(8-1-5)求出普朗克常数 h。其中 $e=1.60\times10^{-19}\,\text{C}$ 是电子的电量。

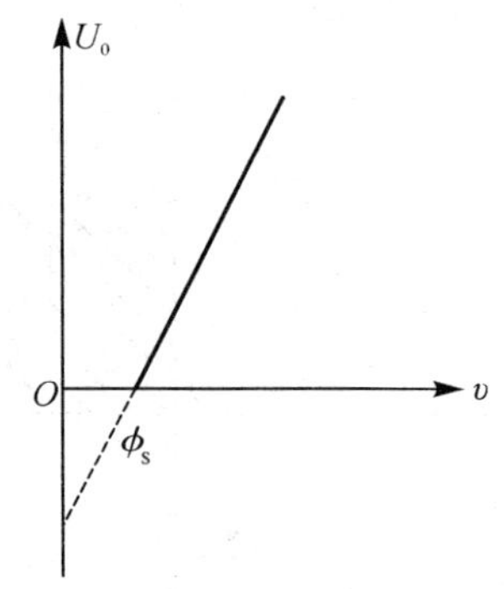

图 8-1-3

3. 光电效应实验及其伏安特性曲线

图 8-1-4 是利用光电管进行光电效应实验的原理图。频率为 ν、强度为 P 的光线照射到光电管阴极上，即有光电子从阴极逸出。如在阴极 K 和阳极 A 之间加正向电压 U_{AK}，它使 K、A 之间建立起的电场对从光电管阴极逸出的光电子起加速作用，随着电压 U_{AK} 的增加，到达阳极的光电子将逐渐增多。当正向电压 U_{AK} 增加到 U_m 时，光电流达到最大，且不再增加，此时称为饱和状态；对应的光电流称为饱和光电流。

由于光电子从阴极表面逸出时具有一定的初速度，因此当两极间电位差为零时，仍有光电流 I 存在，若在两极间施加一反向电压，光电流随之减少；当反向电压达到截止电压时，光电流为零。

爱因斯坦方程是在同种金属制成阴极和阳极，且阳极很小的理想状态下导出的。实际上制作阴极的金属逸出功比制作阳极的金属逸出功小，所以实验中存在着如下问题：

（1）暗电流和本底电流。当光电管阴极没有受到光线照射时也会产生电子流，称为暗电流。它是由电子的热运动和光电管管壳漏电等原因造成的。室内各种漫反射光射入光电管造成的光电流称为本底电流。暗电流和本底电流随着 K、A 之间的电压大小变化而变化。

（2）阳极电流。制作光电管阴极时，阳极上也会被溅射有阴极材料，所以光入射到阳极上或由阴极反射到阳极上，阳极上也有光电子发射，就形成阳极电流。由于它们的存在，使得 $I-U$ 曲线较理论曲线下移，如图8-1-5 所示。

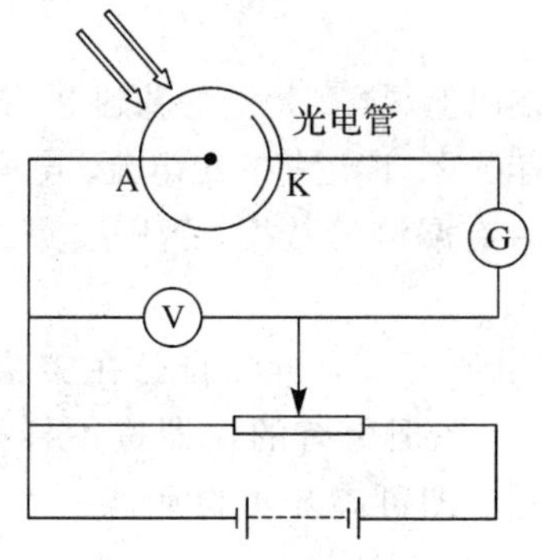

图 8-1-4　光电效应原理图

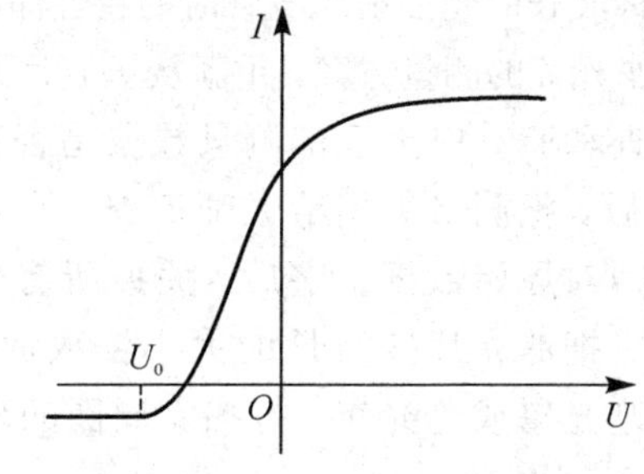

图 8-1-5　伏安特性曲线

四、实验内容和步骤

（1）开机前的准备：从左至右依次把光源、光电管及暗盒、微电流放大器按一排摆好，先不连线，先把微电流放大器面板上各开关、旋钮置于下列位置：“倍率”开关置“短路”；“电流极性”开关置“一”；“工作选择”置“直流”；“扫描平移”旋至“任意”(连接 X-Y 函数记录仪自动测绘 $I-U$ 曲线用，本实验室没有准备 X-Y 函数记录仪)；“电压极性”置“一”；“电压量程”置“－3”；“电压调节”逆时针调至最小。

（2）微电流放大器电源开关扳闭合，让其预热 20～30 min 后才可以开始测量。

先从暗盒入射窗口检查光电管是否正确安装在暗盒内，即光电管阳极圈恰好在光窗正中，如不合适请取下暗盒盖做适当调整后重新装好。并在光窗上装入 ϕ 5 mm 的光阑；打开光源开关，让汞灯预热。

(3) 待微电流放大器充分预热达 20～30 min 后，先调整电流表的零点、后校正满度。即把倍率开关旋至“满度”，若电流表指针不严格指满度(100 μA)位置，可调节放大器后盖输出端子旁边的旋钮，使指针严格指满度。再旋动倍率开关至各挡，指针都应处于零位，否则应再调节指零。

(4) 连接好光电管暗盒与微电流放大器之间的屏蔽电缆、地线和阳极电源线。在暗盒光窗滤色片架上装上遮光罩；微电流放大器倍率旋钮视具体情况置“$\times 10^{-7}$”或“$\times 10^{-6}$”；顺时针方向旋转电压调节钮，合适地改变“电压量程”和“电压极性”开关，即可测量、读出相应的电压 U、电流 I 的值。此时所测得的即为光电管的暗电流值。所测电流值＝电流表读数×倍率×μA。

(5) 让光源的出射孔对准暗盒窗口，让暗盒距离光源约 30～50 cm，取去遮光罩，换上滤色片(先放最短波长的，每观测一片的全部数据后，再按波长增加的方向依次更换滤色片)。把微电流放大器的倍率钮置“$\times 10^{-5}$”，电压调节钮从最小值(－3 V 或－2 V)调起，并且电压量程做相应的变化，先观察每种波长的光所产生的光电流，随所加电压大小变化而变化的情况，分别在草稿纸上记下每种滤光片的光照射光电管产生的光电流大小开始有明显变化(即拐点)的电压值，以便精确确定各波长的光照射光电管产生的光电流与所加电压的测量点的测量方案。一般在拐点前的特性曲线基本呈线性的部分等间距(电压间距为 0.1 V 左右)测量 5 组；在拐点附近多测几组，其所测电压间距逐步减小，在拐点处的电压间距为 0.02 V 左右；过拐点后，所测各组数据的电压值间距逐渐增大。每种波长的光约测量 20 组以上的数据。

(6) 各种波长的光照射光电管时的特性曲线测量。在以上观察、粗测的基础上，按照上面拟定的各波长滤光片的测量方案，重新从短波片开始，精确测量、读记每一组电流、电压值。

(7) 检查和验算以上全部测量数据是否正常，是否有漏测的数据，否则要重新补测。自认全部正常后，把测量数据给老师审查、签字。

(8) 老师对原始数据签字后，关掉所有仪器上的电源开关，拆除自己在实验中所连接的所有接线。把滤光片按波长的大小依次放在原盒中，并把所有的仪器按原样摆放整齐、美观。盖好遮光罩或遮光布，打扫完周围的环境卫生后，即可离开实验室。

五、注意事项

(1) 因微电流放大器要送电预热 20～30 min，汞灯也要充分预热后才能正常工作，故首先应做好开机前的准备工作后，尽快地送电预热微电流放大器和汞灯。

(2) 更换滤光片时不要弄脏滤光片，或使用前用镜头纸认真揩擦以保证滤光片有良好的透光性能。更换滤光片时要平整地放入套架，以消除不必要的折射光带来实验误差。

(3) 更换滤色片时应先把光源的出光孔遮盖住，而且在实验完毕后用遮光罩盖住光电管暗盒进光窗口，避免强光直接照射光电管阴极，缩短光电管的寿命。

(4) 光源与光电管暗盒之间相距宜取 30～50 cm，从光源出光孔射出的光必须直照光电管的阴极面，暗盒可作左右及高、矮升降调节。为了避免光线直射阳极带来反向电流增大，测试时光窗口宜加 ϕ4 mm～ϕ6 mm 的光栏。

(5) 该实验虽然不必在暗室中进行，但室内光线太强也会对测量结果带来不利影响，故应尽量不开照明灯，窗帘拉好挡住室外强光，以减少杂散光的干扰。仪器不宜在强磁场、强电场、强振动、高湿度、带辐射性物质的环境下工作。

(6) 微电流放大器必须在充分预热下方能准确测量，连线时务必请先连接好地线，后连接信号线。注意：不要让电压输出端与地线短路，以免烧毁电源。

六、数据记录及处理

1. 实验的原始数据记录

实验的原始数据记录如表 8-1-1 所示。

表　8-1-1

普朗克常数测定仪的规格型号：GP-1X 型　　　　仪器编号：

I	暗电流		365.0 nm		404.7 nm		435.8 nm		546.1 nm		577.0 nm	
	U_{KA}	I_{KA}	U_{KA}	I_{KA}	U_{KA}	I_{KA}	U_{KA}	I_{KA}	U_{KA}	I_{KA}	U_{KA}	I_{KA}
1												
2												
3												
4												
5												
6												
7												
8												
9												
10												
11												
12												
13												
14												
15												
16												
17												
18												
19												
20												
21												
22												

作出各波长光照射光电管时的光电流与电压的伏安特性曲线：在同一毫米方格坐标纸上以光电管阳极上所加的电压 U 为横轴、以所产生的光电流 I 为纵轴，以所测各组对应的电压、电流值为坐标，按照作图规则和要求分别作出不同波长的光照射光电管阴极时的伏安特性曲线图。在所作各波长光的伏安特性曲线图上，认真找出各曲线的拐点(即各曲线电

流的“抬头点”)所对应的电压值 U，确定各波长的截止电压 U_0。

2. 频率与截止电压的关系

频率与截止电压的关系如表 8-1-2 所示。

表 8-1-2

波长 λ_i/nm	365.0	404.7	435.8	546.1	577.0
频率 ν_i/$\times 10^{14}$ Hz	8.214	7.408	6.879	5.490	5.196
截止电压 U_0/V					

在毫米方格坐标纸上以照射光的频率 ν 为横轴、照射光的截止电压 U_0 为纵轴，以对应的(U_0，ν)为坐标，按照作图规则和要求画出 $U_0-\nu$ 直线，并把所作直线图粘贴在前一页报告纸的背面。由所作直线图求出直线的斜率 k，再求 h。

七、问题与讨论

(1) 本实验的测量误差来自哪些方面，在实验中您采取了哪些对应措施来减少或消除这些误差?

(2) 光电管为什么要装在暗盒中? 为什么在非测量时，用遮光罩罩住光电管窗口?

(3) 为什么当反向电压加到一定值后，光电流会出现负值?

实验 8.2　夫兰克-赫兹实验

1913 年，丹麦物理学家玻尔(N. Bohr)提出了一个氢原子模型，并指出原子存在能级。该模型在预言氢光谱的观察中取得了显著的成功。根据玻尔的原子理论，原子光谱中的每根谱线表示原子从某一个较高能态向另一个较低能态跃迁时的辐射。

1914 年，德国物理学家夫兰克(J. Franck)和赫兹(G. Hertz)对勒纳用来测量电离电位的实验装置做了改进，他们同样采取慢电子(几个到几十个电子伏特)与单元素气体原子碰撞的办法，但着重观察碰撞后电子发生什么变化(勒纳则观察碰撞后离子流的情况)。通过实验测量，电子和原子碰撞时会交换某一定值的能量，且可以使原子从低能级激发到高能级。这就直接证明了原子发生跃变时吸收和发射的能量是分立的、不连续的，证明了原子能级的存在，从而证明了玻尔理论的正确性。他们也因此获得了 1925 年诺贝尔物理学奖金。

夫兰克-赫兹实验至今仍是探索原子结构的重要手段之一，实验中用的“拒斥电压”筛去小能量电子的方法，已成为广泛应用的实验技术。

一、实验目的

通过测定氩原子等元素的第一激发电位(即中肯电位)，证明原子能级的存在。

二、实验器材

实验器材有 ZKY-FH-2 型智能夫兰克-赫兹实验仪(简称 F-H 实验仪)(参见图 8-2-1)、数字示波器等。

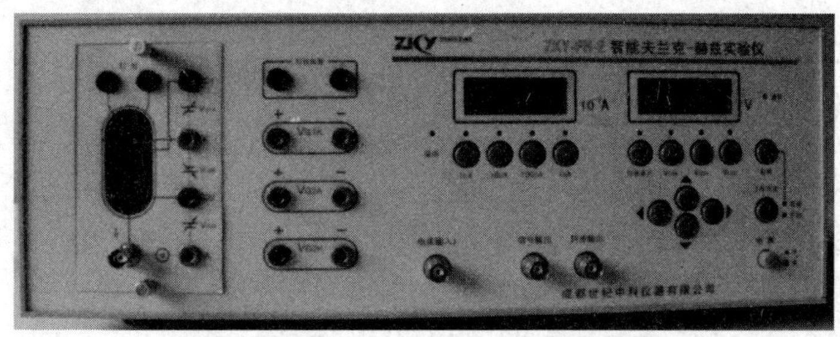

图 8-2-1　ZKY-FH-2 型智能夫兰克-赫兹实验仪

1. 智能夫兰克-赫兹实验仪性能简介

智能夫兰克-赫兹实验仪用于测量氩原子的激发电，观察其特殊的伏安特性现象，研究原子能级的量子特性。它由夫兰克-赫兹管、工作电源及扫描电源、微电流测量仪 3 部分组成。

1）主要技术指标

（1）夫兰克-赫兹管。

氩管，管子结构为 4 级；谱峰（或谷）数量不小于 6；寿命不小于 3000 hrs。

（2）工作电源及扫描电源（三位半数显）。

灯丝电压：DC 0～6.3 V，±1%。

第一栅压：DC 0～5 V，±1%。

第二栅压：DC 0～100 V，±1%（自动扫描/手动）。

拒斥电压：DC 0～12 V，±1%。

（3）微电流测量仪（三位半数显）。测量范围为 10^{-6}～10^{-9} A，±1%。

（4）电源电压为～220 V，50 Hz；最大电源电流为 0.5 A；保险管为 0.5 A。

（5）体积。

仪器：405 mm×260 mm×145 mm。

包装箱：480 mm×395 mm×240 mm。

2）主要功能特点

（1）充氩夫兰克-赫兹管不需加热。

（2）普通（数字）示波器动态显示实验曲线形成过程不损失谱峰数，可直观、生动地展现物理过程。

（3）普通（数字）示波器显示谱峰数等于点测法描绘谱峰数且不小于 6。

（4）手动、半自动、自动相结合的多种实验方式。

① 手动测量 {数显测量值——人工描绘谱峰曲线；普通示波器动态显示谱峰曲线形成过程}

② 自动测量 {普通示波器动态显示曲线形成过程；回查实验数据——人工描绘曲线}

2. 智能夫兰克-赫兹实验仪操作说明

1）智能夫兰克-赫兹实验仪前面板夫兰克-赫兹管接线说明

智能夫兰克-赫兹实验仪前面板接线参见图 8-2-2。

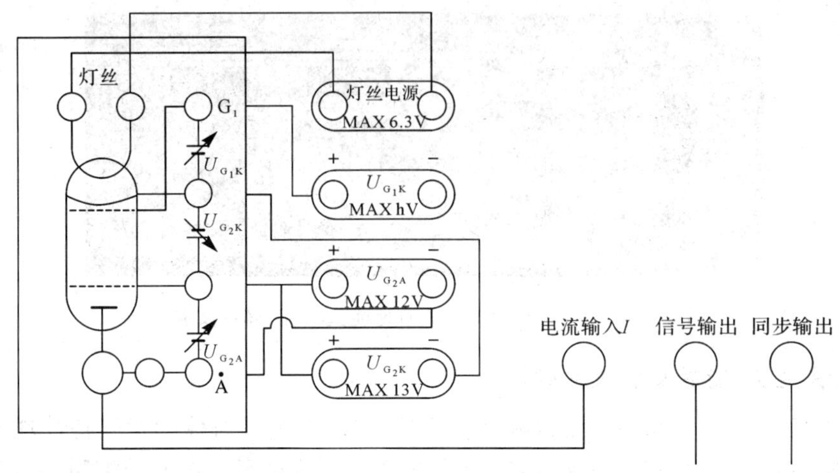

图 8-2-2 智能夫兰克-赫兹实验仪前面板接线图

2）智能夫兰克-赫兹实验仪前面板功能说明

智能夫兰克-赫兹实验仪前面板结构如图 8-2-3 所示，按其功能划分为 8 个区。

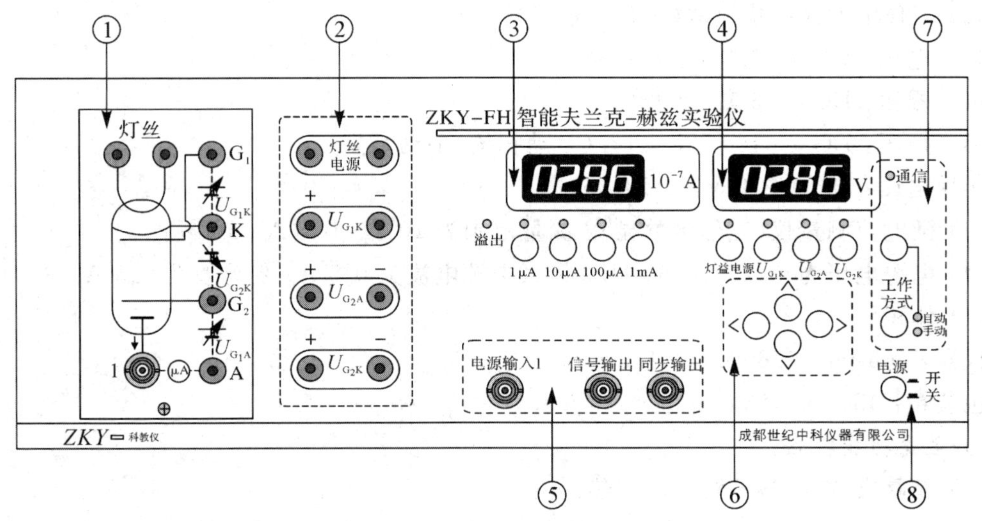

图 8-2-3 智能夫兰克-赫兹实验仪前面板结构图

①区为夫兰克-赫兹管各输入电压连接插孔和板极电流输出插座。

②区为夫兰克-赫兹管所需激励电压的输出连接插孔，其中左侧输出孔为正极，右侧为负极。

③区为测试电流指示区：四位七段数码管指示电流值；4 个电流量程挡位选择按键用于选择不同的最大电流量程挡；每一个量程选择同时备有一个选择指示灯来指示当前电流量程挡位。

④区为测试电压指示区：四位七段数码管指示当前选择电压源的电压值；4 个电压源选择按键用于选择不同的电压源；每一个电压源选择都备有一个选择指示灯来指示当前选择的电压源。

⑤区为测试信号输入输出区：电流输入插座输入夫兰克-赫兹管板极电流；信号输出和

同步输出插座可将信号送至示波器显示。

⑥区为调整按键区，用于改变当前电压源电压设定值，设置查询电压点。

⑦区为工作状态指示区：通信指示灯指示实验仪与计算机的通信状态；启动按键与工作方式按键共同完成多种操作，详细说明见相关栏目。

⑧区为电源开关。

3）智能夫兰克-赫兹实验仪后面板说明

智能夫兰克-赫兹实验仪后面板上有交流电源插座，插座上自带有保险管座，如果该实验仪已升级为微机型，则通信插座可联计算机；否则，该插座不可使用。

4）智能夫兰克-赫兹实验仪连线说明

在确认供电电网电压无误后，将随机提供的电源连线插入后面板的电源插座中，连接面板上的连接线。务必反复检查，切勿连错！

5）开机后的初始状态

开机后，该实验仪面板状态显示如下：

(1)“1 mA”电流挡位指示灯亮，表明此时电流的量程为 1 mA 挡；电流显示值为 000.0 μA。

(2)“灯丝电压”挡位指示灯亮，表明此时修改的电压为灯丝电压；电压显示值为 000.0 V；最后一位在闪动，表明现在修改位为最后一位。

(3)“手动”指示灯亮，表明此时实验操作方式为手动操作。

6）变换电流量程

如果想变换电流量程，则按下在③区中的相应电流量程按键，对应的量程指示灯点亮，同时电流指示的小数点位置随之改变，表明量程已变换。

7）变换电压源

如果想变换不同的电压，则按下在④区中的相应电压源按键，对应的电压源指示灯随之点亮，表明电压源变换选择已完成，可以对选择的电压源进行电压值设定和修改。

8）修改电压值

按下⑥区上的“←/→”键，当前电压的修改位将进行循环移动，同时闪动位随之改变，以提示目前修改的电压位置。按下⑥区上的“↓/↑”键，电压值在当前修改位递增/递减一个增量单位。

注意：

① 如果当前电压值加上一个单位电压值的和值超过了允许输出的最大电压值，再按下“↑”键，电压值只能修改为最大电压值。

② 如果当前电压值减去一个单位电压值的差值小于零，再按下“↓”键，电压值只能修改为零。

9）建议工作状态范围

警告：夫兰克-赫兹管很容易因电压设置不合适而遭到损害，所以，一定要按照规定的实验步骤和适当的状态进行实验。

电流量程为 1 μA 或 10 μA 挡；灯丝电源电压为 0～6 V；U_{G_1K}电压为 0～5 V；U_{G_2A}电压为 5～12 V；U_{G_2K}电压为不大于 85.0 V。

由于夫兰克-赫兹管的离散性及使用中的衰老过程，因此每一只夫兰克-赫兹管的最佳工作状态是不同的，对具体的夫兰克-赫兹管应在上述范围内找出其较理想的工作状态。

三、实验原理

玻尔提出的原子理论指出以下几点：

(1) 原子只能较长地停留在一些稳定状态(简称为定态)。原子在这些稳定状态时，不发射或吸收能量，各定态有一定的能量，其数值是彼此分隔的。原子的能量不论通过什么方式发生改变，它只能从一个定态跃迁到另一个定态。

(2) 原子从一个定态跃迁到另一个定态而发射或吸收能量时，辐射频率是一定的。如果用 E_m 和 E_n 分别代表有关两定态的能量的话，辐射的频率 ν 取决于如下关系：

$$h\nu = E_m - E_n \tag{8-2-1}$$

式中，普朗克常数为 $h=6.63\times10^{-34}\,\mathrm{J\cdot s}$。

为了使原子从低能级向高能级跃迁，可以通过具有一定能量的电子与原子相碰撞进行能量交换的办法来实现。

设初速度为零的电子在电位差为 U_0 的加速电场作用下，获得能量为 eU_0。当具有这种能量的电子与稀薄气体的原子(比如十几个托的氩原子)发生碰撞时，就会发生能量交换。如果以 E_1 代表氩原子的基态能量、E_2 代表氩原子的第一激发态能量，那么当氩原子吸收从电子传递来的能量恰好为

$$eU_0 = E_2 - E_1 \tag{8-2-2}$$

氩原子就会从基态跃迁到第一激发态；而且相应的电位差称为氩的第一激发电位(或称为氩的中肯电位)。测定出这个电位差 U_0，就可以根据式(8-2-2)求出氩原子的基态和第一激发态之间的能量差了(其他元素气体原子的第一激发电位亦可依此法求得)。

夫兰克-赫兹管的原理图如图 8-2-4 所示。在充氩的夫兰克-赫兹管中，电子由热阴极发出，阴极 K 和第二栅极 G_2 之间的加速电压 U_{G_2K} 使电子加速。在板极 A 和第二栅极 G_2 之间加有反向拒斥电压 U_{G_2A}。夫兰克-赫兹管内空间电位分布如图 8-2-5 所示。当电子通过 KG_2 空间进入 G_2A 空间时，如果有较大的能量(不小于 eU_{G_2A})，就能冲过反向拒斥电场而到达板极形成板流，从而被微电流计 μA 表检出。如果电子在 KG_2 空间与氩原子碰撞，把自己一部分能量传给氩原子而使后者激发的话，电子本身所剩余的能量就很小，以致通过第二栅极后已不足以克服拒斥电场而被折回到第二栅极，这时，通过微电流计 μA 表的电流将显著减小。

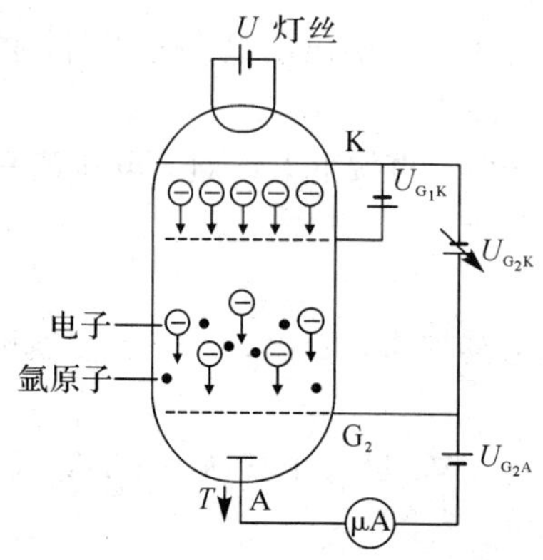

图 8-2-4　夫兰克-赫兹管原理图

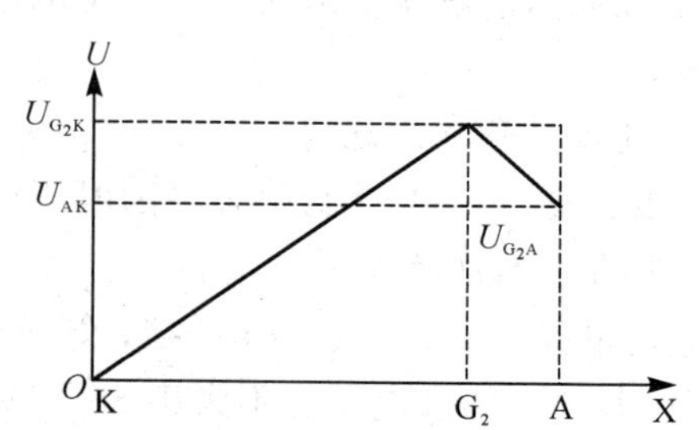

图 8-2-5　夫兰克-赫兹管内空间电位分布

实验时，使U_{G_2K}电压逐渐增加并仔细观察电流计的电流指示，如果原子能级确实存在，而且基态和第一激发态之间有确定的能量差的话，就能观察到图 8-2-6 所示的$I_A-U_{G_2K}$曲线。

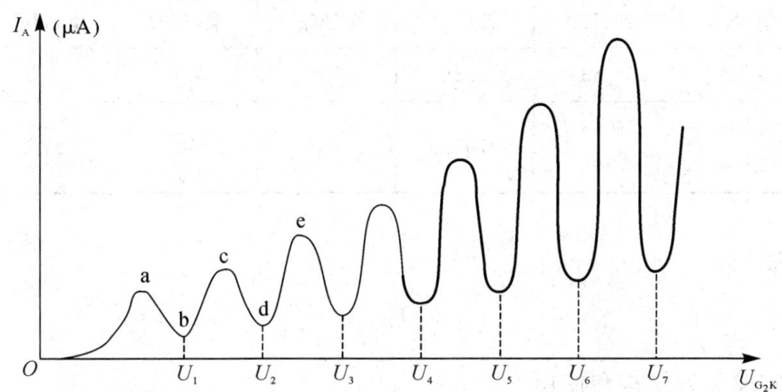

图 8-2-6　夫兰克-赫兹管的 $I_A-U_{G_2K}$曲线

图 8-2-6 所示的曲线反映了氩原子在KG_2空间与电子进行能量交换的情况。当KG_2空间电压逐渐增加时，电子在KG_2空间被加速而取得越来越大的能量。但在起始阶段，由于电压较低，电子的能量较少，即使在运动过程中它与原子相碰撞也只有微小的能量交换(为弹性碰撞)。穿过第二栅极的电子所形成的板流I_A将随第二栅极电压U_{G_2K}的增加而增大(Oa 段)。当KG_2间的电压达到氩原子的第一激发电位U_0时，电子在第二栅极附近与氩原子相碰撞，将自己从加速电场中获得的全部能量交给后者，并且使后者从基态激发到第一激发态。而电子本身由于把全部能量给了氩原子，即使穿过了第二栅极也不能克服反向拒斥电场而被折回第二栅极(被筛选掉)。所以板极电流将显著减小(ab 段)。随着第二栅极电压的增加，电子的能量也随之增加，在与氩原子相碰撞后还留下足够的能量，可以克服反向拒斥电场而达到板极 A，这时电流又开始上升(bc 段)。直到KG_2间电压是二倍氩原子的第一激发电位时，电子在KG_2间又会因二次碰撞而失去能量，因而又会造成第二次板极电流的下降(cd 段)。同理，凡在

$$U_{G_2K}=nU_0 \quad (n=1, 2, 3, \cdots) \tag{8-2-3}$$

的地方板极电流I_A都会相应下跌，形成规则起伏变化的$I_A-U_{G_2K}$曲线。而各次板极电流I_A下降相对应的阴、栅极电压差$U_{n+1}-U_n$应该是氩原子的第一激发电位U_0。

本实验就是要通过实际测量来证实原子能级的存在，并测出氩原子的第一激发电位(公认值为$U_0=11.5$ V)。

原子处于激发态是不稳定的。在实验中被慢电子轰击到第一激发态的原子要跳回基态，进行这种反跃迁时，就应该有eU_0电子伏特的能量发射出来。反跃迁时，原子是以放出光量子的形式向外辐射能量的。这种光辐射的波长为

$$eU_0=h\nu=h\frac{c}{\lambda} \tag{8-2-4}$$

对于氩原子

$$\lambda=\frac{hc}{eU_0}=\frac{6.63\times10^{-34}\times3.00\times10^{8}}{1.6\times10^{-19}\times11.5}\text{m}=1081\ \text{Å}$$

如果夫兰克-赫兹管中充入其他元素，则可以得到它们的第一激发电位(参见表8-2-1)。

表 8-2-1　几种元素的第一激发电位

元素	钠(Na)	钾(K)	锂(Li)	镁(Mg)	汞(Hg)	氦(He)	氖(Ne)
U_0/V	2.12	1.63	1.84	3.2	4.9	21.2	18.6
λ/Å	5898 5896	7664 7699	6707.8	4571	2500	584.3	640.2

四、实验内容

1. 准备

(1) 熟悉实验装置结构和使用方法。

(2) 按照实验要求连接夫兰克-赫兹管各组工作电源线，检查无误后开机。F-H 实验仪预热 20～30 min。

(3) 数字示波器连接与设置。

① 将 F-H 实验仪的信号输出端连接数字示波器(详见实验 5.9 中 DS1074Z 数字示波器)"CH1"(或"CH2")，接通电源。

② 实验过程中按下数字示波器"CH1"(或"CH2")键，按下"AUTO"按钮，数字示波器自动寻找波形，或者调节垂直"SCALE"旋钮和水平"SCALE"旋钮寻找波形，等待信号输入(测试开始)，调节垂直"POSITION"旋钮和水平"POSITION"旋钮，使波形居中。

(4) 开机后的初始状态。开机后，该实验仪面板状态显示如下：

① 实验仪的"1 mA"电流挡位指示灯亮，表明此时电流的量程为 1 mA 挡，电流显示值为 000.0 μA。

② 实验仪的"灯丝电压"挡位指示灯亮，表明此时修改的电压为灯丝电压，电压显示值为 000.0 V。最后一位在闪动，表明现在修改位为最后一位。

③ "手动"指示灯亮，表明该实验仪工作正常。

2. 氩元素的第一激发电位测量

(1) 手动测试：

① 设置仪器为"手动"工作状态，按"手动/自动"键，"手动"指示灯亮。

② 设定电流量程。按下电流量程"1 μA"键或"10 μA"键，对应的量程指示灯点亮。

③ 设定电压源的电压值，用"↓/↑"、"←/→"键完成，需设定的电压源有：灯丝电压 U_F、第一加速电压 U_{G_1K}、拒斥电压 U_{G_2A}。设定状态参见随机提供的工作条件(详见机箱，不同的夫兰克-赫兹管其参数值不同)。

④ 按下"启动"键，实验开始。用"↓/↑"、"←/→"键完成 U_{G_2K} 电压值的调节，从0.0 V起，按步长 1 V(或 0.5 V)的电压值调节电压源 U_{G_2K}，仔细观察夫兰克-赫兹管的板极电流值 I_A 的变化(可用示波器观察)，读记 I_A 的峰、谷值和对应的 U_{G_2K} 值(一般取 I_A 的谷在 4～5 个为佳)。为保证实验数据的唯一性，U_{G_2K} 值必须从小到大单向调节，不可在过程中反复；记录最后一组数据后，立即将 U_{G_2K} 电压快速归零。

⑤ 重新启动。在手动测试的过程中，按下“启动”按键，U_{G_2K}的电压值将被设置为零，内部存储的测试数据被清除，数字示波器上显示的波形被清除，但U_F、U_{G_1K}、U_{G_2A}、电流挡位等的状态不发生改变。这时，操作者可以在该状态下重新进行测试，或修改状态后再进行测试。

(2) 自动测试。

F-H 实验仪除可以进行手动测试外，还可以进行自动测试。进行自动测试时，实验仪将自动产生U_{G_2K}扫描电压，完成整个测试过程；将数字示波器与该实验仪相连接，在示波器上可看到夫兰克-赫兹管板极电流随U_{G_2K}电压变化的波形。

① 自动测试状态设置。自动测试时U_F、U_{G_1K}、U_{G_2A}及电流挡位等状态设置的操作过程、夫兰克-赫兹管的连线操作过程与手动测试操作过程是一样的。

② U_{G_2K}扫描终止电压的设定。进行自动测试时，该实验仪将自动产生U_{G_2K}扫描电压，其默认U_{G_2K}扫描电压的初始值为零，U_{G_2K}扫描电压大约每 0.4 s 递增 0.2 V，直到扫描终止电压为止。要进行自动测试，必须设置电压U_{G_2K}的扫描终止电压。U_{G_2K}扫描终止电压的设置：将“手动/自动”测试键按下，自动测试指示灯亮；按下U_{G_2K}电压源选择键，U_{G_2K}电压源选择指示灯亮；用“↓/↑”、“←/→”键完成U_{G_2K}电压值的具体设定。U_{G_2K}设定终止值建议以不超过 85 V 为好。

③ 自动测试启动。将电压源选择为U_{G_2K}，再按面板上的“启动”键，自动测试开始。

在自动测试过程中，观察扫描电压U_{G_2K}与夫兰克-赫兹管板极电流的相关变化情况。(可通过示波器观察夫兰克-赫兹管板极电流I_A随扫描电压U_{G_2K}变化的输出波形。)在自动测试过程中，为避免面板按键误操作，导致自动测试失败，面板上除“手动/自动”按键外的所有按键都被屏蔽禁止。

④ 自动测试过程正常结束。当扫描电压U_{G_2K}的电压值大于设定的测试终止电压值后，实验仪将自动结束本次自动测试过程，进入数据查询工作状态。

测试数据保留在实验仪主机的存储器中，供数据查询过程使用，所以，数字示波器仍可观测到本次测试数据所形成的波形，直到下次测试开始时才刷新存储器的内容。

⑤ 自动测试后的数据查询。自动测试过程正常结束后，该实验仪进入数据查询工作状态。这时面板按键除测试电流指示区外，其他都已开启。自动测试指示灯亮，电流量程指示灯指示本次测试的电流量程选择挡位；各电压源选择按键可选择各电压源的电压值指示，其中U_F、U_{G_1K}、U_{G_2A}三电压源只能显示原设定电压值，不能通过按键改变相应的电压值。用“↓/↑”、“←/→”键改变电压源U_{G_2K}的指示值，就可查阅到在本次测试过程中，电压源U_{G_2K}的扫描电压值为当前显示值时，对应的夫兰克-赫兹管板极电流值I_A的大小，读出I_A的峰、谷值和对应的U_{G_2K}值(**说明**：为便于作图，在I_A的峰、谷值附近需多取几点)。

⑥ 中断自动测试过程。在自动测试过程中，只要按下“手动/自动”键，手动测试指示灯亮，该实验仪就中断了自动测试过程，恢复到开机初始状态，所有按键都被再次开启工作。这时可进行下一次的测试准备工作。

本次测试的数据依然保留在 F-H 实验仪主机的存储器中，直到下次测试开始时才被清除。所以，数字示波器仍会观测到部分波形。

⑦ 结束查询过程恢复初始状态。当需要结束查询过程时，只要按下“手动/自动”键，手动测试指示灯亮，查询过程结束，面板按键再次全部开启。原设置的电压状态被清除，该实

验仪存储的测试数据被清除，其恢复到初始状态。

五、数据记录与处理

1. 实验原始数据记录

（1）手动测量 U_{G_2K}、I_A。测量峰、谷值各 4 组，测量时 $U_F=$　　　　、$U_{G_1K}=$　　　　、$U_{G_2A}=$　　　　，将实验原始数据填入表 8－2－2。

表　8－2－2

	1	2	3	4
U_{G_2K}/V				
$I_A/10^{-8}$ A				
	5	6	7	8
U_{G_2K}/V				
$I_A/10^{-8}$ A				

（2）自动测量 U_{G_2K}、I_A。测量时，$U_F=$　　　　、$U_{G_1K}=$　　　　、$U_{G_2A}=$　　　　，将实验原始数据填入表 8－2－3 中。

表　8－2－3

次数	U_{G_2K}	I_A	次数	U_{G_2K}	I_A	次数	U_{G_2K}	I_A
1			13			25		
2			14			26		
3			15			27		
4			16			28		
5			17			29		
6			18			30		
7			19			31		
8			20			32		
9			21			33		
10			22			34		
11			23			35		
12			24			36		

2. 数据处理

用逐差法处理手动测量数据，求得氩的第一激发电位 U_0 值。根据自动测量数据在方格纸上作出 $I_A-U_{G_2K}$ 曲线。

六、问题讨论

(1) 拒斥电压在实验中的作用是什么？它的大小对 I_A-U_{GK} 曲线的形状有什么影响？

(2) 为什么 I_A-U_{GK} 曲线可以说明原子能级是分立的？

实验 8.3　电子荷质比的测定

电子的电量和质量之比，即电子的荷质比(e/m)是首先由 J. J. 汤姆逊于 1897 年在英国剑桥卡文迪许实验室测出的。1911 年密立根又测定了电子的电量，这样就可以间接地计算出电子的质量，这对电子的存在提供了进一步的实验证据。

以上电子的实验宣告了原子是可以分割的，为原子领域的研究开创了新的实验技术。所以电子荷质比的测定，在近代物理学的发展史中占有极其重要的地位。本实验采用纵向磁聚焦法测定电子荷质比。

一、实验目的

(1) 了解磁聚焦的原理。

(2) 测定电子的荷质比。

(3) 正确使用电子荷质比测定仪。

二、实验器材

实验器材有 DHB 型电子荷质比测定仪。

本实验采用 DHB 型电子荷质比测定仪(简称测定仪)来测定电子荷质比。测定仪的面板及面板上各元件、旋钮的作用如图 8-3-1 所示。测定仪的电源插座和电源开关在其背板上。测定仪内部的主要构造如图 8-3-2 所示。

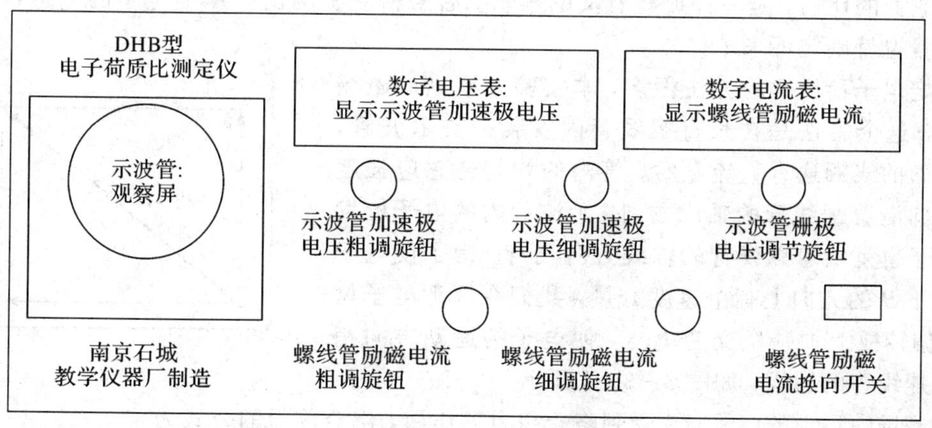

图 8-3-1　DHB 型电子荷质比测定仪面板示意图

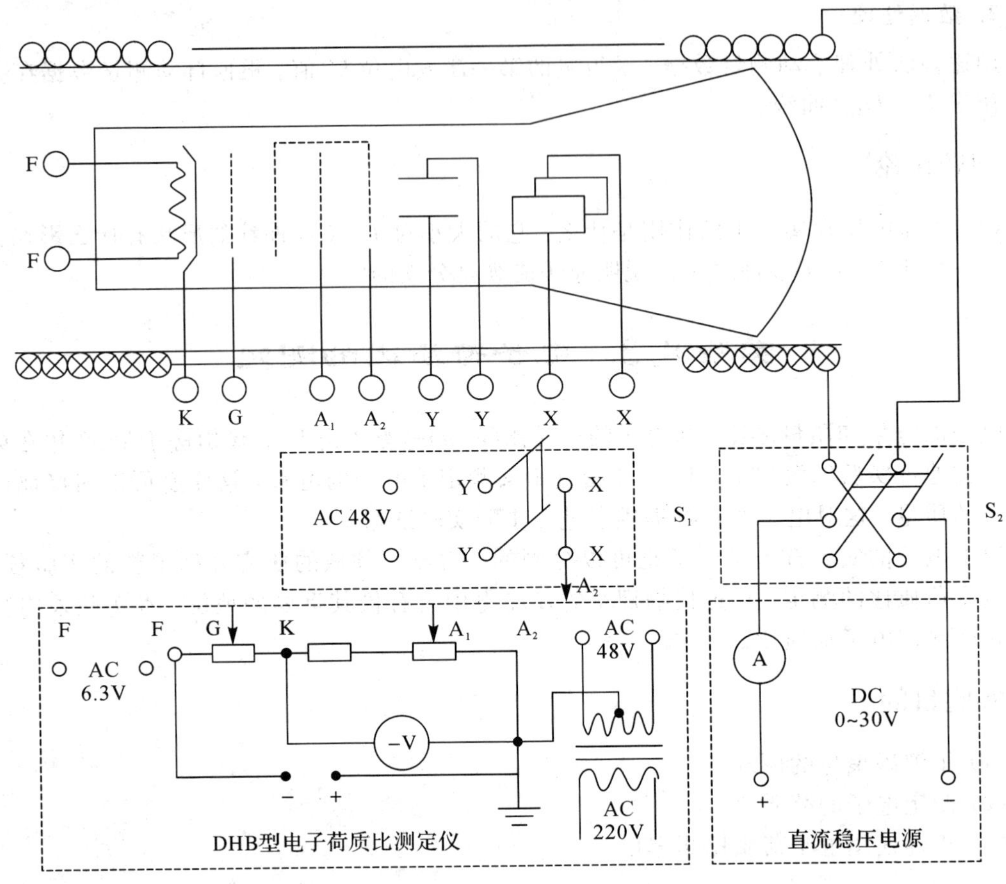

图 8－3－2　DHB 型电子荷质比测定仪主要构造电路图

三、实验原理

电子的电量 e 与电子的质量 m 的比值 e/m，称为电子的荷质比。这个比值在研究电子在电磁场的运动中常会遇到，特别是这两个独立的微观量在未被测量出来之前，用实验方法测出它们的比值，是一件很有意义的事情。后来密立根测出了单个电子的电量，于是电子的质量也就确定下来了。

测定电子荷质比的方法很多，本实验介绍纵向磁场聚焦法。这个方法是在长直螺线管内安装一支示波管，该螺线管的线圈通有直流电时，管内的均匀磁感应强度 $\boldsymbol{B}$ 的方向沿着螺线管的轴线方向，示波管内的电子枪发射的电子也是沿着螺线管的轴线方向飞行。为了使电子在垂直于 $\boldsymbol{B}$ 的方向上有个速度分量，我们在靠近电子枪的"Y"偏转板上加一个交变电压，使电子的运动方向稍微偏离螺线管的轴线，如图 8－3－3 所示。

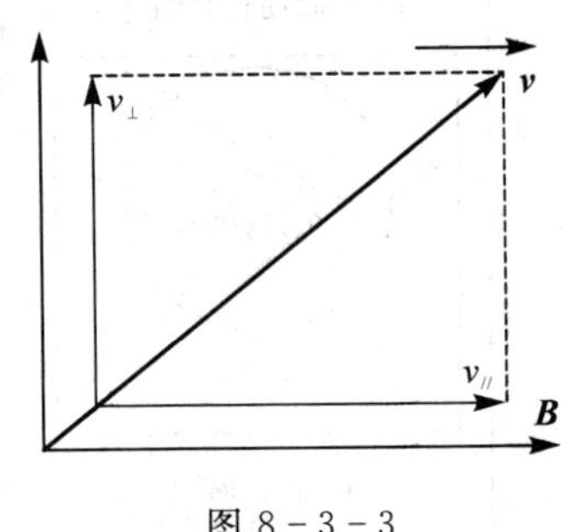

图 8－3－3

在磁场中运动的电子，要受到洛仑兹力的作用，洛仑兹力的公式为

$$\boldsymbol{f}_{\mathrm{L}}=-e[\boldsymbol{v}\times\boldsymbol{B}]$$

这是一个矢量积，它的大小为

$$f_{\mathrm{L}}=evB\sin(\boldsymbol{v}\times\boldsymbol{B})$$

它的方向由右手螺旋法则决定。对于运动在磁场中的电子所受洛仑兹力，我们分3种情况予以讨论。

(1) 当电子的运动方向与磁感应强度 $\boldsymbol{B}$ 的方向之间的夹角为零时，也就是$(\boldsymbol{v}\times\boldsymbol{B})=0$，$\sin(\boldsymbol{v}\times\boldsymbol{B})=0$，所以 $f_{\mathrm{L}}=0$。可见此时电子不受洛仑兹力的作用，而是沿着轴线方向做匀速直线运动。

(2) 当电子的运动方向与磁感应强度 $\boldsymbol{B}$ 的方向垂直时，即：$(\boldsymbol{v}\times\boldsymbol{B})=\pi/2$，$\sin(\boldsymbol{v}\times\boldsymbol{B})=1$，所以 $f_{\mathrm{L}}=evB$ 有最大值。洛仑兹力的方向垂直于 $\boldsymbol{v}$ 与 $\boldsymbol{B}$ 组成的平面，即洛仑兹力的方向与电子运动的方向互相垂直，这正是向心力的特性。因此电子在洛仑兹力的作用下做匀速圆周运动，如图 8-3-4 所示，则有

$$f_{\mathrm{L}}=evB=\frac{mv^2}{R}$$

式中，v 为电子做圆周运动的切线速度的大小；R 为圆周的半径。

$$R=\frac{v}{\frac{e}{m}B}$$

由该式可见，当磁感应强度 B 一定时，R 与 v 成正比关系，即速度大的电子做半径大的圆周运动，速度小的电子做半径小的圆周运动。电子做圆周运动的周期为

$$T=\frac{2\pi R}{v}=\frac{2\pi}{\frac{e}{m}B}$$

此式表示电子在磁场中做匀速圆周运动的周期 T 与电子的速度无关。这一结论很重要，不但对后面推导磁聚焦有帮助，而且它本身也是回旋加速器的理论依据。

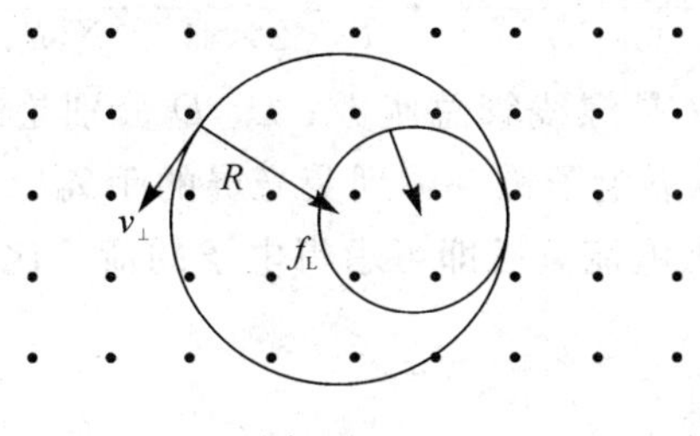

图 8-3-4

(3) 当电子的运动方向 v 与磁感应强度 B 的方向有一个夹角 $\theta(0<\theta<\pi/2)$时，有

$$f_{\mathrm{L}}=evB\sin\theta$$

这时我们将电子的速度 $\boldsymbol{v}$ 分解成两个互相垂直的分量，$v_{\perp}$ 和 $v_{//}$(见图 8-3-3)按运动的独立性原理，分别加以分析讨论。

① 对 $v_{//}$ 分量，就像在(1)中分析的一样，$v_{//}$ 不受洛仑兹力的影响，电子保持 $\boldsymbol{v}$ 的大小，沿轴线做匀速直线运动。

② 对 $v_{\perp}$ 分量，就像在(2)中分析的一样，电子在垂直于由 $\boldsymbol{v}$ 和 $\boldsymbol{B}$ 组成的平面内做圆周运动。可以想象电子一方面沿螺线管的轴线做匀速直线运动飞向荧屏，另一方面又在垂直于 $v_{//}$ 的平面内做圆周运动，它的运动轨迹是一个像弹簧一样的螺旋线，这个螺旋线在垂直

于 **B** 的平面内的投影是一个圆，其中

$$R=\frac{v_{\perp}}{\frac{e}{m}B},\quad T=\frac{2\pi R}{v_{\perp}}=\frac{2\pi}{\frac{e}{m}B},\ h=v_{//}T=\frac{2\pi v_{//}}{\frac{e}{m}B} \tag{8-3-1}$$

式中，R 为圆的半径；T 为电子做圆周运动的周期；h 为电子沿轴线方向的螺旋形轨迹的螺距，即电子在一个周期内前进的距离。

因此得出结论：对于同一时刻、从同一位置发出的电子，尽管它们的 v 各不相同，轨道也不相同，但只要 B 一定，它们绕螺旋轨道一周的时间 T 都是相同的。

虽然 $v_{//}$ 各不相同，但从迎着电子飞行的方向看，即正面看荧光屏时，经过一个周期，其仍是一个点。同理，通过 $2T$、$3T$、…、仍然是一个点，这就是磁聚焦的基本原理。

在示波器实验中，关于示波管的内部结构已叙述清楚了。从阴极发射出来的电子，在阳极加速电压 U 的作用下，电子获得了较大的动能，根据动能原理，即

$$\frac{1}{2}mv^2=eU$$

$$v=\sqrt{\frac{2eU}{m}} \tag{8-3-2}$$

式(8-3-2)中的 v 可近似认为是式(8-3-1)中的 $v_{//}$，把式(8-3-2)代入式(8-3-1)，则有

$$\frac{e}{m}=\frac{8\pi^2 U}{h^2B^2} \tag{8-3-3}$$

螺线管中部的磁感应强度 B 的计算公式为

$$B=\frac{\mu_0 NI}{\sqrt{L^2+D^2}}$$

$$\frac{e}{m}=\frac{8\pi^2(L^2+D^2)}{(\mu_0 Nh)^2}\cdot\frac{U}{I}=\frac{(L^2+D^2)}{2\times10^{-14}N^2h^2}\cdot\frac{U}{I} \tag{8-3-4}$$

式中，$\mu_0=4\pi\times10^{-7}$ H/m；N 是螺线管总匝数；L、D 分别是螺线管的长度和直径(单位：米)；h 是示波管“Y”偏转板靠近电子枪一端到荧光屏的距离($h=0.145$ m)，其他数据详见铭牌。测量出与 U 相应的聚焦电流 I 后即可求得电子的荷质比。

四、实验步骤

(1) 调整好荷质比测定仪，使其螺线管的轴线与当地地磁场的方向一致。

(2) 按线路图(参见图 8-3-2)接好线路。

(3) 接通电子荷质比测定仪的电源，预热 5 min。调节电压至 950 V。

(4) 调节聚焦和亮度，使光点聚焦到最佳状态，亮度不宜太亮。

(5) 直流电源调节电压细调，使电压表指 950 V。

(6) 接通螺线管电源，调节磁化电流至 1.0 A，预热 2 min，然后调回零，正式测量。

(7) 由小到大调节磁化电流，并观察荧光屏上的亮斑随着电流的增大一面旋转、一面缩短，直至会聚成一个光点，稳定半分钟后再正式读数。

(8) 读取电压表和电流表的读数，记入原始数据表 8-3-1 的 $+I$ 栏中。因电源电流的限制，我们只记录做一次聚焦的实验数据(但可观察二次、三次聚焦)。

(9) 将螺线管磁化电流调回到零，将换向开关推向另一端。由小到大调节磁化电流，屏上直线反向旋转，再次会聚成一点，读取电压表、电流表的读数，记入原始数据表 8-3-1 的 $-I$ 栏中。依次测出 950、1000、1050、1100、1150、1200 V 时，把数字电压表、数字电流表的示数依次分别记入原始记录表格中，分别计算电子的荷质比值。

表 8-3-1　原始数据记录表

U/V	$+I$/A	$-I$/A	$\bar{I}$	$U/\bar{I}$	e/m	$\Delta(e/m)$	$\Delta(e/m)^2$
950							
1000							
1050							
1100							
1150							
1200							
					$\overline{e/m}$		$\sum$

求 $\sigma_{\overline{e/m}}=$　　　　　　　　　　　　$\sum =$

电子荷质比的测量结果为________________。

五、注意事项

(1) 由于示波管电源电压高达 1000 V 左右，操作者应特别注意安全。

(2) 调节聚焦时观察光点会聚到最佳状态，但亮点不宜太亮，以免难于判断是否聚焦为最好。

(3) 调节亮度之后，高压会有变化，因此再次调节高压细调，使高压指到需要位置。

实验 8.4　核衰变统计规律

由于原子核的放射性，衰变存在统计涨落，因此多次测量相同时间间隔内的放射性计数，即使保持相同的实验条件，每次测量的结果并不相同，而是围绕某一平均值涨落，有时甚至有很大差别。本实验学习检验测量数据的分布类型的方法，加深对核衰变过程的理解。

一、实验目的

(1) 了解核衰变放射性计数统计误差的意义；

(2) 学习检验测量数据的分布类型的方法，加深对核衰变过程的理解。

二、实验仪材

实验器材有 NaI(TI)闪烁探测器、γ 放射源(137Cs 或 60 C0)、低压/高压电源、线性放大器、显示器、BH1224-4096 型微机多道 γ 谱仪等。

实验装置的方框图如图 8-4-1 所示。

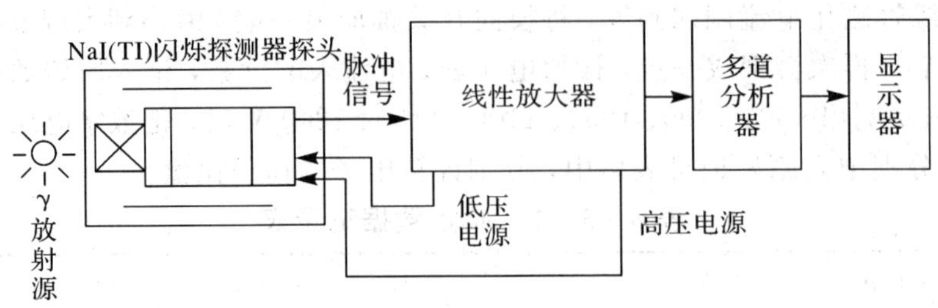

图 8-4-1　实验装置图

三、实验原理

核衰变的过程是相互独立、彼此无关的，每个原子核发生衰变的时间纯系偶然而无法确定，但是对于大量原子核 N，经过时间 t 后，平均地说其数目将按指数规律 $e^{-\lambda t}$ 衰减，其中 λ 为衰变常数，它与放射源半衰期 T 之间满足公式

$$\lambda=\frac{\ln 2}{T}$$

在 t 时间内平均衰变的原子核的数目 m 为

$$m=N(1-e^{-\lambda t}) \tag{8-4-1}$$

根据式(8-4-1)统计平均看，每个核在 t 时间内发生衰变的概率为 $1-e^{-\lambda t}$，不发生衰变的概率为 $e^{-\lambda t}$。因此，在 t 时间内，在 N 个原子核中有 n 个核发生衰变的概率为

$$P(n)=\frac{N!}{(N-n)!\ n!}(1-e^{-\lambda t})^n(e^{-\lambda t})^{N-n} \tag{8-4-2}$$

式中，系数 $N!/(N-n)!n!$ 是考虑了 N 个原子核中发生衰变的 n 个核的各种可能的组合数。现设原子核总数 $N\gg1$，测量时间 t 远小于放射源的半衰期 T，即 $\lambda t\ll1$，也即衰变数 n 远小于粒子总数 N。这时式(8-4-2)分子中的 $N-1$、$N-2$、…、$N-n-1$ 均可用 N 代替，于是有

$$P(n)\approx\frac{N^n}{n!}(\lambda t)^n(e^{-\lambda t})^{N-n}\approx\frac{(N\lambda t)^n}{n!}e^{-N\lambda t}$$

由式(8-4-1)可知，这时 $m=N\lambda t$，则有

$$P(n)=\frac{m^n}{n!}e^{-m} \tag{8-4-3}$$

这就是泊松分布。它告诉我们如果在时间间隔 t 内平均衰变次数为 m，则在时间间隔 t 内衰变数为 n 出现的概率为 $P(n)$。

由于放射性衰变存在统计涨落，当我们做重复的放射性测量时，即使保持完全相同的实验条件(例如放射源的半衰期足够长，因此在实验时间内可以认为其强度基本上没有变化；源与计数管的相对位置始终保持不变；每次测量时间不变；测量仪器足够精确，不会产生其他的附加误差等)，每次测量的结果并不完全相同，而是围绕其平均值 m 涨落，有时甚至有很大的差别，这种现象就叫做放射性计数的统计性。放射性计数的这种统计性是放射性原子核衰变本身固有的特性，与使用的测量仪器及技术无关。通常把 m 看做测量结果的最概然值；把起伏带来的误差称为统计误差，它的大小用标准误差 σ 来描述。

因为 $\bar{n}$ 是无限多次测量的结果，实际上是无法得到的，也没有必要去得到它，实验室

里都将一次测量值作为平均值；对它的误差也做类似处理。设一次测量得到的总计数为 N，它的标准误差就用 $\sqrt{N}$ 来表示，它的相对标准误差为

$$E=\frac{\Delta N}{N}=\frac{\sqrt{N}}{N}=\frac{1}{\sqrt{N}} \tag{8-4-4}$$

由此看出：核衰变测量的统计误差取决于测量的总计数 N 的大小，N 越大，绝对误差越大，而相对误差却越小。设对某个计数率 m_1 做了 t 时间的测量，则总计数 $N=m_1 t$，计数率 m_1 的统计误差为

$$\Delta m_1=\frac{\Delta N}{t}=\frac{\sqrt{N}}{t}=\sqrt{\frac{m_1}{t}}$$

$$\frac{\Delta m_1}{m_1}=\frac{\sqrt{N}}{m_1 t}=\frac{\sqrt{m_1/t}}{m_1}=\frac{1}{\sqrt{m_1 t}} \tag{8-4-5}$$

由式(8－4－5)可看出：测量时间 t 越长，误差越小。利用该式可以计算 m_1 的误差；反过来也可以根据误差要求，计算测量需用的时间。测量时就按照计算出的时间进行测量，以免不必要地耽误很多时间或者误差过大。

在时间间隔 t 内核蜕变产生的放射性平均计数为 $\bar{n}$，在此时间内核蜕变产生的放射性计数为 n 的出现概率 $P(n)$ 服从统计分布。当 $\bar{n}$ 较小时(如 10 以下)，它服从泊松分布；如果 $\bar{n}$ 比较大(如 20 以上)，它服从高斯分布。放射性测量数据检验的基本做法是比较测量数据应有的一种理论分布和实测数据之间的差异，然后从概率的意义上说明这种差异是否显著。若差异显著，则否定原来的理论分布，说明测得的数据存在问题；反之，则接受理论分布，认为测量数据是正常的。

1. 验证泊松分布

泊松分布可写为

$$P(n)=\frac{(\bar{n})^n}{n!}\mathrm{e}^{-\bar{n}}=P(n)\approx\frac{m^n}{n!}\mathrm{e}^{-m} \tag{8-4-6}$$

式中，n 为每次计数的值，$n=0, 1, 2, \cdots$，其平均值为 m，一般将 m 取在 3～7 范围内。

具体实验安排是，使用比较弱的放射源或直接用本底计数，选择测量时间间隔，使在此时间内平均计数在 10 以下。重复测量此时间间隔的计数至少 400 次以上。计算 m 值并根据式(8－4－6)绘出 $P(n)$ 的理论曲线(n 为横坐标，$P(n)$ 为纵坐标)，将实验数据统计结果也标示在图上，以便比较。观察实验数据分布曲线是否和理论曲线相吻合，若吻合则满足泊松分布。

2. 验证高斯分布

高斯分布可写为

$$P(n)=\frac{1}{\sqrt{2\pi}\sigma}\mathrm{e}^{-\frac{(n-m)^2}{2\sigma^2}} \tag{8-4-7}$$

式中，$\sigma^2=m$ 称为方差。

实验时只需选择稍强些的放射源，让时间间隔稍长些，都可满足 $\bar{n}>20$，其做法与验证泊松分布相同，但重复次数要求 500 次以上，测量所得数据可作出计数与其出现次数的直方图，与理论曲线相比较。

本实验采用微机系统控制的核实验装置，可以方便地选择实验条件，观察 m 值由小逐

渐变大而使 $P(n)$ 值从与泊松分布相符合逐渐变化到与高斯分布相符合的过程，有更丰富的实验内容和更好的实验结果。

3. χ^2 检验法

对于具有 k 个测量值的一组数据 $n_i(i=1, 2, \cdots, k)$，对它们进行分组，分组的序号用 j 表示，$j=1, 2, \cdots, r$。统计每个分组区间中实际观测到的次数，用 f_j 表示。若测量值服从高斯分布或泊松分布，则可计算每个分组区间中按理论分布应有的出现次数，用 f'_j 表示。理论上出现的次数，可以根据高斯分布或泊松分布曲线下的面积函数计算出各区间的面积 p_j，然后乘以总次数 k 得到(曲线下总面积为 1，各区间的面积 p_j 即测量值按理论分布落在该区间中的概率)，即

$$f'_j=kp_j, \quad j=1, 2, \cdots, r$$

可以证明统计量

$$x^2=\sum_{j=1}^{r}\frac{(f_j-f'_j)^2}{f'_j}=\sum_{j=1}^{r}\frac{(f_j-kp_j)^2}{kp_j} \tag{8-4-8}$$

近似地服从 χ^2 分布，其自由度 ν 为 $r-s-1$，这里 s 是在计算理论分布次数时所用的理论分布曲线所包含的参量数目。对于正态分布 $s=2$，对于泊松分布 $s=1$。在数理统计中可以证明 χ^2 分布具有图 8-4-2 所示的形状，图中横坐标表示 x^2 的取值，纵坐标表示相应于该 x^2 值时的概率密度 $P(x^2)$。我们可以计算出随机变量 x^2 所取的值大于某个预定值 $x^2_{1-\alpha}$ 的概率 $P(x^2>x^2_{1-\alpha})$，令此概率为 α，则

$$P(x^2>x^2_{1-\alpha})=\int_{x^2_{1-\alpha}}^{\infty}P(x^2)\mathrm{d}x^2=\alpha \tag{8-4-9}$$

实际上对于不同的自由度 ν 经按照式(8-4-9)计算了 α 和 $x^2_{1-\alpha}$ 对应的数据表，一般的概率统计著作中都有此表。表 8-4-1 列出了在某些自由度下相应于某几种概率 α 值时的 $x^2_{1-\alpha}$ 值。

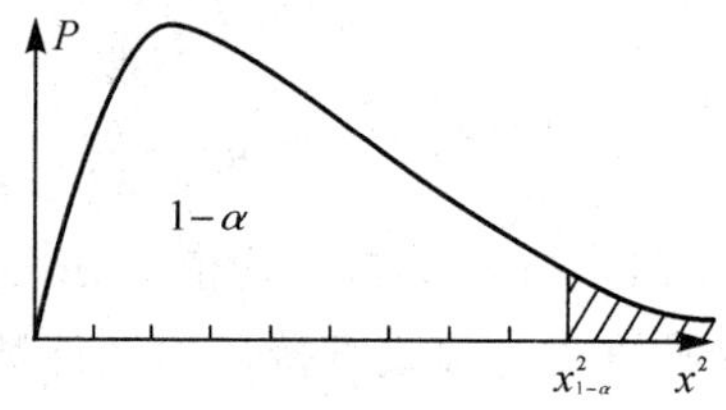

图 8-4-2

表 8-4-1 相应于 3 种概率下的 $x^2_{1-\alpha}$ 值

α \ ν	1	2	3	5	7	9	10	15	20	25	30
0.50	0.455	1.165	2.366	4.351	6.346	8.343	9.342	14.34	19.34	24.34	29.34
0.10	2.71	4.61	6.25	9.24	12.0	14.684	16.0	22.3	28.4	34.4	40.3
0.05	3.841	5.991	7.815	11.07	14.07	16.92	18.31	25.0	31.41	37.65	43.77

统计量 x^2 可用来衡量实测分布与理论分布之间有无明显的差异。使用 χ^2 检验时，要求总次数不小于 50，以及任一组的理论次数 f'_j 不小于 5(最好在 10 以上)，否则可以将组适当的合并以增加 f'_j。比较的方法是先取一个任意给定的小概率 α，称为显著性水平。根据自由度 ν 大小，查出对应的 $x^2_{1-\alpha}$ 值，比较统计量 x^2 和 $x^2_{1-\alpha}$ 的大小来判断拒绝或接受理论分

布，这种判断是在某一显著性水平 α 上得出来的。例如对于某一组服从正态分布的数据，其计数平均值为 388.7，计算得统计量 $x^2=1.472$。自由度为 10，如取显著性水平 $\alpha=0.05$，查表得 $x_{1-\alpha}^2=18.31$（参见表 8-4-1），因实测得到的 $x^2=1.472<x_{1-\alpha}^2=18.31$，所以认为此组数据服从正态分布。

4. 频率直方图检验法

对一组测量数据可以把它们直接和一个理论分布比较，从而检验这组数据是否符合该理论分布。对于实验上测得的一组数据 $N_i(i=1, 2, \cdots, k)$，首先求其平均值 $\overline{N}=\frac{1}{k}\sum_{i=1}^{k}N_i$，计算 σ_i 为

$$\sigma_i=\sqrt{\frac{1}{k-1}\sum_{i=1}^{k}(N_i-\overline{N})^2}$$

然后对于上述的测量数据 N_i 按下述区间来分组，各区间的分界点为 $\overline{N}\pm\frac{\sigma_i}{4}$、$\overline{N}\pm\frac{4\sigma_i}{3}$、…、$\overline{N}\pm\frac{4\sigma_i}{5}$，各区间的中心值为 $\overline{N}$、$\overline{N}\pm\frac{1}{2}\sigma_i$、…、$\overline{N}\pm\frac{3}{2}\sigma_i$。

统计测量结果出现在各区间内的次数 K_i 或频率 K_i/k，以次数 K_i 或频率 K_i/k 作为纵坐标、各区间的中心值为横坐标，作频率直方图。将所得到频率直方图与平均值 $\overline{N}$ 且标准误差为 $\sigma_2=\sqrt{\overline{N}}$ 的高斯分布曲线比较，通过比较可以定性地判断测量数据分布是否合理，以及是否存在其他不可忽略的偶然误差因素。

5. 闪烁探测器的坪曲线

在进行研究核衰变的统计规律实验时，绝对不能使工作条件(包括几何条件和探测器状态)有丝毫改变。但在实际情况下，工作电压的少量漂移在所难免，因此需要测定 NaI(TI)闪烁探测器的坪曲线，以确定合适的工作电压，即选择计数率随电压漂移变化较小的工作点。坪曲线是入粒子的强度不变时，计数器的计数率随工作电压变化的曲线。图 8-4-3 所示是由某次实验所得的闪烁计数器的坪曲线。工作电压应选择源计数率随电压变化较小(曲线较平部分)的电压，如在图 8-4-3 中，就可以选取为 840 V。

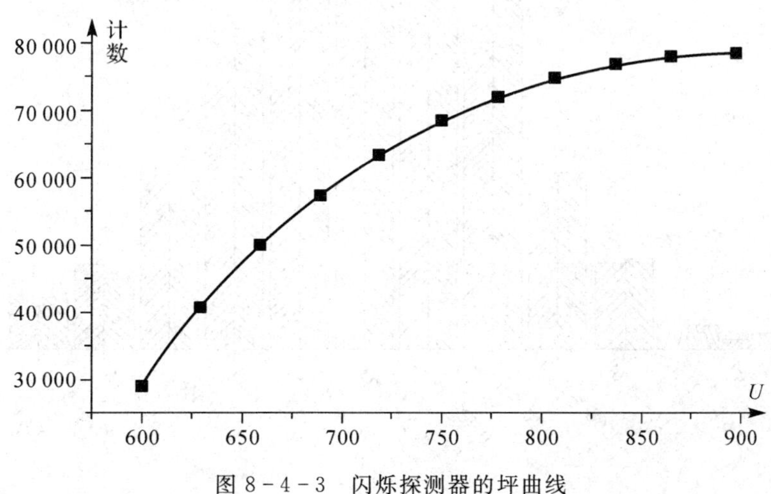

图 8-4-3　闪烁探测器的坪曲线

四、实验内容

(1) 连接各仪器、设备，对实验现象进行粗测，判断工作是否正常。

(2) 测量 NaI(TI)闪烁探测器的坪曲线，采取定时计数的方法(建议 $t=200$ s，以减少统计涨落)；可以从 $U=600$ V 开始，$\Delta U=30$ V 改变工作电压；一般工作压不宜超过 1000 V，以免光电倍增管发生连续放电现象而缩短使用寿命。

注意：

① 根据所得全能谱形的实际情况可以适当截去前面计数或峰形比较杂乱的几道。

② 在实验中不得改变放射源和探测器的相对位置以及放大器的放大倍数。放大倍数的选取要注意，当电压为 1000 V 左右(即接近电压所取最大值)时谱形不得越出多道脉冲分析器的量程。

(3) 根据坪曲线的实验结果选取适当的工作电压，并确定放大倍数使谱形在多道脉冲分析器上分布合理。

(4) 工作状态稳定后，重复进行至少 1000 次以上独立测量放射源总计数率的实验(建议进行测量 150～200 次，每次定时 15 s 或 20 s)。

本实验中，测得 A 个数据后，计算算术平均值 $\overline{N}$，均方根差的估计值 S_x 为

$$S_x=\sqrt{\frac{\sum_{i=1}^{A}(N_i-\overline{N})^2}{A-1}}$$

式中，A 为总测量次数。将平均值 $\overline{N}$ 置于中央，以 $S_x/2$ 为组距把数据分组，算出相应的实验组频率 f_i/A，以 $(N-\overline{N})/S_x$ 为横坐标、组频率为纵坐标作直方图，可参考图 8-4-4。

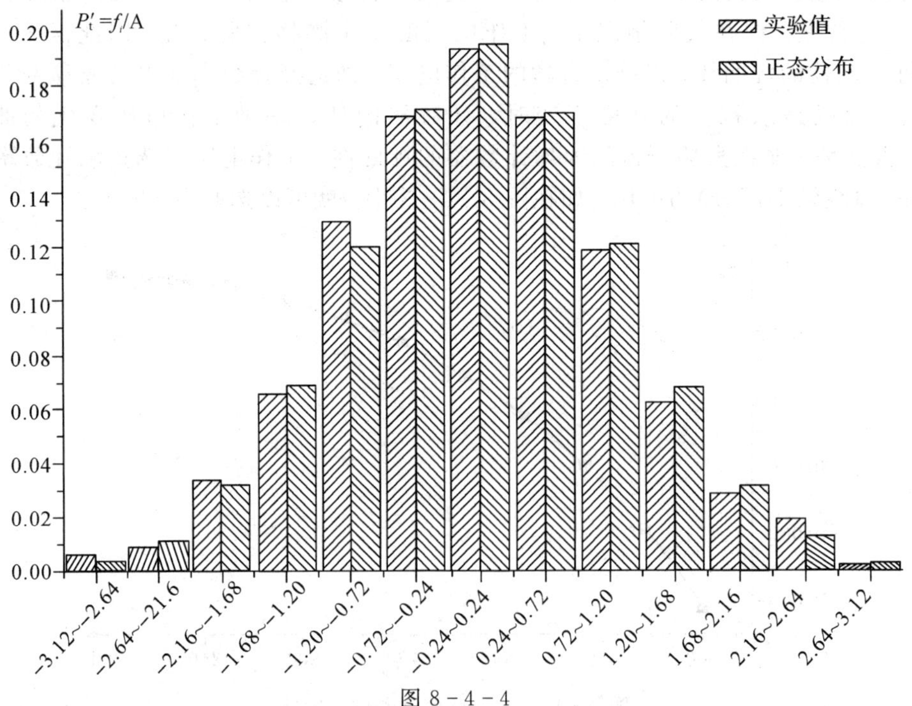

图 8-4-4

（5）画出相应的理论分布曲线，若计算值服从正态分布，则可计算出以 $S_x/2$ 为组距的各个相应的理论组的频率 P'_i，并画于图中。

$$P'_i=\frac{1}{\sqrt{2NS_x^2}}^{-\frac{(N-\overline{N})^2}{2S_x^2}}\mathrm{d}N$$

令 $x=\dfrac{N-\overline{N}}{S_x}$，则 $P'_i=\dfrac{1}{\sqrt{2N}}^{-\frac{x^2}{2}}\dfrac{\mathrm{d}N}{S_x}$，因为 $\mathrm{d}N=\dfrac{S_x}{2}$，所以

$$P'_i=\frac{1}{2\sqrt{2N}}^{-\frac{x^2}{2}}$$

（6）计算测量数据落在 $\overline{N}+\sigma$、$\overline{N}+2\sigma$、$\overline{N}+3\sigma$ 范围内的频数，并与理论值做比较。

（7）对此组数据进行 χ^2 检验（表 8-4-2 第 7 栏为各区间的 x^2 数值）。

例如，在本装置上做放射性的统计分布实验，选择适当的高压，使实验条件不变，以相同的时间重复计数 1000 次，实验数据参见表 8-4-2；然后对数据进行分析，数据处理如表 8-4-2 所示。（由此数据可画出图 8-4-4 的频率直方图。）

表 8-4-2　数据处理结果

<table>
<tr><th>按 $\frac{S_x}{2}$ 为组距分组</th><th>$\frac{N-\overline{N}}{S_x}$</th><th>实验次数 f</th><th>实验频率 $\frac{f}{A}$</th><th>理论频率 $P=\frac{f'}{A}$</th><th>理论次数 f</th><th>$\frac{(f-f')^2}{f}$</th></tr>
<tr><td>330～339</td><td>−3.12～−2.64</td><td rowspan="3">5
8
34 } 47</td><td>0.005</td><td>0.003</td><td rowspan="3">3
11
31 } 45</td><td rowspan="3">0.089</td></tr>
<tr><td>341～348</td><td>−2.64～−2.16</td><td>0.008</td><td>0.011</td></tr>
<tr><td>349～357</td><td>−2.16～−1.68</td><td>0.034</td><td>0.031</td></tr>
<tr><td>358～366</td><td>−1.68～−1.20</td><td>65</td><td>0.065</td><td>0.068</td><td>68</td><td>0.132</td></tr>
<tr><td>367～375</td><td>−1.20～−0.72</td><td>129</td><td>0.129</td><td>0.120</td><td>120</td><td>0.675</td></tr>
<tr><td>376～384</td><td>−0.72～−0.24</td><td>168</td><td>0.168</td><td>0.169</td><td>169</td><td>0.006</td></tr>
<tr><td>385～393</td><td>−0.24～0.24</td><td>193</td><td>0.193</td><td>0.194</td><td>194</td><td>0.005</td></tr>
<tr><td>394～402</td><td>0.24～0.72</td><td>168</td><td>0.168</td><td>0.169</td><td>169</td><td>0.006</td></tr>
<tr><td>403～411</td><td>0.72～1.20</td><td>119</td><td>0.119</td><td>0.120</td><td>120</td><td>0.008</td></tr>
<tr><td>412～420</td><td>1.20～1.68</td><td>62</td><td>0.062</td><td>0.068</td><td>68</td><td>0.529</td></tr>
<tr><td>421～429</td><td>1.68～2.16</td><td rowspan="3">28
18
3 } 49</td><td>0.028</td><td>0.031</td><td rowspan="3">31
11
3 } 45</td><td rowspan="3">0.022</td></tr>
<tr><td>430～438</td><td>2.16～2.64</td><td>0.018</td><td>0.011</td></tr>
<tr><td>439～447</td><td>2.64～3.12</td><td>0.002</td><td>0.003</td></tr>
</table>

五、思考题与讨论

（1）什么是坪曲线？谈谈坪曲线的测量在研究核衰变统计规律实验中的意义。

（2）什么是放射性核衰变的统计性？它服从什么规律？

(3) σ 的物理意义是什么？以单次测量值 N 来表示放射性测量值时，为什么是 $N \pm \sqrt{N}$？其物理意义又是什么？

(4) 为什么以多次测量结果的平均值来表示放射性测量时，其精确度要比单次测量值高？

实验 8.5　物质对 β、γ 射线的吸收

由于射线与物质的相互作用，射线通过一定厚度物质后，能量或强度有一定的减弱，称为物质对射线的吸收。研究物质对射线的吸收规律、不同物质的吸收性能等，在防护核辐射、核技术应用和材料科学等许多领域都有重要意义。本实验是要学习和掌握 β、γ 射线与物质相互作用的特性，并且测定物质对 β 射线的阻止本领 $\left(\frac{\mathrm{d}E}{\mathrm{d}x}\right)$ 和窄束 γ 射线在不同物质中的吸收系数 μ。

一、实验目的

(1) 掌握 β、γ 射线与物质相互作用的特性。

(2) 测定物质对 β 射线的阻止本领 $\left(\frac{\mathrm{d}E}{\mathrm{d}x}\right)$ 和窄束 γ 射线在不同物质中的吸收系数 μ。

二、实验器材

实验器材有半圆聚焦 R 磁谱仪，β 放射源 $^{90}Sr-^{90}Y$(强度≈1 毫居里)，定标用γ源 ^{137}Cs 和 ^{60}Co(强度≈2 微居里)，200 μmAI 窗 NaI(TI)闪烁探头，一定厚度的铝箔(100 μm 左右)，Pb、Al 吸收片若干等。

本实验中，在 γ 源的强度约为 2 微居里的情况下，由于专门设计了源准直孔(ϕ3 mm×12 mm)，基本达到使 γ 射线垂直出射；而由于探测器前留有一狭缝的挡板，更主要由于用多道脉冲分析器测 γ 能谱，就可以起到去除 γ 射线与吸收片产生康普顿散射影响的作用，因此，实验装置如图 8-5-1 所示。这样的实验装置在轻巧性、直观性及放射防护方面有无法比拟的优点，但它需要用多道分析器，在一般的情况下显得有点大材小用，但在本实验中这样安排，可以说是充分利用现有的实验条件。

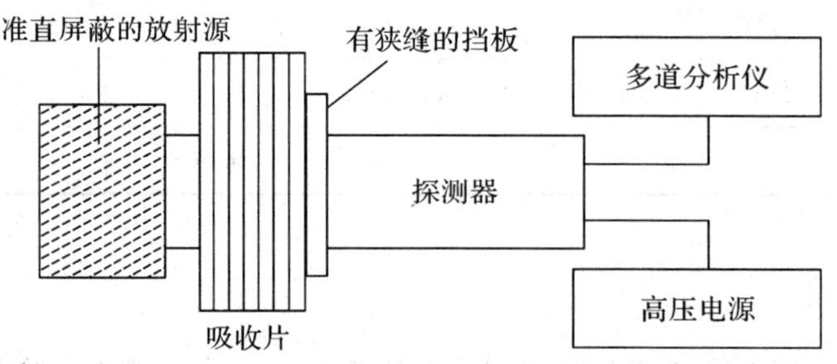

图 8-5-1　实验装置示意图

三、实验原理

1. β射线的吸收

放射性核素的原子核放射出β粒子而变为原子序数差1、质量数相同的核素称为β衰变。它主要包括β^-衰变、β^+衰变和轨道电子俘获(EC)。在发射β粒子的同时还发射出一个中微子v。中微子是一个静止质量近似为0的中性粒子。衰变中释放出的衰变能Q将被β粒子、中微子v和反冲核三者分配，由于3个粒子之间的发射角度是任意的，因此每个粒子所携带的能量并不固定，β粒子的动能可以在0～Q之间变化，从而形成一个连续谱。本实验所用的$^{90}_{38}Sr$的半衰期为28.6年，它发射的β粒子最大能量为0.546 MeV。$^{90}_{38}Sr$衰变后成为$^{90}_{39}Y$，$^{90}_{39}Y$的半衰期为64.1小时，它发射的β^-粒子的最大能量为2.2 MeV。因而$^{90}_{38}Sr-^{90}_{39}Y$源在0～2.2 MeV的范围内形成一连续的β谱，其强度随着动能的增加而减弱。

1）β粒子与物质的相互作用

β射线(包括负电子和正电子)是轻带电粒子，电子与靶原子的作用主要引起电离能量损失、辐射能量损失和电子散射，电子在物质中的运动轨迹十分曲折。

(1) 电离能量损失。电子通过靶物质时，与原子的核外电子发生非弹性碰撞，使物质原子电离或激发，因而损失能量。由于电子质量小，碰撞后入射电子运动方向有较大改变，电离损失是β射线在物质中损失能量的主要方式。

(2) 辐射能量损失。这是β粒子与物质原子的原子核非弹性碰撞时产生的一种能量损失，根据经典电磁理论，当带电粒子接近原子核时，速度迅速降低，发射出电磁波(光子)，这种电磁辐射叫做韧致辐射。

(3) 电子散射。β粒子在物质中与原子核库仑场作用，只改变运动方向而不辐射能量，这种过程称为弹性散射。由于电子的质量小，因而散射角度可以很大，而且会发生多次散射，最后偏离原来的运动方向。入射电子能量越低，靶物质原子序数越大，散射也就越厉害。β粒子在物质中经过多次散射，其最后的散射角可以大于90°，这种散射称为反散射。

综上所述，β粒子与物质相互作用的过程是复杂的，它不仅与物质本身的性质有关，而且与入射β粒子的能量也有密切联系。

假设一束初始强度为I_0的单能电子束，当其穿过厚度为x的物质时，强度减弱为I，其示意图如图8-5-2所示。强度I随厚度x的增加而减小且服从指数规律，可表示为$I=I_0e^{-\mu x}$。式中，μ是该物质的线性吸收系数，单位是cm^{-1}。实验指出，不同物质对β射线的线性吸收系数有很大差别，但质量吸收系数$\mu_m=\mu/\rho$(ρ是该物质的密度)却随原子序数Z的增加只是缓慢地变化，因而常用质量厚度$d=\rho x$来代替x，d的单位是g/cm^2，于是$I=I_0e^{-\mu x}$变为式$I=I_0e^{-\mu_m d}$。

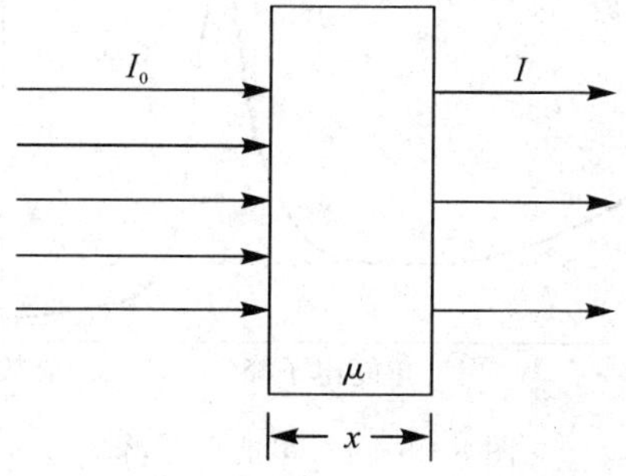

图8-5-2　强度变化示意图

阻止本领是用来描述入射带电粒子在介质中每单位路径长度上损失的平均能量的物理量，是研究带电粒子与物质相互作用的主要内容之一。如前所述，为了消除密度的影响，常用质量阻止本领$\frac{1}{\rho}\left(\frac{\mathrm{d}E}{\mathrm{d}x}\right)$。总质量阻止本领$\frac{1}{\rho}\left(\frac{\mathrm{d}E}{\mathrm{d}x}\right)$的计算比较复杂，但可以通过实验测得不同能量的单能电子在物质中的能量损失，来求这一物质在不同能量时的总质量阻止本领$\frac{1}{\rho}\left(\frac{\mathrm{d}E}{\mathrm{d}x}\right)$。

由于β谱是连续谱，因而一般近代物理实验中只测β粒子的吸收和散射。利用本实验装置可以轻易地完成这方面的研究。图 8-5-3 显示了吸收体材料铝和有机玻璃对β谱(强度为 1 mCi)的吸收(测量时间已归一)。我们可以看到，吸收材料厚度为 5 mm 时已经起到了很好的屏蔽作用。

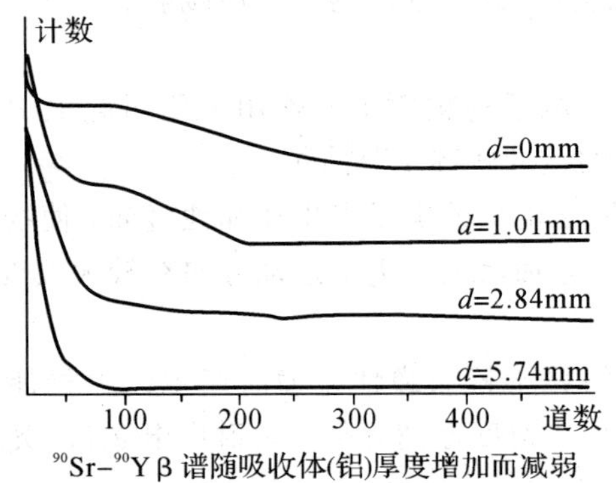

^{90}Sr-^{90}Y β 谱随吸收体(铝)厚度增加而减弱

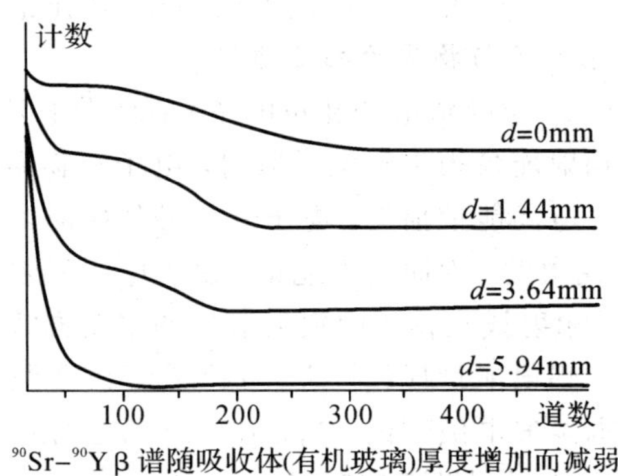

^{90}Sr-^{90}Y β 谱随吸收体(有机玻璃)厚度增加而减弱

图 8-5-3　不同材料对β谱的吸收

2）单一能量电子的获得

众所周知，β射线的能谱是连续谱，如何获得单能电子呢？这里就应用到了β半圆聚焦磁谱仪来分析β射线获得单能电子，如图 8-5-4 所示。NaI(TI)闪烁晶体探测器在不同的Δx处接收到不同动量$p=mv=eB\,\Delta x/2$的单能电子，固定探测器于某一Δx处(即对应于某一能量的单能电子)时，可以在多道显示器上观察到出射电子的单能电子峰(简称能峰)及在出射电子与探测器之间插入已知厚度为T薄箔后的能峰(参见图 8-5-5)。分别确定能峰的道数并根据 NaI(TI)闪烁晶体探测器的能量定标曲线计算出所对应的能量E_0和E_i，即可求出该薄箔材料对能量为$E=(E_0+E_i)/2$的单能电子的质量阻止本领

$$\frac{1}{\rho}\left(\frac{\mathrm{d}E}{\mathrm{d}x}\right)=\frac{E_0-E_i}{T\rho}$$

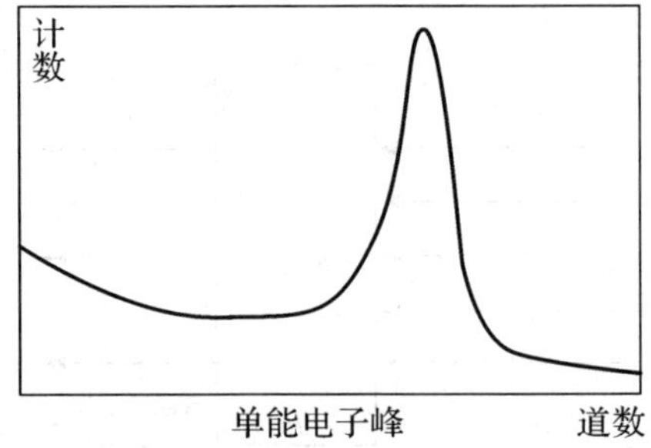

图 8-5-4　单能电子峰

改变Δx，即可测量该薄箔物质对不同能量单能电子的质量阻止本领。

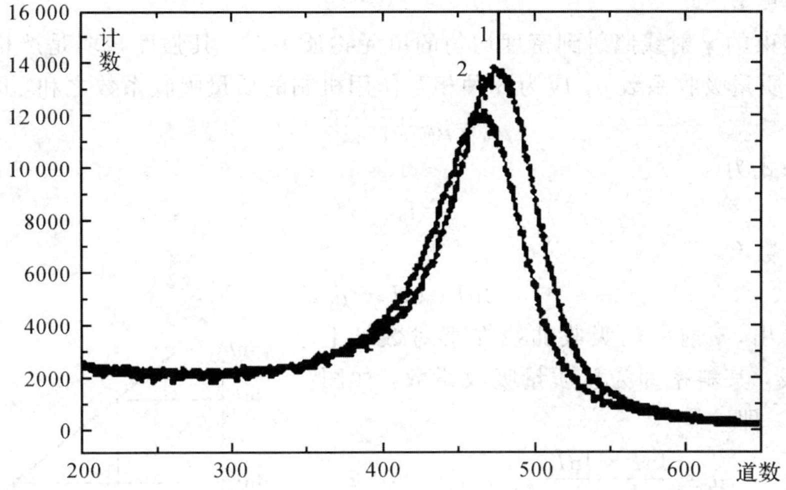

图 8－5－5　插入 41.1 μm 厚的 Al 箔前、后单能电子能谱图

2. γ 射线的吸收

γ 射线与物质的相互作用和 β 射线的明显不同，γ 辐射是处于激发态原子损失能量的最显著方式，γ 跃迁可定义为一个核由激发态到较低激发态而原子序数 Z 和质量数 A 均保持不变的退激发过程。带电粒子(α 或 β 粒子等)在一连串的多次事件中不断地损失能量，而 γ 射线与物质的相互作用却在单次事件中便能导致完全的吸收和散射。当 γ 光子的能量在30 MeV以下时，与物质相互作用机制主要有 3 种方式：光电效应、康普顿效应和电子对效应。

(1) 低能时以光电效应为主。一个光子把它所有的能量给予一个束缚电子；核电子用其能量的一部分来克服原子对它的束缚，其余的能量则作为动能。

(2) 光子可以被原子或单个电子散射到另一方向，其能量可损失也可不损失。当光子的能量大大超过电子的结合能时，光子与核外电子发生非弹性碰撞，光子的一部分能量转移给电子，使它反冲出来，而散射光子的能量和运动方向都发生了变化，即所谓的康普顿效应。当光子能量在 1 MeV 左右时，这是主要的相互作用方式。

(3) 若入射光子的能量超过 1.02 MeV，则电子对的生成成为可能。在带电粒子的库仑场中，产生的电子对总动能等于光子能量减去这两个电子的静止质量能($2mc^2$ = 1.022 MeV)，如图 8－5－6 所示。

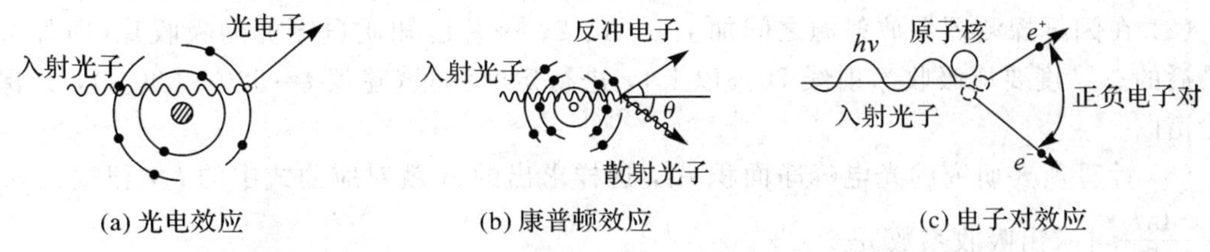

(a) 光电效应　　(b) 康普顿效应　　(c) 电子对效应

图 8－5－6　γ 射线与物质的相互作用示意图

这些效应的作用结果，使 γ 射线穿过一定厚度的物质时，强度会有一定程度的减弱，但入射束方向上光子能量保持不变，因此 γ 射线没有确定的射程。通常用使入射 γ 射线强

度减弱一半时对应的吸收物质厚度来表示物质对 γ 射线的吸收能力，此时吸收物质的厚度称为半吸收厚度 $d_{1/2}$。

当单能窄束的 γ 射线照射到密度均匀的单元物质上时，其强度减弱是严格服从指数规律的，此时总质量吸收系数 μ_m 应为 3 种相互作用机制的质量吸收系数之和，即

$$\mu_m=\mu_{fm}+\mu_{cm}+\mu_{pm}$$

而强度衰减公式为

$$I=I_0 e^{-\mu_m d}$$

上式取自然对数有

$$\ln I=\ln I_0-\mu_m d$$

由此可看出，γ 射线的吸收曲线在半对数纸上给出一条直线，其斜率即为总质量吸收系数，如图 8-5-7 所示。即

$$\mu_m=\frac{\ln I_1-\ln I_2}{d_2-d_1}$$

由定义可求出半吸收厚度 $d_{1/2}$ 为

$$d_{1/2}=\frac{\ln 2}{\mu_m}=\frac{0.693}{\mu_m}$$

可见用测量 $d_{1/2}$ 的方法求 μ_m 更为方便。

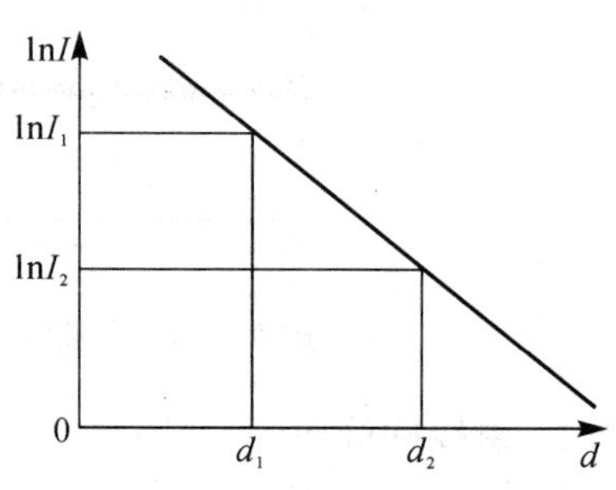

图 8-5-7 γ 源与吸收体厚度的关系曲线

由于只有单能窄束 γ 射线的吸收曲线才是严格服从指数规律的，因此在设计实验时，必须减小 γ 射线的散射，要求将 γ 射线束很好地准直，且要使放射源和探测器之间有适当的距离。

四、实验内容

1. 测量铝对 β 射线的吸收曲线

β射线的吸收曲线即射线的相对强度与吸收物质厚度的关系。要测量吸收曲线，应该将吸收物质如铝箔放在探测器(即计数管)与放射源之间，来测量通过不同厚度铝箔后射线的强度。设无吸收物时射线强度为 I_0，逐渐增加吸收物质的厚度 d，所测得的射线强度为 I，I 将逐渐减弱，可绘出 I/I_0-d 的吸收曲线。通过所测得的吸收曲线，即在半对数纸上绘出射线相对强度 I/I_0 与铝箔厚度的关系曲线。

2. 吸收系数 μ 的测量

(1) 调整实验装置，使放射源、准直孔、闪烁探测器的中心位于一条直线上。

(2) 在闪烁探测器和放射源之间加上 0、1、2、…片已知质量厚度的吸收片(所加吸收片最后的总厚度要能吸收 γ 射线 70%以上)，进行定时测量(建议 t=500～600 s)，并保存实验谱图。

(3) 计算所要研究的光电峰净面积 A_i，这样求出的 A_i 就对应公式中的 I_i，根据式 $\mu_m=\frac{\ln I_1-\ln I_2}{d_2-d_1}$ 可求出吸收系数 μ_m。

五、问题与讨论

(1) 在测量吸收曲线时，放射源、吸收物质、探测器等的相对位置和工作条件等是否可

以改变，为什么？

(2) 比较 γ、β 射线与物质相互作用机制的不同？

(3) 什么叫做 γ 吸收，为什么说 γ 射线通过物质无射程概念？

(4) 物质对 γ 射线的吸收与哪些因素有关？

补充说明

几种材料对^{137}Cs、^{60}Co 两种 γ 射线的线性吸收系数如表 8－5－1 所示。

表 8－5－1

① $E=0.662$ MeV			② $E=0.662$ MeV		
材　料	$\rho/(\mathrm{g/cm^3})$	$\mu/\mathrm{cm^{-1}}$	材　料	$\rho/(\mathrm{g/cm^3})$	$\mu/\mathrm{cm^{-1}}$
Pb	11.34	1.213	Pb	11.34	0.674
Cu	8.9	0.642	Cu	8.9	0.474
Al	2.7	0.194	Al	2.7	0.150
Fe	7.89	0.573	Fe	7.89	0.424

实验 8.6　验证快速电子的动量与动能的相对论关系

本实验通过对快速电子的动量及动能的同时测定来验证动量和动能之间的相对论关系。同时实验者将从中学习到 β 磁谱仪测量原理、闪烁计数器的使用方法及一些实验数据处理的思想方法。

一、实验目的

(1) 测量快速电子的动量。

(2) 测量快速电子的动能。

(3) 验证快速电子的动量与动能之间的关系符合相对论效应。

二、实验器材

实验器材有真空/非真空半圆聚焦β磁谱仪(简称β磁谱仪)、β放射源^{90}Sr-^{90}Y(强度约为1mCi)、定标用 γ 放射源^{137}Cs 和^{60}Co(强度约为 2 μCi)、200 μmAl 窗 NaI(TI)闪烁探头、数据处理计算软件、高压电源、放大器、多道脉冲幅度分析器等。

1. β磁谱仪的原理

放射性核素的原子核放射出 β 粒子而变为原子序数差 1、质量数相同的核素称为β衰变。测量 β 粒子的荷质比可知，β 粒子是高速运动的电子，其速度与 β 粒子的能量有关，高能 β 粒子的速度可接近光速。

β 衰变可看成核中有一个中子转变为质子的结果，在发射 β 粒子的同时还发出一个反中微子$\bar{\nu}$。中微子是一个静止、质量近似为0的中性粒子。衰变中释放出的衰变能Q将被β粒子、反中微子$\bar{\nu}$和反冲核三者分配。因为3个粒子之间的发射角度是任意的，所以每个粒子所携带的能量并不固定，β粒子的动能可在$0\sim Q$之间变化，形成一个连续谱。图8-6-1(a)为本实验所用的${}^{90}_{38}Sr-{}^{90}_{39}Y$ β源的衰变图。${}^{90}_{38}Sr$的半衰期为28.6年，它发射的β粒子的最大能量为0.546 MeV。${}^{90}_{38}Sr$衰变后成为${}^{90}_{39}Y$，${}^{90}_{39}Y$的半衰期为64.1小时，它发射的β粒子的最大能量为2.27 MeV。因而${}^{90}_{38}Sr-{}^{90}_{39}Y$源在0～2.27 MeV的范围内形成一连续的β谱，其强度随动能的增加而减弱，如图8-6-1(b)所示。

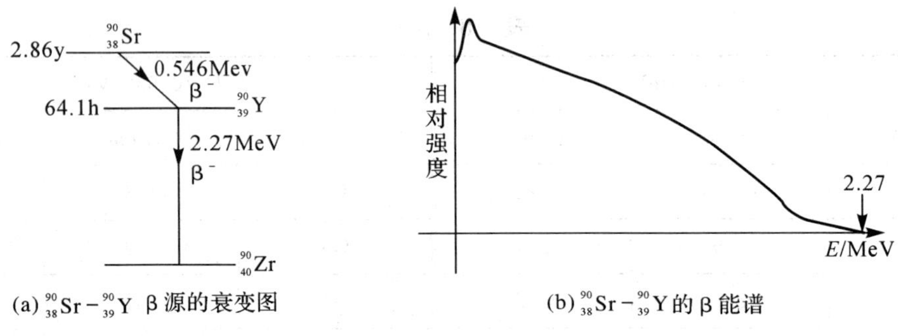

(a) ${}^{90}_{38}Sr-{}^{90}_{39}Y$ β源的衰变图　　(b) ${}^{90}_{38}Sr-{}^{90}_{39}Y$的β能谱

图8-6-1

图8-6-2为半圆形β磁谱仪的示意图。从β源射出的高速β粒子经准直后垂直射入一均匀磁场中($\boldsymbol{V}\perp\boldsymbol{B}$)，粒子因受到与运动方向垂直的洛伦兹力的作用而做圆周运动。其运动方程为

$$\frac{d\boldsymbol{P}}{dt}=e\boldsymbol{v}\times\boldsymbol{B} \tag{8-6-1}$$

式中，e为电子电荷；$\boldsymbol{v}$为粒子速度；$\boldsymbol{B}$为磁场的磁感应强度。因为(详见式8-6-7推导)

$$p=mv,\quad m=\gamma m_0,\quad \gamma=\left(1-\frac{v^2}{c^2}\right)^{-\frac{1}{2}}$$

又因$|v|$是常数，故

$$\frac{d\boldsymbol{p}}{dt}=m\frac{d\boldsymbol{v}}{dt},\quad \left|\frac{d\boldsymbol{v}}{dt}\right|=\frac{\boldsymbol{v}^2}{R} \tag{8-6-2}$$

所以

$$p=eBR \tag{8-6-3}$$

式中，R为β粒子轨道的半径，为放射源与探测器间距的一半。移动探测器改变R，可得到不同动量p的β粒子，其动量值可由式(8-6-3)算出，本实验采用能测量β粒子能量的探测器(闪烁探测器)则可直接测出β粒子的能量。

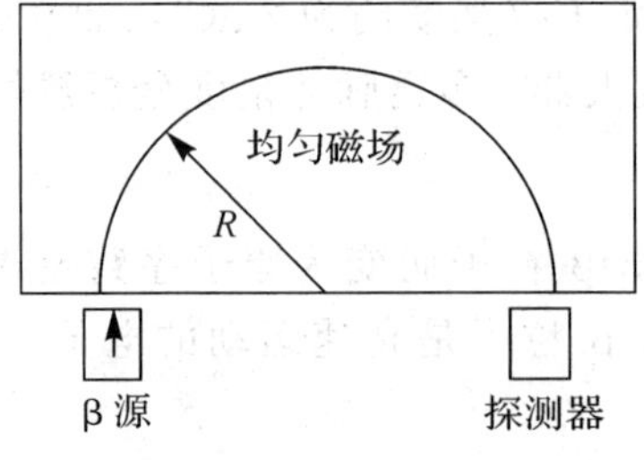

图8-6-2　半圆形β磁谱仪示意图

2. 实验装置介绍

实验装置如图 8-6-3 所示，均匀磁场中置一真空盒，用一机械真空泵抽出真空盒中的空气，使盒中气压降到 0.1～1 Pa，目的是提高电子的平均自由程以减少电子与空气分子的碰撞，真空盒面对放射源和探测器的一面是用极薄的高强度有机塑料薄膜密封的。β粒子穿过薄膜时所损失的能量可根据表 8-6-1 来修正。

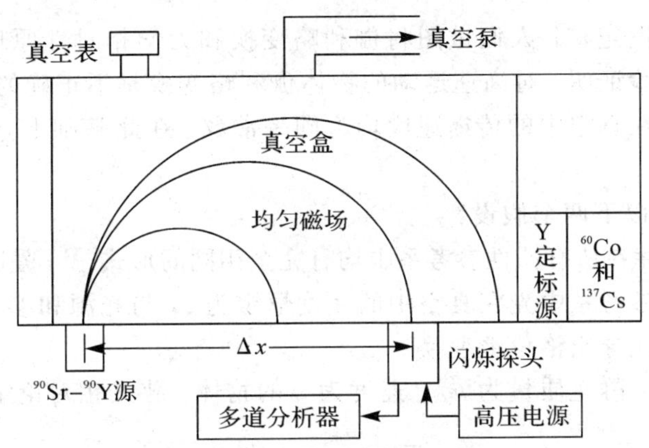

图 8-6-3　实验装置示意图

表 8-6-1　β粒子通过有机薄膜前、后的能量(分别为 E_1、E_2)关系

E_1/MeV	0.382	0.581	0.777	0.973	1.173	1.367	1.567	1.752
E_2/MeV	0.365	0.571	0.770	0.966	1.166	1.360	1.557	1.742

^{90}Sr-^{90}Y 源经准直后垂直射入真空室。探测器是掺 TI 的 NaI 闪烁计数器。闪烁体前有一厚度约为 200 μm 的 Al 窗用来保护 NaI 晶体和光电倍增管。β粒子穿过 Al 窗后将损失部分能量，其数值与膜厚和入射的β粒子动能有关。表 8-6-2 为入射动能为 E_{ki}的β粒子穿过 200 μm 厚 Al 窗后的动能 E_{kt}之间的关系表，单位为 MeV。实验中可按表 8-6-2 用线性内插的方法从粒子穿过 Al 窗后的动能 E_{kt}计算出粒子的入射动能 E_{ki}。

表 8-6-2　β粒子通过有机薄膜前、后能量(分别为 E_1、E_2)关系

(单位：MeV)

E_{ki}	E_{kt}	E_{ki}	E_{kt}	E_{ki}	E_{kt}	E_{ki}	E_{kt}	E_{ki}	E_{kt}
0.317	0.200	0.690	0.600	1.090	1.000	1.489	1.400	1.889	1.800
0.404	0.300	0.790	0.700	1.184	1.100	1.583	1.500	1.991	1.900
0.497	0.400	0.887	0.800	1.286	1.200	1.686	1.600		
0.595	0.500	0.988	0.900	1.383	1.300	1.789	1.700		

式(8-6-3)成立的条件是均匀磁场，即 B 为常量。实际上由于工艺的限制，仪器中央磁场的均匀性较好，边缘部分均匀性较差。幸而边缘部分对入射和出射处结果的影响较小，由它引起的系统误差在合理的范围内。这样就可以用实验方法确定测量范围内动能与动量的对应关系，进而验证相对论给出的这一关系的理论公式的正确性。

三、实验原理

经典力学总结了低速物体的运动规律，它反映了牛顿的绝对时空观：认为时间和空间是两个独立的概念，彼此之间没有联系；同一物体在不同惯性参照系中观察到的运动学量(如坐标、速度)可通过伽利略变换而互相联系，这就是力学相对性原理：一切力学规律在伽利略变换下是不变的。

19 世纪末至 20 世纪初，人们试图将伽利略变换和力学相对性原理推广到电磁学和光学时遇到了困难。实验证明，对高速运动的物体伽利略变换是不正确的。实验还证明，在所有惯性参照系中，光在真空中的传播速度均为同一常数。在此基础上，爱因斯坦于 1905 年提出了狭义相对论。

狭义相对论基于以下两个假设：

(1) 所有物理定律在所有惯性参考系中均有完全相同的形式——爱因斯坦相对性原理。

(2) 在所有惯性参考系中光在真空中的速度恒定为 c，与光源和参考系的运动无关——光速不变原理，并据此导出洛伦兹变换。

在洛伦兹变换下，静止质量为 m_0、速度为 v 的物体，狭义相对论定义的动量 p 为

$$p=\frac{m_0}{\sqrt{1-\beta^2}}v=mv \tag{8-6-4}$$

式中，$m=m_0/\sqrt{1-\beta^2}$，$\beta=v/c$。相对论的能量 E 为

$$E=mc^2 \tag{8-6-5}$$

这就是著名的质能关系。mc^2 是运动物体的总能量，当物体静止时 $v=0$，物体的能量为 $E_0=m_0c^2$ 称为静止能量；两者之差为物体的动能 E_k，即

$$E_k=mc^2-m_0c^2=m_0c^2\left(\frac{1}{\sqrt{1-\beta^2}}-1\right) \tag{8-6-6}$$

当 $\beta\ll1$ 时，式(8-6-6)可展开为

$$E_k=m_0c^2\left(1+\frac{1}{2}\frac{v^2}{c^2}+\cdots\right)-m_0c^2\approx\frac{1}{2}m_0v^2=\frac{1}{2}\frac{p^2}{m_0} \tag{8-6-7}$$

即经典力学的动量-能量关系。

由式(8-6-4)和式(8-6-5)可得

$$E^2-c^2p^2=E_0^2 \tag{8-6-8}$$

这就是狭义相对论的动量与能量关系。而动能与动量的关系为

$$E_k=E-E_0=\sqrt{c^2p^2+m_0^2c^4}-m_0c^2 \tag{8-6-9}$$

这就是我们要验证的狭义相对论的动量与动能的关系。对高速电子其关系如图 8-6-4 所示，图中 pc 用 MeV 作单位，电子的 $m_0c^2=0.511$ MeV。

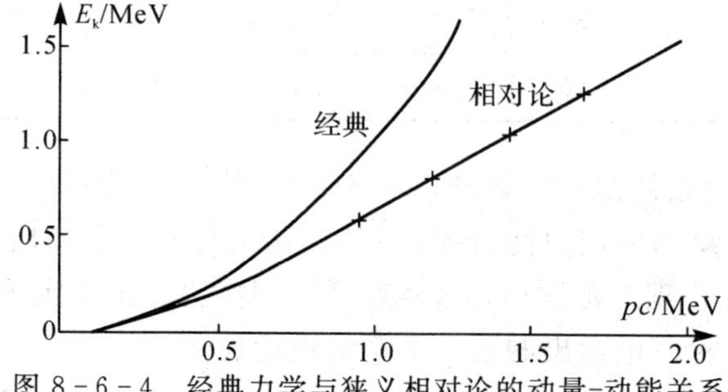

图 8-6-4　经典力学与狭义相对论的动量-动能关系

式(8-6-7)可转化为

$$E_k=\frac{1}{2}\frac{p^2c^2}{m_0c^2}=\frac{p^2c^2}{2\times 0.511}$$

以利于计算。

四、实验内容

(1) 检查仪器线路连接是否正确，然后开启高压电源，开始实验。

(2) 打开^{60}Co γ定标源的盖子，移动闪烁探测器使其狭缝对准^{60}Co 源的出射孔并开始计数测量。

(3) 调整高压和放大数值，使测得的^{60}Co 的 1.33 MeV 峰位道数在一个比较合理的位置(**建议**：在多道脉冲分析器总道数的 50%～70%之间)，这样既可以保证测量高能 β 粒子在 1.8～1.9 MeV 时不越出量程范围，又充分利用多道分析器的有效探测范围。

(4) 选择好高压和放大数值后，稳定 10～20 min。

(5) 闪烁计数器能量定标。首先测量^{60}Co 的 γ 能谱，等到 1.33 MeV 光电峰的峰顶计数达到 1000 以上后(尽量减少统计涨落带来的误差)，再对能谱进行数据分析，记录 1.17 MeV 和 1.33 MeV 两个光电峰在多道能谱分析器上对应的道数“CH_3”、“CH_4”。

(6) 移开探测器，关上^{60}Co γ 定标源的盖子，然后打开^{137}Cs γ 定标源的盖子并移动闪烁探测器，使其狭缝对准^{137}Cs 源的出射孔并开始计数测量，等到 0.661 MeV 光电峰的峰顶计数达到 1000 后再对能谱进行数据分析，记录 0.184 MeV 反散射峰和 0.661 MeV 光电峰在多道能谱分析器上对应的道数 CH_1、CH_2。

(7) 关上^{137}Cs γ 定标源，打开机械泵抽真空(机械泵正常运转 2～3 min 即可停止工作)。

(8) 盖上有机玻璃罩，打开β源的盖子开始测量快速电子的动量和动能，探测器与 β 源的距离Δx 最近要小于 9 cm、最远要大于 24 cm，保证获得动能范围 0.4～1.8 MeV 的电子。

(9) 选定探测器位置后开始逐个测量单能电子能峰，记下峰位道数 CH 和相应的位置坐标 x。

(10) 全部数据测量完毕后关闭 β 源及仪器电源，在动量(用 p 表示，单位为 MeV)-动能(MeV)关系图上标出实测数据点。在同一图上画出经典力学与相对论的理论曲线，分析实验结果。

五、问题与讨论

(1) 观察狭缝的定位方式，试从半圆聚焦β磁谱仪的成像原理来论证其合理性。

(2) 本实验在寻求 p 与Δx 的关系时使用了一定的近似，能否用其他方法更为确切地得出 p 与Δx 的关系?

(3) 用 γ 放射源进行能量定标时，为什么不需要对 γ 射线穿过 220 μm 厚的铝膜进行“能量损失的修正”?

(4) 为什么用 γ 放射源进行能量定标的闪烁探测器可以直接测量 β 粒子的能量?

第九章　计算机仿真物理实验

一、计算机仿真实验的基本概念

计算机的迅速发展使人类进入信息时代，作为社会发展的一个重要部分——教育，它的现代化是必然趋势。计算机仿真实验是利用软件来设计仿真仪器并建立仿真实验室，以供学生在仿真环境中使用、操作仿真仪器来模仿真实的实验过程。计算机仿真实验，以具有很好交互性和真实感的实验来代替真实实验，通过计算机把实验设备、教学内容、教师指导和学生的操作有机地结合在一起，形成了一个“活”的可操作的实验教科书，开创了物理实验教学的新模式，使实验教学的内涵在时间和空间上得到延伸。

计算机仿真实验可以弥补许多实验过程中的不足。比如，在一次实验情况不理想的情况下，它可以不计消耗地反复实验；它也可以将一些危险、价格昂贵、在真实实验中难以开展的实验利用虚拟实验代替进行，同时它对于更深入地了解仪器的性能和结构，理解实验的设计思想是很有帮助的。总之，计算机仿真实验已经成为现代化物理实验的一个重要手段。本书介绍的“南华大学物理仿真实验”（简称物理仿真实验）就是一个计算机仿真实验教学软件的代表。

计算机仿真实验具有以下主要特点：

(1) 仿真实验运用先进的计算机模拟和多媒体技术，将文字、动画、图片、录音、录像等手段，用于实验预习、实验讲授、实验操作、实验复习或对物理学原理、方法的自主学习和研究中，可辅助和补充物理实验课堂教学的不足，它突破了实际实验对时间和地点的限制，可以提高学习效率。

(2) 分析了实验的教学过程，培养了学生在理解、思考的基础上进行实验操作的能力，克服了实验中出现的盲目操作的现象，提高了实验的效率和质量。

二、计算机仿真实验的操作方法

物理仿真实验采用窗口式的图形化界面，由服务器发送仿真实验信息到每一个与电子教室相对应的学生用计算机，“电子教室”界面参见图 9-0-1，学生在物理仿真实验室界面（参见图 9-0-2）可以先输入自己的学号和密码，或者以过客身份单击“过客练习”就进入物理仿真实验界面（参见图 9-0-3）。本书介绍物理仿真实验软件的运行环境及相应可开设的物理实验项目，可单击“本校实验”，就会出现所开设的所有仿真实验的下拉列表，也可单击“实验项目分类”——力学实验、电学实验、磁学实验、热学实验、光学实验、声学实验、近代实验、设计性实验，在它们的下拉列表中选定要学习的仿真实验。

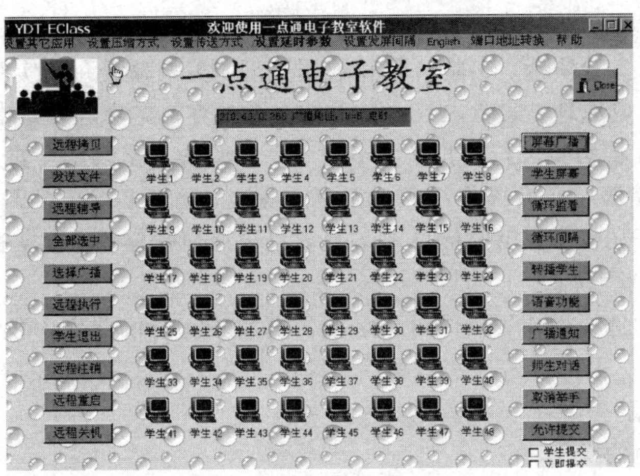

图 9-0-1 “电子教室”界面

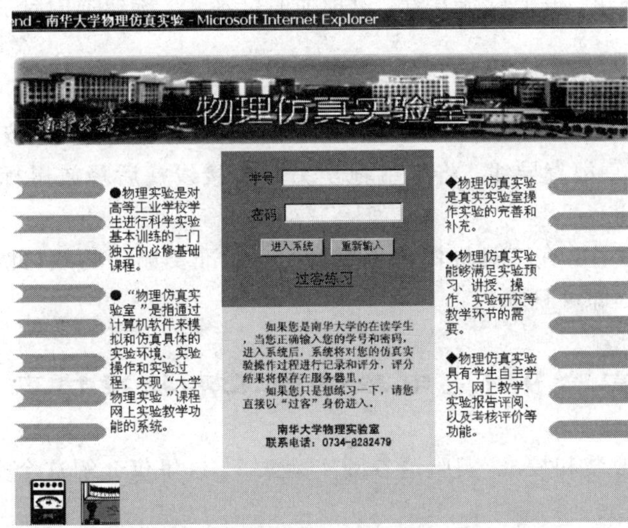

图 9-0-2 物理仿真实验室界面

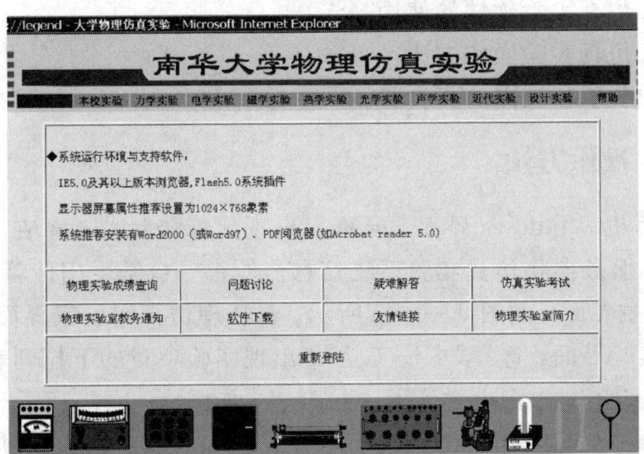

图 9-0-3 大学物理仿真实验

进入具体的仿真实验项目后，可以通过菜单的方式来进行学习。菜单项目一般包括实验教程、实验讲授、实验演示、实验仿真和数据处理。实验教程介绍实验知识，它包括实验目的、实验仪器、实验原理、实验内容、注意事项等内容；实验讲授是老师授课使用的；实验演示是通过 Flash 将实验进行模拟仿真的过程；实验仿真是供学生进行仿真实验操作的。

大学物理仿真实验中所有操作都通过鼠标来完成，仿真实验中的具体操作如下：

(1) 仿真实验开始操作。用鼠标单击实验项目界面所选实验名称，进入实验仿真，此时系统即处于“开始实验”状态。

(2) 操作对象的选择操作。操作对象是指仿真实验室的仪器库中仪器图标、仪器按钮、开关、旋钮、连线等。鼠标单击这些对象后，即将其激活。如果选中的对象可以移动，就用鼠标拖动选中的对象。

(3) 按钮及旋钮的操作：

① 按钮：选定开关，单击鼠标即可。

② 旋钮：选定旋钮，单击鼠标左键，出现逆时针箭头，旋钮逆时针旋转；出现顺时针箭头，旋钮顺时针旋转。

(4) 连接电路的操作：

① 连接两个接线柱：在工具栏中单击“接线”，选定一个接线柱，按住鼠标左键不放拖动，即从接线柱引出一根直导线，将末端拖至另一个接线柱后释放鼠标，就完成两接线柱的连接。

② 删除两个接线柱：在工具栏中单击“删除”，对准要删除的线(此时要删除的线变为红色)，单击鼠标左键即可删除。

实验 9.1　电表的改装和校准仿真

传统的“电表的改装和校准”实验请参阅实验 5.5，这里仅介绍这个实验的仿真方法。

一、实验目的

(1) 学习计算机仿真实验软件的使用。

(2) 掌握计算机仿真实验操作方法。

(3) 学习电表的改装和校准仿真实验。

二、仿真实验基本操作方法

启动学生用计算机 Windows 界面，屏幕上出现鼠标指针光标。在 Windows 主界面上双击“浏览器”图标，服务器将仿真实验系统信息传给每一台学生用计算机。学生双击“浏览器”进入系统后出现主界面，如图 9-0-2 所示。在物理仿真实验室界面输入学号或双击过客练习，进入仿真实验界面，选择“本校实验”，出现实验项目的下拉列表，如图 9-1-1 所示；或者选择“电学实验”，出现电学实验下拉列表，如图 9-1-2 所示。

在下拉列表中单击“电表的改装与校准”，进入“电表改装与校准”仿真实验界面，如图 9-1-3 所示。该界面由菜单栏“返回上页”、“实验教程”、“实验讲授”、“实验演示”、“实验仿真”、“数据处理”等组成，用鼠标左键单击各项可进入相应的内容(若单击“返回上页”，则会返回到实验项目选择页面)。

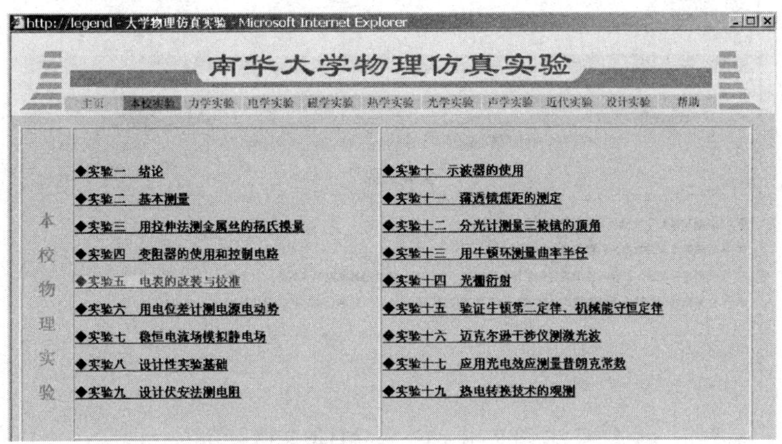

图 9-1-1 仿真实验列表 1

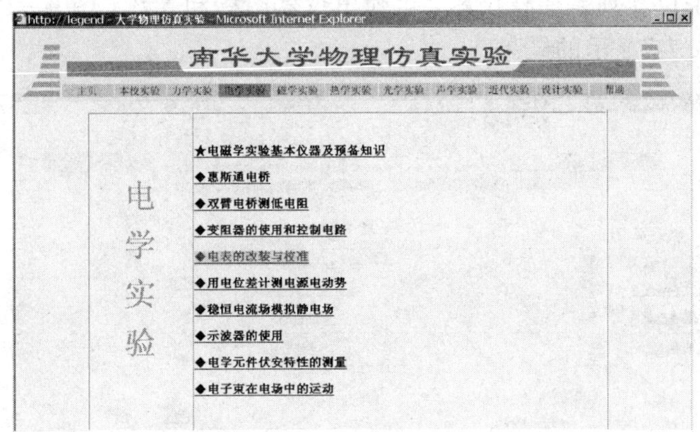

图 9-1-2 仿真实验列表 2

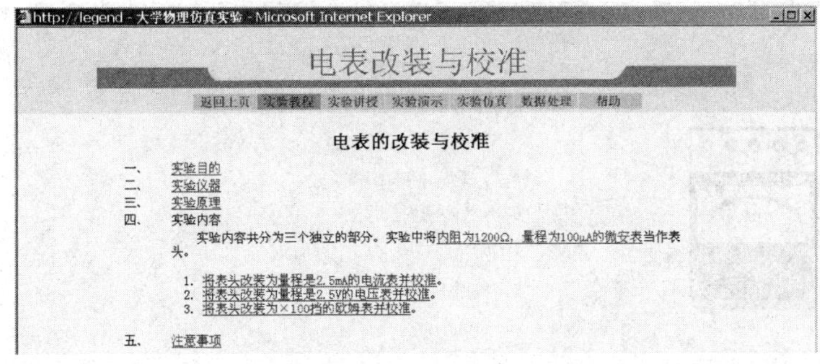

图 9-1-3 实验教程列表

下面分别说明各菜单内容。

(1) 实验教程。单击“实验教程”，页面显示“实验目的”、“实验仪器”、“实验原理”、“实验内容”、“注意事项”等列表，如图 9-1-3 所示。打开任意列表项单击“返回”即可返回到上一级菜单。

① 实验目的。用鼠标左键单击列表上“实验目的”项，打开实验目的文档，如图 9-1-4 所示，请认真阅读。

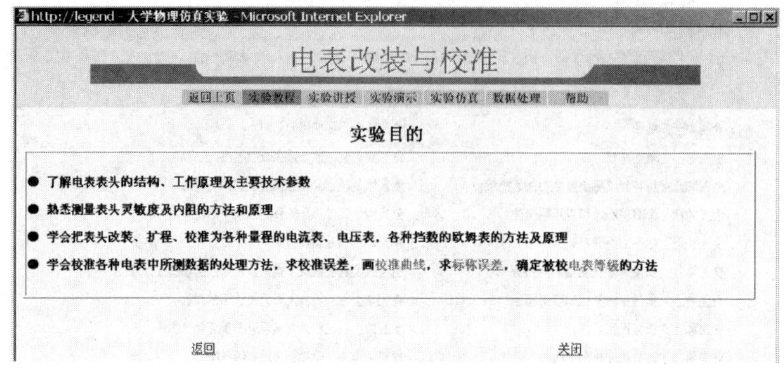

图 9-1-4　实验目的文档

② 实验仪器。用鼠标左键单击列表上“实验仪器”项，显示本实验所需仪器列表，如图 9-1-5 所示。单击仪器列表任意仪器，可弹出仪器图标和参数。图 9-1-6 所示即为单击“C46 -μA 型的微安表”显示的结果。

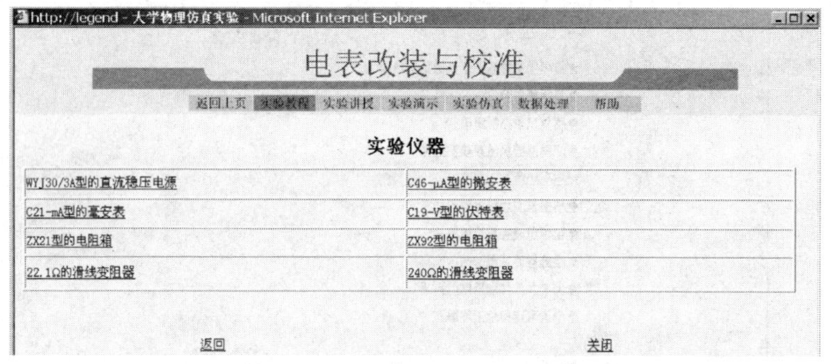

图 9-1-5　仿真实验仪器列表

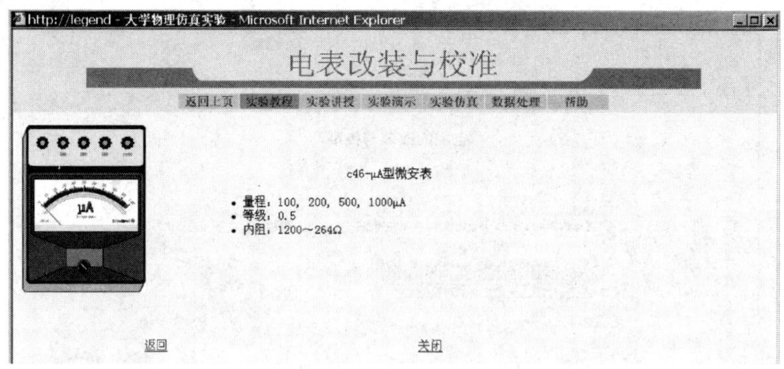

图 9-1-6　实验仪器展示界面

③ 实验原理。用鼠标左键单击列表项“实验原理”，实验原理细分为几个部分，如图 9-1-7 所示，单击任意部分，都会打开这部分文档。图 9-1-8 所示为单击“测量表头内阻及灵敏度的方法和原理”后打开的文档；图 9-1-9 所示为单击“电表的扩程与改装”后打开的文档，请认真阅读。

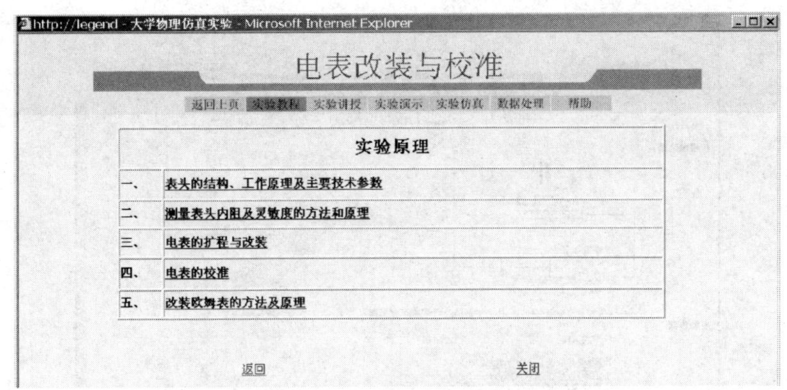

图 9－1－7　实验原理列表

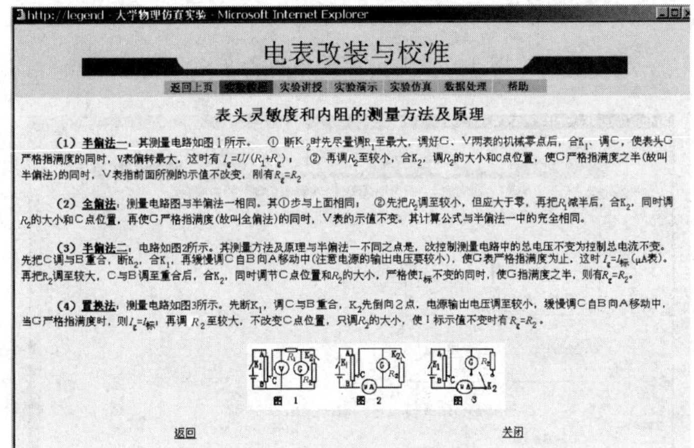

图 9－1－8　实验原理文档 1

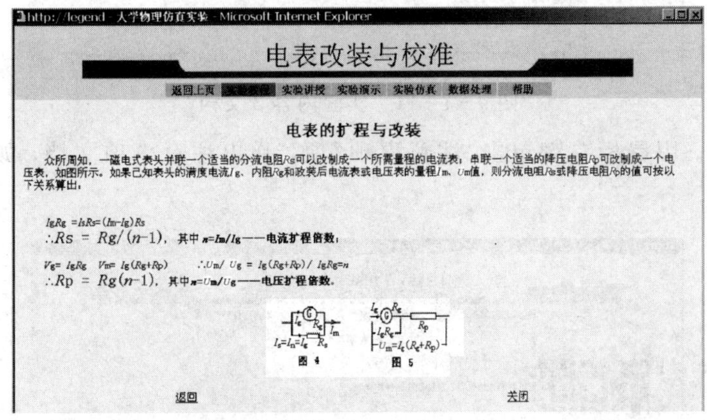

图 9－1－9　实验原理文档 2

④ 实验内容。用鼠标左键单击“实验内容”的第一项，则打开实验内容文档，如图 9－1－10 所示，它包括实验电路图、实验步骤等；图 9－1－11 所示为第二项实验内容文档，请认真阅读。

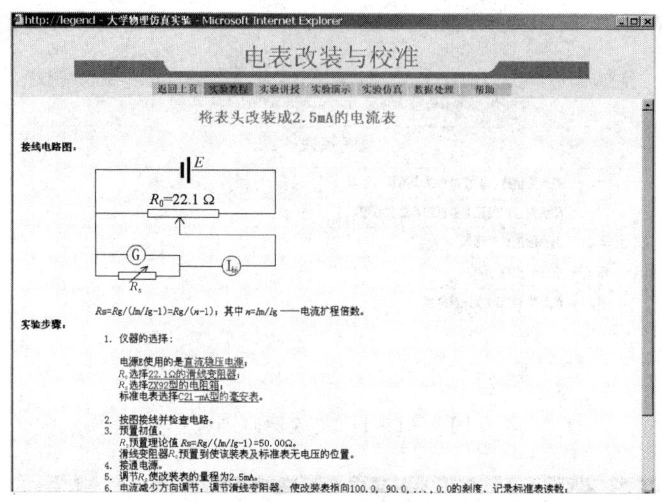

图 9-1-10　实验内容 1 文档

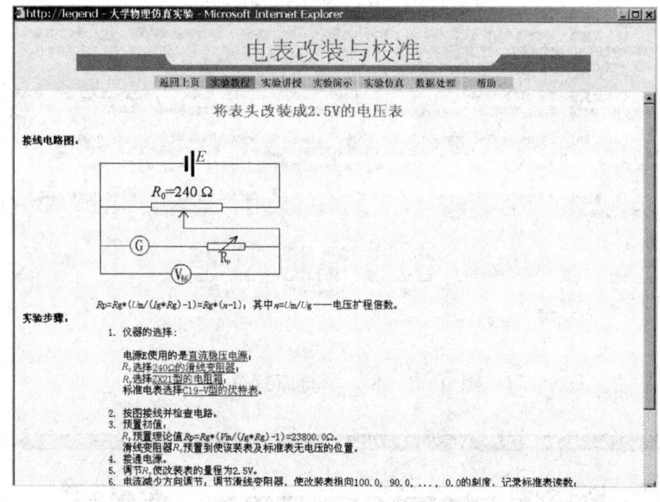

图 9-1-11　实验内容 2 文档

⑤ 注意事项。用鼠标左键单击“注意事项”项，弹出注意事项文档，如图 9-1-12 所示，请认真阅读。

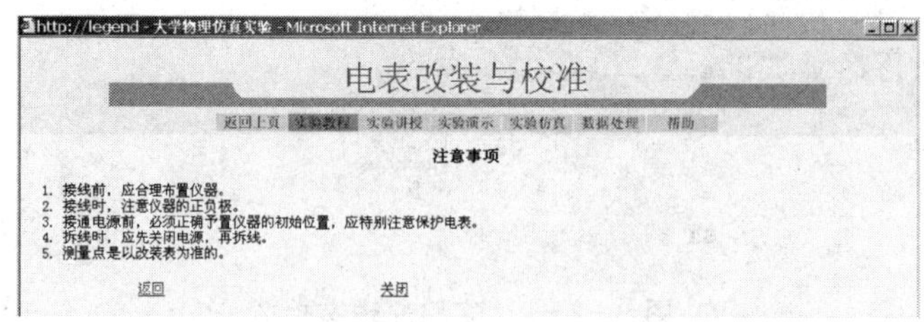

图 9-1-12　注意事项文档

(2) 实验讲授。主要供老师(学生预习时)在讲课时辅助讲课用。用鼠标左键单击，即可进入文档(实验 9.3 将详细讲述此内容)。

(3) 实验演示。用鼠标左键单击“实验演示”，出现可以进行实验演示的内容，如图 9-1-13 所示；单击演示内容，弹出一个 Flash 视频，连续自动展示实验内容和过程，如图 9-1-14 和图 9-1-15 所示。

图 9-1-13　实验演示列表

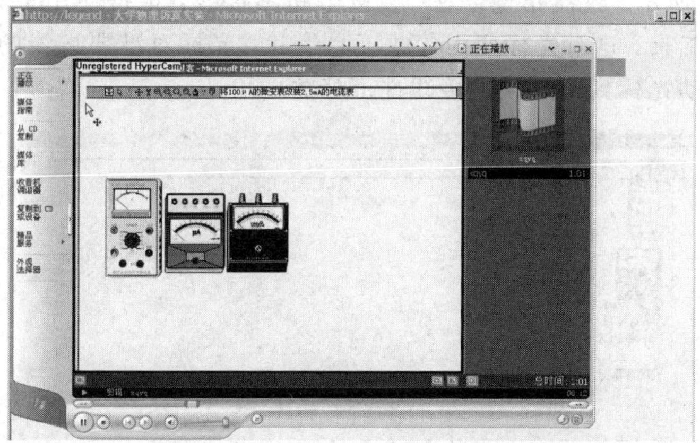

图 9-1-14　实验演示过程 1

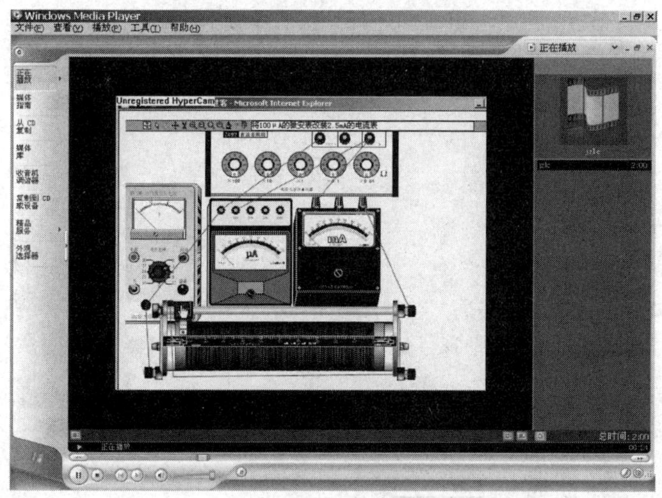

图 9-1-15　实验演示过程 2

(4) 实验仿真。这个内容就是仿真实验操作的全过程。用鼠标左键单击“实验仿真”，首先来到图 9-1-16 所示的界面，出现主程序的菜单图，移动鼠标使光标指向该图的任意菜单，出现中文的菜单释义，菜单栏中从左至右菜单名称分别是“仪器库”、“操作”、“接线”、

“移动”、“删除”、“放大”、“缩小”、“全部显示”、“仪器临时放大”、“记录”、“帮助”、“退出”和“信息栏”等。

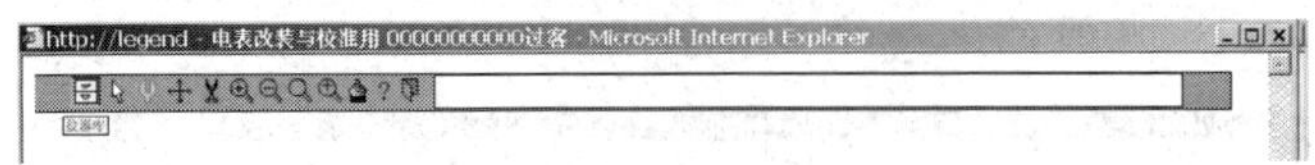

图 9-1-16　实验仿真操作界面

当用鼠标单击“操作”、“接线”、“移动”、“删除”、“放大”、“缩小”、“全部显示”、“仪器临时放大”菜单时，鼠标的形状呈现出相应的图案，即提示可以进行相应的操作。

如果要进行第一项实验内容操作，则用鼠标单击“仪器库”，仪器库的仪器全部呈现出来，如图 9-1-17 所示；鼠标单击需要的仪器，将需要的仪器一个个拖到右边仿真界面，如图 9-1-18 和图 9-1-19 所示。如果仪器图标太小看不清楚，还可以用放大镜放大观察，如图 9-1-20 所示。仪器布置合理后，按电路图接线，记得使用工具栏里专用接线工具接线，单击接线工具，这时光标变为接线工具形状，光标对准要接线的接线柱单击一下，出来一根导线，移动光标到要连接的接线柱上释放即可。

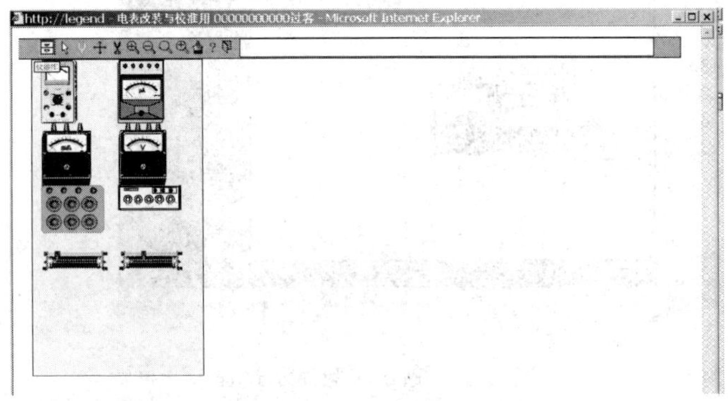

图 9-1-17　仪器库展示

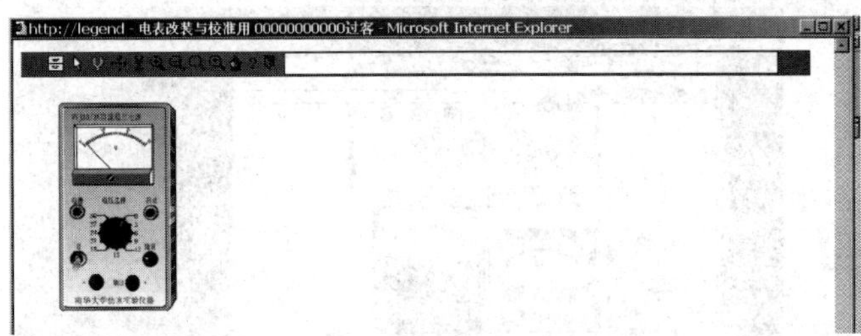

图 9-1-18　仿真操作界面中的仿真仪器 1

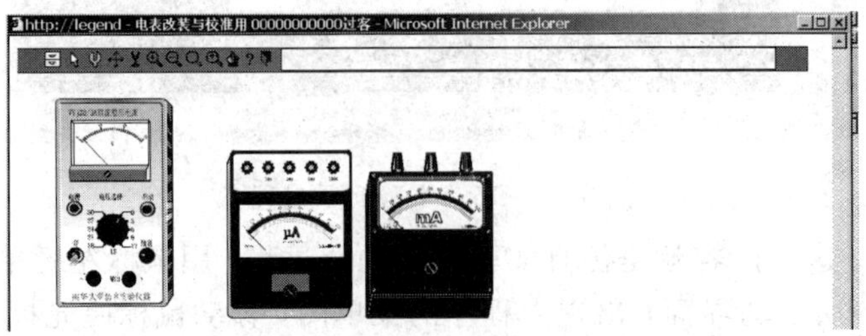

图 9-1-19　仿真操作界面中的仿真仪器 2

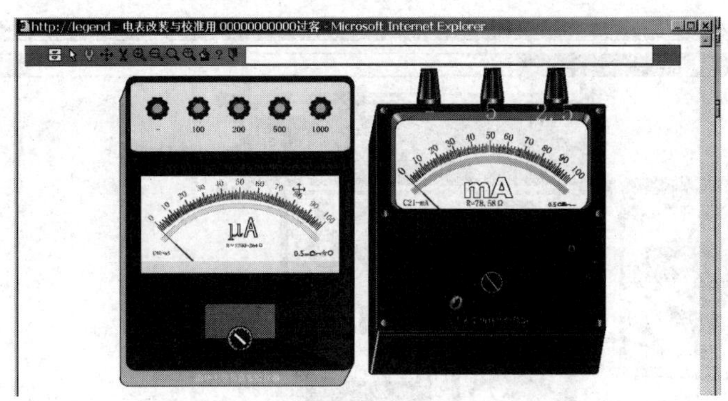

图 9-1-20　放大后的仿真仪器

图 9-1-21 所示为完成接线后的仿真界面。如要删除某线，需单击工具栏的删除工具，这时光标变为删除工具形状，把光标放到要删除的线上，为了防止删除错误，这时要删除的线变为红色，单击鼠标左键，这根导线就删除了，如图 9-1-22 所示。然后按实验要求预置仪器初始位置，调电源的输出电压(包括输出电压挡位的调节和细条旋钮的调节)，调滑线变阻器滑动触头等，这些操作要使用工具栏的操作工具进行。

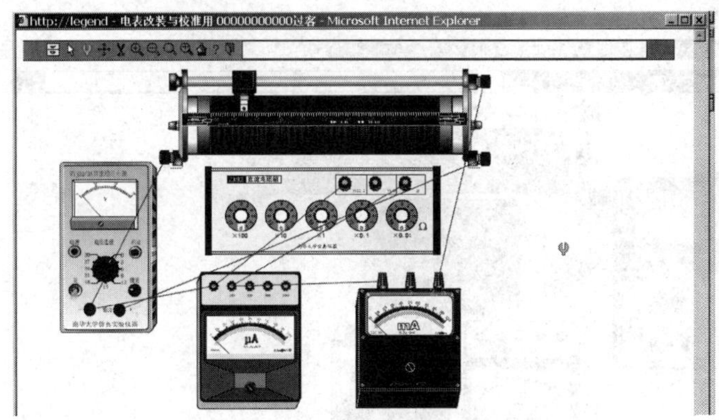

图 9-1-21　连接好线路的实验仿真界面

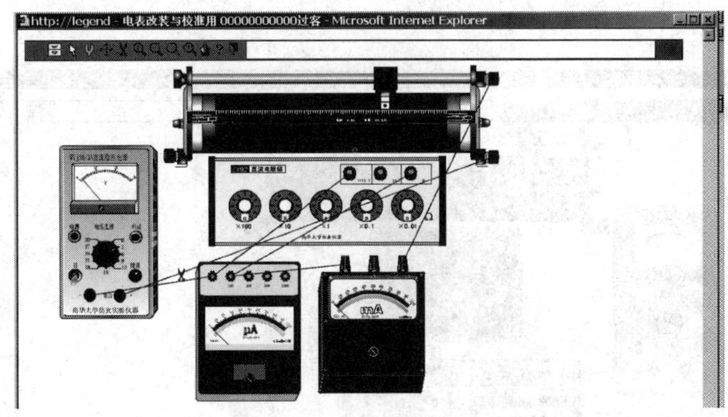

图 9-1-22　导线的删除

正式实验时先调整分流电阻 R_S 的大小，使校准表和表头同时满偏；然后校准改装表，图 9-1-23 所示为校准 80.0 格时的实验状态。

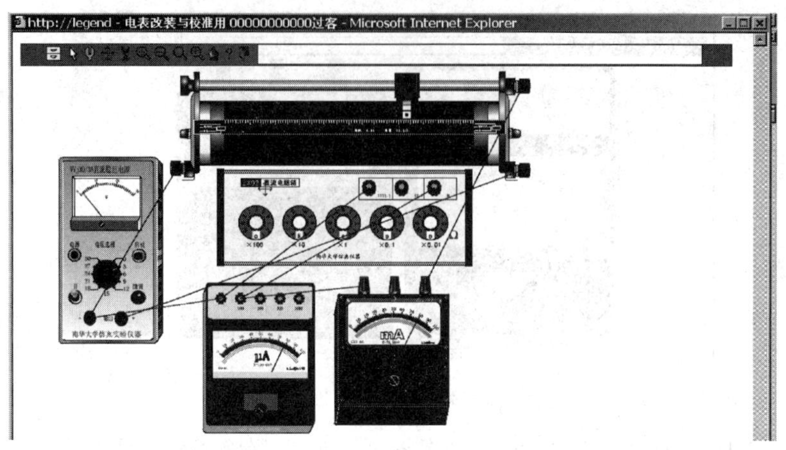

图 9-1-23　校准改装表的仿真过程

做第二个实验内容时，基本操作和第一个实验内容相似，只是实验仪器不太一样，接线电路图不一样，电源的输出也不一样。图 9-1-24 展示了实验仪器；图 9-1-25 所示为完成接好线后的状态；图 9-1-26 所示为实验中预置 $R_{P理}$ 的大小；图 9-1-27 所示为校准改装表的某瞬间。

图 9-1-24　仿真实验内容 2 的仿真仪器

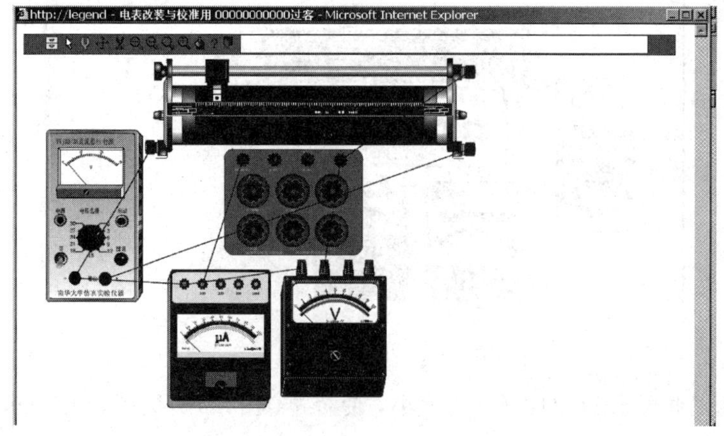

图 9-1-25　仿真实验内容 2 连接好线路的仿真界面

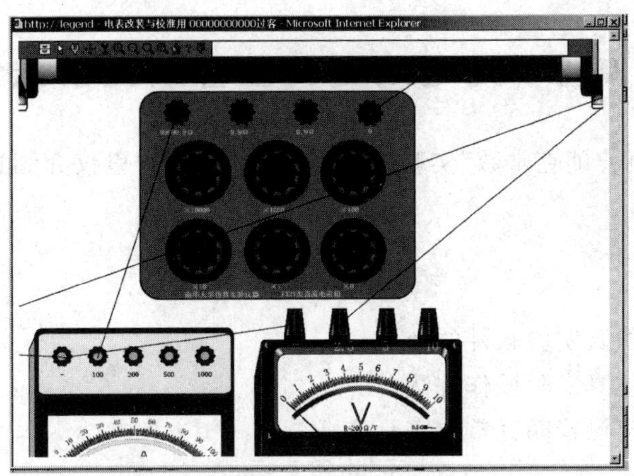

图 9-1-26　仿真实验操作中预置 $R_{P理}$ 的界面

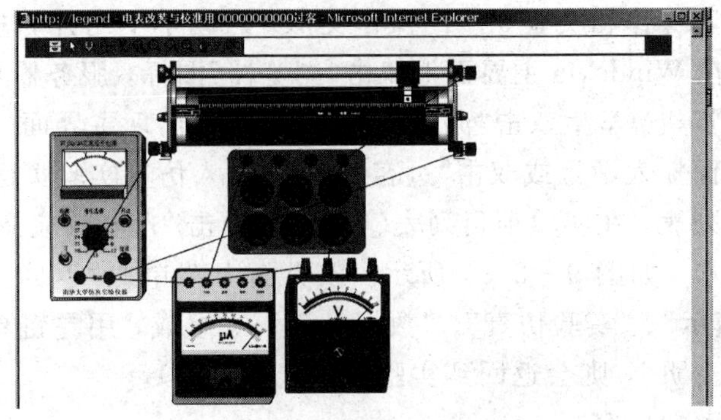

图 9-1-27　校准改装表的某瞬间

仿真实验结束后要关闭电源，用删除工具将仪器和导线删除。

(5) 数据处理。用鼠标左键单击“数据处理”，出现图 9-1-28 所示界面，可以将测量原始数据写入原始数据记录表中，再进行数据处理。对于原始数据记录与数据处理方面按任课老师的要求进行。

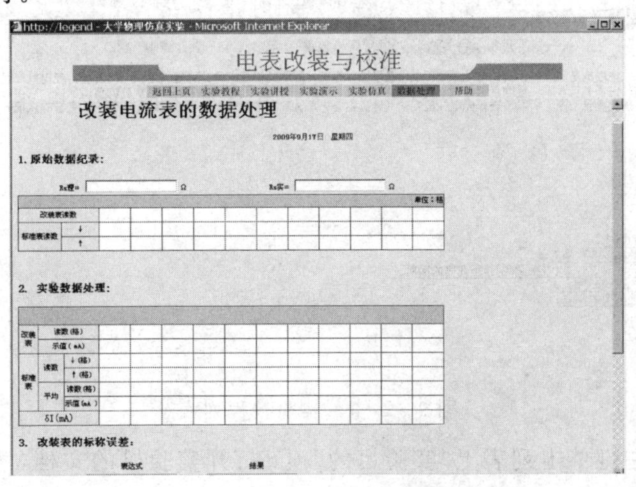

图 9-1-28　原始数据及数据处理界面

实验 9.2　光电效应测量普朗克常数仿真

传统“光电效应测普朗克常数”实验请参阅实验 8.1，这里仅介绍这个实验的仿真操作方法。

一、实验目的

(1) 学习计算机仿真实验软件的使用。

(2) 掌握计算机仿真实验操作方法。

(3) 学习光电效应测普朗克常数实验仿真。

二、仿真实验基本操作方法

本仿真实验的仿真操作和实验 9.1 的操作类似，启动学生用计算机 Windows，屏幕上出现鼠标指针光标。在 Windows 主界面上双击“浏览器”图标，服务器将仿真实验系统信息传给每一台学生用计算机。学生双击“浏览器”进入系统后出现主界面(如图 9-0-2 所示)，在物理仿真实验室界面输入学号或双击“过客练习”，进入仿真实验页面；选择“本校实验”，出现实验项目的下拉列表，在实验项目列表(界面)上单击“光电效应测普朗克常数”，即可进入本仿真实验主窗口，如图 9-2-1 所示。该界面由菜单栏“返回上页”、“实验教程”、“实验讲授”、“实验演示”、“实验仿真”、“数据处理” 等组成，用左键单击各项可进入相应的内容(若单击“返回上页”，则会返回到实验项目选择界面)。

下面分别说明各菜单内容。

(1) 实验教程。单击“实验教程”，界面显示“实验目的”、“实验仪器”、“实验原理”、“实验内容”、“帮助”等列表，如图 9-2-1 所示。打开任意列表项单击“返回”即可返回上一级菜单。

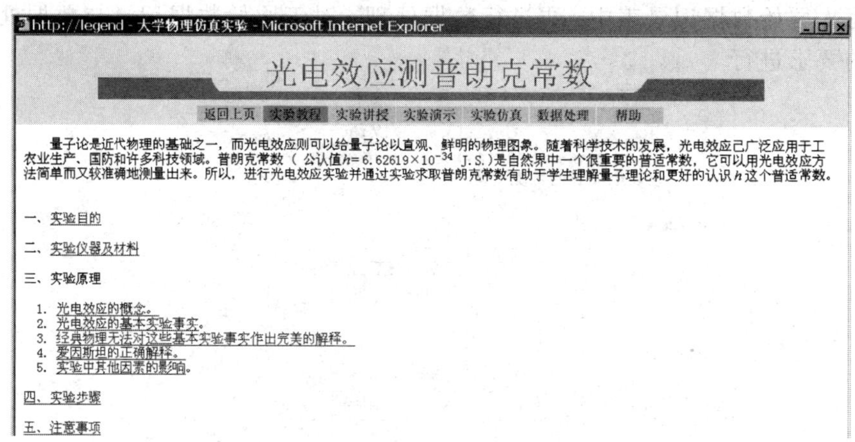

图 9-2-1　实验教程列表

同样，用鼠标左键单击列表上“实验目的”项，打开实验目的文档，如图 9-2-2 所示；用鼠标左键单击列表上“实验原理”项，打开实验原理文档，如图 9-2-3 所示。其他列表项的操作大致相同，这里不再赘述。

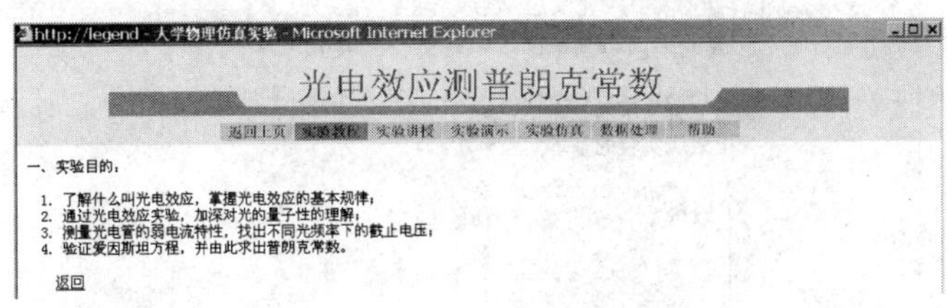

图 9-2-2　实验目的文档

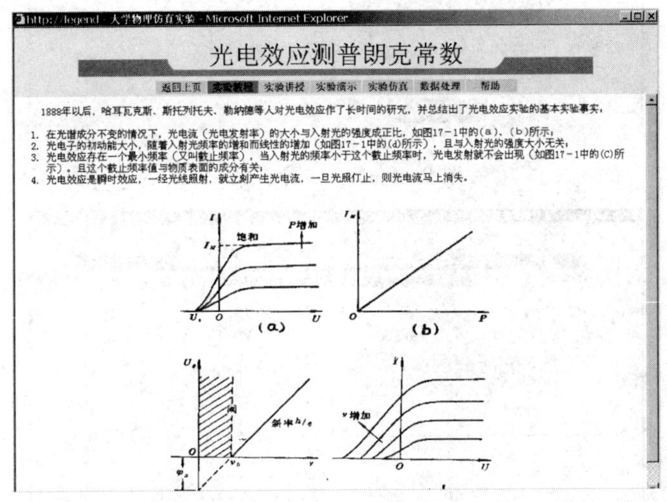

图 9-2-3　实验原理文档

（2）实验讲授。用鼠标左键单击"实验讲授"菜单项，打开实验讲授界面，如图 9-2-4 所示。若单击"手动放映"，则放映一页后需单击"▶"才放映下一页，这样操作直到最后一页；若单击"自动放映"，则无需操作，浏览一段时间后自动转为下一页。图 9-2-4～图 9-2-7 中所示的内容都是实验讲授的内容。

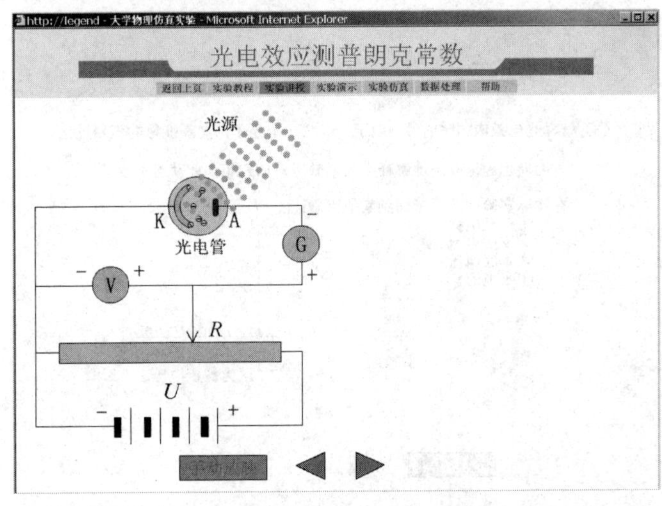

图 9-2-4　实验讲授界面

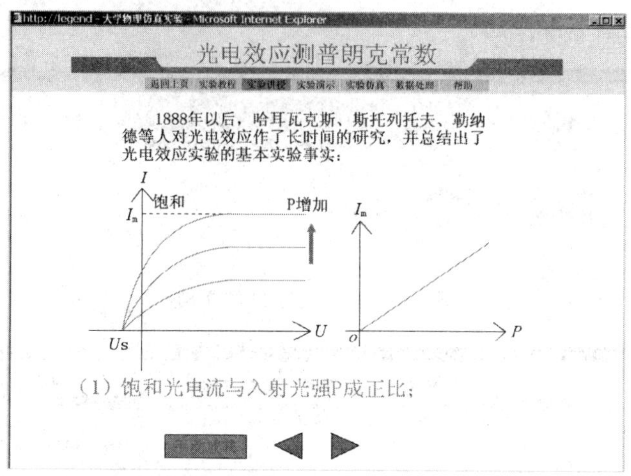

图 9－2－5　实验讲授 1

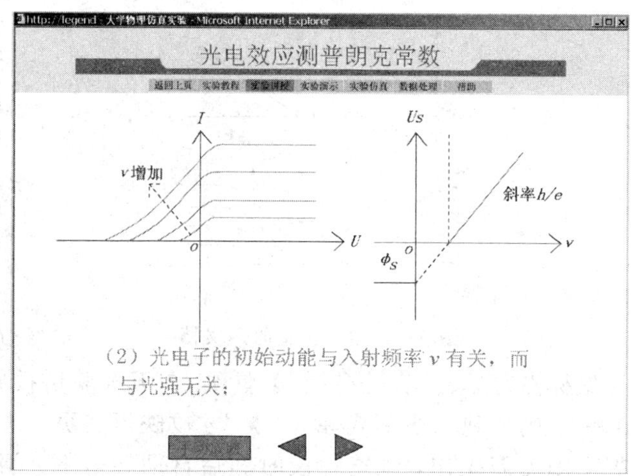

图 9－2－6　实验讲授 2

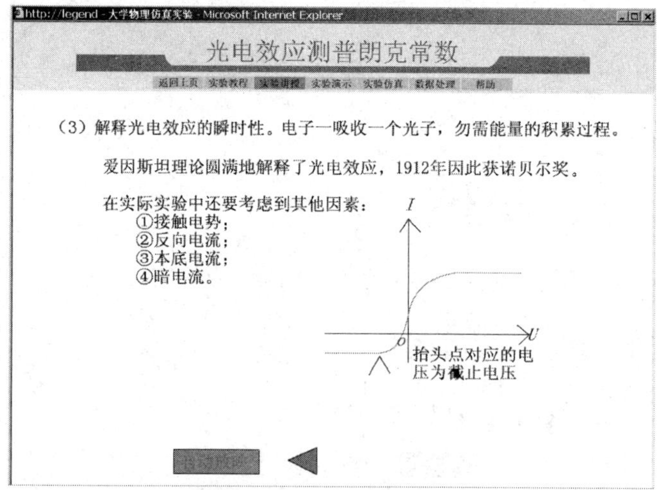

图 9－2－7　实验讲授 3

(3) 实验演示。用鼠标左键单击“实验演示”，出现可以进行实验演示的内容，具体操作和实验 9.1 相似，不再赘述。

(4) 实验仿真。用鼠标左键单击“实验仿真”，首先出现图 9-2-8 所示界面，出现主程序的菜单图，移动鼠标使光标指向该图的任意菜单，出现中文的菜单释义，菜单栏从左至右名称分别是“仪器库”、“操作”、“接线”、“移动”、“删除”、“放大”、“缩小”、“全部显示”、“仪器临时放大”、“记录”、“帮助”、“退出”和“信息栏”等。当鼠标单击“操作”、“接线”、“移动”、“删除”、“放大”、“缩小”、“全部显示”、“仪器临时放大”菜单时，鼠标的形状呈现出相应的图案，即提示可以进行相应的操作。

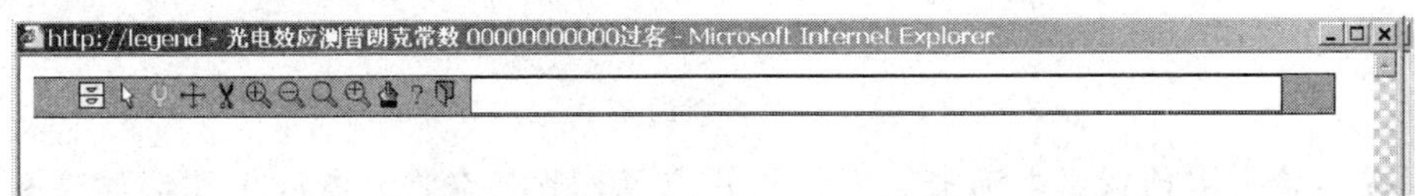

图 9-2-8　实验仿真操作界面

用鼠标单击“仪器库”，仪器库的仪器全部呈现出来，如图 9-2-9 所示。用鼠标单击需要的仪器，按住鼠标左键将需要的仪器拖到右边仿真界面再放开鼠标左键，如图 9-2-10 所示。如果仪器图标太小看不清楚，还可以用“放大”放大观察；按电路图接线，记得使用工具栏里专用接线工具接线，单击接线工具，这时光标变为接线工具形状，光标对准要接线的接线柱单击一下，出来一根导线，按住左键移动光标到要连接的接线柱上释放即可。图 9-2-11 所示为完成接线后的仿真界面。如要删除某线，需单击工具栏的删除工具，这时光标变为删除工具形状，把光标放到要删除的线上(这时要删除的线变为红色)，单击鼠标左键，这根导线就删除了。

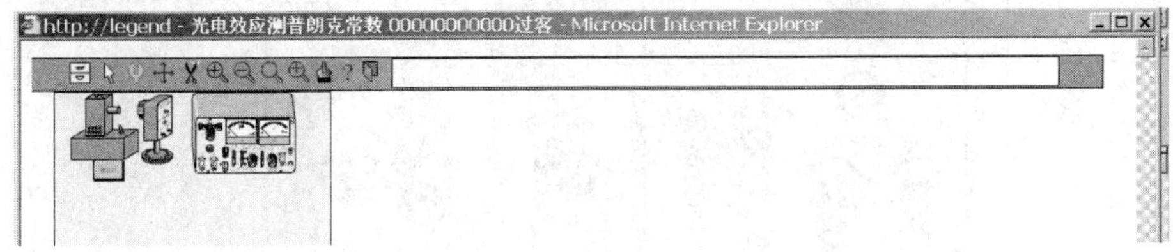

图 9-2-9　仪器库仪器展示

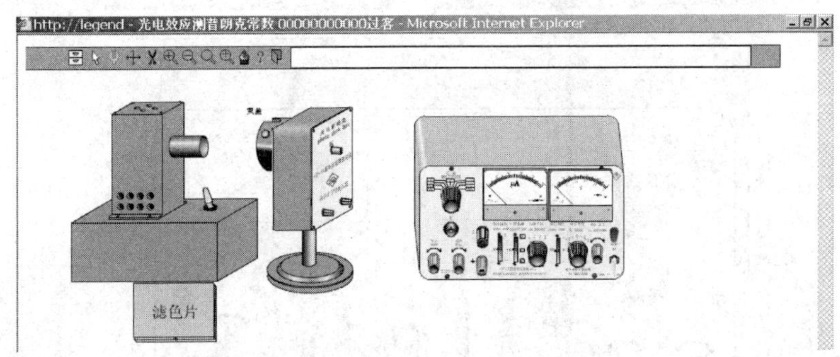

图 9-2-10　仿真操作界面中的仿真仪器

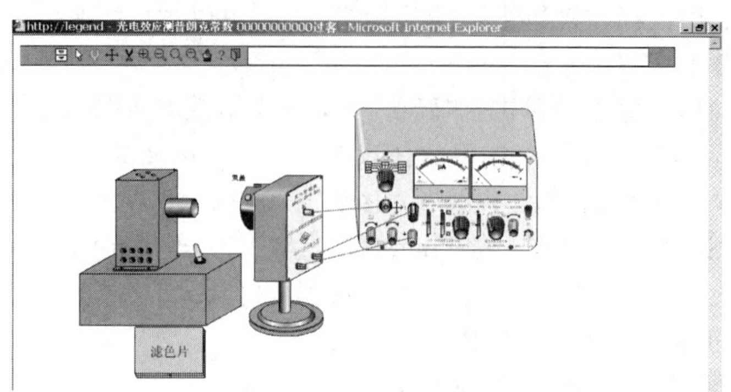

图 9-2-11　连接好线路的实验仿真界面

然后按实验要求预置微电流放大器的初始位置，微电流放大器放大图形如图 9-2-12 所示，调节"倍率"开关置"零点"，"电流极性"开关置"－"，"工作选择"置"直流"，电压极性"置"－"，"电压量程"置"－3"，"电压调节"旋钮逆时针调至最小，"扫描平移"指任意，如图 9-2-13 所示。接通微电流放大器电源开关，调整"零点"旋钮，使微安表指零，如图 9-2-14 所示。再把倍率开关旋指"满度"，调节"满度"旋钮，使指针严格指满度。

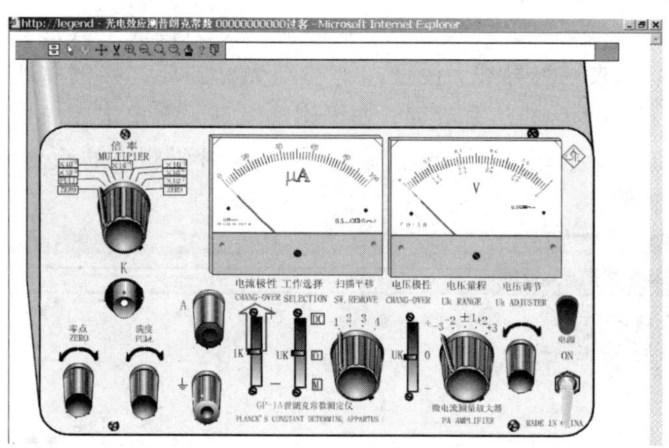

图 9-2-12　仿真仪器的初始位置预置和放大

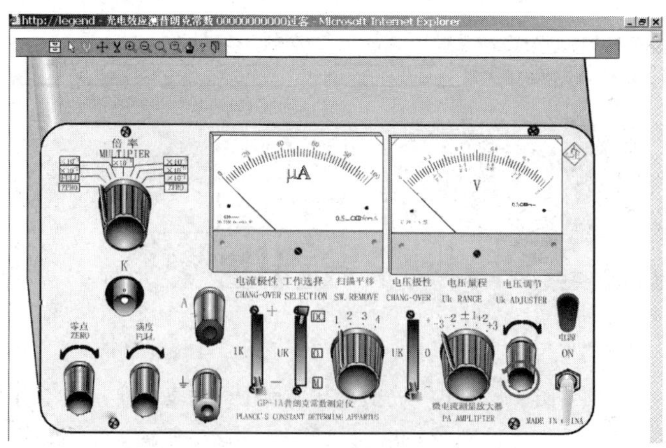

图 9-2-13　仿真仪器的初调

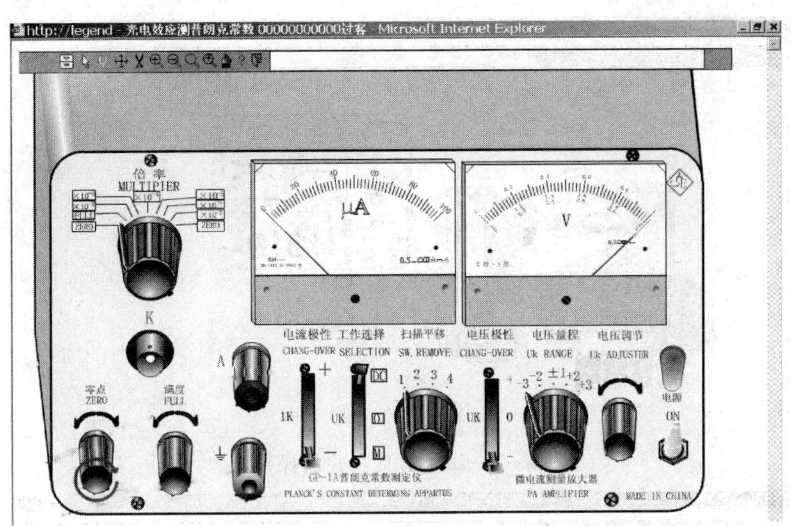

图 9-2-14　仿真仪器的调节

如图 9-2-15 所示，取下暗盒光罩，单击滤色片盒，单击鼠标左键选择 365.0 nm 滤色片放入光电管(先放最短波长的滤色片，每观测一片的全部数据后，再按波长增加的方向依次更换滤色片)，打开光源开关，如图 9-2-16 所示。把微电流放大器的倍率钮置“$\times10^{-6}$”，“电压调节”旋钮从最小值(−3 V 或−2 V)调起，并且电压量程做相应变化，先观察每种波长的光所产生的光电流，随所加电压大小变化而变化的情况，分别在草稿纸上记下每种滤光片的光照射光电管产生的光电流大小开始有明显变化(即拐单)的电压值，以便精确确定各波长的光照射光电管产生的光电流与所加电压的测量点的测量方案。一般在拐点的前特性曲线基本呈线性的部分等间距(电压间距约为 0.1 V)的测 5 组；在拐点附近多测几组，其所测电压间距逐步减小，约为 0.02 V，过拐单后，所测各组数据的电压值间距逐渐增大，如图 9-2-16～图 9-2-18 所示，约测 20 组以上的数据。再换上另一块滤色片，如图 9-2-19 所示，重复以上步骤。

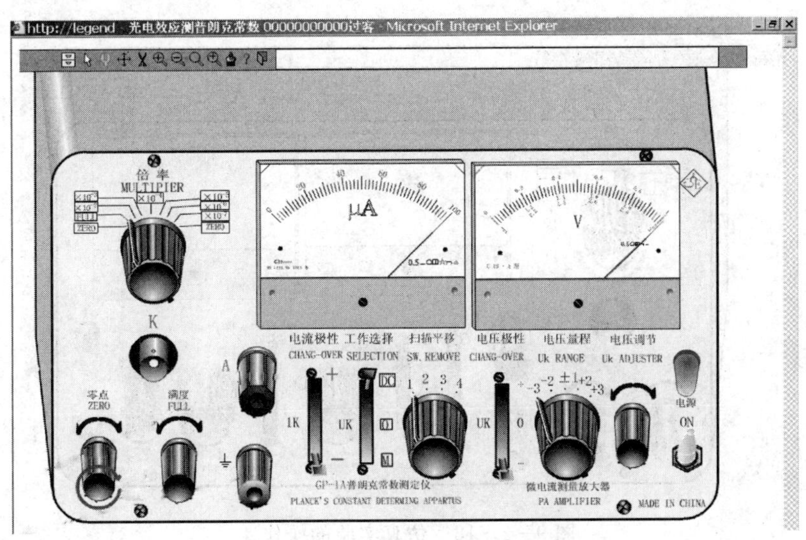

图 9-2-15　仿真实验的操作 1

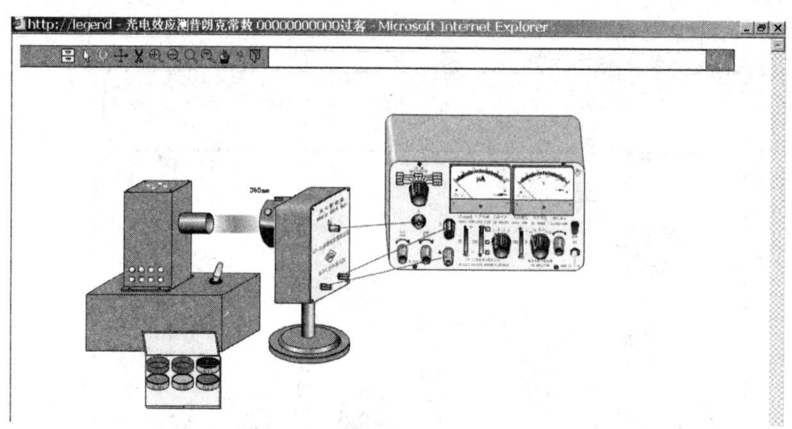

图 9-2-16　仿真实验的操作 2

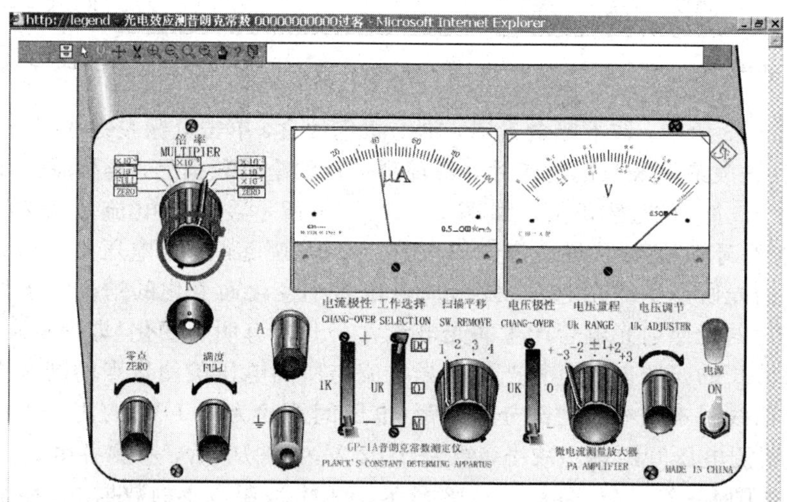

图 9-2-17　仿真实验的操作 3

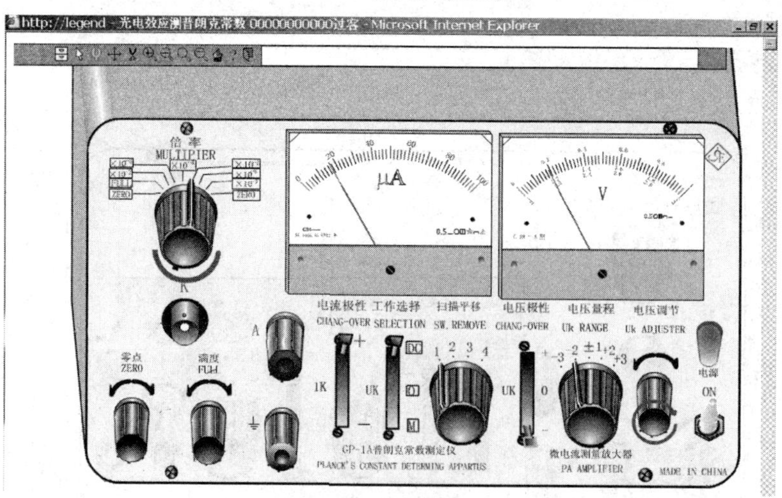

图 9-2-18　仿真实验的操作 4

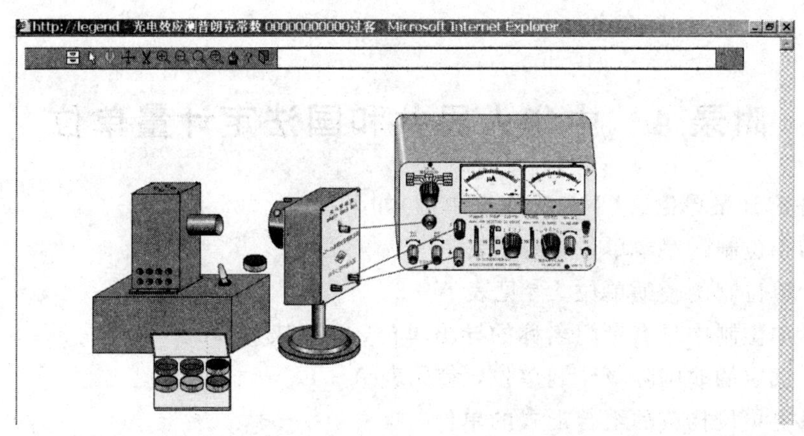

图 9-2-19 仿真实验的操作 5

仿真实验结束后要关闭仪器电源，用删除工具将仪器和导线删除。

(5) 数据处理。用鼠标左键单击“数据处理”，和实验 9.1 一样，可以将测量原始数据写入原始数据记录表中，再进行数据处理。原始数据记录与数据处理方面按任课老师的要求进行。

学生可以通过上述介绍一步一步地了解实验，学习仪器的使用，通过计算机完成实验数据的测量、数据的处理和分析，培养自己的科学实验素质和创造性思维与实践能力。

附录 A　中华人民共和国法定计量单位

我国的法定计量单位(以下简称法定单位)如下：

(1) 国际单位制的基本单位，参见表 A－1。

(2) 国际单位制的辅助单位，参见表 A－2。

(3) 国际单位制中具有专门名称的导出单位，参见表 A－3。

(4) 国家选定的非国际单位制单位，参见表 A－4。

(5) 由以上单位构成的组合形式的单位。

(6) 由词头和以上单位构成的十进倍数和分数单位(词头参见表 A－5)。

法定单位的定义、使用方法等，由国家计量局另行规定。

表 A－1　国际单位制的基本单位

量 的 名 称	单 位 名 称	单 位 符 号
长度	米	m
质量	千克(公斤)	kg
时间	秒	s
电流	安[培]	A
热力学温度	开[尔文]	K
物质的量	摩[尔]	mol
发光强度	坎[德拉]	cd

表 A－2　国际单位制的辅助单位

量 的 名 称	单 位 名 称	单 位 符 号
平面角	弧　度	rad
立体角	球面度	sr

表 A－3　国际单位制中具有专门名称的导出单位

量 的 名 称	单 位 名 称	单位符号	其他表示实例
频率	赫[兹]	Hz	s^{-1}
力，重力	牛[顿]	N	$Kg \cdot m/s^2$
压力，压强；应力	帕[斯卡]	Pa	N/m^2
能量；功；热	焦[尔]	J	$N \cdot m$
功率；辐射通量	瓦[特]	W	J/s

续表

量的名称	单位名称	单位符号	其他表示实例
电荷量	库[仑]	C	A·s
电位；电压；电动势	伏[特]	V	W/A
电容	法[拉]	F	C/V
电阻	欧[姆]	Ω	V/A
电导	西[门子]	S	A/V
磁通量	韦[伯]	Wb	V·s
磁通量密度；磁感应强度	特[斯拉]	T	Wb/m^2
电感	亨[利]	H	Wb/A
摄氏温度	摄氏度	℃	
光通量	流[明]	lm	Cd·sr
光照度	勒[克斯]	lx	lm/m^2
放射性活度	贝可[勒尔]	Bq	s^{-1}
吸收剂量	戈[瑞]	Gy	J/kg
剂量当量	希[沃特]	Sv	J/kg

表 A-4 国家选定的非国际单位制单位

量的名称	单位名称	单位符号	换算关系和说明
时 间	分	min	1 min＝60 s
	[小]时	h	1 h＝60 min＝3600 s
	天(日)	d	1 d＝24 h＝86 400 s
平面角	[角]秒	(″)	1″＝(π/648 000) rad (π为圆周率)
	[角]分	(′)	1′＝60″＝(π/10 800) rad
	度	(°)	1°＝60′＝(π/180) rad
旋转速度	转每分	r/min	1 r/min＝(1/60) s^{-1}
长 度	海里	n mile	1 n mile＝1852 m(只用于航程)
速 度	节	kn	1 kn＝1 n mile/h＝(1852/3600) m/s(只用于航程)
质 量	吨	t	1 t＝10^3 kg
	原子质量单位	u	1 u≈1.660 565 5×10^{-27} kg
体积，容积	升	L(l)	1 L＝1 dm^3＝10^{-3} m^3
能	电子伏	eV	1 eV≈1.602 189 2×10^{-19} J
级 差	分贝	dB	
线密度	特[克斯]	tex	1 tex＝1 g/km
面积	公顷	hm^2	1 hm^2＝10^4 m^2

表 A-5　用于构成十进倍数和分数单位的词头

所表示的因数	词头名称	词头符号
10^{24}	尧[它]	Y
10^{21}	泽[它]	Z
10^{18}	艾[可萨]	E
10^{15}	拍[它]	P
10^{12}	太[拉]	T
10^{9}	吉[咖]	G
10^{6}	兆	M
10^{3}	千	k
10^{2}	百	h
10^{1}	十	da
10^{-1}	分	d
10^{-2}	厘	c
10^{-3}	毫	m
10^{-6}	微	μ
10^{-9}	纳[诺]	n
10^{-12}	皮[可]	p
10^{-15}	飞[母托]	f
10^{-18}	阿[托]	a

注：

(1) 周、月、年(年的符号为 a)为一般常用时间单位。

(2) [　]内的字，是在不致混淆的情况下，可以省略的字。

(3) (　)内的字为前者的同义语。

(4) 角度单位度、分、秒的符号不处于数字后时，用括弧。

(5) 升的符号中，小写字母 l 为备用符号。

(6) r 为“转”的符号。

(7) 人民生活和贸易中，质量习惯称为重量。

(8) 公里为千米的俗称，符号为 km。

(9) 10^4 称为万，10^8 称为亿，10^{12} 称为万亿，这类数词的使用不受词头名称的影响，但不应与词头混淆。

说明：法定计量单位的使用，可查阅 1984 年国家计量局公布的《中华人民共和国法定计量单位使用方法》。

附录 B 基本物理常量表

表 B-1 国际单位制

	物理量名称	单位名称	单位符号		用其他 SI 单位表示式
			中文	国际	
基本单位	长度	米	米	m	
	质量	千克	千克	kg	
	时间	秒	秒	s	
	电流	安培	安	A	
	热力学温标	开尔文	开	K	
	物质的量	摩尔	摩	mol	
	光强度	坎德拉	坎	cd	
辅助单位	平面角	弧度	弧度	rad	
	立体角	球面度	球面度	sr	
导出单位	面积	平方米	米^2	m^2	
	速度	米每秒	米/秒	m/s	
	加速度	米每秒平方	米/秒^2	m/s^2	
	密度	千克每立方米	千克/米^3	kg/m^3	
	频率	赫兹	赫	Hz	s^{-1}
	力	牛顿	牛	N	$m\cdot kg\cdot s^{-2}$
	压力，压强，应力	帕斯卡	帕	Pa	N/m^2
	功，能量，热量	焦尔	焦	J	N·m
	功率，辐射通量	瓦特	瓦	W	J/s
	电量，电荷	库仑	库	C	S·A
	电位，电压，电动势	伏特	伏	V	W/A
	电容	法拉	法	F	C/V
	电阻	欧姆	欧	Ω	V/A
	磁通量	韦伯	韦	Wb	V·s
	磁感应强度	特斯拉	特	T	Wb/m^2
	电感	亨利	亨	H	Wb/A
	光通量	流明	流	lm	
	光照度	勒克斯	勒	lx	lm/m^2
	黏度	帕斯卡秒	帕·秒	Pa·s	
	表面张力	牛顿每米	牛/米	N/m	
	比热容	焦尔每米克开尔文	焦/(千克·开)	J/(kg·K)	
	热导率	瓦特每米开尔文	瓦/(米·开)	W/(m·K)	
	电容率(介电常量)	法拉每米	法/米	F/m	
	磁导率	亨利米	亨/米	H/m	

表 B-2 基本物理常数(1986 年国际推荐值)

量	符 号	数 值	单 位	不确定度 10^{-6}
光速	c	299 792 458	$m \cdot s^{-1}$	(精确)
真空磁导率	μ_0	$4\pi\times10^{-7}$	$N \cdot A^{-1}$	(精确)
真空介电常量，$1/\mu_0 c^2$	ε_0	8.854 187 817…	$10^{12} F \cdot m^{-1}$	(精确)
牛顿引力常量	G	6.672 59(85)	$10^{11} m^3 kg^{-1} \cdot s^{-2}$	128
普朗克常量	H	6.626 075 5(40)	$10^{-34} J \cdot s$	0.60
基本电荷	e	1.602 177 33(49)	$10^{-19} C$	0.30
电子质量	m_e	0.910 938 97(54)	$10^{-30} kg$	0.59
电子荷质比	$-e/m_e$	−1.758 819 62(53)	$10^{11} C/kg$	0.30
质子质量	m_p	1.672 623 1(10)	$10^{-27} kg$	0.59
里德伯常量	R_∞	10 973 731.534(13)	m^{-1}	0.0012
精细结构常数	a	7.297 353 08(33)	10^{-3}	0.045
阿伏伽德罗常量	N_A，L	6.022 136 7(36)	$10^{23}\ mol^{-1}$	0.59
气体常量	R	8.314 510(70)	$J\ mol^{-1} K^{-1}$	8.4
玻耳兹曼常量	K	1.380 658(12)	$10^{23} J \cdot K^{-1}$	8.4
摩尔体积(理想气体)				
T=273.15K；p=101 325 Pa	V_m	22.414 10(29)	L/mol	8.4
圆周率	π	3.141 592 65		
自然对数底	E	2.718 281 83		
对数变换因子	$\log_e 10$	2.302 585 09		

表 B-3 20℃时常见固体和液体的密度

物 质	密 度 ρ/(kg/m³)	物 质	密 度 ρ/(kg/m³)
铝	2698.9	金	19 320
铜	8960	钨	19 300
铁	7874	铂	21 450
银	10 500	铅	11 350
锡	7298	甲醇	792
水银	13 546.2	乙醇	789.4
钢	7600～7900	乙醚	714
石英	2500～2800	汽油	710～720
水晶玻璃	2900～3000	弗利昂-12	1329
窗玻璃	2400～2700	变压器油	840～890
冰(0℃)	800～920	甘油	1260
石蜡	792	食盐	2140
有机玻璃	1200～1500		

表 B-4　标准大气压下不同温度的纯水密度

温度 t/℃	密度 ρ/(kg/m³)	温度 t/℃	密度 ρ/(kg/m³)	温度 t/℃	密度 ρ/(kg/m³)
0	999.841	17.0	998.774	34.0	994.371
1.0	999.900	18.0	998.595	35.0	994.031
2.0	999.941	19.0	998.405	36.0	993.68
3.0	999.965	20.0	998.203	37.0	993.33
4.0	999.973	21.0	997.992	38.0	992.96
5.0	999.965	22.0	997.770	39.0	992.59
6.0	999.941	23.0	997.538	40.0	992.21
7.0	999.902	24.0	997.296	41.0	991.83
8.0	999.849	25.0	997.044	42.0	991.44
9.0	999.781	26.0	996.783	43.0	991.07
10.0	999.700	27.0	996.512	50.0	998.04
11.0	999.605	28.0	996.232	60.0	983.21
12.0	999.498	29.0	995.944	70.0	977.78
13.0	999.377	30.0	995.646	80.0	975.31
14.0	999.244	31.0	995.340	90.0	965.31
15.0	999.099	32.0	995.025	100.0	958.35
16.0	999.943	33.0	994.702		

表 B-5　海平面上不同纬度处的重力加速度

纬度 ϕ/度	g/(m/s²)	纬度 ϕ/度	g/(m/s²)
0	9.7849	50	9.810 79
5	9.780 88	55	9.815 15
10	9.782 04	60	9.819 24
15	9.783 94	65	9.822 49
20	9.786 52	70	9.826 14
25	9.789 69	75	9.828 73
30	9.793 38	80	9.830 65
35	9.797 40	85	9.831 82
40	9.808 18	90	9.832 21

注：表中所列数值根据公式 $g=9.780\ 49(1+0.005\ 288\sin^2\phi-0.000\ 006\ \sin^2\phi)$，式中 ϕ 为纬度。

表 B-6　在20℃时部分金属的杨氏弹性模量

金属名称	杨氏模量 E	
	/GPa	/($\times 10^2$ kg/mm^2)
铝	69～70	70～71
钨	407	415
铁	186～206	190～210
铜	103～127	105～130
金	77	79
银	69～80	70～82
锌	78	80
镍	203	205
铬	235～245	240～250
合金钢	206～216	210～220
碳钢	169～206	200～210
康钢	160	163

注：杨氏模量值尚与材料结构、化学成分、加工方法关系密切，实际材料可能与表列数值不尽相同。

表 B-7　水的饱和蒸气压与温度的关系　　Pa(mmHg)

温度/℃	0.0	1.0	2.0	3.0	4.0	5.0	6.0	7.0	8.0	9.0
−10.0	260.8	238.6	218.1	199.3	182.0	166.0	151.4	138.0	125.6	114.2
	(1.956)	(1.790)	(1.636)	(1.495)	(1.365)	(1.246)	(1.136)	(1.035)	(0.942)	(0.857)
−0.0	610.7	562.6	517.8	476.4	438.0	402.4	369.4	338.9	310.8	284.8
	(4.581)	(4.220)	(3.884)	(3.573)	(3.285)	(3.018)	(3.771)	(2.542)	(2.331)	(2.136)
0.0	610.7	656.6	705.5	757.7	813.1	872.2	934.8	1061.6	1072.6	1147.8
	(4.581)	(4.925)	(5.292)	(5.683)	(6.099)	(6.542)	(7.012)	(7.513)	(8.045)	(8.609)
10.0	1227.8	1312.04	1402.3	1497.3	1598.3	1704.9	1817.8	1937.3	2063.6	2196.9
	(9.209)	(9.844)	(10.518)	(11.231)	(11.988)	(12.788)	(13.635)	(14.531)	(15.478)	(16.478)
20.0	2337.8	2486.6	2643.5	2809.1	2983.6	3167.6	3361.6	3565.3	3779.9	4005.8
	(17.535)	(18.651)	(19.828)	(21.070)	(22.379)	(23.759)	(25.212)	(26.742)	(28.352)	(30.046)
30.0	4243.2	4493.0	4755.3	5030.9	5380.1	5623.6	5942.2	6276.1	6626.1	6993.1
	(31.827)	(33.700)	(35.668)	(37.735)	(39.904)	(42.181)	(44.570)	(47.075)	(49.701)	(52.453)
40.0	7377.4	7778.7	8201.0	8641.8	9102.8	10 087	10 615	10 615	11 165	11 739
	(55.335)	(58.354)	(61.513)	(64.819)	(64.819)	(68.277)	(71.892)	(79.619)	(83.744)	(88.050)

表 B-8　蓖麻油的黏度和温度的关系

温度/℃	η/(10^{-3} Pa·s)	温度/℃	η/(10^{-3} Pa·s)
0	5300	25	621
5	3760	30	451
10	2420	35	312
15	1514	40	231
20	986	100	169

表 B-9　不同温度下与空气接触的水的表面张力

温度/℃	γ/($\times 10^{-3}$ N·m^{-1})	温度/℃	γ/($\times 10^{-3}$ N·m^{-1})	温度/℃	γ($\times 10^{-3}$ N·m)
0	75.62	16	73.34	30	71.15
5	74.90	17	73.20	40	69.55
6	74.76	18	73.05	50	67.90
8	74.48	19	72.89	60	66.17
10	74.20	20	72.75	70	64.41
11	74.07	21	72.60	80	62.60
12	73.92	22	72.44	90	60.74
13	73.78	23	72.28	100	58.84
14	73.64	24	72.12		
15	73.48	25	71.96		

表 B-10　不同湿度时干燥空气中的声速(m·s^{-1})

温度/℃	0	1	2	3	4	5	6	7	8	9
60	366.05	366.60	367.14	367.69	368.24	368.78	369.33	369.87	370.42	370.42
50	360.51	361.07	361.62	362.18	362.74	363.29	363.84	364.39	364.95	364.95
40	354.89	355.46	356.02	356.58	357.15	357.71	358.27	358.83	359.39	359.95
30	349.18	349.75	350.33	350.90	351.47	352.04	352.62	353.19	353.75	354.32
20	343.37	343.95	344.54	345.12	345.70	346.29	346.87	347.74	348.02	348.60
10	337.46	338.06	338.65	339.25	339.94	340.43	341.02	341.61	342.20	342.78
0	331.45	332.06	332.66	333.27	333.87	334.47	335.57	335.67	336.27	332.87
−10	325.33	324.71	324.09	323.47	322.84	322.22	321.60	320.97	320.34	319.72
−20	319.09	318.45	317.82	317.19	316.55	315.92	315.28	314.64	314.00	313.36
−30	312.72	311.43	311.43	310.78	310.14	309.49	308.84	308.19	307.53	306.88
−40	306.22	304.91	304.91	304.25	303.58	302.92	302.26	301.59	300.92	300.25
−50	299.58	298.91	298.24	297.65	296.89	296.21	295.53	294.85	294.16	293.48

续表

温度/℃	0	1	2	3	4	5	6	7	8	9
−60	292.79	292.11	291.42	290.73	290.03	289.34	288.64	287.95	287.25	286.55
−70	285.54	285.14	284.43	283.73	283.02	282.30	281.59	280.88	280.16	279.44
−80	278.72	278.00	277.27	276.55	275.82	275.09	274.36	273.62	272.89	272.15
−90	271.41	270.67	269.92	269.18	268.43	267.68	266.93	266.17	265.42	264.66

表 B-11 相对湿度查对表

干湿差度

湿表温度	1.0	1.5	2.0	2.5	3.0	3.5	4.0	5.0	6.0	7.0
30	93	89	86	83	79	76	73	67	61	55
	93	89	86	82	79	76	72	66	60	54
	93	89	86	82	79	75	72	65	59	53
	93	89	85	81	78	75	71	65	59	53
	92	88	85	81	78	74	71	64	58	51
25	92	88	85	81	77	74	70	63	57	51
	92	88	84	80	77	73	70	62	56	49
	92	88	84	80	76	72	69	62	55	48
	92	88	83	80	75	72	68	61	54	47
	91	87	83	79	75	71	67	60	52	45
20	91	87	83	78	74	70	66	59	51	44
	91	86	82	78	74	70	65	58	50	43
	91	86	82	77	73	69	65	56	49	41
	90	86	81	77	72	68	63	55	47	39
	90	85	81	76	71	67	62	54	46	37
15	90	85	80	75	71	66	61	53	44	35
	90	84	79	74	70	65	60	51	42	33
	89	84	79	74	69	64	59	49	40	31
	89	83	78	73	68	62	57	48	38	29
	88	83	77	72	66	61	56	46	36	26
10	88	82	77	71	65	60	55	44	34	24
	88	82	76	70	64	58	53	42	31	21
	87	81	75	69	62	57	51	40	29	18
	87	80	75	67	61	55	49	37	26	14
	86	79	73	66	60	53	47	35	23	
5	86	79	72	65	58	51	45	32	19	
	85	78	70	63	56	49	42	29		
	84	77	68	62	54	47	40	25		
	84	76	68	60	52	45	37	22		
	83	75	66	58	50	42	34	18		
0	82	73	64	56	47	39	31			

例：干温度为 20℃，湿表温度为 17℃，它们相差 3℃，查上表干湿差度为 3 的数往下对准湿表温度 17℃，交叉数可读出 72%。

表 B-12 酒精的密度($10^3 \times kg/m^3$)

温度/℃	密　度	温度/℃	密　度	温度/℃	密　度
0	0.806 25	11	0.797 04	22	0.787 75
1	0.804 57	12	0.795 35	23	0.786 91
2	0.804 57	13	0.795 35	24	0.786 06
3	0.803 74	14	0.794 51	25	0.785 22
4	0.802 90	15	0.793 67	26	0.784 37
5	0.802 07	16	0.792 83	27	0.783 52
6	0.801 23	17	0.791 98	28	0.782 67
7	0.800 39	18	0.791 14	29	0.781 82
8	0.799 56	19	0.790 29	30	0.780 37
9	0.798 72	20	0.789 45	31	0.780 12
10	0.797 88	21	0.788 60	32	0.779 27

表 B-13 水的黏滞系数(泊)(1泊=0.1泊·秒)

温度/℃	η	温度/℃	η	温度/℃	η
0	0.017 94	17	0.010 88	26	0.008 75
5	0.015 19	18	0.010 60	27	0.008 56
10	0.013 10	19	0.010 34	28	0.008 37
11	0.012 74	20	0.010 09	29	0.008 18
12	0.012 39	21	0.009 84	30	0.008 00
13	0.012 06	22	0.009 61	31	0.007 88
14	0.011 75	23	0.009 38	32	0.007 67
15	0.011 45	24	0.009 16	35	0.007 21
16	0.011 10	25	0.008 95	40	0.006 60

表 B-14 酒精黏滞系数(泊)

温度/℃	η	温度/℃	η	温度/℃	η
14	0.013 30	21	0.011 79	28	0.010 39
15	0.013 08	22	0.011 58	29	0.010 21
16	0.012 86	23	0.011 37	30	0.010 03
17	0.012 64	24	0.011 16	31	0.009 85
18	0.012 42	25	0.010 96	32	0.009 67
19	0.012 21	26	0.010 76	33	0.009 49
20	0.012 00	27	0.010 57	34	0.009 31

表 B-15　常用晶体及光学玻璃折射率表

物质名称	分子式或符号	折射率	物质名称	分子式或符号	折射率
熔凝石英	SiO2	1.458 43	钡冕玻璃	BaK2	1.539 88
氯化钠	NaCl	1.544 27	火石玻璃	F8	1.605 51
氯化钾	KCl	1.490 44	钡火石玻璃	BaF8	1.625 90
萤石	CaF2	1.433 81	重火石玻璃	ZF1	1.647 52
冕牌玻璃	K6	1.511 10		ZF5	1.739 77
	K8	1.515 90		ZF6	1.754 96
	K9	1.516 30			
重冕玻璃	ZK6	1.612 63			
	ZK8	1.614 00			

表 B-16　常用光源的谱线波长

光源	波长/nm	光源	波长/nm	光源	波长/nm	光源	波长/nm
He-Ne激光器	632.80(橙)	汞灯(低压汞灯)	623.44(橙)	氦灯(He光谱管)	706.52(红Ⅰ)	氖灯(Ne光谱管)	650.65(红)
			579.07(黄Ⅰ)		667.82(红Ⅱ)		640.23(橙Ⅰ)
			576.96(黄Ⅱ)		587.56(黄)		638.30(橙Ⅱ)
钠光灯	589.59(黄Ⅰ)		547.07(绿)		501.57(绿)		626.25(橙Ⅲ)
	588.99(黄Ⅱ)		491.60(绿蓝)		492.19(绿蓝)		621.73(橙Ⅳ)
			435.83(蓝)		471.31(蓝Ⅰ)		614.31(橙Ⅴ)
			407.78(蓝紫Ⅰ)		447.15(蓝Ⅱ)		588.19(黄Ⅰ)
			404.66(蓝紫Ⅱ)		402.62(蓝紫Ⅰ)		585.25(黄Ⅱ)
					388.87(蓝紫Ⅱ)		

表 B-17　标准电池电动势随温度的变化

T/℃	ε_{Nt}/V	T/℃	ε_{Nt}/V	T/℃	ε_{Nt}/V
5	1.018 96	16	1.018 74	27	1.018 28
6	1.018 95	17	1.018 71	28	1.018 23
7	1.018 94	18	1.018 68	29	1.018 17
8	1.018 93	19	1.018 64	30	1.018 12
9	1.018 91	20	1.018 60	31	1.018 06
10	1.018 90	21	1.018 56	32	1.018 00
11	1.018 88	22	1.018 52	33	1.017 94
12	1.018 86	23	1.018 47	34	1.017 88
13	1.018 83	24	1.018 43	35	1.017 82
14	1.018 80	25	1.018 38	36	1.017 76
15	1.018 78	26	1.018 33		

参考文献

[1] 国家技术监督局.测量不确定度评定与表示.中华人民共和国计量技术规范 JJF1059—1999[M]. 北京：中国计量出版社，1999.

[2] 教育部高等学校物理学与天文学教学指导委员会物理基础课程教学指导分委会.理工科类大学物理实验课程教学基本要求[M]. 北京：高等教育出版社，2008.

[3] 龚镇雄，刘雪林. 普通物理实验指导书[M]. 北京：北京大学出版社，1990.

[4] 丁慎训，张连芳. 物理实验教程[M]. 北京：清华大学出版社，2002.

[5] 潘人培. 物理实验[M]. 南京：东南大学出版社，1986.

[6] 陈九畴，等. 大学物理实验[M]. 长沙：湖南师范大学出版社，1997.

[7] 周克省，等. 大学物理实验教程[M]. 长沙：中南大学出版社，2001.

[8] 吴平. 大学物理实验教程[M]. 北京：机械工业出版社，2008.

[9] 蒋达娅，等. 大学物理实验教程[M]. 北京：北京邮电大学出版社，2008.

[10] 张映辉. 大学物理实验[M]. 大连：大连海事大学出版社，2007.

[11] 季诚响，肖昱. 大学物理实验[M]. 北京：国防工业出版社，2007.

[12] 丁益民，徐杨子. 大学物理实验基础与综合部分[M]. 北京：科学出版社，2008.

[13] 沈元华. 设计性研究性物理实验教程[M]. 上海：复旦大学出版社，2004.

[14] 华中工学院. 物理实验[M]. 北京：高等教育出版社，1985.

[15] 张兆奎. 大学物理[M]. 上海：华东化工学院出版社，1990.

[16] 彭志华，等. 大学物理实验[M]. 长沙：湖南师范大学出版社，2001.

[17] 陆延济，等. 大学物理实验[M]. 上海：同济大学出版社，1996.

[18] 霍剑青，等. 大学物理实验[M]. 北京：高等教育出版社，2001.

[19] 朱鹤年. 基础物理实验[M]. 北京：高等教育出版社，2003.

[20] 吕斯骅，等. 基础物理实验[M]. 北京：北京大学出版社，2002.

[21] 饶益花，等. 基于 MATLAB 的金属丝杨氏模量的数据处理[J]. 大学物理实验，2004(4)：76-78.

[22] 饶益花，等. 霍尔传感器及其在物理实验中的应用[J]. 物理与工程，2004(4)：32-34.

[23] 胡解生，等. 光电等厚干涉实验仪[J]. 大学物理，2004(10)：43-45.

[24] 饶益花，等. AHP 在大学物理实验综合成绩评定中的应用[J]. 物理实验，2009(10)：8-10.

[25] 周孝安，等. 近代物理实验教程[M]. 武汉：武汉大学出版社，1998.

[26] 王祖铃. 近代物理实验[M]. 北京：北京大学出版社，1995.

[27] 吴思诚，王祖栓. 近代物理实验[M]. 北京：北京大学出版社，1995.

[28] 吴泳华，等. 大学近代物理实验[M]. 北京：中国科学技术大学出版社，1992.

[29] 褚圣麟. 原子物理学[M]. 北京：高等教育出版社，1999.

[30] 张天，董有尔. 近代物理实验[M]. 北京：科学出版社，2004.

[31] 于美文. 光全息学及其应用[M]. 北京：北京理工大学出版社，1996.
[32] 饶益花. 大学物理实验教程[M]. 上海：上海交通大学出版社，2010.
[33] 饶益花，等. 基于数字标尺的等厚干涉实验仪[J]. 物理实验，2010(5)：19－21.
[34] 饶益花. 大学物理实验教程[M]. 上海：上海交通大学出版社，2012.
[35] 饶益花，等. 一体化静电场描绘仪研制[J]. 南华大学学报，2011(3)：54－57.
[36] 饶益花，等. 一种物理实验数据的圆拟合方法[J]. 广西物理，2014(2)：24－27.
[37] 饶益花，等. 大学物理实验数据处理可视化研究[J]. 广西物理，2014(3)：13－16.